21 世纪全国高职高专土建系列工学结合型规划教材

U0246759

建筑识图与房屋构造

主　编　贠　禄　张　成
副主编　李永亮　邵中秀　郭孝华
参　编　邵　丽　郭　宇
主　审　戴继明

北京大学出版社
PEKING UNIVERSITY PRESS

内 容 简 介

本书包括建筑识图和房屋构造两部分内容。建筑识图部分介绍了房屋建筑施工图基础知识,并结合实例重点介绍了民用建筑和工业建筑的建筑施工图、结构施工图。房屋构造部分重点介绍了民用建筑的基本组成,以及各组成部分的构造原理和做法,并对单层工业厂房构造做了简介。全书内容简洁易懂,图文并茂,并配有学习目标、学习要求、章节导读、知识提示、知识拓展、观察与思考、本章小结、复习思考题等模块,以便于学生学习和应用。

本书注重把建筑识图与房屋构造的知识融会贯通,把培养学生的专业及岗位能力作为重心,突出其综合型、应用型和技能型的特色。

本书可作为本科或专科土木工程、室内设计、环境艺术、建筑装饰、建筑工程技术、建筑工程监理、工程造价、建筑工程管理等土建类专业的教学用书,也可作为岗位培训教材或供土建工程技术人员学习参考。

图书在版编目(CIP)数据

建筑识图与房屋构造/贠禄,张成主编. —北京:北京大学出版社,2013.8

(21 世纪全国高职高专土建系列工学结合型规划教材)

ISBN 978-7-301-22860-9

Ⅰ.①建… Ⅱ.①贠…②张… Ⅲ.①建筑制图—识别—高等职业教育—教材②房屋结构—高等职业教育—教材 Ⅳ.①TU2

中国版本图书馆 CIP 数据核字(2013)第 162547 号

书　　　　　名:	建筑识图与房屋构造
著作责任者:	贠　禄　张　成　主编
策 划 编 辑:	赖　青　李　辉
责 任 编 辑:	姜晓楠
标 准 书 号:	ISBN 978-7-301-22860-9/TU · 0343
出 版 发 行:	北京大学出版社
地　　　　址:	北京市海淀区成府路 205 号　100871
网　　　　址:	http://www.pup.cn　　新浪官方微博:@北京大学出版社
电 子 信 箱:	pup_6@163.com
电　　　　话:	邮购部 62752015　发行部 62750672　编辑部 62750667　出版部 62754962
印 刷 者:	北京大学印刷厂
经 销 者:	新华书店
	787 毫米×1092 毫米　16 开本　28.25 印张　659 千字
	2013 年 8 月第 1 版　　2017 年 1 月第 3 次印刷
定　　　　价:	54.00 元

北大版·高职高专土建系列规划教材
专家编审指导委员会

前 言

    "建筑识图与房屋构造"是土建类专业主干课程之一,也是一门实践性和综合性较强的课程。本书是"21世纪全国高职高专土建系列工学结合型规划教材"之一,按照国家颁布的现行有关标准、规范和规程的要求,以及本课程的教学规律进行设计和编写的。

    本书在内容上突出了新材料、新结构、新科技的运用,并从理论和原则上加以阐述。观察与思考、复习思考题,以及实训作业是实践性教学环节的重要内容,是帮助学生消化、巩固基础理论和基本知识,训练基本技能,了解建筑构造,提高识图能力的最好途径。本书在编写过程中,紧紧围绕以"学"为中心,以"实践技能培养和综合素质提高"为目的的指导思想,尽量做到:基础理论以应用为目的,以够用为度,以讲清概念、强化应用为重点,将基础理论知识与工程实践应用紧密联系起来。

    本书由梧州学院负禄和黑龙江农垦科技职业学院张成担任主编,负禄负责本书的统稿、修改与定稿工作,并编写了第3章、第4章、第9章第9.3节、第12章、第13章,张成编写了第7章;黑龙江农垦科技职业学院李永亮、邵中秀、郭孝华担任副主编,李永亮编写了第9章第9.1节和第9.2节、第10章,邵中秀编写了第1章、第2章,郭孝华编写了第11章;黑龙江农垦科技职业学院邵丽、郭宇参编,邵丽编写了第5章、第6章,郭宇编写了第8章;梧州学院戴继明教授担任主审。

    本书各章学时建议分配表如下。

章号		内容	授课学时	实践学时	学时合计
1	第1篇 建筑识图	房屋建筑工程施工图概述	4		4
2		建筑施工图	6		6
3		结构施工图	6		6
4		单层工业厂房施工图	2		2
5	第2篇 房屋构造	民用建筑概述	2	2	4
6		基础与地下室	6	2	8
7		墙体	14	2	16
8		楼板与地坪	8	2	10
9		屋顶	10		10
10		楼梯	6	2	8
11		门窗	6		6
12		变形缝	4		4
13		单层工业厂房构造	10	2	12
总学时			84	12	96

各章学时建议分配表

本书在编写过程中，参考了有关书籍、标准、图片及其他资料等文献，在此谨向这些文献的作者表示深深的谢意。同时也得到了出版社和编者所在单位领导及同事的指导与大力支持，在此一并致谢。

由于编者水平所限，书中难免存在疏漏和不妥之处，恳请使用本书的教师和广大读者批评指正。

编　者

2013 年 3 月

目　录

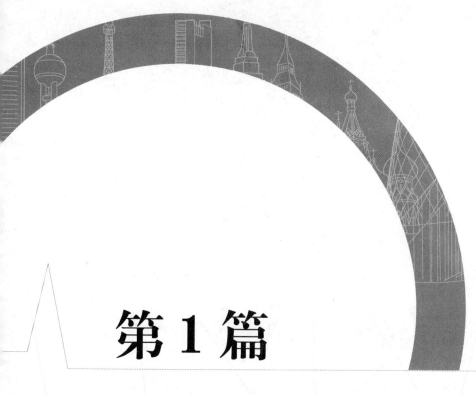

第1篇

建筑识图

第 1 章

房屋建筑工程施工图概述

学习目标

1. 了解房屋的组成及其作用。
2. 了解房屋建筑设计的程序与施工图的分类。
3. 掌握建筑施工图的相关规定并熟悉一般建筑施工图的图示特点。
4. 掌握房屋建筑施工图的识读方法与步骤。

学习要求

知识要点	能力要求	相关知识	所占分值 (100分)	自评 分数
房屋的组成	了解房屋建筑的组成	房屋的基本组成及其作用	20	
房屋设计与施工 图分类	1. 了解建筑设计程序 2. 掌握施工图的分类	房屋建筑施工图设计程序 与分类	20	
施工图的规定与 特点	1. 了解建筑施工图的相关规定 2. 了解房屋建筑工程施工图的特点	房屋建筑施工图相关规定 与图示特点	35	
施工图的识读 方法	熟练掌握施工图识读的方法及步骤	房屋建筑施工图识读的方 法与步骤、标准图集的分 类及查阅方法	25	

章节导读

　　房屋建筑工程施工图是表示建筑物的总体布局、外部造型、内部布置、细部构造做法、内外装饰,满足其他专业队建筑的要求和施工要求的图样。它是指导施工、审批建筑工程项目的依据,是编制工程概算、预算和决算,以及审核工程造价的依据,也是竣工验收和工程质量评价的依据。它是由多种专业设计人员分别把建筑物的形状与大小、结构与构造、设备与装修等,按照相关国家标准的规定,用正投影法准确绘制的一套图样,也是具有法律效力的文件。

　　本章主要介绍有关房屋建筑工程施工图的一些基本规定和画法。

引例

　　长久以来,由于史料的缺乏,无法说清楚我国古代建筑从设计到施工是如何一步步完成的。甚至很多国外专家一直认为,我国古代建筑完全是靠工匠的经验修建起来的,无需设计图,更不需要施工图。而清代样式雷图档的发现,彻底推翻了这种说法。样式雷图档包括的内容十分丰富,最大量的是各个阶段的设计图纸,还有相当于施工设计说明的《工程做法》、随工日记等,它们涵盖了清代皇家建筑规划、设计和施工各个阶段的详细情况,是我国古代建筑史上最翔实、最直观的资料,也为研究古、现代施工图的传承与发展起到了推动的作用。由此可见,施工图在建筑设计和施工中起到了不可或缺的作用。

1.1　房屋的组成及其作用

1.1.1　按使用功能分类

　　建筑物是经人工建造的供人们从事生活、生产及其他活动的场所,根据其使用功能通常可分为工业建筑(如厂房、仓库、动力站等)、农业建筑(如畜禽饲养场、水产养殖场、粮仓等)和民用建筑三大类。其中民用建筑又可分为居住建筑和公共建筑。居住建筑是指供人们休息、生活起居所用的建筑物,如住宅、宿舍、公寓等;公共建筑是指供人们进行政治、经济、文化、科学技术交流活动等所需要的建筑物,如学校、医院、机场、商场、办公楼、体育馆、娱乐场所等。

1.1.2　组成及其作用

　　各种不同功能的房屋,一般都由基础、墙或柱、楼(地)面、屋面、楼梯、门窗等基本部分,以及台阶、散水、阳台、天沟、勒脚等其他细部组成,如图1.1所示。

1. 基础

　　基础位于建筑的最下面,是建筑墙或柱的扩大部分,承受着建筑上部的所有荷载并将其传给地基。因此,基础应具有足够的强度和耐久性,并能承受地下各种因素的影响。

　　常用的基础形式有条形基础、独立基础、筏板基础、箱形基础、桩基础等。使用的材料有砖、石、混凝土、钢筋混凝土等。

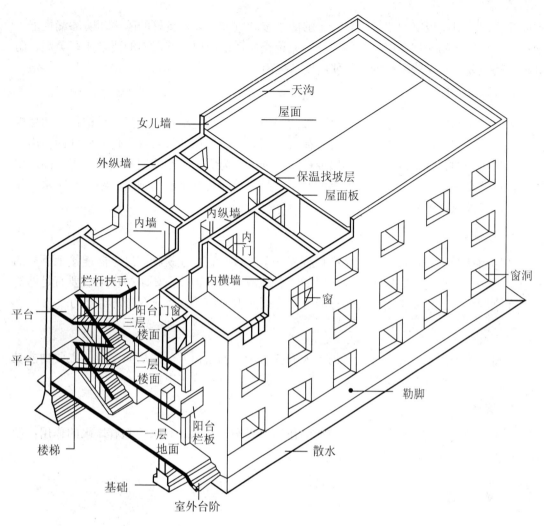

图 1.1　房屋的组成

2．墙和柱

墙和柱是房屋的垂直承重构件。

墙在建筑中起着承重、围护和分隔作用。要求墙体根据功能的不同分别具有足够的强度、稳定性、保温、隔热、隔声、防水、防潮等能力，并具有一定的经济性和耐久性。墙按受力情况可分为承重墙和非承重墙；按位置可分为内墙和外墙；按方向可分为纵墙和横墙，常把两端的横墙称为山墙。

柱子在建筑中的主要作用是承受其上梁、板的荷载，以及附加在其上的其他荷载。要求柱子应具有足够的强度、稳定性和耐久性。

3．楼（地）面

楼地层指楼板层与地坪层。楼板层直接承受着各楼层上的家具、设备、人的重量和楼层自重；同时楼层对墙或柱有水平支撑的作用，传递风、地震等侧向水平荷载，并把上述各种荷载传递给墙或柱。楼地层常有面层、结构层和顶棚三部分组成，对房屋有竖向分隔空间的作用。对楼板层的要求是要有足够的强度和刚度，以及良好的隔声、防渗漏性能。地坪层是首层房间人们使用接触的部分。无论楼层还是地层对其表面的要求还有美观、耐磨损等其他要求，这些可根据具体使用要求提出。

4. 屋面

屋面，也称屋顶，屋顶是建筑物顶部的围护构件和承重构件。作为承重构件，和楼板层相似，承受着直接作用于屋顶的各种荷载，同时在房屋顶部起着水平传力构件的作用，并把本身承受的各种荷载直接传给墙或柱。屋顶也分为面层、结构层和顶棚。屋顶面层用以抵御自然界风霜雪雨、太阳辐射等的影响。故屋顶应具有足够的强度、刚度及防水、保温、隔热等性能。

5. 楼梯

楼梯由楼梯段、楼梯平台、楼梯栏杆和扶手组成，它是建筑物高度方向连接上下层的垂直交通构件，也是火灾等灾害发生时的紧急疏散要道。因此，要求楼梯不仅要有足够的强度和刚度，而且还要有足够的通行能力、防火能力，楼梯表面应具有防滑能力。

6. 门窗

门窗均为非承重的建筑配件。门为人们提供出入的通口并分隔房间；窗的主要功能是通风、采光。门窗都对建筑物有保温、隔音、防水、防火等作用。

7. 其他

台阶起着沟通房屋内外、上下交通的作用；天沟、散水、雨水管起着排水的作用；勒脚、踢脚板起着保护墙身的作用。

观察与思考

认真观察不同建筑物中各构造组成部分的形式和做法，思考不同的构造形式和做法在建筑中的作用及采取此种做法的原因。

1.2 房屋建筑设计程序与施工图分类

将一幢拟建房屋的内外形状和大小，内部形状和大小，以及各部分的结构、构造、装修设备等内容，按照"国标"的规定，用正投影法，详细而准确地画出的图样，称为"房屋建筑图"。它是用以指导施工的一套图纸，所以，又称为"施工图"。

房屋的建造一般需经设计和施工两个阶段。

1.2.1 建筑设计程序

建筑设计阶段主要包括方案设计阶段、初步设计阶段、技术设计阶段和施工图设计阶段。

1. 方案设计阶段

设计人员接受任务后，首先根据设计任务书、有关的政策文件、地质条件、环境、气候、文化背景等，明确设计意图，进行方案的构思、比较和优化。

2. 初步设计阶段

初步设计的任务是提出设计方案，表明房屋的平面布置、立面处理、结构形式等内容。初步设计图包括房屋的总平面图，建筑平、立、剖面图，有关技术和构造说明，各项技术和经济指标，总概算等内容供有关部门研究和审批，是技术设计和施工图设计的依据。

3. 技术设计阶段

技术设计又称扩大初步设计，是在初步设计的基础上，进一步确定建筑设计各工种之间的技术问题。技术设计的图纸和设计文件，要求建筑工种的图纸标明与技术工种有关的详细尺寸，并编制建筑部分的技术说明书，结构工种应有建筑结构布置方案图，并附初步计算说明，设备工种也提供相应的设备图纸及说明书。

4. 施工图设计阶段

通过反复协调、修改与完善，产生一套能够满足施工要求的，反映房屋整体和细部全部内容的图样，即为施工图，它是房屋施工的重要依据。

房屋建筑施工图是为施工服务的，要求准确、完整、简明、清晰。

1.2.2 施工图的分类

一套完整的房屋施工图除了图样目录、设计总说明外，按其专业内容和作用不同，主要分为建筑施工图、结构施工图和设备施工图三部分。

(1) 建筑施工图(简称"建施图")。主要用于表达建筑物的规划位置、外部造型、内部各房间的布置、内外装修及构造施工要求等。这类图主要包括施工图首页、总平面图、各层平面图、立面图、剖面图及详图等。

(2) 结构施工图(简称"结施图")。主要用于表达建筑物承重结构的结构类型、结构布置、构件种类、数量、大小、做法等。这类图主要包括结构设计说明、结构平面布置图及构件详图等。

(3) 设备施工图(简称"设施图")。主要用于表达建筑物的给水排水、暖气通风、供电照明、燃气等设备的布置和施工要求。这类图主要包括各种设备的平面布置图、轴测图、系统图及详图等。

一套完整的房屋建筑工程图在装订时要按专业顺序排列，一般为图纸目录、建筑设计总说明、总平面图、建筑施工图、结构施工图、给排水施工图、采暖施工图和电气施工图。其中，每个专业的图纸排序应为：全局性的在前，局部性的在后；先施工的在前，后施工的在后；重要的在前，次要的在后。

1.3 房屋建筑施工图的规定与特点

1.3.1 建筑施工图的相关规定

建筑施工图应按正投影原理及视图、剖面、断面等基本图示方法绘制，为了使房屋施工图做到基本统一，清晰简明，满足设计、施工、存档的要求，以适应工程建筑的需要，我国制定了《房屋建筑制图统一标准》、《建筑制图标准》、《总图制图标准》等国家标准。在绘制房屋建筑施工图，必须严格遵守国家标准中的有关规定。

1. 图线

图线的宽度 b，应从下列线宽系列中选取：0.18mm、0.25mm、0.35mm、0.5mm、0.7mm、1.0mm、1.4mm、2.0mm。

每个图样，应根据复杂程度与比例大小，先确定基本线宽 b，再见表 1-1，选用其中适当的线宽组。

绘制较简单的图样时，可采用两种线宽的线宽组，其线宽比宜为 $b : 0.35b$。

表 1-1　线组宽

线宽比	线宽组/mm					
b	2.0	1.4	1.0	0.7	0.5	0.35
$0.5b$	1.0	0.7	0.5	0.35	0.25	0.18
$0.35b$	0.7	0.5	0.35	0.18	0.18	—

建筑专业制图采用的各种线型，应符合《建筑制图标准》中关于图纸的规定，见表 1-2，摘录了常用的线型规定。

表 1-2　常用线型

名称	线宽	用途
粗实线	b	1. 平、剖面图中被剖切的主要建筑构造(包括构配件)的轮廓线 2. 建筑立面图的外轮廓线 3. 建筑构造详图中被剖切的主要部分的轮廓线 4. 建筑构配件详图中构配件的外轮廓线
中实线	$0.5b$	1. 平、剖面图中被剖切的次要建筑构造(包括构配件)的轮廓线 2. 建筑平、立、剖面图中建筑构配件的轮廓线 3. 建筑构造详图及建筑构配件详图中一般轮廓线
细实线	$0.35b$	小于 $0.5b$ 的图形线、尺寸线、尺寸界线、图例线、索引符号、标高符号等
中虚线	$0.5b$	1. 建筑构造详图及建筑构配件不可见的轮廓线 2. 平面图中的起重机(吊车)轮廓线 3. 拟建的建筑物的轮廓线
细虚线	$0.25b$	图例线、小于 $0.5b$ 的不可见的轮廓线
粗点画线	b	起重机(吊车)轨道线
细点画线	$0.25b$	中心线、对称线、定位轴线
折断线	$0.25b$	不需画全的断开界线
波浪线	$0.25b$	不需画全的断开界线、构造层次的断开界线

2．比例

建筑专业制图选用的比例，宜符合相关规定，见表1-3。

表1-3　建筑专业制图相关比例

图名	比例
建筑物或构筑物的平面图、立面图、剖面图	1∶50、1∶100、1∶200
建筑物或构筑物的局部放大图	1∶10、1∶20、1∶50
配件及构造详图	1∶1、1∶2、1∶5、1∶10、1∶20、1∶50

3．标高

1）标高

标高是用以表明房屋各部分(如室内外地面、窗台、雨篷、檐口等)高度的标注方法。标高按基准面的不同有绝对标高和相对标高之分。

(1) 绝对标高：以国家或地区统一规定的基准面作为零点的标高，称为绝对标高。我国规定是以青岛附近的黄海平均海平面为基准的标高。

(2) 相对标高：在实际施工中用绝对标高施工不方便，因此，习惯上常将房屋底层的室内地坪高度定为零点，以此为基准的标高称为相对标高。比零点高的标高为"正"，比零点低的标高为"负"。在施工总说明中，需说明相对标高与绝对标高之间的联系，由建筑物附近的水准点来测定拟建工程的底层地面的绝对标高。

2）标高符号

标高符号的画法和标高数字的注写应符合《房屋建筑制图统一标准》的规定。个体建筑图样上的标高符号，应按图1.2(a)所示的形式以细实线绘制，如标注位置不够，如图1.2(b)所示形式绘制。标高符号的具体画法如图1.2(c)、图1.2(d)所示。

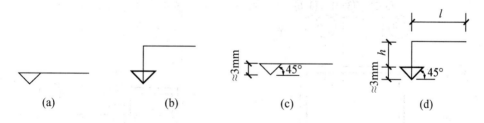

图1.2　个体建筑标高

l—取适当长度注写标高数字；*h*—根据需要取适当高度

总平面图上的标高符号，宜涂黑表示，其形式和画法如图1.3(a)所示。

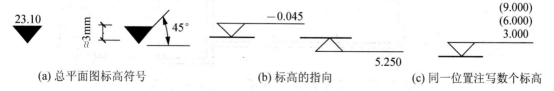

(a) 总平面图标高符号　　　(b) 标高的指向　　　(c) 同一位置注写数个标高

图1.3　标高符号的其他规定

标高符号的尖端，应指至被注的高度。尖端可向下，也可向上，如图1.3(b)所示。

在图样的同一位置需表示几个不同标高时，标高数字如图 1.3(c)的形式注写。

标高数字以米为单位，注写到小数点以后第 3 位，总平面图中可注写到小数点后两位，在单体建筑工程中，零点标高注写成±0.000；正数标高不注"＋"号，负数标高应注"－"号，如：5.250、－0.045。

4．定位轴线

在施工图中，确定承重构件(梁、板、柱等)相互位置的基准线称为定位轴线。定位轴线是房屋定位、放线的重要依据。

建筑需要在水平和竖直两个方向进行定位，用于平面定位的称为平面定位轴线，用于竖向定位的称为竖向定位轴线。定位轴线在砖混结构和其他结构中标定的方法不同。

1) 平面定位轴线

(1) 平面定位轴线的画法及编号：根据《房屋建筑制图统一标准》(GB/T 50001—2010)的规定，定位轴线应用细点画线绘制，编号注写在定位轴线端部的圆内。圆应用细实线绘制，直径8mm，详图上可增为 10mm。定位轴线的圆心应在定位轴线的延长线上或延长线的折线上。

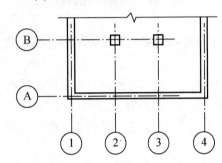

图 1.4　定位轴线编号顺序

平面上定位轴线的编号，宜注写在图样的下方与左侧。横向编号用阿拉伯数字从左至右顺序编写，竖向编号用大写字母从下至上顺序编写(字母 I、O、Z 不能用作轴线编号)，如图 1.4 所示。

在组合较复杂的平面图中，定位轴线也可采用分区编号，如图 1.5 所示，编号的注写形式应为"分号区-该分区编号"。

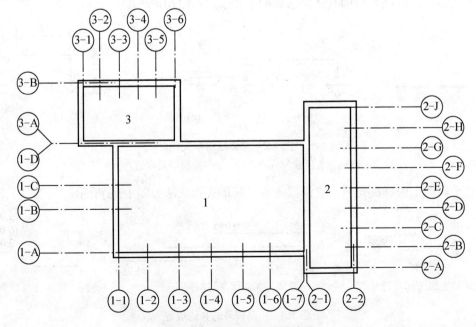

图 1.5　定位轴线的分区编号

在施工图中,两道承重墙中如有隔墙,隔墙的定位轴线应为附加轴线,附加轴线的编号方法采用分数的形式,分母表示前一根定位轴线的编号,分子表示附加轴线的编号;如在 1 号轴线或 A 号轴线前有附加轴线,则在分母中应在 1 或 A 前加注 0。

①/2表示 2 号轴线后附加的第一根轴线,③/C表示 C 号轴线后附加的第一根轴线,①/01表示 1 号轴线之前附加的第一根轴线,①/0A表示 A 号轴线之前附加的第一根轴线。

如一个详图适用于几根轴线时,应同时注明各有关轴线的编号,如图 1.6 所示。

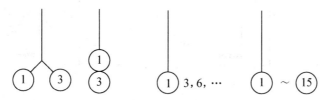

图 1.6　详图的轴线编号

圆形剖面图中定位轴线的编号,其径向轴线宜用阿拉伯数字表示,从左下角开始,按逆时针顺序编写:其圆周轴线宜用大写字母表示,从外向内顺序编写,如图 1.7 所示。

折线形平面图中定位轴线的编号,如图 1.8 所示。

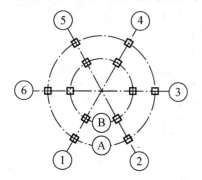

图 1.7　圆形定位轴线编号

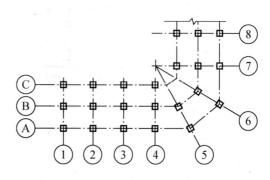

图 1.8　折线形平面定位轴线的编号

(2) 平面定位轴线的标定。

① 砖混结构平面定位轴线的标定。承重外墙定位轴线的标定:当底层墙体与顶层墙体厚度相同时,定位轴线距离墙内缘 120mm;当底层墙体与顶层墙体厚度不同时,定位轴线距离顶层墙体内缘 120mm,如图 1.9 所示。

承重内墙定位轴线的标定:承重内墙定位轴线与顶层内墙中线重合,如果承重内墙上下厚度不同,下面较厚,上面对称变薄,定位轴线与上下墙体中线重合;如果上下墙体不是对称形时,则定位轴线与顶层墙体中线重合,如图 1.10 所示。

非承重墙体不承重,因此,其定位轴线的标定可按承重墙定位轴线的方法标定,还可以使墙身内缘与平面定位轴线重合。

变形缝处定位轴线的标定:在建筑变形缝两侧如为双墙时,定位轴线分别设在距顶层墙体内缘 120mm 处;如两侧墙体均为非承重墙,定位轴线分别与顶层墙体内缘重合,如图 1.11 所示。

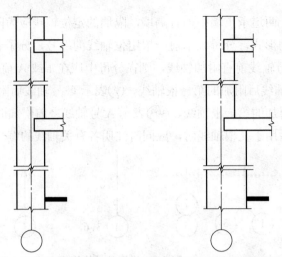

(a) 底层墙体与顶层墙体厚度相同　　(b) 底层墙体与顶层墙体厚度不同

图 1.9　承重外墙定位轴线的标定

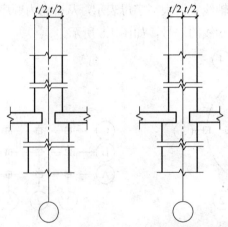

(a) 定位轴线中分底层墙身　(b) 定位轴线偏分底层墙身

图 1.10　承重内墙定位轴线的标定

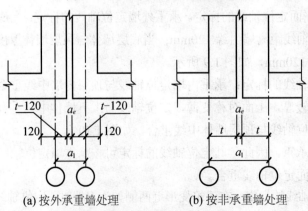

(a) 按外承重墙处理　　　　(b) 按非承重墙处理

图 1.11　变形缝处的定位轴线的标定

② 框架结构平面定位轴线的标定：在框架结构的建筑中，承重柱子分为边柱和中柱。中柱定位轴线的标定与柱子中线重合，边柱的定位轴线一般与顶层柱截面中心重合或距柱外缘250mm处，如图1.12所示。

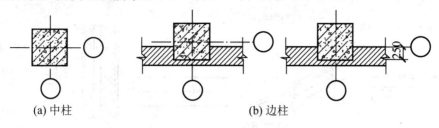

(a) 中柱 　　　　　　　　　(b) 边柱

图1.12　框架结构柱定位轴线的标定

2) 竖向定位轴线的标定

建筑竖向定位轴线应与楼(地)面面层上表面重合，屋面竖向定位轴线应为屋面结构层上表面与距墙内缘120mm处的外墙定位轴线的相交处，如图1.13所示。

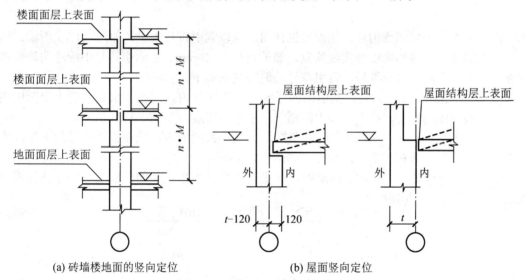

(a) 砖墙楼地面的竖向定位 　　　　　(b) 屋面竖向定位

图1.13　竖向定位轴线的标注

5. 引出线与多层构造说明

(1) 图样中某些部位的具体内容或要求无法标注时，常采用引出线注出文字说明。引出线应以细实线绘制，宜采用水平方向的直线，与水平方向成30°、45°、60°、90°的直线，或经过上述角度再折为水平线。文字说明宜注写在水平线的上方，也可注写在水平线的端部，如图1.14所示。

(2) 索引符号的引出线，应与水平直径线相连接。同时引出几个相同部分的引出线，宜互相平行，也可画成集中于一点的放射线，如图1.15所示。

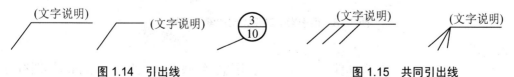

图1.14　引出线 　　　　　　　**图1.15　共同引出线**

(3) 多层构造或多层管道共用引出线，应通过被引出的各层。文字说明宜注写在水平线的上方，或注写在水平线的端部，说明的顺序应由上至下，并应与被说明的层次相互一致；如层次为横向排列，则由上至下的说明顺序应与由左至右的层次相互一致，如图 1.16 所示。

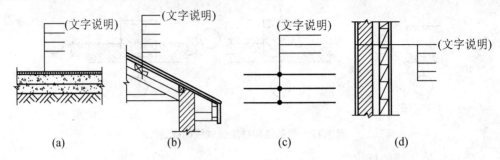

图 1.16　多层构造引出线

6. 索引符号与详图符号

1) 索引符号

图样中的某一局部或构件，如需另见详图，应以索引符号索引，如图 1.17(a)所示。索引符号的圆及直径线均应以细实线绘制，圆的直径为 10mm。在索引符号中应注明该详图的编号及其所在图纸的图纸号，索引符号的编写规则如下。

(1) 索引出的详图，如与被索引的图样同在一张图纸内，应在索引符号的上半圆中用数字注明该详图的编号，在下半圆中间画一段水平细实线，如图 1.17(b)所示。

(2) 索引出的详图，如与被索引的图样不在同一张图纸内，应在索引符号的下半圆中用数字注明该详图所在图纸的图纸号，如图 1.17(c)所示。

(3) 索引出的详图，如采用标准图，应在索引符号水平直径的延长线上加注该标准图册的编号，如图 1.17(d)所示。

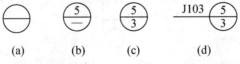

图 1.17　索引符号

(4) 索引符号如用于索引剖视详图，应在被剖切的部位绘制剖切位置线，并以引出线引出索引符号，引出线所在的一侧应为剖视方向，如图 1.18 所示。

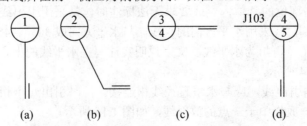

图 1.18　用于索引剖视详图的索引符号

2) 详图符号

详图符号表示详图的位置和编号，详图符号用粗实线圆表示，直径 14mm。详图符号按下列规定编号。

(1) 详图与被索引的图样同在一张图纸内时，应在详图符号内用数字注明详图的编号，如图 1.19(a)所示。

(2) 详图与被索引的图样，如不在同一张图纸内，可用细实线在详图符号内画一水平直径，在上半圆中注明详图编号，在下半圆中注明被索引图纸的图纸号，如图 1.19(b)所示。

(a) 与被索引图样同在一张图纸内的详图　　　(b) 与被索引图样不在同一张图纸内的详图符号

图 1.19　详图符号

7. 其他符合

1) 坡度符号

标注坡度时，在坡度数字下，应加注坡度符号，坡度符号的箭头，一般应指向下坡方向，也可用三角形的形式标注，如图 1.20 所示。

2) 对称符号

对称符号由对称线和两端的两对平行线组成。对称线用细点画线绘制；平行线用细实线绘制，其长度宜为 6～10mm，每对的间距宜为 2～3mm，对称线垂直平分于两对平行线，两端超出平行线宜为 2～3mm，如图 1.21 所示。

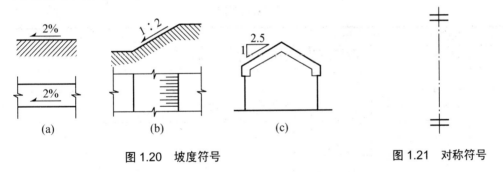

图 1.20　坡度符号　　　　　　　　　**图 1.21　对称符号**

3) 折断符号和连接符号

在工程图中，为了省略不需要表明的部分，需用折断符号将图形断开。

对于轻长的构件，可以断开绘制，并在断开处绘折断线，并注写大写英文字母表示连接编号。两个被连接的图样，必须用相同的字母编号，如图 1.22 所示。

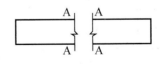

图 1.22　A—连接符号

4) 指北针及风向频率玫瑰图

在房屋的底层平面图上，应绘出指北针来表明房屋的朝向。其符号应按国家规定绘制，如图 1.23 所示。圆用细实线绘制，直径为 24mm，指针尾部的宽度为 3mm。圆内指针应涂黑并指向正北。

风向频率玫瑰图，简称风玫瑰图，是根据某一地区多年统计平均的各个方向吹风次数的百分数值，按一定比例绘制的。如图 1.24 所示，一般多用八个或十六个罗盘方位表示，玫瑰图上所表示的风的吹向是从外面吹向地区中心，图中实线为全年风玫瑰图，虚线为夏季风玫瑰图。由于风玫瑰图也能表明房屋或基地的朝向情况，所以在已经绘制了风玫瑰图的图样上则不必再绘制指北针。

图 1.23 指北针符号

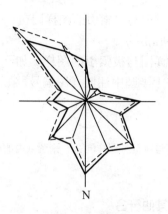

图 1.24 风玫瑰图

8. 图例及代号

建筑物和构筑物是按比例缩小绘制在图纸上的，对于有些建筑细部、构件形状及建筑材料等，往往不能如实画出，也难以用文字注释来表达清楚，所以都按统一规定的图例和代号来表示，以得到简单明了的效果。因此，制图标准中规定了各种各样的图例，见表 1-4，列出了一些常用材料图例。

表 1-4　常用的材料图例

序号	名称	图例	备注
1	自然土壤		包括各种自然土壤
2	夯实土壤		
3	砂、灰土		靠近轮廓线绘较密的点
4	砂砾石、碎砖、三合土		
5	石材		
6	毛石		
7	混凝土		1. 本图例指能承重的混凝土及钢筋混凝土 2. 包括各种强度等级、骨料、添加剂的混凝土
8	钢筋混凝土		3. 在剖面图上画出钢筋时，不画图例线 4. 断面图形小，不易画出图例线时，可涂黑
9	普通砖		包括实心砖、多孔砖、砌块等砌体，断面较窄不易绘出图例线时，可涂红
10	饰面砖		包括铺地砖、马赛克、陶瓷锦砖、人造大理石等
11	防水材料		构造层次多或比例大时，采用此图例
12	焦渣、矿渣		包括与水泥、石灰等混合而成的材料
13	木材		1. 上图为横断面、上左图为垫木、木砖或木龙骨 2. 下图为纵横面

续表

序号	名称	图例	备注
14	石膏板		包括圆孔、方孔石膏板、防水石膏板等(应注明厚度)
15	金属		1. 包括各种金属 2. 图形小时，可涂黑

1.3.2 房屋建筑施工图的特点

(1) 图线房屋施工图中的各图样，主要是用正投影法绘制的，在图幅大小允许的情况下，房屋的平面图、立面图和剖面图按其投影关系可画在同一张图纸上，便于阅读。

(2) 房屋形体较大，图纸幅面有限，所以施工图一般都用缩小的比例绘制，如1∶100、1∶200绘制。平、立、剖面图可以分别单独画出。

(3) 在用缩小比例绘制的施工图中，为反映建筑物的细部构造及具体做法，常配较大比例的详图图样，并且用文字和符号详细说明。

(4) 施工图中的不同内容，是采用不同规格的图形绘制，选取规定的线型和线宽，用以表明内容的主次和增加图面效果。

(5) 采用标准定型设计的，可只标明标准图集的编号、页数和图号。

1.4 房屋建筑施工图的识读

1.4.1 施工图的识读

1. 阅读房屋施工图应具备的基本知识

(1) 应掌握作投影图的原理和形体的各种表达方法。

(2) 要熟识施工图中常用的图例、符号、线型、尺寸和比例的意义。

(3) 由于施工图中涉及一些专业上的问题，故应在学习过程中要善于观察和了解房屋的组成和构造上的一些基本情况。

2. 施工图识读的方法

一套房屋施工图纸，首先根据图纸目录，检查和了解这套图纸有多少类别，每类有几张。如有缺损或需要标准图和重复利用旧图纸时，要及时配齐。

其次，按目录顺序(按"建施"、"结施"、"设施"的顺序)通读一遍，对工程对象的建设地点、周围环境、建筑物的大小及形状、结构类型和建筑关键部位等情况先有一个概括的了解。

再次，负责不同专业(或工种)的技术人员，根据不同要求，重点深入地看不同类别的图纸。阅读时，应先整体后局部，先文字说明后图样，先图形后尺寸等依次仔细阅读。阅读时还应特别注意各类图纸之间的联系，以避免发生矛盾而造成质量事故和经济损失。

1.4.2 标准图的识读

为了加快设计和施工速度,提高设计与施工质量,把房屋工程中常用的、大量性的构件、配件按统一模数、不同规格设计出系列施工图,供设计部门、施工企业选用。这样的图称为标准图。装订成册后,就称为标准图集。

1.标准图的分类

在我国,标准图有两种分类方法,一是按照使用范围分类,二是按照工种分类。

(1) 按照使用范围大体分为三类。

① 经国家建设委员会批准,可以在全国范围内使用的标准图集,如 03G101、03G102 等。

② 经地区或省、自治区、直辖市批准,在本地区范围内使用的标准图集,如西南04G231、西南 05J103 等。

③ 各设计单位编制的标准图集,在本设计院内部使用。此类标准图集用得较少。

(2) 按照工种分类如下。

① 建筑配件标准图,一般用"J"表示,如西南地区的建筑配件标准图中的西南 04J515为室内装修标准图。

② 建筑构件标准图,一般用"G"表示,如西南地区的建筑构件标准图中的西南 04G231为预应力混凝土空心板图集。

除建筑、结构标准图集外,还有给水排水、电气设备、道路桥梁等方面的标准图。

2.标准图的查阅方法

(1) 根据施工图中注明的标准图集的名称、编号和编制单位并查找相应的图集。

(2) 阅读标准图集时,应先看总说明,了解编制该标准图集的设计依据、使用范围、施工要求及注意事项等内容。

(3) 了解标准图集中的编号等有关表示方法和有关代号的含义。

(4) 按施工图中的详图索引编号查阅详图,核对有关尺寸和要求。

本 章 小 结

1.房屋建筑工程施工图是建造房屋的技术依据。本章主要介绍房屋的组成与作用、房屋建筑施工图产生的过程、施工图的种类、房屋建筑施工图的特点,以及施工图常用的符号。

2.各种不同功能的房屋,一般都由基础、墙或柱、楼(地)面、屋面、楼梯、门窗等基本部分,以及台阶、散水、阳台、天沟、勒脚等其他细部组成。

3.建筑设计阶段主要包括方案设计阶段(接受设计任务、明确设计意图、进行方案的构思、比较和优化)、初步设计阶段(提出若干种设计方案供选用、按比例绘制初步设计图、确定工程预算、报送有关部门审批)、技术设计阶段(在初步设计的基础上,进一步确定建筑设计各工种之间的技术问题)和施工图设计阶段(通过反复协调、修改与完善,产生一套能够满足施工要求的,反映房屋整体和细部全部内容的图样)。

4. 一套完整的房屋施工图除了图样目录、设计总说明外，按其专业内容和作用不同，主要分为建筑施工图、结构施工图和设备施工图。

5. 房屋建筑施工图除了要符合投影原理等图示方法与要求外，还应严格遵守国家颁布的相关标准的规定。学习者要充分了解房屋建筑工程施工图的图示特点。

6. 识读房屋建筑施工图，必须具备一定的知识和要求，按照正确的方法步骤进行识读。

复习思考题

一、选择题

1. 承受来自墙或柱传来的全部荷载的建筑组成部分是( )。
  A. 地基　　　　B. 基础　　　　C. 墙体　　　　D. 地梁
2. 标高的单位是( )。
  A. cm　　　　B. m　　　　C. mm　　　　D. km
3. 定位轴线在水平方向的编号应( )依次注写。
  A. 自上而下　　B. 由左向右　　C. 由右向左　　D. 自下而上
4. 详图索引符号中的圆圈直径是( )。
  A. 8mm　　　　B. 10mm　　　　C. 12mm　　　　D. 14mm
5. 在指北针符号表示中，圆用细实线绘制，圆的直径是( )。
  A. 20cm　　　　B. 22mm　　　　C. 24mm　　　　D. 25mm

二、填空题

1. 工程上常用投影图有_____、_____。
2. 房屋建筑施工图按专业内容和作用不同，主要分为_____、_____、_____三部分。
3. 标高按基准面的不同有_____和_____之分。
4. 我国规定绝对标高是以_____为基准的标高。
5. 定位轴线应用_____绘制，编号注写在定位轴线端部的圆内。圆应用_____绘制，直径_____，详图上可增为_____。

三、简答题

1. 房屋建筑设计包括哪几个阶段？
2. 什么是标高、绝对标高、相对标高？
3. 简述定位轴线的绘制方法。
4. 简述房屋建筑施工图的特点。
5. 简述房屋建筑施工图识读的一般方法。

第 2 章

建筑施工图

建造一幢房屋从设计到施工，要由许多专业和不同工种共同配合来完成。按专业分工不同，可分为建施、结施、电施、水施、空施及装饰。本书由于受篇幅限制，只就建筑施工图和结构施工图的绘制步骤及其识读方法作了简要介绍，其他施工图的识读方法此处不作介绍。

本章主要介绍有关建筑工程施工图的一些基本规定和绘制方法。

 引例

建筑施工图主要包括首页图、建筑总平面图、建筑平面图、建筑立面图、建筑剖面图、建筑详图等。下面以某学生公寓的设计图纸为例，分析建筑施工图所包含的内容和读图方法。

图 2.1 为建筑平面图，试说明此平面图所包含的内容、读图方法有哪些。

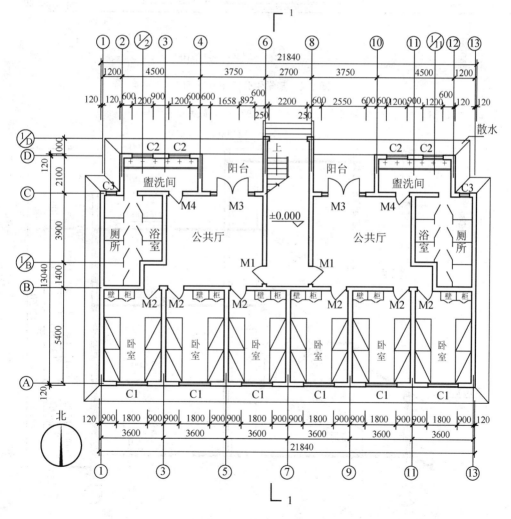

底层平面图 1∶100

图 2.1 底层平面图

图 2.2 为建筑立面图，试说明此立面图所包含的内容、读图方法有哪些，及其绘制步骤。

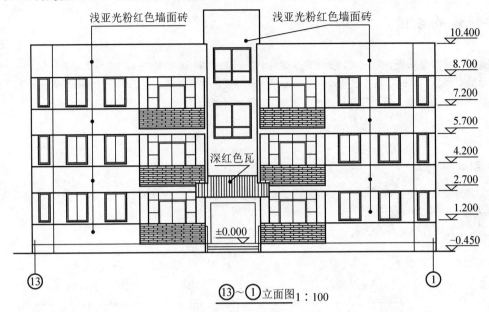

⑬～① 立面图 1：100

图 2.2 某学生公寓正立面图

图 2.3 为建筑剖面图，此剖面图的读图方法有哪些？其绘制步骤有哪些？

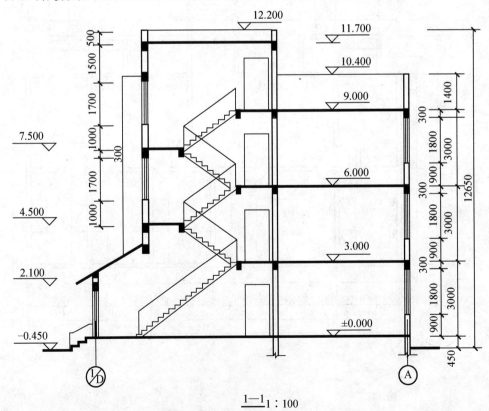

1—1 1：100

图 2.3 剖视图

2.1 首 页 图

建筑施工图首页是本套图纸的第一张图样，一般包括：图纸目录、设计总说明、门窗表和楼地面、内外墙和散水台阶等处的构造做法和装修做法，用表格或文字说明。

2.1.1 图纸目录

列表说明该工程由哪几个专业图样组成，各专业图样的名称、张数并按图样装订顺序依次编写，以便于对整套图样有一个概略了解和查找图样。

表2-1为某单位职工宿舍楼图纸目录。本套施工图共有35张图样，其中建筑施工图12张，结构施工图6张，给水排水施工图5张，采暖施工图6张，电器施工图6张。

表2-1 图纸目录

序号	图别	图样名称	备注	序号	图别	图样名称	备注
1	建施1	设计说明、门窗表、工程做法表		19	水施1	给排水设计说明	
2	建施2	总平面图		20	水施2	一层给排水平面图	
3	建施3	一层平面图		21	水施3	楼层给排水平面图	
4	建施4	二～六层平面图		22	水施4	给水系统图	
5	建施5	地下室平面图		23	水施5	排水系统图	
6	建施6	屋顶平面图		24	暖施1	采暖设计说明	
7	建施7	南立面图		25	暖施2	一层采暖平面图	
8	建施8	北立面图		26	暖施3	楼层采暖平面图	
9	建施9	侧立面图、剖面图		27	暖施4	顶层采暖平面图	
10	建施10	楼梯详图		28	暖施5	地下室采暖平面图	
11	建施11	外墙详图		29	暖施6	采暖系统图	
12	建施12	单元平面图		30	电施1	一层照明平面图	
13	结施1	结构设计说明		31	电施2	楼层照明平面图	
14	结施2	基础图		32	电施3	供电系统图	
15	结施3	楼层结构平面图		33	电施4	一层弱电平面图	
16	结施4	屋顶结构平面图		34	电施5	楼层弱电平面图	
17	结施5	楼梯结构图		35	电施6	弱电系统图	
18	结施6	雨篷配筋图	—	—	—	—	—

2.1.2 设计说明

建筑设计说明主要说明工程的概貌和总的要求，其内容包括：本工程设计依据、设计标准、施工要求，以及注意事项、技术经济指标和建筑用料说明。

以下为某单位综合楼工程的设计说明。

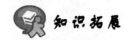 知识拓展

建筑设计说明

一、设计依据

1. 某单位(甲方)设计委托书
2. 甲方提供的详细规划图及地形图
3. 规划部门的设计方案审批批复
4. 国家现行有关的设计规范

二、工程概况

(1) 建筑名称：本工程为某单位职工宿舍楼。

(2) 概况：本工程为砖混结构，地上六层，地下一层。耐火等级一级，设计使用年限为 50 年。按抗震烈度为 7 度设防，屋面防水等级为二级。

(3) 规模：建筑面积 3200m^2。

三、设计标高

本工程±0.000 相当于绝对标高 730m。

四、防火构造要求

(1) 本工程的每一层为一个防火分区，设有消火栓和灭火器。

(2) 本工程设有 3 部楼梯，满足防火规范要求。

五、内外装修要求

(1) 门窗洞口及室内墙体阳角抹 1∶2 水泥砂浆护角，高度 1800mm，每侧宽度不小于 50mm。

(2) 厨房及卫生间设施未注明者均由甲方订货。

(3) 楼梯扶手采用 98J8－121，所有户外楼梯顶层水平段栏杆高 1050mm。

(4) 瓷砖墙面采用 60mm×200mm 瓷砖，竖向粘贴。

(5) 变形缝做法：98J3(一)颜色同墙面。

(6) 雨篷做法：98J6－10。

(7) 地下室及一层外窗均设护窗栏杆，做法甲方自定。

六、门窗工程

所有门窗，其选用的玻璃厚度和框料均应满足安全强度要求，其抗风压变形、雨水渗透、空气渗透、平面内变形、保温、隔音及耐撞击等性能指标均应符合国家现行产品标准的规定。

所有门窗制作安装前需现场校核尺寸及数量。

七、有关注意事项

(1) 本工程除标高及总图尺寸的单位为米(m)外，其余均为毫米(mm)。

(2) 厨房、卫生间、阳台均低于楼面 20mm。

(3) 施工时各专业图样对照施工，注意各专业预埋件及开孔留洞，避免事后挖凿，以确保施工质量。

(4) 本工程施工过程中，必须按照国家颁布的现行《建筑安装施工验收规范》及本省《建筑安装工程技术操作规程及有关补充》要求施工，若遇图纸有误或不明确之处，应及时与设计单位联系，经协商确定后再进行施工。

2.1.3 工程做法表

工程做法表主要是对建筑各部位构造做法用表格的形式加以具体说明。表 2-2 为某单

位职工宿舍楼的工程做法表，在表中对各施工部位的名称、做法等具体表达清晰，如采用标准图集中的做法，应注明所采用标准图集的代号、做法编号，如有改变，在备注中说明。

工程做法表的内容一般包括屋面、楼地面、内外墙面、散水、顶棚、女儿墙、压顶，以及栏杆扶手等的构造做法和装修做法。

表2-2 工程做法表

编号	名称		施工部位	做法	备注
1	外墙面	干黏石墙面	见立面图	98J1 外 10-A	内墙保温砂浆 30mm 厚
		瓷砖墙面	见立面图	98J1 外 22	
		涂料墙面	见立面图	98J1 外 14	
2	内墙面	乳胶漆墙面	用于砖墙	98J1 内 17	楼梯间墙面抹 30mm 厚保温砂浆
		乳胶漆墙面	用于加气混凝土墙	98J1 内 19	
		瓷砖墙面	仅用于厨房、卫生间阳台	98J1 内 43	规格及颜色由甲方定
3	勒脚	水泥砂浆踢脚	厨房及卫生间不做	98J1 踢 2	
4	地面	水泥砂浆地面	用于地下室	98 对地 4-C	
5	楼面	水泥砂浆楼面	仅用于楼梯间	98J1 楼 1	
		铺地砖楼面	仅用于厨房及卫生间	98J1 楼 14	规格及颜色由甲方定
		铺地砖楼面	用于客厅、餐厅、卧室	98J1 楼 12	规格及颜色由甲方定
6	顶棚	乳胶漆顶棚	所有顶棚	98J1 棚 7	
7	油漆		用于木件	98J1 油 6	
			用于铁件	98J1 油 22	
8	散水			98J1 散 3-C	宽度 1000mm
9	台阶		用于楼梯入口处	98J1 台 2-C	
10	屋面			98J1 屋 13(A.80)	

2.1.4 门窗表

门窗表是对建筑物上所有不同类型的门窗统计后列成的表格，以备施工、预算需要。在门窗表中应反映门窗的类型、大小、所选用的尺度图集及其类型编号，如有特殊要求，应在备注中加以说明，见表2-3。

表2-3 门窗表

统一编号	图集编号	洞口尺寸 (长×宽)	数量/个	材料	部位	备注
M-1	98J4(一)-51-2PM₂-59	1500×2700	2	塑钢	一层	现场定做
M-2		2400×2400	2	塑钢	一层	现场定做
M-3	98J4(二)-6-1M-37	900×2100	22	木	一～三层	现场定做
M-4	98J4(一)-51-2PM-69	1800×2700	4	塑钢	二～三层	现场定做
M-5	98J4(二)-6-1M-037	750×2100	2	木	二层	现场定做
M-6		2400×2700	2	塑钢	一～三层	现场定做
M-7	98J4(二)-6-1M-32	900×2000	8	木	地下室	现场定做
M-8	98J4(二)-6-1M-02	750×2000	2	木	地下室	现场定做

续表

统一编号	图集编号	洞口尺寸 (长×宽)	数量/个	材料	部位	备注
M-9	98J4(一)-54-2PM$_2$-57	1500×2100	2	塑钢	阁楼	现场定做
C-1	98J4(一)-39-1TC-76	2100×1800	2	塑钢	一层	现场定做
C-2	98J4(一)-39-1TC-66	1800×1800	8	塑钢	一～三层	现场定做
C-3	98J4(一)-39-1TC-53	1500×1800	8	塑钢	楼梯	参照定做
C-4	98J4(一)-39-1TC-46	1200×1800	12	塑钢	一～三层	现场定做
C-5	98J4(一)-39-1TC-86	2400×1800	6	塑钢	二～三层	现场定做
C-6	98J4(一)-39-1TC-73	2100×750	2	塑钢	地下室	参照定做
C-7	98J4(一)-39-1TC-64	1800×1200	4	塑钢	阁楼	现场定做
C-8	98J4(一)-39-1TC-63	1800×750	2	塑钢	地下室	参照定做
C-9	98J4(一)-39-1TC-43	1200×750	4	塑钢	地下室	参照定做

2.2　总平面图

2.2.1　总平面图概述

总平面图是新建房屋在基地范围内的总体布置图。它表明新建房屋的平面形状和层数、与原有建筑物的相对位置、周围环境、地貌地形、道路和绿化的布置等情况。

总平面图也是新建房屋定位、施工放线、土方施工，以及绘制水、电、暖、煤气等管线总平面图的依据。

2.2.2　总平面图的图示内容与图示方法

1. 图示内容

(1) 表明新建区的总体布局：如拔地范围、各建筑物及构筑物的位置、道路、管网的布置等。

(2) 确定建筑物的平面位置：一般根据原有房屋或道路定位，修建成片住宅、较大的公共建筑物、工厂或地形较复杂时，用坐标确定房屋及道路转折点的位置。

(3) 表明建筑物首层地面的绝对标高，室外地坪、道路的绝对标高；说明土方填挖情况、地面坡度及雨水排除方向。

(4) 表示建筑地域方向采用指北针或风玫瑰图，要求绘制在图幅中适当的位置，一般在图幅的某一角。

(5) 示意绘制道路、绿化、重要管线布置等。

2. 图示方法

1) 绘制方法

总平面图是用正投影的原理绘制的，图形主要是以图例的形式表示，总平面图的图例采用了《总图制图标准》(GB/T 50103—2010)规定的图例，表2-4所示为总平面图的部分图例。

表 2-4 总平面图的部分图例

名称	图例	说明	名称	图例	说明
新建建筑物	8 ▲	1. 需要时，可用▲表示出入口，可在图形内右上角用点或数字表示层数 2. 建筑物外形(一般以±0.00 高度处的外墙定位轴线或外墙面线为准)用粗实线表示。需要时，地面以上建筑用中粗实线表示，地面以下建筑用细虚线表示	新建的道路	5 45.00 R8 50.00	"R8"表示道路转弯半径为 8m，"50.00"为路面中心控制点标高，"5"表示 5%，为纵向坡度，"45.00"表示变坡点间距离
原有的建筑物		用细实线表示	原有的道路		
计划扩建的预留地或建筑物		用中粗虚线表示	计划扩建的道路		
拆除的建筑物		用细实线表示	拆除的道路		
坐标	X115.00 Y300.00	表示测量坐标	桥梁		1. 上图表示铁路桥，下图表示公路桥 2. 用于旱桥时应注明
	A135.50 B255.75	表示建筑坐标			
围墙及大门		上图表示实体性质的围墙，下图表示通透性质的围墙，如仅表示围墙时不画大门	护坡		1. 边坡较长时，可在一端或两端局部表示 2. 下边线为虚线时，表示填方
			填挖边坡		
台阶		箭头指向表示向下	挡土墙		被挡的土在"突出"的一侧
铺砌场地			挡土墙上设围墙	+++	

2) 图线

宽度按《房屋建筑制图统一标准》(GB/T 50001—2010)中的图线的有关规定执行。

3) 标高与尺寸

在总平面图中，采用绝对标高，室外地坪标高符号宜用涂黑的三角形表示，总平面图的坐标、标高、距离以米为单位，并应至少取至小数点后两位。

4) 总平面图的绘制

总平面图应按上北下南方向绘制，根据场地形状或布局，可向左或右偏转，但不宜超过 45°。

5) 指北针和风向频率玫瑰图(风玫瑰)

在总平面图中应画出的指北针或风向频率玫瑰图来表示建筑物的朝向。风向频率玫瑰图一般画出 16 个方向的长短线来表示该地区常年的风向频率，有箭头的方向为北向。

6) 比例

由于总平面图表达的范围较大，所以都采用较小的比例绘制，《国家建筑制图标准》规定：总平面图应采用 1∶500、1∶1000 或 1∶2000 的比例绘制，以图例来表明新建、原有、计划扩建或拆除的建筑物，以及铁路、道路、绿化的布置。

2.2.3 总平面图的识读

1. 总平面图识读的方法与步骤

(1) 阅读标题栏和图名、比例，了解工程名称、性质、类型等。

(2) 阅读设计说明，在总平面图中常附有设计说明，一般包括如下内容：有关建设依据和工程概况的说明，如工程规模、主要技术经济指标、用地范围等；确定建筑物位置的有关事项；标高及引测点说明、相对标高与绝对标高的关系；补充图例说明等。

(3) 了解新建建筑物的位置、层数、朝向，以及当地常年主导风向等。

(4) 了解新建建筑物的周围环境状况。

(5) 了解新建建筑物首层地坪、室外设计地坪的标高和周围地形、等高线等。

(6) 了解原有建筑物、构筑物和计划扩建的项目，如道路、绿化等。道路与绿化是主体的配套工程。从道路可了解建成后的人流方向和交通情况；从绿化可以看出建成后的环境绿化情况。

2. 总平面图识读举例

如图 2.4 所示，为某大学综合体育馆的总平面图，比例为 1∶500。

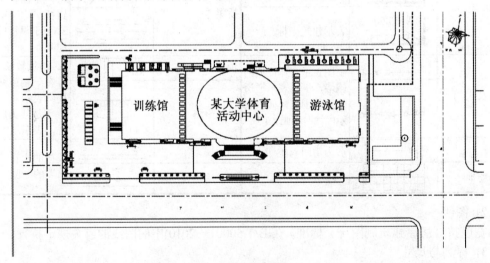

图 2.4 某大学综合体育馆总平面图

2.3 建筑平面图

2.3.1 建筑平面图概述

1. 图示内容

将房屋用一个假想的水平剖切平面沿其门窗洞口高度方向的大约中间位置剖切后，移去剖切平面以上的部分，再将剖切平面以下的部分作正投影所得的水平剖面图，称为建筑平面图，简称平面图，如图 2.5 所示。

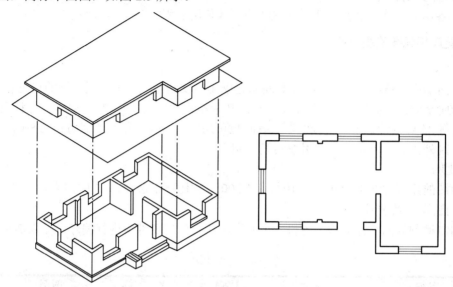

图 2.5　建筑平面图的形成

平面图反映了房屋的平面形状、大小，房间的布置，墙(或柱)的位置，门窗的位置及各种尺寸。多层房屋一般应每层画一个平面图，并注明相应的图名，如"底层平面图"、"二层平面图"等。对于相同的楼层可以画一个"标准层平面图"。除楼层平面图外，还应画屋顶平面图。屋顶平面图是屋面在水平面上的投影，不需剖切。

2. 建筑平面图的作用

建筑平面图是建筑施工图最基本的图样之一，是施工放线、砌墙、安装门窗、室内装修和编制预算的重要依据。

2.3.2　建筑平面图的图示内容与图示方法

1. 建筑平面图的图示内容

(1) 图名、比例、朝向。

(2) 定位轴线及其编号。

(3) 各房间的组合和分隔，门窗布置及其型号，墙、柱的断面形状和大小。

(4) 楼梯的位置、形状及梯段的走向和级数。

(5) 其他构件如台阶、雨篷、阳台，以及各种装饰的位置、形状和尺寸，厕所、盥洗室、厨房等固定设施的布置。

(6) 标注出平面图的轴线尺寸，各建筑构配件的大小尺寸、定位尺寸，楼地面的标高，以及某些坡度。

(7) 底层平面图中应表明剖视图的剖切位置线和剖视方向及其编号，绘制表明房屋朝向的指北针。

(8) 顶层平面图中应表示出屋顶形状、屋面排水方向、坡度、排水方式、雨水口位置、挑檐、女儿墙、烟囱、上人孔及电梯间等构造和设施。

(9) 详图索引符号。

(10) 各房间名称，必要时注明各房间的有效使用面积。

2. 建筑平面图的图示方法

1) 图线

在平面图中，被剖切到的墙、柱等断面轮廓用粗实线绘制；未被剖切到的可见轮廓(如窗台、台阶等)及门的开启线用中实线绘制；其余结构(如窗的图例线、索引符号指引线、墙内壁柜等)的可见轮廓用细实线绘制。有时也可用两种线宽，即除了剖切到的断面轮廓用粗实线绘制外，其余可见轮廓均用细实线绘制。

2) 比例

平面图的比例宜在 1：50、1：100、1：200 三种比例中选择，常用比例为 1：100。

3) 门窗图例及编号

为编制概预算的统计及施工备料，平面图上所有的门窗都应进行编号，见表 2-5。

表 2-5　门窗图例

序号	名称	图例	序号	名称	图例
1	单扇平开或单向弹簧门		11	固定窗	
2	单扇平开或双向弹簧门		12	上悬窗	
3	双层单扇平开门		13	中悬窗	
4	单面开启双扇门(包括平开或单面弹簧)		14	下悬窗	

序号	名称	图例	序号	名称	图例
5	双面开启双扇门(包括双面平开或双面弹簧)		15	立转窗	
6	双层双扇平开门			说明: 1. 窗的名称代号用 C 表示 2. 平面图中,下为外,上为内 3. 立面图中,开启线实线为外开,虚线为内开。开启线交角的一侧为安装合页一侧。开启线在建筑立面图中可不表示,立面大样图中需绘出 4. 剖面图中,左为外,右为内虚线仅表示开启方向,项目设计不表示 5. 附加纱扇应以文字说明,在平、立、剖面图中均不表示 6. 立面形式应按实际情况绘制	
	说明: 1. 门的名称代号用 M 表示 2. 平面图中,下为外,上为内。门开启线为90°、60°或45° 3. 立面图中,开启线实线为外开,虚线为内开。开启线交角的一侧为安装合页一侧。开启线在建筑立面图中可不表示,在立面大样图中可根据需要绘出 4. 剖面图中,左为外,右为内 5. 附加纱扇应以文字说明,在平、立、剖面图中均不表示 6. 立面形式应按实际情况绘制			16	双层推拉窗	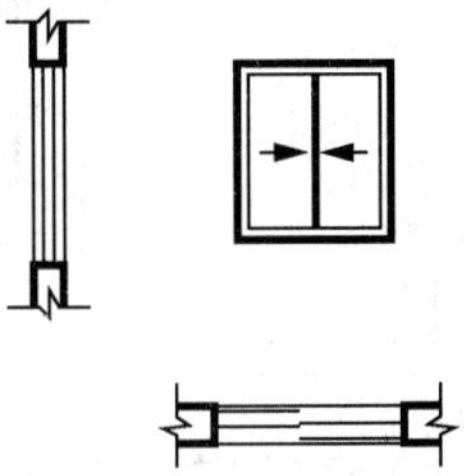
7	旋转门		17	上推窗	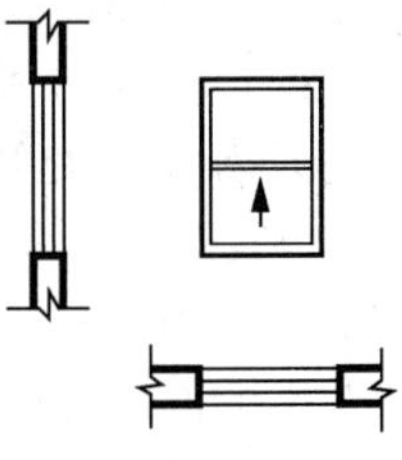
8	两翼智能旋转门		18	百叶窗	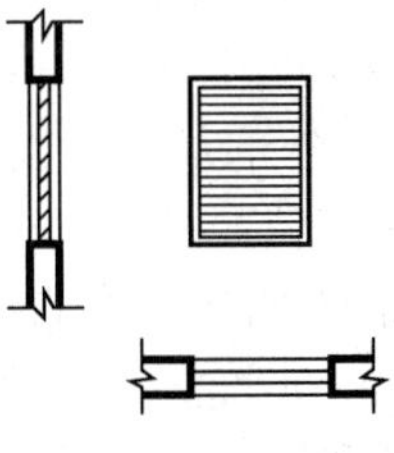
	说明: 1. 门的名称代号用 M 表示 2. 立面形式应按实际情况绘制			说明: 1. 窗的名称代号用 C 表示 2. 立面形式应按实际情况绘制	

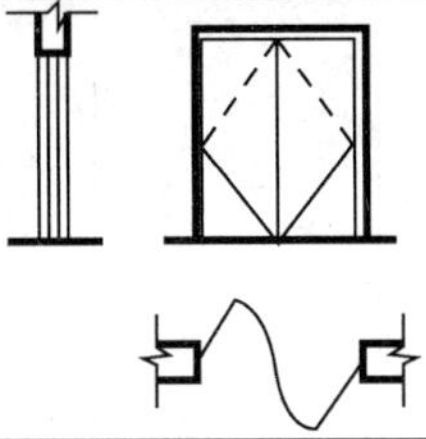

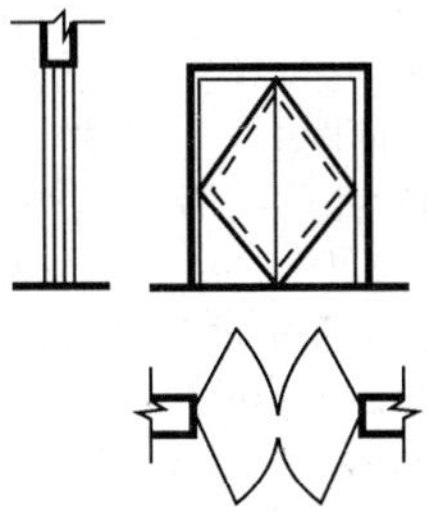

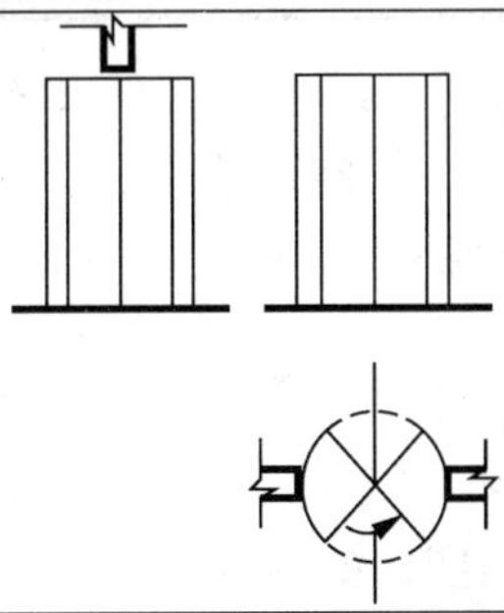

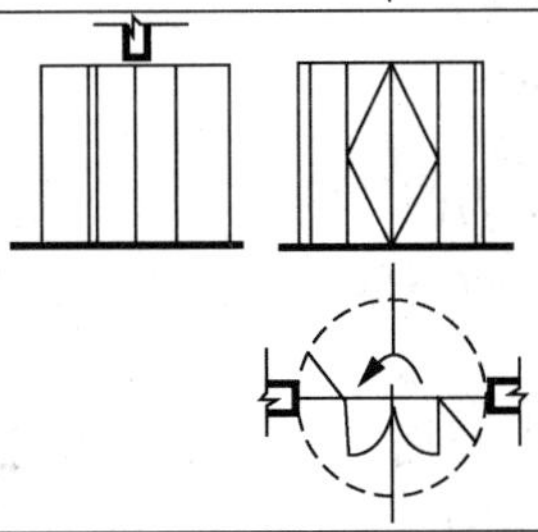

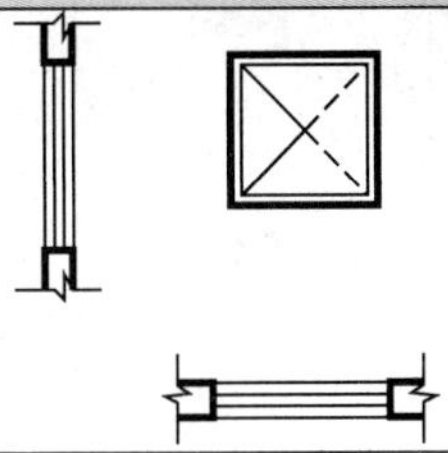

续表

序号	名称	图例	序号	名称	图例
9	折叠上翻门		19	高窗	

说明：
1. 门的名称代号用 M 表示
2. 平面图中，下为外，上为内
3. 剖面图中，左为外，右为内
4. 立面形式应按实际情况绘制

说明：
1. 窗的名称代号用 C 表示
2. 立面图中，开启线实线为外开，虚线为内开。开启线交角的一侧为安装合页一侧。开启线在建筑立面图中可不表示，立面大样图中需绘出
3. 剖面图中，左为外，右为内
4. 立面形式应按实际情况绘制
5. h 表示高窗底距本层地面标高
6. 高窗开启方式参考其他窗型

| 10 | 自动门 | | 20 | 平推窗 | |

说明：
1. 门的名称代号用 M 表示
2. 立面形式应按实际情况绘制

说明：
1. 窗的名称代号用 C 表示
2. 立面形式应按实际情况绘制

门窗除了用图例表示外，还应注写门窗的代号和编号：如 M1、C3。M、C 分别为门和窗的代号；1 和 3 分别为门窗的编号。相同类型、相同尺寸的门或窗作同一编号。在平面图中门的开启线用 45° 中实线绘制；窗用四条细实线绘制。

4) 材料图例

在平面图中，被剖切到的墙、柱等断面在比例大于 1∶50 时，其断面应画上材料图例，墙体抹灰层的面层线也应用细实线画出；在比例为 1∶100～1∶200 时，抹灰层面层线可省略不画，其断面可省略材料图例，或采用简化图例，如砖墙涂红色、钢筋混凝土涂黑色。

材料常用图例已在第 1 章表 1-4 中列出。

5) 尺寸标注

(1) 外部尺寸一般分三道尺寸标注：最内层为门、窗的大小和位置尺寸(门、窗的定形尺寸和定位尺寸)；中间层为定位轴线的间距尺寸(房间的开间和进深尺寸)；最外层为外墙总尺寸(表明建筑物的总长和总宽)。

(2) 在平面图中还应注写有关的内部尺寸以及楼面、地面的相对标高。相对标高的基准面按我国国家标准规定将房屋一层的室内地面为零点，以此为基准标注标高。

内部尺寸包括不同类型各房间的净长、净宽；内墙的门、窗洞口的定形、定位尺寸；墙体厚度尺寸；室内固定设施的大小与位置尺寸等。各房间按其使用不同还应注写其名称，

并在图名的下方画一段特粗线，不宜过长，另外还需在图名的右下方标注比例，比例的字号应比图名小一号。

(3) 具体构造尺寸：室外的散水、台阶、花池、室内的固定设施的大小及定位尺寸，可单独标注。

6) 其他要求

(1) 要标注有关部位详图的索引符号，采用标准图集的构配件的编号及文字说明。

(2) 平面图中要注写各房间的名称，住宅平面图还要注写各房间的使用面积。

(3) 一层平面图中要标注剖面图的剖切符号及编号、指北针。

(4) 屋顶平面图中及其他层中的阳台或露台，要标注排水坡度。

2.3.3 建筑平面图的识读

以某学生公寓底层平面图(参见图2.1)为例，来回顾本章章首所提出的问题，说明其平面图的内容和读图方法。

1. 图名、比例、朝向

先从图名了解该平面图是哪一层平面，图的比例是多少，房屋的朝向怎样。

本图是首层平面图，也叫底层平面图，即一层平面，说明这个平面图是在首层窗台之上，首层向二层的楼梯平台之下水平剖切后(图2.6)，按俯视方向投影所得的水平剖视图。该平面图的比例是1∶100，平面形状为长方形。指北针表明了房屋的朝向。

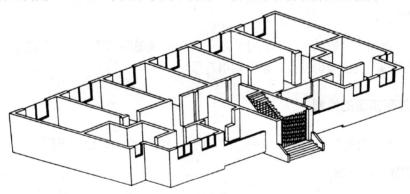

图2.6 水平剖切后的学生公寓

2. 墙或柱的位置、房间的分布、门窗图例

从墙(或柱)位置、房间名称，了解各房间的用途、数量及相互间的组合情况。本例学生公寓的平面组合为：由楼梯间入口，可进入两套房间，每套有三个寝室、一个公共厅，还有盥洗间、厕所和浴室。

在比例大于1∶50的平面图中，宜画出墙断面的材料图例；比例为1∶100～1∶200时，可画简化的材料图例(如砖墙涂红、钢筋混凝土涂黑)；比例小于1∶200的平面图，可不画材料图例。门、窗按"图标"规定的图例绘制，在图例旁注写出门窗代号，M表示门，C表示窗，不同型号的门、窗以不同的编号区分，如M1、M2、C1、C2等。此外，应以列表方式表达门窗的类型、制作材料等。

3. 根据定位轴线了解开间和进深

根据定位轴线的编号及其间距，了解各承重构件的位置和房间的大小。

如图 2.3 所示，从左至右方向有 1～13 共十三根定位轴线，并且在轴线 2 和轴线 11 之后，还分别有一根附加轴线。同一房间的横向轴线间距称为开间，纵向轴线间距称为进深。可以看出，每一间寝室的开间和进深分别是 3600mm 和 5400mm。

4. 其他构配件和固定设施的图例

除墙、柱、门、窗外，建筑平面图中还画出其他构配件和固定设施的图例。如在学生公寓首层平面图中，每个寝室都有一个壁柜，放置四张单人床，盥洗间有水槽，卫生间分隔成厕所和浴室。

另外，在首层平面图中，还画出室外的一些构配件和固定设施的图例或轮廓形状，如室外房屋的散水、雨水管、门洞外的台阶等。

5. 有关尺寸标注

平面图中的外墙尺寸一般有三层，最内层为门、窗的大小和位置尺寸(门、窗的定形和定位尺寸)；中间层为定位轴线的间距尺寸(房间的开间和进深尺寸)；最外层为外墙总尺寸(房屋的总长和总宽)。内墙上的门窗尺寸可以标注在图形内。此外，还须标注某些局部尺寸，如墙厚、台阶、散水等，以及室内、外等处的标高。

6. 有关符号

在首层平面图中，除了应画指北针外，还应在剖视图的剖切位置绘制剖切符号，以及在需要另画详图的局部或构件处，画出索引符号。

2.3.4 建筑平面图的绘制

如图 2.3 所示的某学生公寓底层平面图为例，说明平面图的绘制步骤。

1. 选定比例和图幅

首先，根据房屋的大小按"国标"的规定选择一个合适的比例，通常用 1：100，进而确定图幅的大小，选定图幅时应考虑标注尺寸、符号和有关说明的位置。

2. 绘制底图

其步骤如下。

1) 绘制轴线

考虑标注尺寸、轴号、图名、图框、标题栏及其他符号等，均匀布置图面，根据开间和进深尺寸绘制出定位轴线，如图 2.7 所示。

2) 绘制墙体

根据墙厚尺寸绘制墙体，如图 2.8 所示。可以暂时不考虑门窗洞口，画出全部墙线草图。草图线要画得细而轻，以便修改。

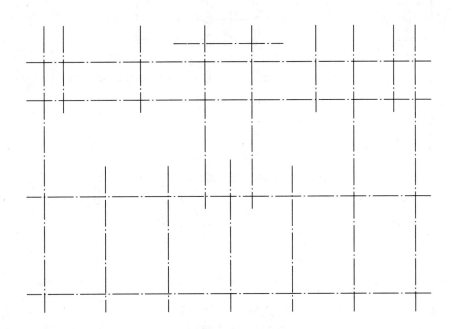

图 2.7　绘制定位轴线(一)

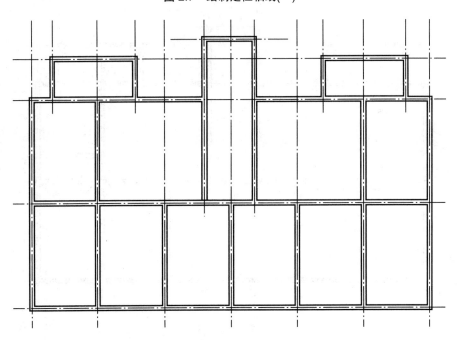

图 2.8　绘制墙体

3) 门窗开洞

根据门窗的大小及位置,确定门窗的洞口,如图 2.9 所示。

4) 绘制门窗符号

按规定图例绘制门窗的符号,如图 2.10 所示。

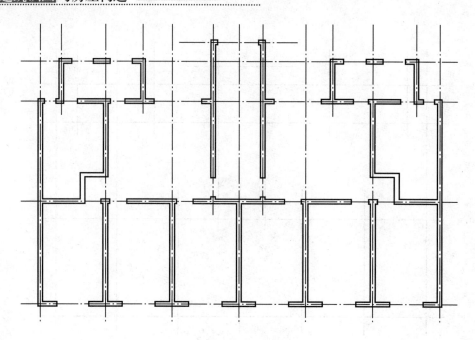

图 2.9　绘制门窗洞口

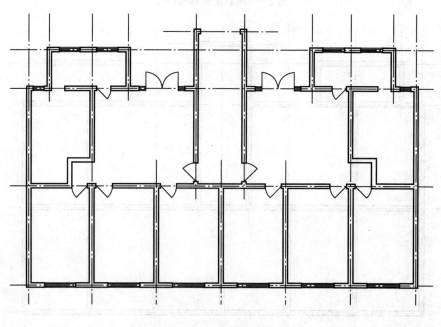

图 2.10　绘制门窗

5) 其他

包括室内家具、壁柜、卫生隔断、室外阳台、台阶、散水等，如图 2.11 所示。

6) 加深墙线。

略。

7) 标注

标注尺寸、房间名称、门窗名称及其他符号，完成全图。

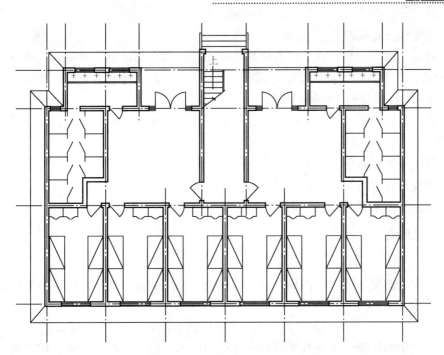

图 2.11　绘制室内家具、卫生隔断等

2.4　建筑立面图

2.4.1　建筑立面图概述

　　将房屋的各立面向与之平行的投影面作正投影所得的图样称为建筑立面图，简称立面图。建筑立面图是用来表示建筑物的外形和外墙面装饰要求的图样。立面图可根据房屋朝向来命名，如南立面图、北立面图、东立面图、西立面图。也可以根据主要入口来命名，通常把主要入口或反映房屋主要外貌特征的立面图称为正立面图，而其他三个面分别为背立面图和左、右侧立面图。还可以根据立面图两端轴线的编号来命名，如图 2.2 所示某学生公寓的正立面图也可称为⑬～①立面图。

　　一般房屋需要从四个方向分别绘制四个立面图，以反映各个立面的形状。对于平面形状比较复杂的立面，如圆弧形、折线形、曲线形等，这些立面与投影面不平行，可以先将该立面展开到与投影面平行，然后再用投影法绘出其立面图，但应在图名后注写"展开"二字。如果房屋的东西立面布置完全对称，可合绘一个立面图而取名为东(西)立面图。如果房屋左右完全对称，则可将正立面图和背立面图各绘制一半，合并成一幅立面图。

2.4.2　建筑立面图的图示内容与图示方法

1. 图示内容

(1) 图名、比例、朝向。

37

(2) 定位轴线及其编号。

(3) 建筑立面图应将立面上所有投影可见的轮廓线全部绘出，如室外地面线、房屋的勒脚、台阶、花池、门、窗、雨篷、阳台、檐口、女儿墙、外墙分格线、雨水管，屋顶上可见的排烟口、水箱间、市外楼梯等。

(4) 表现房屋的外部造型，如屋顶、外墙面装修、室外台阶、阳台、雨篷等部分的材料，色彩和做法，房屋外部门位置及形式。

(5) 标注房屋总高度与各关键部位的高度，一般用相对标高表示。

(6) 剖视图的剖切符号，表示房屋朝向的指北针(仅在首层平面图中表示)。

(7) 节点详图索引及必要的文字说明。

2. 图示方法

1) 图名、比例、朝向

(1) 立面图的图名应按"国标"规定：有定位轴线的建筑物，宜根据两端轴线号编注立面图的名称。如

①～⑤立面图 1：50

(2) 立面图的比例一般应与平面图所选用的比例一致，常用 1：50、1：100、1：200 的比例绘制。

2) 图线

室外地坪线用特粗线(1.4b)绘制；房屋的外轮廓线或具有转角处的轮廓线用粗实线绘制；台阶、花池、柱、门窗洞口、雨篷、阳台、檐口、女儿墙等用中实线绘制；门窗扇分格、栏杆、雨水管、墙面装饰线、文字说明指引线等用细实线绘制。

3) 轴线编号

在立面图中只标注始末两端的轴线及编号，标注时注意投影方向必须与平面图对应。

4) 尺寸标注

立面图上一般只需标注房屋外墙各主要结构的相对标高和必要的尺寸，如室外地面、台阶、窗台、门、窗洞口顶端、阳台、雨篷、檐口、屋顶等完成面的标高。对于外墙预留洞口处标注标高外，还应标注其定形和定位尺寸。标注标高时，需要从其被标注部位的表面绘制一引出线，标高符号指向引出线，指向可向上，也可向下。标高符号宜画在同一铅垂线方向，排列整齐。

(1) 竖直方向：应标注建筑物的室内外地坪、门窗洞口上下口、台阶顶面、雨篷、房檐下口、屋面、墙顶等处的标高。

(2) 水平方向：立面图水平方向一般不注尺寸，但需要标出立面图最外两端墙的轴线及编号。

5) 门窗图例

门窗及许多细部结构按表 2-5 进行绘制，其中相同类型和尺寸的门、窗允许详细绘制一个，其余可以略画。

6) 其他内容

(1) 立面图上可在适当位置用文字标出其装修的材料、色彩和做法，也可以不注写在立面图中，以保证立面图的完整美观，而在建筑设计总说明中列出外墙面的装修。

(2) 根据具体情况标注有关部位详图的索引符号，以引导施工和方便阅读。

(3) 立面图应将立面上所有投影可见的轮廓线全部绘出，如室外地面线、房屋的勒脚、台阶、花池、门、窗、雨篷、阳台、檐口、女儿墙、外墙分格线、雨水管、屋顶上可见的排烟口、水箱间、室外楼梯等。

2.4.3 建筑立面图的识读

以某学生公寓正立面图(参见图 2.2)为例，来回顾本章章首提出的问题，说明其立面图的内容和读图方法。

1. 图名和比例

对照底层平面图可以看出，该立面是这栋学生公寓的入口所在立面，也可称为正立面图。立面图的比例与平面图一致，都采用 1∶100。

2. 定位轴线

立面图上只标出两端的轴线及其编号，用以确定立面的朝向。

3. 立面外貌

立面图的外轮廓线所包围的范围显示出这栋房屋的总长和总宽。外轮廓线之内的图形主要是门、窗、阳台等构造的图例。从门窗的分布可以知道这栋学生公寓共 3 层，立面左右对称。为了加强立面的效果，外墙面上还设有水平的引条线。立面装修的做法要求，一般可用简短的文字加以说明，或在施工总说明中列出。

4. 标高尺寸

在立面图中，一般不标注门、窗洞口的大小尺寸及房屋的总长和总高尺寸。但一般应标注室内外地坪、阳台、门、窗等主要部位的标高。

2.4.4 建筑立面图的绘制

如图 2.2 所示，以某学生公寓正立面图为例，说明建筑立面图的绘制步骤。

1. 选比例、定图幅，进行图面布置

比例、图幅一般同平面图一致，这里的比例也采用 1∶100，并注意留有注写标高和文字说明的余地。

2. 确定立面图的图示位置

按照房屋的最高标高，绘制室外地面线(注意室外地坪为负标高值，所以，总高度应为室外地坪标高与最高标高之和)，参照平面图的总长度确定两端的定位轴线，如图 2.12 所示。并绘制立面图中房屋的外轮廓线，如图 2.13 所示。结合立面图的标高和平面图门、窗的定形、定位尺寸确定门、窗洞口的形状和位置，如图 2.14 所示。

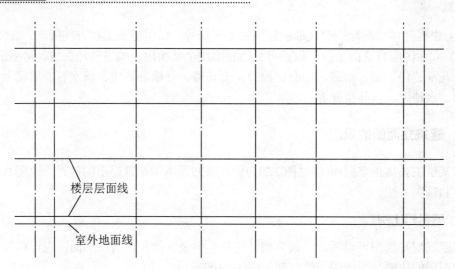

楼层层面线

室外地面线

图 2.12 绘制定位线

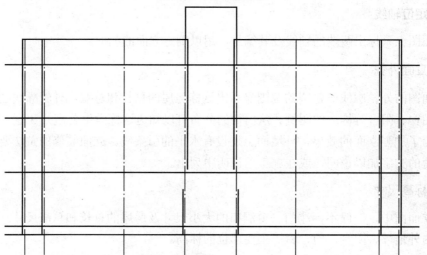

图 2.13 绘制主要轮廓线

图 2.14 绘制门窗和阳台

3. 绘制图线(底稿)

绘制各细部结构,如檐口、雨篷、阳台、花池、雨水管、门窗等,绘制立面图门、窗扇的分格线,墙面装饰线等,如图 2.15 所示。

4. 注写标高

按照国家标准的规定对立面图注写各部位的标高,标高值一般应标注到小数点后三位,且标注在建筑物的一侧(或两侧),要求排列要整齐。最后标注两端定位轴线的编号、文字说明、索引符号及图名、比例等。

5. 加深图线

检查底稿后根据各图线的规定画法加深图线,完成作图。

6. 填写标题栏

图 2.15 绘制雨篷和台阶等

2.5 建筑剖面图

2.5.1 建筑剖面图概述

1. 剖面图的形成

建筑剖面图是房屋垂直方向的剖视图,它是用一个假想的平行于正立投影面或侧立投影面的竖直剖切面剖开房屋,移去剖切平面与观察者之间的部分,将留下来的部分向投影面作正投影所得到的图样,如图 2.16 所示。画建筑剖视图时,常用一个剖切平面剖切,必要时也可转折一次,用两个平行的剖切平面剖切。剖切符号一般绘制在底层平面图中,剖切部位应选在能反映房屋全貌、构造特征,以及有代表性的地方。常通过门窗洞口和楼梯剖切。

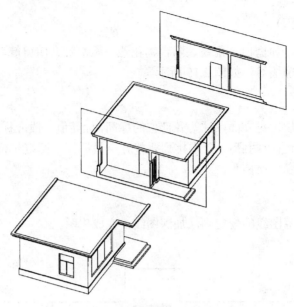

图 2.16 剖视图的形成

2. 剖面图的作用

建筑剖视图主要用来表示房屋内部的分层、结构类型、构造方式、材料、做法、各部位间的联系及其高度等情况。在施工过程中，建筑剖视图是进行分层，砌筑内墙，铺设楼板、屋面板和楼梯，内部装修等工作的依据。建筑剖视图与建筑平面图、建筑立面图互相配合，表示房屋的全局。建筑平、立、剖视图是房屋施工中最基本的图样。

2.5.2 建筑剖面图的图示内容与图示方法

1. 图示内容

(1) 图名、比例。

(2) 外墙(或柱)的定位轴线及其间距尺寸。

(3) 剖切到的室内外地面(包括台阶、明沟及散水等)、楼面层(包括吊天棚)、屋顶层(包括隔热通风层、防水层及吊天棚)；剖切到的内外墙及其门、窗(包括过梁、圈梁、防潮层、女儿墙及压顶)；剖切到的各种承重梁和连系梁、楼梯梯段及楼梯平台、雨篷、阳台，以及剖切到的孔道、水箱等的位置、形状及其图例。一般不画出地面以下的基础。

(4) 未剖切到的可见部分，如看到墙面及其凹凸轮廓、梁、柱、阳台、雨篷、门、窗、踢脚、勒脚、台阶(包括平台踏步)、水斗和雨水管，以及看到的楼梯段(包括栏杆、扶手)和各种装饰等的位置和形状。

(5) 竖直方向的尺寸和标高。

(6) 详图索引符号。

(7) 某些用料注释。

2. 图示方法

1) 图名及表达方法

建筑剖面图所表达的内容与投影方向要与对应平面图(常见于底层平面图)中标注的剖

切符号的位置与方向一致。剖切平面剖切到的部分及投影方向可见的部分都应表示清楚。如图 2.3 所示为某学生公寓楼的 1—1 剖面图(剖切位置见图 2.3 底层平面图)。

2) 图线和比例

剖面图中首层地面用特粗线，其他的图线与平面图相同，比例也应尽量与平面图一致。当房屋的内部结构较为复杂时，为了更清晰地表达图示内容，剖面图的比例可相应地放大，如果选用 1∶50 或更大的比例绘图时，应绘制断面的材料图例，有时根据需要还应以细实线绘制装修或粉刷层的厚度。

3) 定位轴线

定位轴线在剖面图中，被剖切到的承重墙、柱均应绘制与平面图相同的定位轴线，并标注轴线编号和轴线间尺寸。

4) 图例剖面图中的门、窗图例

图例剖面图中的门、窗图例，如表 2-5 所示进行绘制。其断面材料图例、粉刷层、楼板及地面面层线的表示原则和方法，与平面图的规定相同。

5) 标注尺寸和标高

在建筑剖面图中应标注相应的尺寸与标高。

(1) 竖直方向上，在图形外部标注三道尺寸：最外一道为总高尺寸，从室外地平面起标到檐口或女儿墙顶止，标注建筑物的总高度；中间一道尺寸为层高尺寸，标注各层层高(两层之间楼地面的垂直距离称为层高)；最里边一道尺寸称为细部尺寸，标注墙段及洞口高度尺寸。

(2) 水平方向：常标注剖到的墙、柱及剖面图两端的轴线编号及轴线间距。

(3) 建筑物的室内外地坪、各层楼面、门窗的上下口及檐口、女儿墙顶的标高。图形内部的梁等构件的下口标高也应标注，楼地面的标高应尽量标注在图形内。

6) 其他标注

(1) 由于剖面图比例较小，某些部位如墙脚、窗台、过梁、墙顶等节点，不能详细表达，可在剖面图上的该部位处，画上详图索引标志，另用详图来表示其细部构造尺寸。此外，楼地面及墙体的内外装修，可用文字分层标注。

(2) 剖面图中的室内外地面用一条单线表示，地面以下部分一般不需要画出。一般在结构施工图中的基础图中表示，所以把室内外地面以下的基础墙面上折断线。

(3) 在图的下方注写图名和比例。

2.5.3 建筑剖面图的识读

以图 2.3 所示的内容为例，来回顾本章章首所提出的问题，说明剖视图的读图方法。

1. 图名、比例、定位轴线

图 2.3 是某学生公寓的 1—1 剖视图，是按照底层平面图中 1—1 剖切位置绘制的，从底层平面图中对应的剖切符号可知：该剖视是通过雨篷、楼梯间和卧室的门窗洞口进行剖切的，投影方向是从左至右。剖视图的比例一般和平面图相同或使用大一些的比例。与立面图一样，剖视图上也可只标出两端的轴线及其编号，以便与平面图对照来说明剖面图的投影方向。

2. 被剖切到的建筑构配件

在建筑剖视图中，应画出房屋室内外地坪以上各部位被剖切到的建筑构配件。如室内外地面、楼地面、屋顶、内外墙及其门窗、圈梁、过梁、楼梯与楼梯平台等。被剖切到的墙体用粗实线表示，被剖切到的钢筋混凝土构件涂黑表示。

3. 未剖切到的可见构配件

除了被剖切到的建筑构配件外，还有未剖切到的构配件，按剖视的投影方向，要画出所有可见的构配件轮廓(不可见的不画)。比如1—1剖视图中另一楼梯段、楼梯扶手、进入另一套间的门洞、屋顶女儿墙等。

4. 有关尺寸

剖视图一般应标注垂直尺寸及标高。外墙的高度尺寸一般也标注三层，第一层为剖切到的门窗洞口及洞间墙的高度尺寸(以楼面为基准来标注)，第二层为层高尺寸，第三层为总高尺寸。剖视图中还须标注室内外地面、楼面、楼梯平台等处的标高。

2.5.4 建筑剖面图的绘制

1. 选择图幅、确定比例

根据剖切位置及被剖到的建筑结构的复杂程度而确定比例后选择图幅。

2. 画定位线

考虑好图面的布置后，先画出定位线：该剖视处对应的轴线、各楼层的层面线及室外地面线，如图2.17所示。这里的定位线是绘制被剖切的墙体、门窗和楼面板的基准。

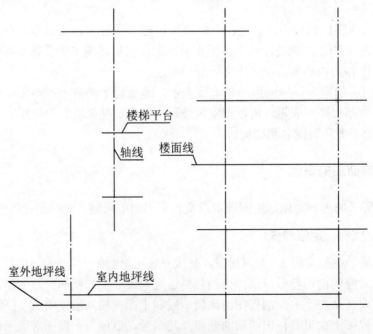

图 2.17 绘制定位轴线(二)

3. 画墙体、楼面板等

绘制剖切到的内外墙及楼板，如图 2.18 所示。

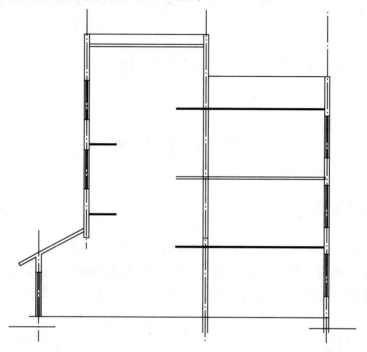

图 2.18 绘制墙体、楼板

4. 画楼梯

绘制楼梯的投影，注意剖切到的梯段和未剖切到的梯段都要画，如图 2.19 所示。

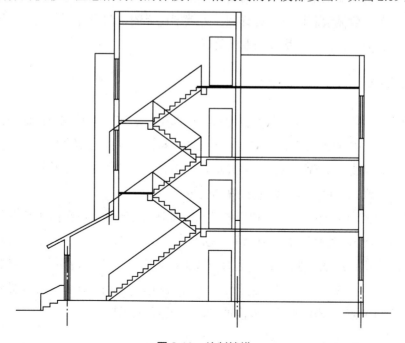

图 2.19 绘制楼梯

5. 加深图线

检查无误后，擦去多余作图线，按要求加深墙体、圈梁、过梁及被剖切的梯段。

6. 完成全图

标注轴线符号、尺寸数字、标高、索引符号、图名、比例及其他文字说明，完成全图。

2.6 建 筑 详 图

2.6.1 建筑详图概述

建筑详图是建筑细部的施工图。因为建筑平面图、立面图、剖视图一般采用较小的比例，因而房屋的某些细部或构配件无法表达清楚。根据施工需要，对房屋的细部或构配件用较大比例(1∶30、1∶20、1∶10、1∶5、1∶2、1∶1)将其形状、大小、材料和做法，按正投影图的画法详细地画出来的图样，称为建筑详图，简称详图。因此，建筑详图是建筑平面图、立面图、剖视图的补充。对于套用标准图或通用详图的建筑细部和构配件，只要注明所套用图集的名称、编号或页数，则可以不再画出详图。

详图是施工的重要依据，详图的数量和图示内容要根据房屋构造的复杂程度而定。一幢房屋的施工图一般需绘制以下几种详图：外墙剖视详图、门窗详图、楼梯详图、阳台详图、台阶详图、厕浴详图、厨房详图及装修详图等。

2.6.2 墙身详图

外墙剖视详图的剖切位置一般设在门窗洞口部位。它实际上是建筑剖面图的局部放大图样，一般按1∶20的比例绘制。主要表示地面、楼面、屋面与墙体的关系，同时也表示排水沟、散水、勒脚、窗台、窗檐、女儿墙、天沟、排水口等位置及构造做法，它是砌筑墙体、室内外装修、门窗立口、编制预算的依据。

墙身节点详图中应表明墙身与轴线的关系。如图2.20所示，在散水、勒脚节点详图中，墙厚为240mm，轴线居中，散水的做法是在图中用多层构造的引出线表示的：引出线贯穿各层，在引出线的一侧画有3道短横线，在它旁边用文字说明各层的构造及厚度。在窗台节点详图中表明了窗过梁、楼面、窗台的做法，楼面的构造是用多层构造引出线表示的。在檐口节点详图中表明了檐沟的做法及屋面的构造。

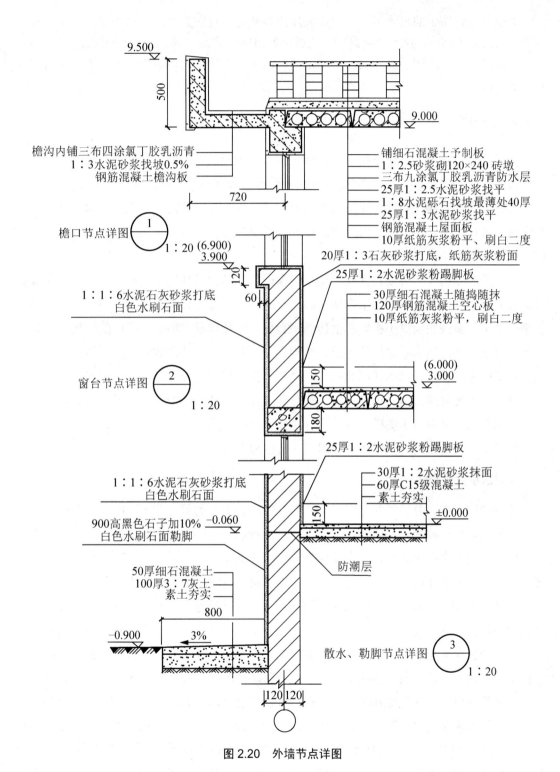

图2.20 外墙节点详图

在墙身节点详图中剖切到的墙身线、檐口、楼面、屋面均应使用粗实线画出；看到的屋顶上的砖墩，窗洞处的外墙边线，踢脚线等用中实线绘制；粉刷线用细实线画出。

墙身节点详图中的尺寸不多。主要应注出轴线与墙身的关系，散水的宽度，踢脚板的高度，窗过梁的高度，挑檐板的高度，挑檐板伸出轴线的距离等。另外还应注出几个标高，即室内地坪标高，防潮层的标高，室外地面标高等。在图中还用箭头表示出了散水的坡度和排水方向。

2.6.3 楼梯详图

楼梯是多层房屋上下交通的主要设施，多采用预制或现浇钢筋混凝土楼梯。楼梯主要由梯段、平台和栏杆扶手组成。梯段(或称为梯跑)是联系两个不同标高平台的倾斜构件，一般由踏步和梯梁(或梯段板)组成。踏步是由水平的踏板和垂直的踢板组成的。平台是供行走时调节疲劳和转换梯段方向用的。栏杆扶手是设在梯段及平台边缘上的保护构件，以保证楼梯交通安全。

楼梯段的结构类型有板式梯段和梁板式梯段。所谓板式梯段是由梯段板承受该梯段全部荷载并传给平台梁，再传到承重墙上。梁板式梯段是在梯段板两侧设有斜梁，斜梁搁置在平台梁上，荷载是由踏步板经斜梁传到平台梁，再传到承重墙上。楼梯的结构较复杂，一般需另画详图，以表示楼梯的组成、结构类型、各部位尺寸和装饰做法。楼梯详图一般包括楼梯间平面详图、剖视详图和踏步、栏杆、扶手详图等，这些详图应尽可能画在同一张图样上，以便对照阅读。楼梯详图一般分建筑详图和结构详图，分别予以绘制，但对一些构造简单的钢筋混凝土楼梯，可只绘制楼梯结构施工图。

现以现浇钢筋混凝土板式楼梯为例，说明楼梯详图的内容、画法。

1. 楼梯平面详图

楼梯平面图必须分层绘制，底层平面图一般剖在上行的第一跑上，除表示第一跑的平面外，还能表明楼梯间一层休息平台以下的平面形状。中间相同的几层楼梯，同建筑平面图一样，可用一个图来表示，这个图称为标准层平面图。最上面一层平面图称为顶层平面图，所以，楼梯平面图一般有底层平面图、标准层平面图和顶层平面图三个。

楼梯平面图中，除注出楼梯间的开间和进深尺寸、楼地面和平台面的标高尺寸外，还须注出各细部的详细尺寸。

各层楼梯所处位置不同，其楼梯平面图也有差别。底层平面图只有一个被剖切的梯段及扶手栏杆，并在带箭头的细线末端注"上"字，如图 2.21(a)。顶层平面图的剖切位置在水平安全栏杆以上，为剖到梯段，图中画有两段完整的梯段和休息平台，没有 45° 折断线，并在箭头线的末端注"下"字，如图 2.21(b)。中间层平面图既画出被剖切的往上走的楼梯(注有"上"字的箭头线)，还画出该层往下走的完整梯段(注有"下"字的箭头线)，中间画45° 折断线，如图 2.21(c)。由于楼梯的踏步最后一级走到平台或楼面，所以平面图上梯段踏步的投影数总比梯段级数少一个。

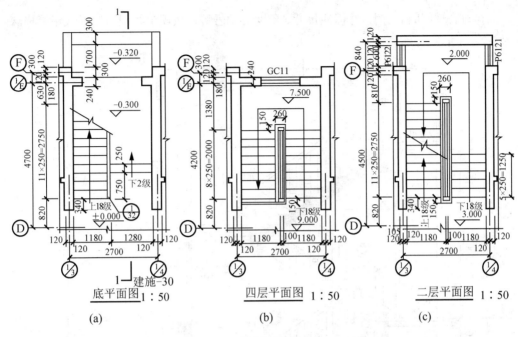

图 2.21　楼梯平面详图

2. 楼梯剖视详图

楼梯剖视详图的形成原理与方法与建筑剖视图相同，但剖切平面的位置最好选择在上行第一梯段内并通过门窗等洞口位置，剖切后的投影方向应是未被剖切到的梯段所在的一侧，并应将剖切符号绘制在楼梯间底层平面图上。

楼梯剖视详图应能完整地、清晰地表示出各楼段、平台、栏杆扶手等的构造及它们的相互关系情况，图中应说明地面、平台面、楼面等的标高和梯段、栏杆扶手的高度尺寸。其尺寸标注与建筑剖视图的尺寸标注内容和形式基本一致，只是楼梯剖视详图的竖向尺寸中，梯段尺寸应采用"梯段级数 n×踏面高 h＝梯段高"的注写形式。

楼梯的踏步、栏杆、扶手等一般都另绘有详图，用较大比例更清晰地表明其尺寸、材料和构造做法等，所以在楼梯剖视详图中的相应位置标注详图索引符号，如图 2.22 所示。

3. 楼梯详图的画法

(1) 楼梯平面详图的绘图步骤，如图 2.23 所示。

① 画出轴线和梯段起止线，如图 2.23(a)所示。

② 画出墙身，并在梯段起止线内分格，画出踏步和折断线，如图 2.23(b)所示。

③ 画出细部和图例，画出尺寸、符号，以及图名横线等，如图 2.23(c)所示。

(2) 楼梯剖视详图的绘图步骤，如图 2.24 所示。

① 画出图中所需的定位轴线和各层楼地面与平台面、板面与平台板面，以及各梯段的位置，如图 2.24(a)所示。

② 利用等分线，在楼板面之间定各梯段的高，在梯段位置内定各梯段的宽，画出梁、板、室内台阶、墙身、门窗洞、外墙面等主要轮廓线，如图 2.24(b)所示。

③ 画出细部和图例，并标注尺寸、符号、编号等，按规定线型上墨线或铅笔描深，如图 2.24(c)所示。

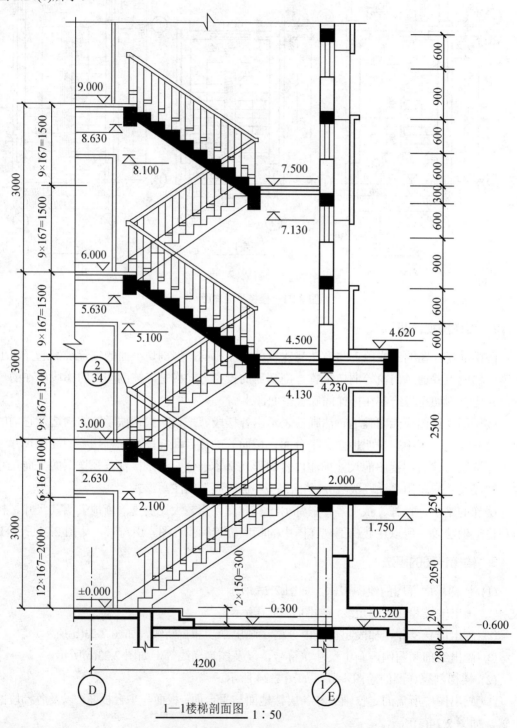

1—1楼梯剖面图 1∶50

图 2.22 楼梯剖视详图与部分节点详图

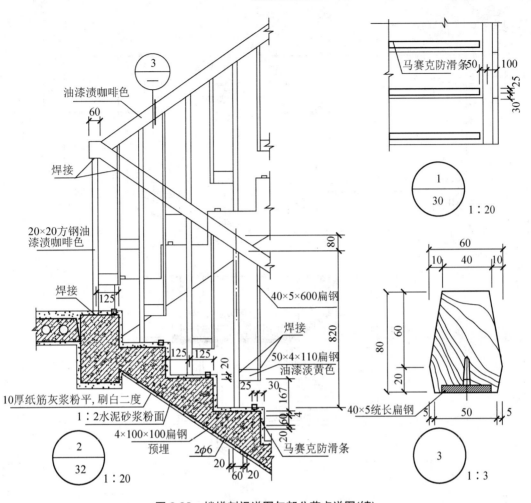

油漆渍咖啡色

焊接

20×20方钢油漆渍咖啡色

焊接

马赛克防滑条50

40×5×600扁钢

焊接
50×4×110扁钢
油漆淡黄色

10厚纸筋灰浆粉平,刷白二度
1:2水泥砂浆粉面
4×100×100扁钢预埋

马赛克防滑条

40×5统长扁钢

图 2.22　楼梯剖视详图与部分节点详图(续)

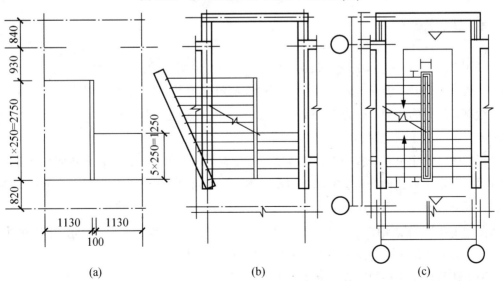

(a)　　　　　(b)　　　　　(c)

图 2.23　楼梯平面详图绘图步骤

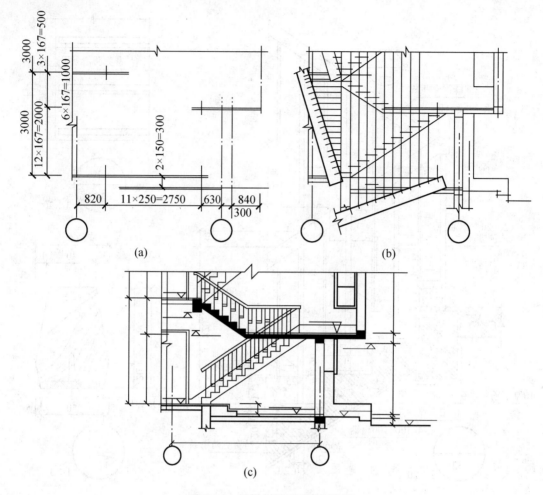

图 2.24　楼梯剖视详图绘图步骤

2.6.4　卫生间详图

如图 2.25 所示为某办公楼公共卫生间详图。由于在各层建筑平面图中，采用的比例较小，一般为 1∶100，所表示出的卫生间某些细部图形太小，无法清晰表达，所以需要放大比例绘制，选择的比例一般为 1∶50 或 1∶20。以此来反映卫生间的详细布置与尺寸标注。这种图样称为卫生间详图。

根据图示的定位轴线和编号，可以很方便地在各层平面图中确定此图样的位置。因为比例稍大，图中清楚地绘出了墙体、门窗、主要卫生洁具的形状和定位尺寸。其中，卫生洁具为采购成品，不用标注详细尺寸，只需定位即可。

图中卫生间的地面比同层楼面低 0.04m，并设置 1% 的坡度，以利于排水。图中的指向索引分别说明了洗手盆台面、污水池和厕位隔断、隔板所引用的标注图位置。

图中还绘出了完整的实心砖墙图例等。

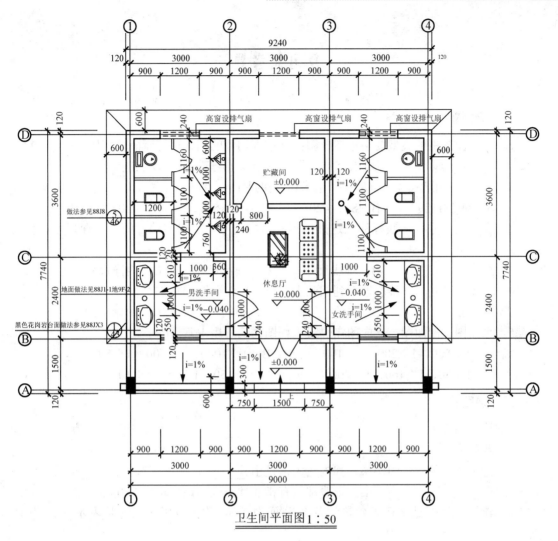

卫生间平面图1:50

图 2.25 卫生间详图

本章小结

本章对建筑施工图进行了全面的讲述,其内容包含房屋施工图的组成及有关规定、各图样的形成、用途和特点,以及相对应的图示内容、图示方法和各图样的识读与绘制。

本章的教学目标是通过学习使学生具备实际应用的能力,具体说,就是能够识读和绘制简单工程的施工图。要达到这个目的,除了应当熟练掌握投影法基本原理和建筑制图标准的相关知识外,还应当多接触实际工程图纸,加强识读和绘制的练习。为此,本章通过真实案例,对建筑施工图各图样的识读和绘制进行了较详尽的讲解。

复习思考题

一、选择题

1. 在平面图中的线型要求粗细分明：凡被剖切到的墙、柱等断面轮廓用( )绘制。
   A．粗实线　　　B．细实线　　　C．粗虚线　　　D．细点画线
2. A2 幅面图纸尺寸 $b×l$(单位：毫米)正确的是( )。
   A．594×1189　B．841×420　C．420×594　D．420×297
3. 在平面图中，一般标注三道外部尺寸，中间一道为房间的开间及进深尺寸，称为( )。
   A．外包尺寸　　B．轴线尺寸　　C．细部尺寸　　D．内净尺寸
4. 房屋层高是指本楼层地面到相应上一层( )垂直方向的尺寸。
   A．底面　　　　B．地面　　　　C．中间　　　　D．顶棚下面
5. 平面图、剖面图、立面图在建筑工程图比例选用中常用( )。
   A．1∶500、1∶200、1∶100　　B．1∶1000、1∶200、1∶50
   C．1∶50、1∶100、1∶200　　　D．1∶50、1∶25、1∶10

二、填空题

1. 施工图分为_____、_____、_____、_____。每类施工图又分为_____和_____两种。
2. 无论哪一种形式的楼梯，其构造大都是由_____、_____、_____组成。
3. 在_____、_____上，一般都绘有指北针，表示该建筑物的方向。
4. 建筑立面图是平行于建筑物各个立面(外墙面)的正投影图。它是表示_____的图样。
5. 表明剖面图剖切位置的剖切线及其编号应表示在_____中。

三、简答题

1. 建筑首页图通常包括哪些内容？
2. 建筑总平面图的主要作用是什么？
3. 建筑剖面图的形成及作用是什么？
4. 简述建筑立面图的绘制步骤。
5. 楼梯按形式分为哪几类？

四、综合实训

某住宅楼建筑施工图。

实训要求：

抄绘图样：底层平面图、主立面图、剖面图、楼梯详图、墙身节点详图或由任课教师指定内容；比例为 1∶100，图幅 A2；线型分明，符合国家制图标准；铅笔加深，也可选图上墨线。

第 3 章

结构施工图

章节导读

在房屋建筑中，结构的作用是承受重力和传递荷载。一般情况下，外力作用在楼板上，由楼板将荷载传递给墙或梁，由梁传给柱，再由柱或墙传递给基础，最后由基础传给地基，如图 3.1 所示。

建筑结构按照主要承重构件所采用的材料不同，一般可分为钢结构、木结构、砖混结构和钢筋混凝土结构四大类。我国现在最常用的是砖混结构和钢筋混凝土结构。本章以砖混结构(也称混合结构)和钢筋混凝土结构为例，介绍结构施工图的阅读方法。

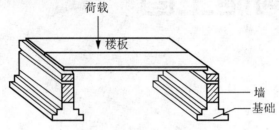

图 3.1 荷载的传递过程

引例

结构施工图与建筑施工图出现矛盾时应如何处理？例如，结构图为剪力墙，而建筑图为门洞口。

结构图考虑的是结构安全合理，而建筑图侧重于工程的布局和美观。若在施工过程中出现结构图与建筑图矛盾的问题，在不影响安全的前提下，设计单位会选择合理的修改方案进行设计变更。在结构图施工成型后出现类似问题，首先是按结构施工成型后的情况对建筑图进行修改；其次如果业主强烈要求满足建筑功能要求，需要按建筑图对结构进行调整，可采取结构补强措施。

3.1 概　　述

房屋建筑施工图除了图示表达建筑物的造型设计内容外，还要对建筑物各部位的承重构件(如基础、柱、梁、板等)进行结构图示表达，这种根据结构设计成果绘制的施工图样，称为结构施工图，简称"结施"。

3.1.1 结构施工图的内容和作用

1. 结构施工图的内容

结构施工图其内容主要包括：结构设计说明，基础、楼板、屋面等的结构平面图，基础、梁、板、柱、楼梯等的构件详图。

1) 结构设计说明

以文字叙述为主，主要说明结构设计的依据、结构形式、构件材料及要求、构造做法、施工要求等内容。一般包括以下内容。

(1) 建筑物的结构形式、层数和抗震的等级要求。

(2) 结构设计依据的规范、图集和设计所使用的结构程序软件。

(3) 基础的形式、采用的材料及其强度等级。

(4) 主体结构采用的材料及其强度等级。

(5) 构造连接的做法及要求。

(6) 抗震的构造要求。

(7) 对本工程施工的要求。

2) 结构平面图

结构布置图是房屋承重结构的整体布置图，主要表示结构构件的位置、数量、型号及相互关系。房屋的结构布置按需要可用结构平面图、立面图、剖视图表示，其中结构平面图较常用，如基础布置平面图、楼层结构平面图、屋面结构平面图、柱网平面图等。

3) 构件详图

构件详图属于局部性的图纸，表示构件的形状、大小、所用材料的强度等级和制作安装等。其主要内容有：梁、板、柱等构件详图；楼梯结构详图；其他构件详图，如天窗、雨篷、过梁等；屋架构件详图。

2．结构施工图的作用

结构施工图是表达房屋结构构件的整体布置及各承重构件的形状大小、材料、构造及其相互关系的图样。它还要反映出其他专业(如建筑、给排水、暖通、电气等)对结构的要求，主要用来作为施工放线、开挖基槽、支模板、钢筋选配绑扎、设置预埋件、浇捣混凝土，安装梁、板、柱等构件，以及编制预算和施工组织计划等的依据。

3.1.2 常用构件的表示方法

在建筑工程中，由于所使用的构件种类繁多、布置复杂。因此，在结构施工图中，为了简明扼要地标注构件，通常采用代号标注的形式。所用构件代号可在国家《建筑结构制图标准》(GB/T 50105—2010)中查用。常用构件代号，见表 3-1。

表 3-1 常用构件代号

序号	名称	代号	序号	名称	代号	序号	名称	代号
1	板	B	15	吊车梁	DL	29	基础	J
2	屋面板	WB	16	圈梁	QL	30	设备基础	SJ
3	空心板	KB	17	过梁	GL	31	桩	ZH
4	槽型板	CB	18	连系梁	LL	32	柱间支撑	ZC
5	折板	ZB	19	基础梁	JL	33	垂直支撑	CC
6	密肋板	MB	20	楼梯梁	TL	34	水平支撑	SC
7	楼梯板	TB	21	檩条	LT	35	梯	T
8	盖板或沟盖板	GB	22	屋架	WJ	36	雨篷	YP
9	挡雨板或檐口板	YB	23	托架	TJ	37	阳台	YT
10	吊车安全走道板	DB	24	天窗架	CJ	38	梁垫	LD
11	墙板	QB	25	框架	KJ	39	预埋件	M
12	天沟板	TGB	26	刚架	GJ	40	天窗端壁	TD
13	梁	L	27	支架	ZJ	41	钢筋网	W
14	屋面梁	WL	28	柱	Z	42	钢筋骨架	G

3.1.3 钢筋混凝土结构图的有关知识

1. 钢筋混凝土的基本知识

1) 钢筋混凝土构件简介

混凝土是由水泥、砂、石料和水按一定比例混合，经搅拌、浇筑、凝固、养护而制成的。用混凝土制成的构件抗压强度较高，但抗拉强度较低，极易因受拉、受弯而断裂。为了提高构件的承载力，在构件受拉区内配置有一定数量的钢筋，这种由钢筋和混凝土两种材料结合而成的构件，称为钢筋混凝土构件。

钢筋混凝土构件可分为现浇钢筋混凝土构件和预制钢筋混凝土构件。现浇构件是在施工现场支模板、绑扎钢筋、浇筑混凝土而形成的构件。预制构件是在工厂成批生产，运到现场吊装安装的构件。此外，为了提高构件的抗拉和抗裂性能，在制作构件过程中通过张拉钢筋对混凝土预加一定的压力，叫做预应力混凝土构件。

2) 混凝土与钢筋的等级

(1) 混凝土的等级：混凝土按强度分成若干强度等级，混凝土的强度等级是按立方体抗压强度标准值 f_{cu}, k 划分的。立方体抗压强度标准值是立方抗压强度总分布中的一个值，强度低于该值的百分率不超过 5%，即有 95% 的保证率。混凝土的强度分为 C7.5、C10、C20、C25、C30、C35、C40、C50、C55、C60 等十二个等级，数字越大，混凝土抗压强度也越高。

(2) 钢筋的等级：见表 3-2，钢筋按其强度和种类分成不同的等级，共有五种级别的钢筋。钢筋的等级用钢筋符号表示，钢筋符号是由直径符号变化而来。

普通钢筋混凝土构件中，最常用的是 I 级和 II 级钢筋；而 III、IV 及高强钢丝用于预应力钢筋混凝土构件。

表 3-2　钢筋种类、级别和代号

种类	级别	代号	种类	级别	代号
热轧钢筋（或热处理钢筋）	I 级钢筋(3 号光钢)	ϕ	冷拉钢筋	I 级钢筋	ϕ
	II 级钢筋(16 锰)	ϕ		II 级钢筋	ϕ^L
	III 级钢筋(25 锰硅)	ϕ		III 级钢筋	ϕ^L
	IV 级钢筋(45 锰硅矾)	ϕ		IV 级钢筋	ϕ^L
	V 级钢筋(44 锰，硅)	ϕ^t	钢丝	冷拔低碳钢丝	ϕ^b

(3) 钢筋的分类和作用：如图 3.2 所示，配置在钢筋混凝土构件中的钢筋，按其作用可分为以下几种。

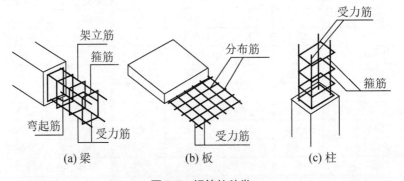

(a) 梁	(b) 板	(c) 柱

图 3.2　钢筋的种类

① 受力钢筋：主要用于构件中承受拉、压应力，分为直筋和弯起筋。

② 箍筋：用来固定受力钢筋的位置，并承受部分斜拉应力，多用于梁和柱中。

③ 构造筋：因构造要求或钢筋骨架需要配置的钢筋，如架立筋、分布筋等。

架立筋：起架立作用，用来固定梁内受力钢筋和箍筋位置。

分布筋：一般用于板内，与受力筋垂直，用以固定受力筋的位置，与受力筋一起构成钢筋网，使力均匀分布给受力筋，并抵抗热胀冷缩所引起的温度变形。

(4) 钢筋的保护层和弯钩。钢筋混凝土构件为防止外界因素引起钢筋的锈蚀，并增加钢筋与混凝土结合的整体性，在结构表面与钢筋之间留有一定厚度的混凝土，称钢筋的保护层，如图 3.3 所示。

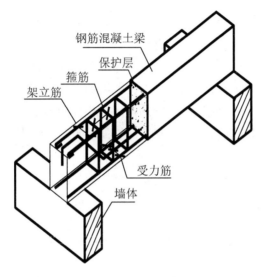

图 3.3　钢筋的保护层

常见构件钢筋的保护层厚度，见表 3-3。

表 3-3　钢筋保护层厚度

钢筋	构件种类		保护层厚度/mm
受力筋	墙、板和环形构件	断面厚度≤100mm	10
		断面厚度>100mm	15
	梁、柱		25
	基础	有垫层	35
		无垫层	70
钢箍	梁板		15
分布筋	板和墙		10

在结构施工图中保护层厚度一般不需标注，只用文字说明即可。图形窄小时，为避免钢筋太靠近外形轮廓线，还可适当留宽一些。

为了防止钢筋在受力时滑动，对光圆钢筋端部应设置弯钩，以增强钢筋与混凝土的黏结力，通常在钢筋两端做成半圆形弯钩或直弯钩，称钢筋的锚固弯钩。钢筋弯钩的形式如图 3.4 所示。

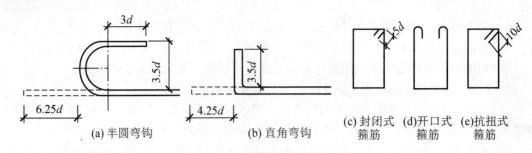

(a) 半圆弯钩　　　　(b) 直角弯钩　　　(c) 封闭式　(d)开口式　(e)抗扭式
　　　　　　　　　　　　　　　　　　　　箍筋　　　箍筋　　　箍筋

图 3.4　钢筋和箍筋的弯钩

2．钢筋混凝土构件的图示方法

对于钢筋混凝土构件，不仅要表示构件的形状尺寸，而且更主要的是表示钢筋的配置情况，包括钢筋的种类、数量、等级、直径、形状、尺寸、间距等。为此，假设混凝土是透明体，可透过混凝土看到构件内部的钢筋。这种能反映构件钢筋配置情况的图样，被称为配筋图。配筋图一般包括平面图、立面图、断面图，有时还需要画出构件中各种钢筋的单独成型详图并列出钢筋表。配筋图是钢筋混凝土构件图中最主要的图样。如果构件的形状较复杂，且有预埋件时，还应另外绘制构件的外形图，被称为模板图。

1）钢筋的表示

在配筋图中，为了突出钢筋，构件的轮廓线用细实线画出，混凝土材料不画，而钢筋则用粗实线(单线)画出。钢筋的断面用黑圆点表示。

2）钢筋的标注

钢筋的标注有两种，一种是标注钢筋的根数、级别、直径，如

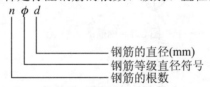

例如：$4\phi20$。

另一种是标注钢筋的级别、直径、相邻钢筋中心距，如

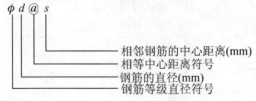

例如：$\phi8@150$。

3）钢筋的编号

构件中的各种钢筋(凡等级、直径、形状、长度等要素不同的)一般均应编号，数字写在直径 6mm 的细实线圆中，编号圆宜绘制在引出线的端部，如图 3.5 所示。

4）钢筋的图例

一般钢筋的常用图例，见表 3-4，其他如预应力钢筋、焊接网、钢筋焊接接头的图例可查阅有关标准。

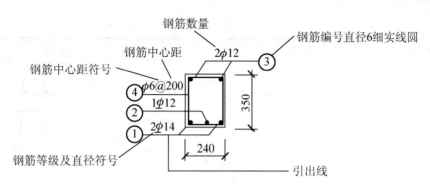

图 3.5 钢筋的标注方法

表 3-4 一般钢筋常用图例

序号	名称	图例	说明
1	钢筋横断面	●	
2	无弯钩的钢筋端部		表示长短钢筋投影重叠时,可在短钢筋的端部用45°短画线表示
3	带半圆形弯钩的钢筋端部		
4	带直钩的钢筋端部		
5	带丝扣的钢筋端部		
6	无弯钩的钢筋搭接		
7	带半圆弯钩的钢筋搭接		
8	带直钩的钢筋搭接		

5) 钢筋的画法

在结构施工图中钢筋的常规画法,见表 3-5。

表 3-5 钢筋画法

序号	说明	图例
1	在平面图中配置双层钢筋时,底层钢筋弯钩应向上或向左,顶层钢筋则向下或向右	底层 顶层
2	配双层钢筋的墙体,在配筋立面图中,远面钢筋的弯钩应向上或向左,而近面钢筋则向下或向右(GM近面,YM远面)	
3	如在断面图中不能表示清楚钢筋布置,应在断面图外面增加钢筋大样图	

续表

序号	说明	图例
4	图中所示的箍筋、环筋，如布置复杂，应加画钢筋大样及说明	
5	每组相同的钢筋、箍筋或环筋，可以用粗实线画出其中一根来表示，同时用横穿的细实线表示其余的钢筋、箍筋或环筋，横线的两端带斜短画表示该号钢筋的起止范围	

3.2 基 础 图

基础是建筑物向地基传递全部荷载的重要承重构件。由于它的构造与房屋上部的结构类型和地基承载力有密切关系，故形式多样，常见的基础形式有条形基础和独立基础。

基础施工图是基础定位放样、基坑开挖和施工的主要依据，它主要由基础平面图和基础详图组成。

3.2.1 基础平面图

1. 图示内容及方法

基础平面图是一种剖视图，是假设用一个水平剖切面，沿室内地面与基础之间将建筑物剖切开，再将建筑物上部和基础四周的土移开后所作的水平投影，称为基础平面图。基础平面图主要内容包括：基础的平面布置，定位轴线位置，基础的形状和尺寸，基础梁的位置和代号，基础详图的剖切位置和编号等。

以条形基础为例，在基础平面图中，被剖切到的基础墙体，轮廓线采用粗实线表示，构造柱断面涂黑，基础底面外轮廓线采用细实线表示，而基础细部的可见轮廓线通常省略不画(如大放脚轮廓线等)，各种管线及其出入口处的预留孔洞用虚线表示。除此之外，图中还应标注出基础各部分的尺寸。

基础平面图的定位轴线应与建筑施工图一致，比例也尽量相同。

画基础平面图时，应根据建筑平面图中的定位轴线和比例，确定基础的定位轴线，然后画出基础墙、基础宽度轮廓线等，同时标注基础的定位轴线、尺寸、基础详图的剖切位置线和编号。

2．基础平面图识读举例

如图 3.6 所示，为某住宅楼基础平面图，绘图比例为 1∶100，①～⑬为横向轴线编号，Ⓐ～Ⓗ为纵向轴线编号。

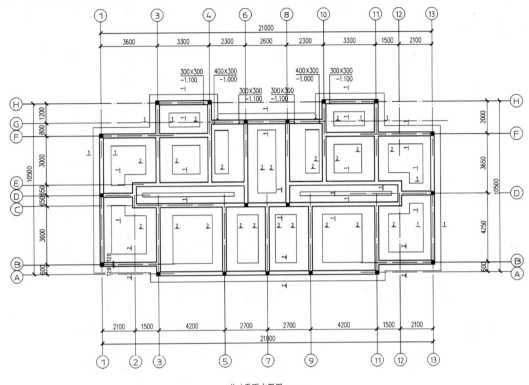

基础平面布置图 1:100
注：图中未标注构造柱均为GZ

图 3.6　基础平面布置图(1∶100)

条形基础用两条平行粗实线表示剖切到的墙厚为 240mm，基础墙两侧的中实线表示基础宽度，基础断面剖切符号标注为 1—1、2—2。

图上涂黑的是钢筋混凝土构造柱(GZ)，与柱相接的是基础圈梁(JQL)。

3.2.2　基础详图

1．图示方法及内容

由于基础平面图只表示了基础的平面布置，而基础各部位的断面情况没有表达出来，为了给砌筑基础提供依据，就必须画出各部分的基础断面详图。

基础详图是一种断面图，是在基础合适的部位，采用假想的剖切平面垂直剖切基础所得到的断面图。为了清楚地表达基础的断面，基础详图的比例较大，通常取 1∶20、1∶30 绘制。基础详图充分表达了基础的断面形状、材料、构造、大小和埋置深度。

基础的断面形状与埋置深度应根据上部的荷载以及地基承载力而定。即使同一幢房屋，由于各处的荷载和地基承载力的不同，其基础断面的形式也不相同。对每一处断面不同的基础，都需要画出它的断面图，并在基础平面图上用剖切位置线表明该断面的位置。对条形基础断面形状和配筋形式较类似的，可采用通用基础详图的形式，通用详图的轴线符号圆圈内不注明具体编号。

基础详图的主要内容有：基础断面图中的定位轴线及其编号；基础断面结构、形状、尺寸、标高、材料及配筋；基础梁(或圈梁)的尺寸和配筋；防潮层的位置等。

2．基础详图识读举例

如图 3.7 所示，为某住宅楼基础详图。图 3.7(a)、(b)是毛石条形基础，图 3.7(a)为 1—1 断面图，图 3.7(b)为 2—2 断面图。条形基础包括基础、基础圈梁和基础墙 3 部分。图 3.7(a) 中基础从±0.000 以下算起，±0.000 以上为墙体，-0.600m 以下至-1.300m 为毛石基础大放脚两步，每一步高 350mm，底宽为 700mm，每步缩进 115mm；毛石基础以上为 JQL，高 240mm、高 250mm；JQL 以上至±0.000 处为 150mm、宽 240mm 的基础砖墙。从图 3.7(b)中看出±0.000 以下 60mm 处有一层 1：2 水泥砂浆加 10%防水剂的防潮层，厚 20mm。图 3.7(b)与图 3.7(a) 构造形式基本相同，只是基础宽度加宽至 900mm。图 3.7(c)是 120 墙下混凝土条形基础，尺寸如图所示，两侧挑出部分表示和混凝土地面相接。

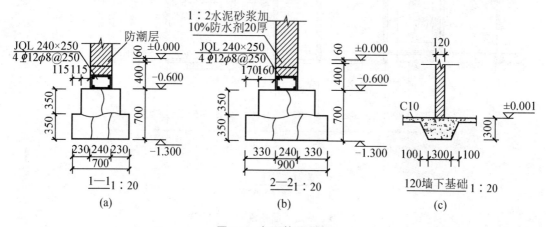

图 3.7　条形基础详图

3.3　结 构 平 面 图

3.3.1　楼层结构平面图

楼层结构平面图是用来表示各楼层结构构件(如墙、梁、板、柱等)的平面布置情况，以及现浇混凝土构件构造尺寸与配筋情况的图纸，是建筑结构施工时构件布置、安装的重要依据。

3.3.2　楼层结构平面图的图示方法

楼层结构平面图是一个水平剖视图，是假想用一个水平面紧贴楼面剖切形成的。图中被剖切到的墙体轮廓线用中实线表示；被遮挡住的墙体轮廓线用中粗虚线表示；楼板轮廓线用细实线表示；钢筋混凝土柱断面用涂黑表示；梁的中心位置用粗点画线表示。

(1) 楼层结构平面图，要求图中定位轴线、尺寸应与建筑平面图一致，图示比例也应尽量相同。

(2) 各类钢筋混凝土梁、柱用代号标注，其断面形状、尺寸、材料和配筋等均采用断面详图的形式表示。

(3) 现浇楼面板的形状、尺寸、材料和配筋等可直接标注在图中，对于配筋相同的现浇板，只需标注其中一块，其余可在该板图示范围内画一细对角线，注明相同板的代号，从略表达。

(4) 预制楼板则采用细实线图示铺设部位和方向，并画一细对角线，在上注明预制板的数量、代号、型号、尺寸和荷载等级等，对于相同铺设区域，只需作对角线并简要注明。

(5) 门窗过梁可统一说明，其余内容可省略。

3.3.3 楼层结构平面图的识读

1. 现浇钢筋混凝土楼层结构平面图的识读

1) 现浇板施工图的主要内容
(1) 图名、比例。
(2) 定位轴线及其编号、间距尺寸。
(3) 现浇板的厚度和标高。
(4) 板的配筋情况。
(5) 必要的设计详图或有关说明。
2) 识读步骤
(1) 查看图名、比例。
(2) 核对轴线编号及其间距尺寸是否与建筑图相一致。
(3) 通过结构设计说明或板的施工说明，明确板的材料及等级。
(4) 明确现浇板的厚度和标高。
(5) 明确板的配筋情况，并参阅说明，了解未标注分布筋的情况。
3) 读图举例

如图 3.8 所示，为某办公楼的现浇钢筋混凝土板配筋图。此图中可见与不可见的构件的轮廓线均用实线表示，因只反映板的配筋，梁柱代号均未标出。

该图比例为 1∶100，轴线编号及其间距尺寸与建筑图、基础平面布置图一致。板的混凝土等级为 C30，板厚为 110mm。

2. 预制板楼层结构平面图的识读

1) 预制楼板层结构平面图的内容
(1) 图名、比例。
(2) 与建筑平面图相一致的定位轴线及编号。
(3) 墙、柱、梁、板等构件的位置及代号和编号。
(4) 预制板的跨度方向、数量、型号或编号和预留洞的大小及位置。
(5) 轴线尺寸及构件的定位尺寸。
(6) 详图索引符号及剖切符号。
(7) 文字说明。

2) 预制板标注的意义

查看图名、比例。

例如 8YKB3662，其内容说明如下。

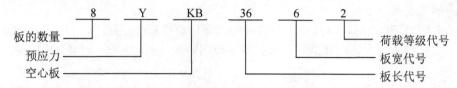

空心板代号的意义，见表3-6。

表3-6 空心板代号意义

板长代号	板的标志长度/mm	板宽代号	板的标志宽度/mm	荷载等级代号	荷载允许设计值
24	2400	5	500	1	4.0kN/m²
27	2700	6	600		
30	3000	7	700	2	7.0kN/m²
36	3600	9	900	3	10.0kN/m²
42	4200	12	1200		

由上可知：8YKB3662 表示 8 块预应力空心板，每块长 3600mm、宽 600mm，荷载等级二级。

知识提示

目前各地区的标注方法均有不同，实际工程中看图时，应查阅结构设计说明中列出的标准图集，明确标注的意义，以防识图错误。

3) 读图举例

如图 3.9 所示，为某住宅楼底层结构布置平面图，绘图比例为 1：50。图上被剖切到的钢筋混凝土柱断面涂黑表示，并注写其代号和编号，如 GZ。楼板下不可见梁画虚线，如 L3、L1-1、YTL-2(阳台梁)等，也可粗细点画线，如 QL。预制楼板的标注可简化，如位于①～③和Ⓑ～Ⓒ之间的楼板沿对角线注写成 6YKBL36-21d 并编号为Ⓐ，表明该区域布置。

3.3.4 屋顶结构平面图

1. 表达内容和图示要求

屋顶结构平面图是表示屋面承重构件平面布置的图样，常见屋顶结构形式有平屋顶和坡屋顶两种形式，其内容和图示要求与楼层结构布置图基本相同。但因屋面有排水要求，或设天沟板，或将屋面板按一定坡度设置，还有楼梯间屋面的铺设。另外，有些屋面上还设有入孔及水箱等结构，因此需单独绘制，如图 3.10 所示。

2. 屋顶结构平面图的识读举例

图 3.10 是某住宅楼屋顶结构布置平面图。该屋顶结构为平屋顶，绘图比例为 1：50，楼板布置方式与楼层结构布置方式基本相同，不同之处是楼梯间上部为现浇钢筋混凝土平板。

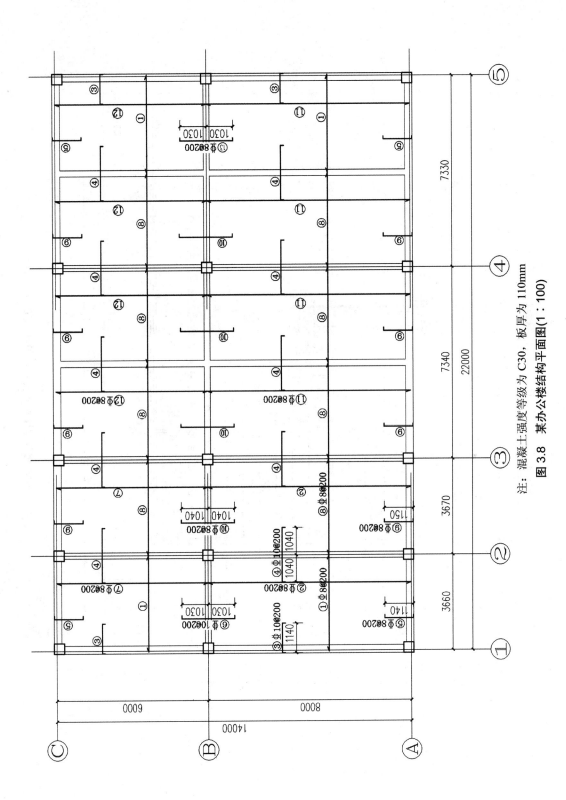

注：混凝土强度等级为 C30，板厚为 110mm

图 3.8 某办公楼结构平面图(1 : 100)

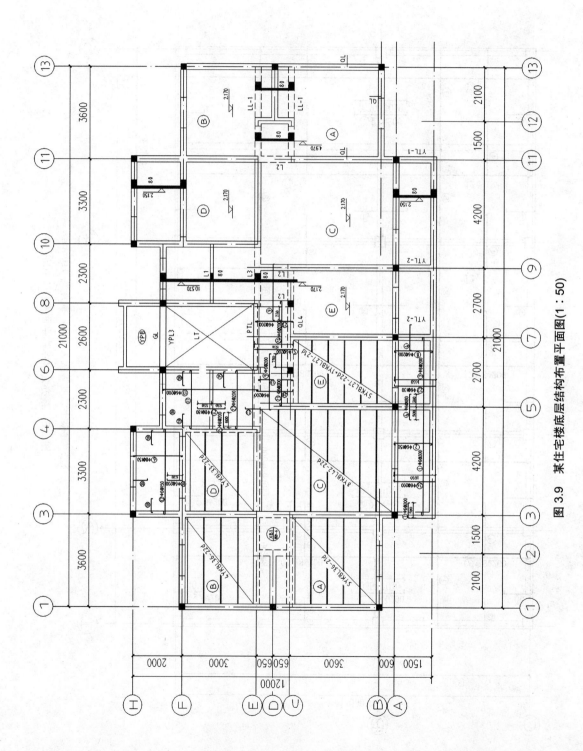

图 3.9 某住宅楼底层结构布置平面图(1∶50)

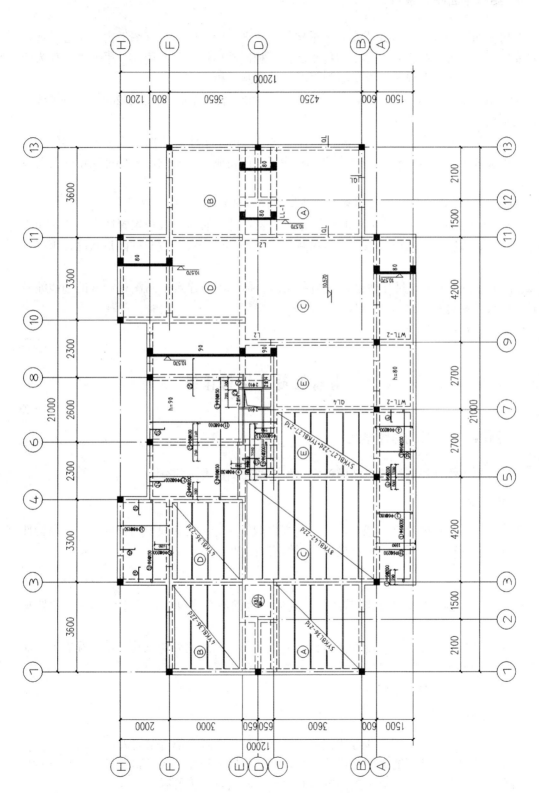

图3.10 某住宅楼屋顶结构布置平面图(1：50)

3.3.5 结构平面图的绘制

结构平面图是施工时布置或安放承重构件的依据，绘制时应根据图纸内容精心设计，合理安排。一般每层楼板对应一个结构平面图，相同结构楼层可共用同一平面图，称为标准结构平面图。下面是建筑标准层结构平面图的绘制步骤。

(1) 选比例和布图，画出轴线。一般采用1∶100，较简单时可用1∶200。定位轴线应与建筑平面图相一致。

(2) 画墙、梁、柱等构件的轮廓线，并注编号。用中实线表示剖到或可见的构件轮廓线，用中虚线表示不可见构件的轮廓线，柱涂黑，门窗洞一般不画出，楼梯间用交叉斜线表示。

(3) 对于预制板部分，注明预制板的数量、代号和编号。

(4) 对于现浇板部分，画出板的钢筋详图，表示受力筋的形状和配置情况，并注明其编号、规格、直径、间距或数量等。每种规格的钢筋只画一根，按其立面形状画在钢筋安放的位置上。

(5) 注写轴线编号、尺寸数字、图名和比例。标注出与建筑平面图相一致的轴线编号及轴线间尺寸和总尺寸。

(6) 书写文字说明。

3.4 钢筋混凝土结构详图

3.4.1 钢筋混凝土结构详图概述

钢筋混凝土构件详图一般包括模板图、配筋图和钢筋表三部分。

1. 模板图

模板图表示构件的外表形状、大小及预埋件的位置等，是支模板的依据。一般在构件较复杂或有预埋件时才画模板图，模板图用细实线绘制。

2. 配筋图

配筋图包括立面图、断面图两部分，具体表达钢筋在混凝土构件中的形状、位置与数量。

在立面图和断面图中，把混凝土构件看成透明体，构件的外轮廓线用细实线表示，而钢筋用粗实线表示。配筋图是钢筋下料、绑扎的主要依据。

图3.11是梁、柱的配筋图。

3. 钢筋表

为了便于钢筋下料、制作和方便预算，通常在每张图纸中都有钢筋表。

钢筋表的内容包括钢筋名称，钢筋简图，钢筋规格、长度、数量和质量等，见表3-7。钢筋表对于识读钢筋混凝土配筋图很有帮助，应注意两者的联合识读。

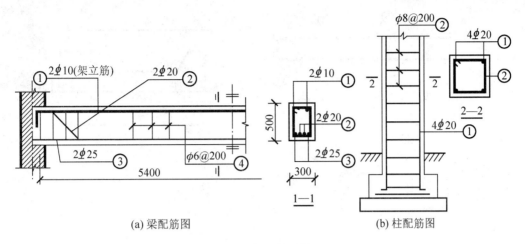

(a) 梁配筋图   (b) 柱配筋图

图 3.11 梁、柱配筋图

表 3-7 钢筋表

构件名称	构件数	钢筋编号	钢筋规格	简图	长度/mm	每件支数	总支数	累计质量/kg
L1	1	1	$\phi 12$		3640	2	2	8.41
		2	$\phi 12$		4204	1	1	4.45
		3	$\phi 6$		3490	2	2	1.55
		4	$\phi 6$		650	18	18	2.60

3.4.2 钢筋混凝土结构详图的识读

1. 钢筋混凝土梁

梁的结构详图一般包括立面图和断面图。立面图主要表示梁的轮廓、尺寸及钢筋的位置，钢筋可以全画也可以只画一部分；如有弯钩，应标注弯筋起弯位置；分类钢筋都应编号，以便与断面图及钢筋表对照。断面图主要表示梁的断面形状、尺寸、箍筋的形式及钢筋的位置。断面图的剖切位置应在梁内钢筋数量有变化处。钢筋表附在图样的旁边，其内容主要是每一种钢筋的形状、长度尺寸、规格、数量、重量，以便加工制作和做预算。

如图 3.12 所示，是某现浇钢筋混凝土梁结构详图，主要包括立面图、1—1、2—2 断面图、钢筋详图、钢筋表。从立面图上看出梁长 4480mm，从 1—1、2—2 断面上可看出梁高 350mm，宽 240mm。梁上部配③号 2ϕ12 钢筋，下部配①号 2ϕ14 钢筋，中间次梁处配置②号 1ϕ12 钢筋，④号为 ϕ6 箍筋，中心距 200mm。从钢筋详图和钢筋表中可看出钢筋的详细布置情况和所需数量。

2. 钢筋混凝土柱

柱是房屋的主要承重构件，其结构详图包括立面图和断面图。如果柱的外形变化复杂或有预埋件，则还应增画模板图。模板图上预埋件只画位置示意和编号，具体细部情况另绘详图。柱立面图主要表示柱的高度尺寸，柱内钢筋配置、钢筋搭接区内箍筋需要加密的具体数量及与柱有关的梁、板，如图 3.13 所示。

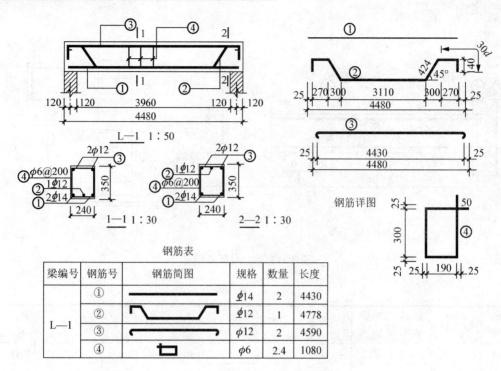

钢筋表

梁编号	钢筋号	钢筋简图	规格	数量	长度
L—1	①		φ14	2	4430
	②		φ12	1	4778
	③		φ12	2	4590
	④		φ6	2.4	1080

图 3.12　现浇混凝土梁

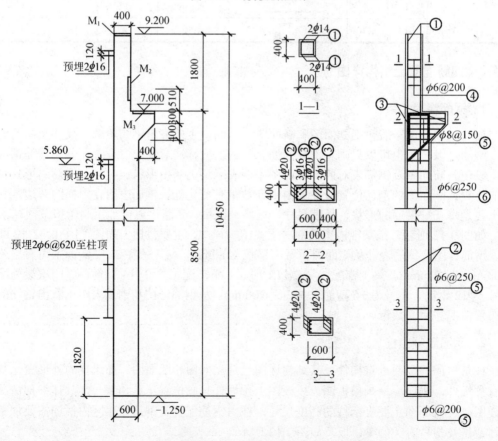

图 3.13　钢筋混凝土柱

柱的截面一般为矩形,断面图主要反映截面的尺寸、箍筋的形状和受力筋的位置、数量。断面图的剖切位置应设在截面尺寸有变化及受力筋数量、位置有变化处。

3.5 钢筋混凝土梁、柱平法施工图的识读

3.5.1 柱平法施工图的识读

柱的平面整体表示法是在柱的平面布置图上采用列表注写方式或截面注写方式表达。

列表注写方式是在柱的平面图上,对相同的柱统一编号,并选择一个或几个截面标注几何参数代号,且在柱表中注写柱号、柱段起止标高、几何尺寸(含柱截面与轴线的偏心情况)与配筋的具体数值,同时配以各种柱截面形状及其配筋类型图,柱端箍筋加密区与柱身非加密区的间距用"/"分隔,如图 3.14 所示。

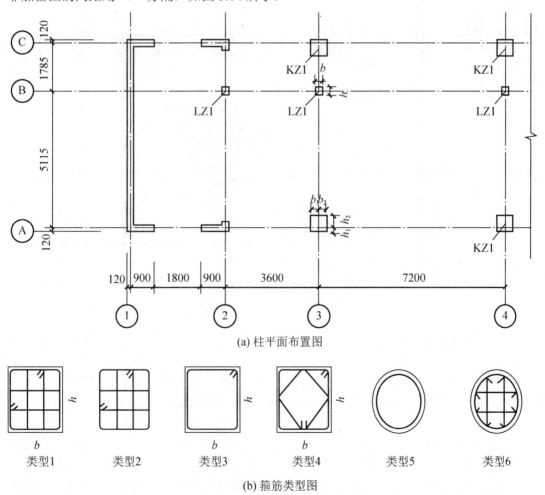

(a) 柱平面布置图

(b) 箍筋类型图

图 3.14　柱的列表注写方式

柱号	标高	$b×h$ (圆柱直D)	$b1$	$b2$	$h1$	$h2$	b边一侧 中部筋	h边一侧 中部筋	箍筋类 型号	箍筋
KZ1	-0.030—18.200	700×700	350	350	120	120	4ϕ25	4ϕ25	ϕ10-100/200	1(5×4)
	18.320—37.200	600×600	300	300	120	120	4ϕ25	4ϕ25	ϕ10-100/200	1(4×4)
	37.200—58.000	550×550	275	275	120	120	4ϕ25	4ϕ25	ϕ8-100/200	1(4×4)

(c) 柱表

图 3.14 柱的列表注写方式(续)

柱的截面注写方式是在柱平面布置图的柱截面上，分别在同一编号的柱中选择一个截面，原位适当放大绘制柱的截面配筋图，并在配筋图上引出标注，其标注内容为柱编号、截面尺寸、角筋或全部纵筋、箍筋和柱截面与轴线等几何参数，如图 3.15 所示。

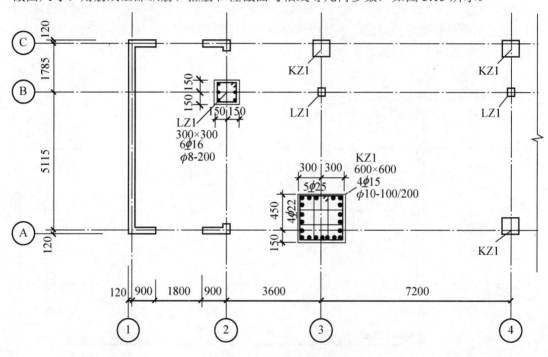

图 3.15 柱的截面注写方式

3.5.2 梁平法施工图的识读

钢筋混凝土梁的配筋图，除了传统的逐个表示法外，近年来出现了一种平面整体表示方法，由于它具有图示表示简便、效率高、减少大量的重复标注等优点，目前正在被广泛采用。

梁的平面注写表示法，是在梁平面布置图上，采用平面注写的方式或截面注写的方式表达。平面注写的方式是在梁的平面布置图上，分别在不同编号的梁中各选一根梁，在其上注写截面尺寸和配筋具体数值的方式来表达。平面注写包括集中标注和原位标注，几种标注表达梁的通用数值，其内容包括梁编号、梁截面尺寸、梁箍筋、梁上部贯通筋或架立筋、梁顶面标高高度差。当集中标注中的某项数值不适用于梁的某部位时，则将该项数值原位标注，原位标注是表达梁各部分的特殊值，如梁支座处上部纵筋、梁下部纵筋、侧面纵向构造或抗扭纵筋、附加箍筋或吊筋等。施工时，原位标注取值优先。

截面注写方式与传统方式相同，是在梁的平面布置图上，在选定的部位标注截面位置和编号，并在图中适当的位置画出该截面的配筋详图。

如图 3.16 所示，具体方法如下。

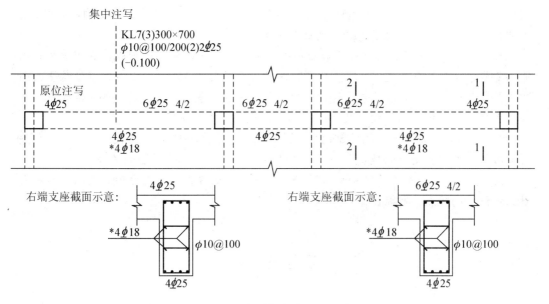

图 3.16　多跨梁在平面注写法

(1) 用索引线将梁的通用数值引出，在跨中集中标注一次。

(2) 梁的特殊值直接注写在梁的原部位。

(3) 纵向钢筋多于一排时，从外向里将各排纵筋用"/"分开，例如：6ϕ25 4/2 表示纵向钢筋有两排，外排 4ϕ25，内排 2ϕ25。

(4) 同排纵筋为两种直径时，用"+"相连，角部纵筋写在前面，例如：2ϕ25+2ϕ22 表示 2ϕ25 放在角部，2ϕ22 放在中部。

(5) 梁上部纵筋全部拉通时，可仅在上部跨中标注一次。

(6) 当梁中间支座两边的上部纵筋不同时，须在支座两边分别标注；如相同，可仅在支座的一边标注，另一边可省略不注。

(7) 梁侧面抗扭钢筋前加"*"号，例如：*4ϕ18 表示梁两侧各有 2ϕ18 的抗扭纵筋。

(8) 梁箍筋应标注直径、级别、加密区与非加密区间距和肢数，加密区与非加密区的不同间距用"/"线分隔，例如：ϕ10@100(4)/200(2)表示箍筋为 I 级钢筋，直径 10mm，加密区间距为 100mm，四肢箍；非加密区间距为 200mm，两支箍。

(9) 附加箍筋或吊筋直接注在平面图主梁支座处，与主梁的方向一致，用"( )"区别于其他钢筋。例如：(6ϕ8+2ϕ16)表示主梁支座处每侧加 3ϕ8 的箍筋、2ϕ16 的吊筋。

(10) 梁顶面标高差，是指相对于结构层楼面标高的高差值。有高差时，注写在括号中，无高差时不注。当梁的顶面标高差高于结构层楼面标高时，高差值为正值，反之为负值。如(0.100)表示该梁的顶面标高比结构层楼面标高高 0.100m。

本 章 小 结

1. 结构施工图是表达建筑物承重构件的布置、形状、大小、材料、构造及其相互关系的图样，是建筑工程施工图中的主要施工图。

2. 基础平面图、结构平面图，都是从整体上反映承重构件的平面布置情况，它们是结构施工图中的基本图纸。钢筋混凝土构件详图则进一步表达了各承重构件的形状、尺寸、内部布筋及与其他承重构件的连接关系。

3. 基础施工图用来反映房屋基础布置情况及基础的结构构造形式，在识读基础图时，要重点注意基础的类型、布置位置、基础底面宽度和基础埋设深度。在结构平面图中，要注意墙、柱、梁、板等承重构件的型号，布置位置，是现浇还是预制等情况。构件详图应着重分析它们的模板尺寸、内部配筋及预埋件等情况。

4. 在结构平面图中，构件都用规定线型表示，并都注上相应的代号。因此，熟悉并掌握构件在布置图中的规定画法及代号标注，是识读结构平面图的关键。

5. 平法施工图是目前结构施工图普遍使用的表达方式，具有方便、全面、准确表达结构设计的特点，所以应予以掌握。

复习思考题

一、选择题

1. 基础的埋置深度不应小于(　　)mm。
   A. 300　　　　　B. 500　　　　　C. 600　　　　　D. 1000
2. 基础埋置深度是指(　　)。
   A. 室外设计地坪至基础顶面的距离
   B. 室内地坪至基础底面的距离
   C. 室外设计地面至基础底面的距离
3. 沿外墙及部分内墙在同一水平面上设置的连续封闭的梁称(　　)。
   A. 过梁　　　　　B. 圈梁　　　　　C. 连系梁　　　　　D. 基础梁
4. 装配式楼板可直接搁置在墙上，支撑长度不小于(　　)mm，板搁置在梁上的支撑长度应不小于(　　)mm。
   A. 60　　　　　B. 80　　　　　C. 100　　　　　D. 120
5. 现浇无梁楼板的跨度较大，一般板厚不小于(　　)mm。
   A. 60　　　　　B.80　　　　　C. 100　　　　　D. 120

二、填空题

1. 结构施工图包括＿＿＿＿、＿＿＿＿、＿＿＿＿。
2. 结构平面图是表示＿＿＿＿、＿＿＿＿的图样。
3. 楼梯结构详图是由各层＿＿＿＿、＿＿＿＿和＿＿＿＿等组成。
4. 基础埋置深度的确定要考虑多方面因素，主要有＿＿＿＿、＿＿＿＿、＿＿＿＿、＿＿＿＿等。

三、简答题

1．基础平面图反映哪些内容？基础详图反映哪些内容？两者在施工中各起什么作用？

2．建筑标准层结构平面图的绘制步骤如何？

3．梁的平面标注方式包括哪些内容？

四、综合实训

实训要求：识读建筑施工图、结构施工图，并抄绘基础平面图、基础详图、楼层结构平面图。

第 4 章

单层工业厂房施工图

学习目标

1. 了解单层工业厂房的结构组成，熟悉单层厂房的主要结构构件。
2. 了解单层工业厂房施工图的组成，掌握单层工业厂房建筑施工图的识读。
3. 掌握单层工业厂房结构施工图的识读。

学习要求

知识要点	能力要求	相关知识	所占分值(100分)	自评分数
单层工业厂房施工图概述	了解单层工业厂房施工图的组成及其重要结构构件	单层工业厂房施工图的组成及其重要结构构件	10	
单层工业厂房建筑施工图	掌握单层工业厂房建筑施工图的识读	单层工业厂房平面图、立面图、剖面图和详图的识读	45	
单层工业厂房结构施工图	掌握单层工业厂房结构施工图的识读	单层工业厂房基础结构图、结构布置图和屋面结构图的识读	45	

章节导读

工业厂房按其建筑结构形式可分为单层工业建筑和多层工业建筑。多层工业建筑的厂房绝大多数见于轻工、电子、仪表、通信、医药等行业，此类厂房楼层一般不是很高，其照明设计与常见的科研实验楼等相似，多采用荧光灯照明方案。机械加工、冶金、纺织等行业的生产厂房一般为单层工业建筑，并且根据生产的需要，更多的是多跨度单层工业厂房，即紧挨着平行布置的多跨度厂房，各跨跨度视需要可相同或不同。本章主要讲述的是单层工业厂房，介绍其各种承重构件的特点及主要构造，并具体讲述了单层工业厂房施工图与结构施工图的识读。

引例

近年来，在我国每年完成的建筑工程投资额中，工业建筑与民用建筑之间的比例为 53：47，工业建筑占了一半以上，尤其是单层工业厂房在现代工业建筑中的比重逐年增加。在工业建筑迅猛发展的新形势下，工业建筑设计较早期也发生了很大的本质变化，逐渐向节能省地、生态化、高科技化、人性化、多元化、可持续性、文化性趋势发展。

20 世纪 90 年代末，我国开始出现改造和利用工业建筑为文化空间的现象。最典型的项目有北京的"798"，无疑是此类艺术空间的代表。艺术家们在废弃厂房上进行改造利用，建立起更适合城市定位和发展趋势的独立艺术空间、画廊、工作室、多功能展示空间等新型的产业，从而赋予了旧工业区新的生命和活力。

4.1　概　　述

4.1.1　单层工业厂房的基本结构类型

单层工业厂房承重结构一般有墙承重结构和柱承重结构两种结构类型。当厂房的跨度、高度及吊车的吨位小时，可采用墙承重结构。但现有大多数厂房的跨度较大、高度较高、吊车的吨位较大，所以常采用柱承重的横向排架结构。

4.1.2　单层工业厂房构造组成

单层工业厂房(排架结构)的主要构造组成一般分为承重构件与围护构件两部分，如图 4.1 所示。承重构件即重要的结构构件，一般包括基础、排架柱、屋架(屋面梁)、基础梁、吊车梁、连系梁等；围护构件即非承重构件，一般包括外墙(外墙板)、抗风柱、屋面板、门窗、天窗等。

4.1.3　单层工业厂房施工图的组成

单层工业厂房全套施工图的组成，一般包括总图、建筑施工图、结构施工图、设备施工图、工艺流程设计图及有关文字说明。建筑施工图包括平面图、立面图、剖面图和详图等；结构施工图主要包括基础结构图、结构布置图、屋面结构图和节点构件详图等；设备施工图包括水、暖、电、工艺设备等施工图。

单层工业厂房建筑施工图内容主要包括平面图、立面图、剖面图和详图及设计说明等。

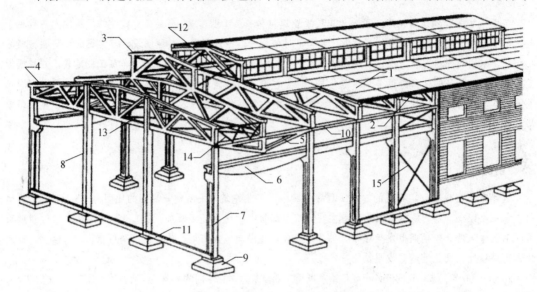

图 4.1   单层工业厂房结构组成

1—屋面板；2—天沟板；3—天窗架；4—屋架；5—托架；6—吊车梁；7—排架柱；8—抗风柱；
9—基础；10—连系梁；11—基础梁；12—天窗架垂直支撑；13—屋架下弦横向水平支撑；
14—屋架端部垂直支撑；15—柱间支撑

4.2 单层工业厂房建筑施工图

4.2.1 单层厂房平面图

平面图是建筑施工图的基本图纸，它是假想用一水平的剖切面沿门窗洞位置将厂房剖切后，对剖切面以下部分所作的水平投影图。它反映出厂房的平面形状，大小和布置；墙、柱的位置、尺寸和材料；门窗的类型和位置等。

1. 平面图的图示内容及识图要点

(1) 了解图名、比例。比例常采用 1∶100、1∶200 或 1∶150。

(2) 理解厂房的类型，平面形状、布置，吊车，出入口，坡道等。

(3) 掌握图线规定，如吊车梁用点画线等。

(4) 掌握定位轴线，相关尺寸的标注。

(5) 了解详图索引，剖切符号、指北针及有关说明。

2. 平面图识读举例

如图 4.2 所示，平面图比例为 1∶200。横向轴线为①～⑧，柱子采用矩形断面的钢筋混凝土柱，除端柱中心线凑够两端轴线内移600mm外，柱的中心线都与横向定位轴线相重合。两端山墙为非承重墙，墙的内缘与横向定位轴线的端轴线①、⑧相重合；纵向定位轴线Ⓐ、Ⓑ通过柱子外缘和纵墙内缘。厂房内设有一台梁式悬挂起重机，起重量 Q=5kN，轨距 L_K=16.5m，用虚线所画的图例表示；用粗点画线表示起重机轨道的位置，也是吊车梁的位置，上下起重机用的钢制爬梯置于⑥、⑦轴线间的Ⓐ轴线纵墙的内缘。车间东端还设有男、女厕所，工具间和更衣间，它们的墙身定位均以分轴线来标明。厂房四周的围护墙厚240mm，两端山墙内缘各有两根抗风柱，柱的中心线分别与分轴线①/Ⓐ、③/Ⓐ相重合，外缘分别与①、⑧轴线相重合。厂房室外四周设有散水，散水宽600mm。距Ⓑ轴线1200mm的西侧山墙外缘还设有消防梯。

4.2.2 单层厂房立面图

立面图是在与厂房立面平行的投影面上所作厂房的正投影图，称为建筑立面图，简称立面图。其中反映主要出入口或比较显著地反映出厂房外貌特征的那一面的立面图，称为正立面图，其余的立面图相应地称为背立面图和侧立面图。但通常也按厂房的朝向来命名，如南立面图、北立面图、东立面图和西立面图等。

1. 立面图的图示内容

(1) 图名、比例。
(2) 定位轴线及其尺寸。
(3) 外墙装饰做法、门窗、坡道、雨水管、爬梯等。
(4) 各主要部位标高标注。
(5) 详图索引符号。
(6) 施工说明等。

2. 立面图的识读举例

如图4.3、图4.4所示，立面图比例为1∶200。各部分外轮廓线显示了这幢厂房的体型特征、立面造型和墙面做法等内容，具体内容如下。

①～⑧立面图中可见：外墙面有间隔成上、中、下三段1∶1∶4水泥石灰砂浆粉刷的混水墙，每两段混水墙之间为清水墙，并开设窗洞，标注了上面一段清水墙上开设单层中悬窗，下面一段清水墙上开设由下向上的4段组合窗，下起第一段为单层外开平开窗，第二段为单层固定窗，第三段为单层中悬窗，第四段为固定窗；在大门口，则只有最高的一段于门套顶面之上的较两侧短一点的固定窗。此外，墙面上有300mm高，用1∶2水泥砂浆粉刷的勒脚；窗台、窗眉、檐口采用1∶2水泥砂浆粉面；雨水管及水斗的立面位置等。图中标注了室内外地面、窗台顶面、窗眉底面、檐口、大门上口、大门门套和边门雨篷顶面的标高。

Ⓑ～Ⓐ立面图可以看出山墙的形状，两侧的南北墙面的轴线Ⓐ和Ⓑ；西墙面是混水墙，

也是用 1：1：4 水泥石灰砂浆粉刷，墙面上布有引条线；在西墙的上部正中有四扇单层中悬窗，与南立面中的上面一段清水墙上的单层中悬窗同样高度和同样形式，但宽度不同，窗眉与窗台也都用 1：2 水泥砂浆粉刷；墙脚处也有300mm高用 1：2 水泥砂浆粉刷的勒脚；此外还画出了西墙面上的消防梯，以及南墙面上的大门门套的可见侧面和坡道。图中标注了室外地面、窗台顶面、窗眉底面、檐口和南墙大门的门套顶面的标高，还标注了消防梯下端离室外地面的距离。

4.2.3 厂房剖面图

剖视图是指厂房的垂直剖面图。假想用一个或多个垂直于外墙轴线的铅垂剖切面将厂房剖开，所得的投影图称为厂房剖面图，简称剖面图。剖面图用以表示厂房内部的结构或构造形式、分层情况和各部位的联系、材料及其高度等，是与平、立面图相互配合的不可缺少的重要图样之一。

1. 剖面图图示内容

(1) 图名、比例。
(2) 定位轴线及其尺寸。
(3) 剖切到的屋面(包括隔热层及吊顶)、楼面、室内地面(包括台阶、明沟及散水等)，剖切到的内外墙身及其门、窗，剖切到的各种承重梁和吊车梁、雨篷及雨篷梁。
(4) 未剖切到的可见部分，如可见的梁、柱等。
(5) 垂直方向的尺寸及标高。
(6) 详图索引符号。
(7) 施工说明等。

2. 剖面图的识读举例

如图 4.5 所示，1—1 剖视图中画出了被剖切到的室内、外地面，也用多层构造的文字说明或表明了室内地面的构造和做法；表示出了被剖切到的南、北围护砖墙，以及墙内门窗的图例、钢筋混凝土窗台和窗眉、门洞上口与雨篷浇捣在一起的过梁，还画出了大门门套内侧的可见墙面的投影。此外，在 1—1 剖视图中还画出了男、女厕所和工具间、更衣室的墙面，墙面上的门、踢脚板，以及这个厂房东端双扇推拉门的可见投影和被吊车梁遮挡后的山墙面上的一点点可见的高窗，抗风柱可见部分的投影。

4.2.4 厂房详图

如图 4.6 所示，用 1：10 的比例绘制出了由 1—1 剖视图中北墙上引出的一个窗的上口节点详图。从图中可以看到内外墙面、窗顶遮阳的粉饰情况，图中还表示了具体施工时遮阳板顶应粉成 1%向外排水坡度，板底须做出滴水斜口等。具体识读方法与民用房屋的建筑详图的识读方法相同。

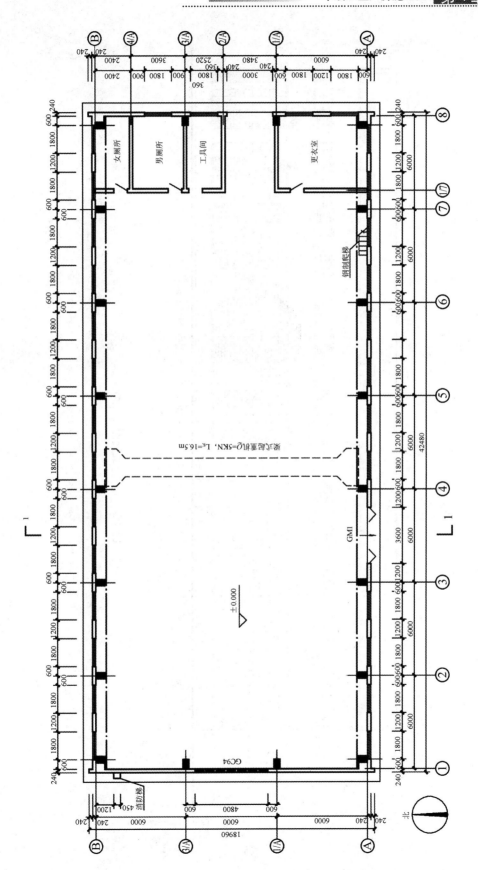

图4.2 单层工业厂房平面图(1∶200)

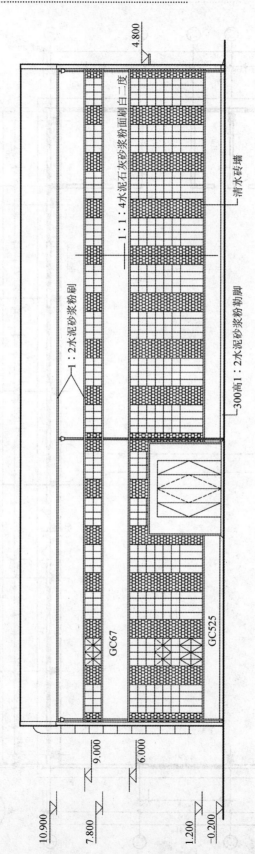

图 4.3 ①~⑧立面图(1∶200)

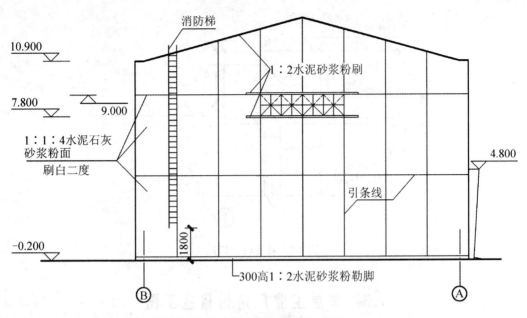

消防梯

1：2水泥砂浆粉刷

10.900

7.800

9.000

1：1：4水泥石灰
砂浆粉面
刷白二度

4.800

引条线

-0.200

1800

300高1：2水泥砂浆粉勒脚

Ⓑ Ⓐ

图 4.4 Ⓑ～Ⓐ立面图(1：200)

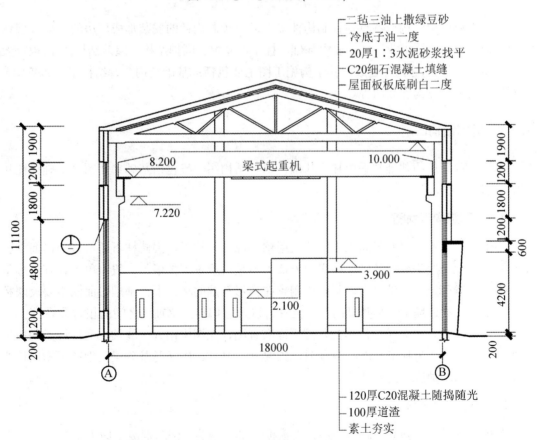

二毡三油上撒绿豆砂
冷底子油一度
20厚1：3水泥砂浆找平
C20细石混凝土填缝
屋面板板底刷白二度

8.200 梁式起重机 10.000

7.220

1900
1200
1800
1200
11100
4800
600
4200
1200
200
200

3.900

2.100

18000

Ⓐ Ⓑ

120厚C20混凝土随捣随光
100厚道渣
素土夯实

图 4.5 1—1 剖视图(1：200)

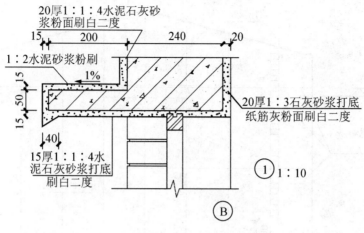

图 4.6　详图(1∶10)

4.3　单层工业厂房结构施工图

单层工业厂房的构造特点是预制构件多，通过预制构件的安装形成厂房的骨架，墙体仅起围护作用。单层工业厂房主要由基础、柱子、支撑、围护结构、屋盖结构(屋面板、天窗架、屋架、托架)等构件组成，其结构施工图主要包括：基础结构图、结构平面布置图、屋面结构图和节点构件详图等。

4.3.1　基础结构图

单层工业厂房的基础常采用杯形基础，基础结构图一般包括基础平面图、基础详图和文字说明 3 部分。

1.基础结构平面图

由于单层工业厂房的竖向承重构件采用钢筋混凝土柱子，因此柱下通常采用钢筋混凝土独立基础，一般为杯形基础。厂房的外墙大多是自承重围护墙，一般不单独设置条形基础，而且将墙砌筑在基础梁上，基础梁搁置在杯形基础的杯口上。基础平面图主要反映杯形基础、基础梁或墙下条形基础的平面位置，以及它们与定位轴线之间的相对关系。

如图 4.7 所示为某单层厂房的基础平面布置图，在图中由Ⓐ～Ⓑ轴上两排柱子构成生产车间，基础形式为杯形基础，编号 J1、J2 两种。JL-1、JL-2 是基础梁，把柱子横向连成一个整体，以增加厂房的整体性。

2.基础结构详图

基础详图是柱下独立基础做垫层、支模板、绑扎钢筋、浇筑混凝土施工用的。

如图 4.8 所示，是钢筋混凝土杯口基础的详图，表示出了它的全部尺寸及钢筋的配置情况，基础和定位轴线的关系。

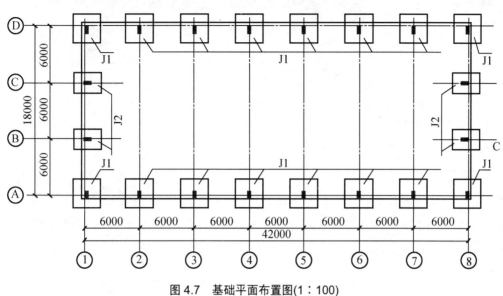

图 4.7 基础平面布置图(1∶100)

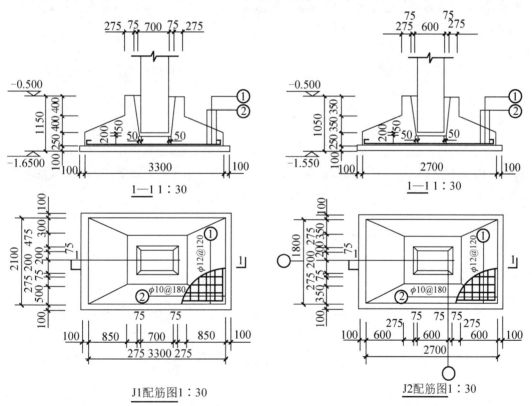

图 4.8 杯形基础详图

4.3.2 结构布置图

梁、板、柱等结构构件布局图表示厂房屋盖以下,基础以上全部构件的布置情况,包括柱、支撑，吊车梁、连系梁等构件的布置，这些构件通常绘制在同一张结构布置图上。

1．柱

厂房中的各个柱子，由于生产工艺要求和承受的荷载及所布置位置不同，在构件布置图中采用不同的编号来加以区别。图中Ⓐ轴和Ⓓ轴柱列共有两种类型，虽然柱子的截面均为矩形，且配筋都相同，但是由于柱子所处的位置和与之连接的其他构件不同，柱子上设置的预埋件的数量和位置也不同。

2．支撑

支撑分柱间支撑和屋盖支撑两类，其主要目的是提高厂房的纵向刚度和稳定性在水平方向传递吊车的水平推力和山墙传来的风荷载。由于牛腿柱分为以牛腿表面为分界面的上柱和下柱，柱间支撑亦分为上柱柱间和下柱柱间支撑。

3．吊车梁

吊车梁两端焊接于柱子牛腿的顶面，沿厂房纵向布置。它的作用是支撑桥式吊车，供吊车沿厂房纵向行走。承受由吊车产生的竖向力及水平力，并将这些荷载连同自重传给柱子。

常用的吊车梁有钢结构吊车梁、普通钢筋混凝土吊车梁和预应力混凝土吊车梁。梁的截面形式主要为工字形和 T 形。

4．连系梁

单层厂房的外墙一般做成自承重墙，不宜设置墙梁(亦称连系梁)。当墙的高度超过一定限度(例如 15m 以上)，墙体的砌体强度不足以承受本身自重时，需要在墙下布置连系梁。连系梁两端支撑在柱牛腿上，并通过牛腿将墙体荷载传给柱子。

连系梁除支撑墙体重量外，还起到连系纵向柱列、增强厂房纵向刚度、传递纵向水平荷载的作用。连系梁与柱之间采用螺栓或焊接连续。

4.3.3 屋面结构图

屋面结构图包括屋面结构平面图和屋面结构剖视图。这里介绍屋面结构平面图。

屋面结构平面图主要表明屋架(或屋面梁)、屋盖支撑、屋面板及天窗结构构件(天窗、天窗支撑、天窗屋面板等)的平面布置情况，识读和绘制时应注意以下几个方面，如图 4.9 所示。

(1) 屋架或屋面梁的布置，一般用粗点画线表示，并标出它们的代号和编号。

(2) 天窗的位置、天窗架的编号。

(3) 屋盖支撑、系杆的布置，并标出其编号。

(4) 屋面板、嵌板(屋面板在设计排列中宽度不足一块时，常采用较小宽度的嵌板解决)、天沟板等的布置并编号，如 3YWB-Ⅱ表示预应力屋面板，TGB68-Ⅰ表示天沟板。

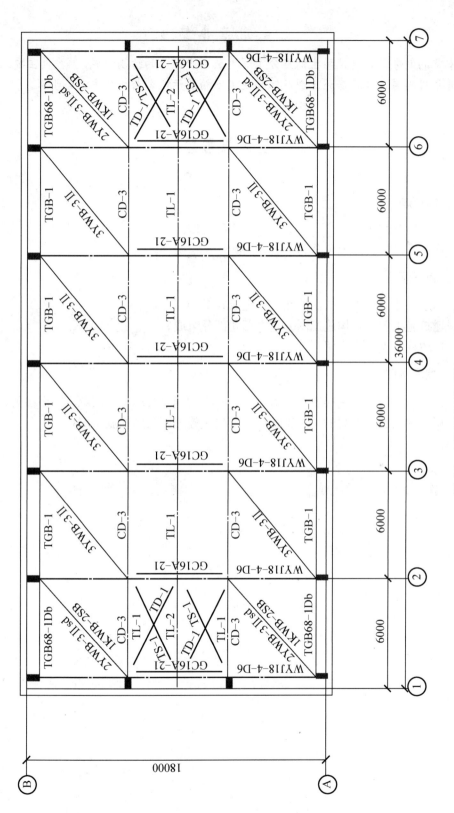

图 4.9　屋面结构平面图(1∶50)

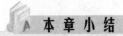 **本 章 小 结**

本章的教学目标是使学生能充分了解单层工业厂房的结构组成，熟悉其主要结构构件，并掌握单层工业厂房施工图及结构施工图的图示内容与识读方法、步骤。

复习思考题

一、填空题

1. 厂房屋盖结构有_____、_____两种类型。
2. 柱间支撑按其位置可分为_____和_____两种。

二、简答题

1. 单层工业厂房施工图由哪几部分组成？
2. 建筑施工图与结构施工图分别由哪几部分组成？
3. 试述柱间支撑的作用。

三、综合实训

1. 参观当地的一个单层工业厂房，并对照实物查看其施工图图纸，写出参观日志。
2. 识读并绘制所参观的单层工业厂房的建筑施工图与结构施工图。

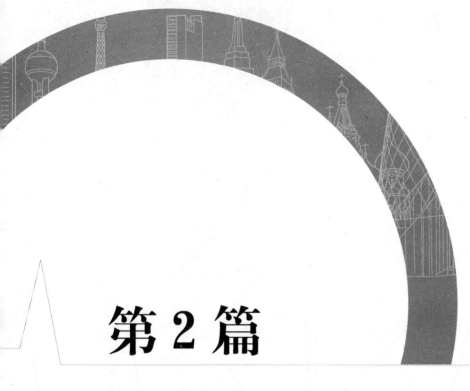

第 2 篇

房 屋 构 造

第 5 章

民用建筑概述

学习目标

1. 掌握建筑的主要分类。
2. 掌握建筑的等级划分。
3. 掌握建筑物的构造组成。
4. 理解建筑模数的概念。
5. 了解模数的基本应用。
6. 熟悉建筑模数协调中涉及的尺寸及定位轴线的概念。
7. 了解砖墙和底层框架结构的定位轴线。

学习要求

知识要点	能力要求	相关知识	所占分值 (100分)	自评 分数
建筑的分类与民用 建筑等级划分	1. 建筑的主要分类 2. 等级划分	建筑使用功能、建筑力学、 建筑防火规范	30	
民用建筑的构造组 成与建筑标准化	1. 民用建筑的构造组成 2. 建筑标准化 3. 建筑模数制 4. 建筑设计和建筑模数协调中涉及 的尺寸	建筑行业相关知识、建筑 标准化、建筑制图	50	
定位轴线	1. 砖墙的定位轴线 2. 底层框架结构的定位轴线	建筑使用功能、建筑材料	20	

章节导读

　　建筑的构造要考虑建筑的空间性、实用性、物质性、审美性。我国古代伟大的思想家老子有一段话："埏埴以为器，当其无，有器之用，凿户牖以为室，当其无，有室之用……"，其意为强调建筑对于人类来说，具有使用价值的不是围城空间的实体的壳，而是空间本身。它明确地指出"空间"是建筑的本质，是建筑的生命。建筑像一座巨大的空心雕塑体，人可以进入其中，并在行进中来感受其效果。建筑为人们提供一定的物质空间环境，满足人的活动需要，随着社会生产力的发展和进步，建筑为满足人类生活的需要，也必然要随之变化和发展，因而对建筑构造提出了很多新的要求，同时建筑的形式也多种多样。建筑不仅用来满足个人或家庭的需要还要满足整个社会的各种需要，由于社会对建筑提出各种不同的功能需要，于是就有了许多不同的建筑类型，建筑由于功能千差万别，反映在形式上也是千变万化，如图 5.1 所示。随着社会的经济技术的发展，对建筑设计、住宅建设提出了更明确、更复杂的要求，对于建筑而言，既能很好地满足使用要求，又能给人以美的享受。

　　本章主要介绍民用建筑的分类、构造，建筑标准化等问题。

(a) 教堂

(b) 商场

(c) 医院

(d) 图书馆

图 5.1　不同功能建筑物

(e) 住宅   (f) 学校

图 5.1 不同功能建筑物(续)

5.1 建筑的分类与民用建筑等级划分

 引例

  如图 5.2 所示，是黑龙江广播电视塔——龙塔，塔高 336 米，在钢塔中位于世界第二、亚洲第一。它是一座集广播电视发射、旅游观光、餐饮娱乐、广告传播、环境气象监测、微波通信、无线通信于一体的综合性多功能塔。龙塔总面积为 16600 平方米，其中塔座为 13000 平方米，塔楼为 3600 平方米，塔座由地下一层和地上四层组成球冠形。塔身正八面形，塔体为抛物线形，中间是圆柱形井道，由七条银白色的铝合金板和九条深蓝色镀膜玻璃围护。塔楼设在 181 米和 206 米处，由飞碟状的下塔楼和圆形的上塔楼组成。

图 5.2 黑龙江广播电视塔

  黑龙江广播电视塔从使用功能上来说是民用建筑中的公共建筑，从高度上是高层建筑，从规模上是大型性建筑，从结构上是钢结构。建筑物从不同的角度进行分类，可以有多个类型和名称，本章将通过不同的类别划分来掌握大量关于建筑的名称。

观察与思考

从建筑的使用功能、高度、结构类型等方面，仔细观察周边的建筑物，比较它们之间的不同。

建筑物一般根据其功能性质及规律特征等方面进行命名，下面按建筑的分类和等级划分两个方面分别介绍。

5.1.1 建筑物的分类

建筑物按使用性质的不同，通常可分为生产性建筑和非生产性建筑。

生产性建筑是指工业建筑和农业建筑。

工业建筑指为工业生产服务的生产性建筑，如生产厂房及为生产服务的辅助车间、动力用房、仓储建筑等。

农业建筑指供农(牧)业生产和加工使用的建筑，如种子库、温室、畜禽饲养场、农副产品加工厂、农机修理厂(站)等。

非生产性建筑即民用建筑，民用建筑指供人们工作、学习、生活、居住用的建筑物，本节主要介绍民用建筑的分类。

1. 按使用功能分类

民用建筑按使用功能分居住建筑和公共建筑两类。

居住建筑是供人们生活起居使用的建筑，如住宅、宿舍、公寓等，如图5.3所示。

公共建筑是人们从事政治文化活动、行政办公、商业活动、生活服务、休闲运动等公共事业所需的建筑物，如科教建筑、医疗卫生建筑、观演性建筑、体育建筑、展览建筑、旅馆建筑、商业建筑、交通建筑、行政办公建筑、餐饮建筑、园林建筑、纪念建筑等，如图5.4所示。

图 5.3 居住建筑　　　　　　　　　　图 5.4 公共建筑

2. 按建筑规模和数量分类

民用建筑按建筑规模和数量分大量性建筑和大型性建筑两类。

1) 大量性建筑

大量性建筑指量大面广，与人们生活密切相关的那些建筑，如职工住宅、托儿所、幼儿园及中小学教学楼等。其特点是与人们日常生活有直接关系，而且建筑量大、类型多，一般均采用标准设计。

2) 大型性建筑

大型性建筑多指规模宏大的建筑。这类建筑一般是单独设计的，建造于大中城市，功能要求高、结构和构造复杂、设备考究、外观突出个性、单方造价高，用料以钢材、料石、混凝土及高档装饰材料为主。这类建筑使用要求比较复杂，建筑艺术要求也较高，规模巨大，耗资也大，不可能到处修建，与大量性建筑比起来，其修建量是很有限的，这些建筑在一个国家或一个地区具有代表性，对城市的面貌影响也较大。例如，2008 年北京奥运会体育馆鸟巢、2010 年上海世博会中国国家馆等。

3. 按建筑层数(高度)分类

(1) 住宅建筑按层数划分为：1～3 层为低层；4～6 层为多层；7～9 层为中高层；10 层及以上为高层。

(2) 公共建筑及综合性建筑总高度超过 24m 者为高层(不包括高度超过 24m 的单层主体建筑)，低于或等于 24m 为多层。

(3) 建筑物高度超过 100m 时，不论住宅或公共建筑均为超高层。

(4) 高层建筑一般又分为四类。

① 低高层建筑：层数为 9～16 层，建筑高度最高为 50m。

② 中高层建筑：层数为 17～25 层，建筑总高为 50～75m。

③ 高高层建筑：层数为 26～40 层，建筑总高为 100m。

④ 超高层建筑：层数为 40 层以上，建筑总高为 100m 以上。

分类归纳，如图 5.5 所示并见表 5-1。

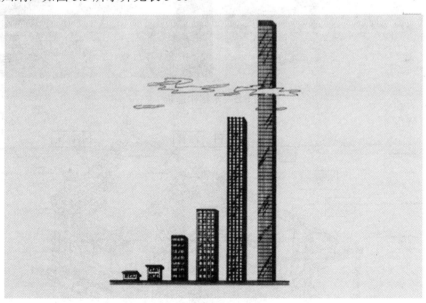

图 5.5　民用建筑按高度与层数分类

表 5-1　民用建筑按高度与层数分类

名称	低层	多层	中高层	高层	超高层
住宅建筑	1～3	4～6	7～9	≥10 层	>100m 或 40 层
公共建筑	—	—	—	>24m	>100m 或 40 层

4．按承重结构的材料分类

建筑的承重结构即建筑的承重体系，是支撑建筑、维护建筑安全及建筑抗风抗震的骨架。建筑承重结构部分所使用的材料，是建筑行业中使用最多、范围最广的木材、砖石、混凝土(或钢筋混凝土)、钢材等，根据这些材料的力学性能，砖石砌体和混凝土适合作为竖向承重构件，而木材、钢筋混凝土和钢材既可作为竖向承重构件，也可作为水平承重构件。由这些材料制作的建筑构件组成的承重结构可大致分为以下五类。

1) 木结构

木结构指竖向和水平承重构件均以木材制作的房屋承重骨架，而建筑的围护构件可由砖、石、木材等多种材料组成，如图 5.6 所示。这类房屋的层数较低，一般在三层以下。木结构建筑具有自重轻、构造简单、施工方便、取材方便、造价低等优点。我国古代庙宇、宫殿、民居等建筑多采用木结构，现代由于木材资源的缺乏，木结构建筑耗木材多，加上木材有易腐蚀、耐久性差、耐火性差、空间受限等缺陷，单纯的木结构已极少采用，仅在木材资源丰富的北美、北欧等地区使用较多。房屋构造，如图 5.7 所示。

图 5.6　木结构建筑

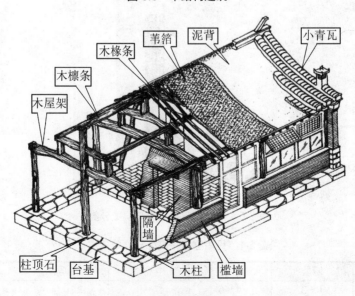

图 5.7　木结构房屋构造

2) 砖石(砌体)结构

砖石结构指砖石块材与砂浆配合砌筑而成的建筑，建筑横向和竖向承重结构均采用砖石，民用建筑属于低层(3 层以下)，纪念性建筑如塔多为多层(7 层以下)建筑。这种结构便于就地取材，能节约钢材、水泥和降低造价，并具有良好的耐火、耐久性和保温、隔热、隔声性能，但抗震性能差，自重大，如图 5.8 所示，且层高、总高、开间跨度均较小。受限于力学性能，砖石材料适合制作墙、柱等竖向承重构件，作为水平承重构件受到较大限制，因此真正意义上的砖石结构很少，目前常见的砖石结构中水平承重构件往往已由钢筋混凝土等其他材料替代，人们把它称之为混合结构，但广义上都可统称为砌体结构。

近年来，为响应国家节约耕地的号召，逐步实现禁用黏土砖，在墙体改革中出现了许多新型材料，如各种混凝土砌块、烧结多孔砖、硅酸盐制品等，这些材料来源广泛，易于就地取材和废物利用，但砌筑工作繁重，块材与砂浆的黏合力较弱等缺陷仍然是今后墙体改革研究的重点。房屋结构，如图 5.9 所示。

图 5.8 砖石结构

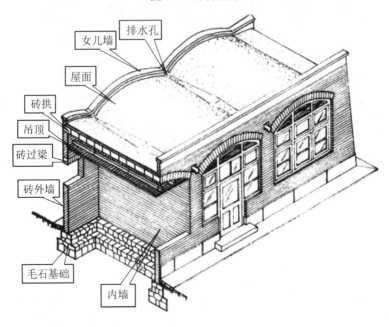

图 5.9 砖石结构房屋构造

3) 钢筋混凝土结构

钢筋混凝土结构指承重结构的构件均采用钢筋混凝土材料的建筑,如图 5.10 所示,包括了以梁柱承重为主的框架结构、框剪结构,以墙承重为主的剪力墙结构、筒体结构等。钢筋混凝土结构虽然工序多、周期长、造价高,但其具有坚固耐久、防火和可塑性强、抗震性能良好等突出优点,仍然是目前应用比较广泛的结构形式。房屋结构,如图 5.11 所示。

图 5.10 钢筋混凝土结构

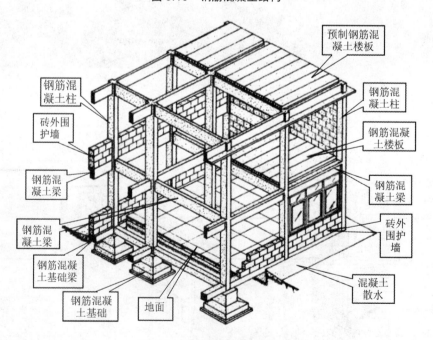

图 5.11 钢筋混凝土房屋结构

4) 钢结构

钢结构指以型钢等钢材作为建筑承重骨架的建筑,如图 5.12 所示。钢结构具有整体性好、强度高、自重轻,抗震性能好,布局灵活,便于制作和安装,施工受季节影响较小,施工速度快等特点，适宜超高层和大跨度建筑采用。但钢材耗量大，受温度变化引起的变形较大，多用于超高层建筑、特大跨度公共建筑，在民用建筑中采用较少。但随着我国高层、大跨度建筑的发展，采用钢结构的趋势正在增长，轻钢结构在多层建筑中的应用也日渐增多。房屋构造，如图 5.13 所示。

图 5.12　钢结构

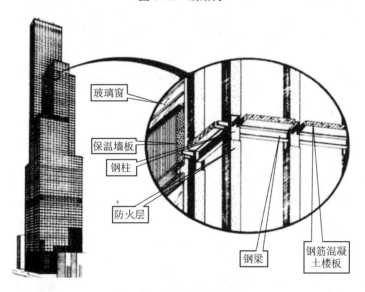

玻璃窗

保温墙板

钢柱

防火层

钢梁

钢筋混凝土楼板

图 5.13　钢结构房屋结构

5) 混合结构

混合结构指采用两种或两种以上材料制作承重结构的建筑。根据上述常用的几类材料和结构形式，混合结构大体可分为三类：砖木结构，分别由砖墙、木楼板和木屋盖构成承重结构，如图 5.14 所示，这类房屋横向采用木头承重、竖向采用砖墙或木柱承重。这类建筑在使用舒适，屋顶较轻，取材方便，造价较低，但防火、抗震、耐久性、刚度较差。在木材紧缺地区不宜使用。砖木结构房屋构造，如图 5.15 所示。

图 5.14　砖木结构

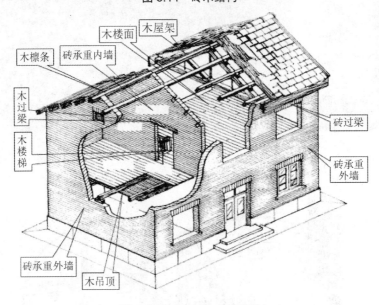

图 5.15　砖木结构房屋结构

　　砖混结构，分别由砖墙、钢筋混凝土楼板和屋盖构成承重体系，如图 5.16 所示；这类房屋竖向采用砖墙或砖柱承重，水平向承重构件采用混凝土楼板、屋面板，其中也包括少量的屋顶采用木屋架。这类房屋的建造一般七层以下，抗震等级七级以下。结构整体性好，耐火性好，耐久性好，取材、施工方便，造价不高。房屋构造，如图 5.17 所示。

图 5.16　砖混结构

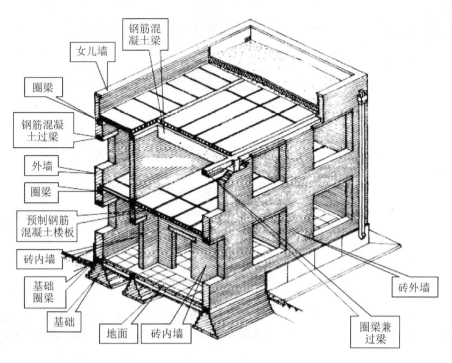

图 5.17 砖混结构房屋结构

钢混结构，分别由钢屋架和钢筋混凝土柱构成承重骨架，楼板一般由钢材和钢筋混凝土共同构成，如图 5.18 所示。这类结构一般采用钢筋混凝土做柱、梁、板等承重构件，而墙体等围护构件一般采用砖墙或其他轻质材料构成。这类房屋可以建多层或高层。房屋构造，参见图 5.11。

其中砖混结构在大量性民用建筑中应用最广泛，钢混结构多用于高层和大跨度建筑，砖木结构一般用于中小型民居。

图 5.18 钢混结构

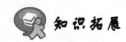

 知识拓展

民用建筑除了上述几种分类方法外还可以按施工方法不同和结构类型的不同进行分类。

1. 按施工方法分类

施工方法是指建造房屋时所采用的方法，它分为以下几类：

1) 现浇、现砌式

这种施工方法是指主要构件均在施工现场砌筑(如砖墙等)或浇筑(如钢筋混凝土构件等)。

2) 预制、装配式

这种施工方法是指主要构件在加工厂预制，在施工现场进行装配。

3) 部分现浇现砌、部分装配式

这种施工方法是一部分构件在现场浇筑或砌筑(大多为竖向构件)，一部分构件为预制吊装(大多数为水平构件)。

2. 按结构类型分类

按建筑物承重构件所选用的材料及制作方法、传力方法的不同，一般分为以下几种。

1) 砌体结构

该结构的竖向承重构件是以普通黏土砖、页岩砖、灰砂砖、黏土多孔砖或承重(或非承重)混凝土空心小砌块等材料砌筑的墙体，水平承重构件是钢筋混凝土制作的楼板和屋面板，这种结构主要用于多层建筑物。

2) 框架结构

这种结构的承重部分是由钢筋混凝土或钢材制作的梁、板、柱形成的骨架承担，墙体只起围护和分隔作用。这种结构可以用于多层和高层建筑中。

3) 钢筋混凝土板墙结构

这种结构的竖向承重构件和水平承重构件均采用钢筋混凝土制作，施工时可以在现场浇筑或加工厂预制、现场吊装。这种结构可以用于多层和高层建筑中。

4) 特种结构

这种结构又称为空间结构。它包括悬索、网架、拱、壳体等结构形式。这种结构多用于大跨度的公共建筑中。大跨度空间结构指30m以上跨度的大型空间结构。

观察与思考

观察周围建筑，思考都是什么结构的建筑物。

5.1.2 民用建筑的等级划分

由于建筑的功能和在社会生活中的地位差异较大，为了使建筑充分发挥投资效益，避免造成浪费，适应社会经济发展的需要，我国对各类不同建筑的级别进行了明确的划分。民用建筑是根据建筑物的重要性、耐久、耐火、防水、热工、隔声减噪、安全防范、采光、材料、抗震设防等许多方面制定了相关等级和要求，这里重点介绍建筑物按耐久年限和耐火程度进行等级划分。

1. 按建筑物的耐久年限分级

建筑物的耐久年限主要是依据我国《民用建筑设计通则》(GB 50352—2005)中关于建筑物的重要性和规模大小来划分，作为基本建设投资和建筑设计及材料选择的重要依据，表5-2所示是各类建筑的使用年限的规定。

表5-2 建筑物设计使用年限分类表

类别	设计使用年限/年	示例
1	5	临时性建筑
2	25	易于替换结构构件的建筑
3	50	普通建筑和构筑物
4	100	纪念性建筑和特别重要建筑

2. 按建筑物耐火等级分级

建筑物耐火等级是衡量建筑物耐火程度的标准，它是由组成建筑物的构件的燃烧性能和耐火极限的最低值决定的。划分建筑物耐火等级的目的在于根据建筑物的用途和重要性不同提出不同的耐火等级要求，做到既有利于安全，又有利于节约基本建设投资。建筑物的耐火等级是依据《建筑设计防火规范》(GB 50016—2006)中关于建筑物构件的燃烧性能和耐火极限两个方面来决定的，分为四级。表5-3所示是各级建筑物所用构件的燃烧性能和耐火极限。

表5-3 建筑物构件的燃烧性能和耐火极限(h)

名称		耐火等级			
构件		一级	二级	三级	四级
墙	防火墙	不燃烧体 3.00	不燃烧体 3.00	不燃烧体 3.00	不燃烧体 3.00
	承重墙	不燃烧体 3.00	不燃烧体 2.50	不燃烧体 2.00	难燃烧体 0.50
	非承重外墙	不燃烧体 1.00	不燃烧体 1.00	不燃烧体 0.50	燃烧体
	楼梯间的墙 电梯井的墙 住宅单元之间的墙 住宅分户墙	不燃烧体 2.00	不燃烧体 2.00	不燃烧体 1.50	难燃烧体 0.50
	疏散走道两侧的隔墙	不燃烧体 1.00	不燃烧体 1.00	不燃烧体 0.50	难燃烧体 0.25
	房间隔墙	不燃烧体 0.75	不燃烧体 0.50	难燃烧体 0.50	难燃烧体 0.25
柱		不燃烧体 3.00	不燃烧体 2.50	不燃烧体 2.00	难燃烧体 0.50
梁		不燃烧体 2.00	不燃烧体 1.50	不燃烧体 1.00	难燃烧体 0.50
楼板		不燃烧体 1.50	不燃烧体 1.00	不燃烧体 0.50	燃烧体
屋顶承重构件		不燃烧体 1.50	不燃烧体 1.00	燃烧体	燃烧体
疏散楼梯		不燃烧体 1.50	不燃烧体 1.00	不燃烧体 0.50	燃烧体
吊顶(包括吊顶搁栅)		不燃烧体 0.25	难燃烧体 0.25	难燃烧体 0.15	燃烧体

注：1. 除本规范另有规定者外，以木柱承重且以不燃烧材料作为墙体的建筑物，其耐火等级应按四级确定；

2. 二级耐火等级建筑的吊顶采用不燃烧体时，其耐火极限不限；

3. 在二级耐火等级的建筑中，面积不超过100m²的房间隔墙，如执行本表的规定确有困难时，可采用耐火极限不低于0.3 h的不燃烧体；

4. 一、二级耐火等级建筑疏散走道两侧的隔墙，按本表规定执行确有困难时，可采用0.75h不燃烧体。

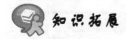
知识拓展

民用建筑之间的防火间距不应小于表 5-4 的规定。

表 5-4 民用建筑之间的防火间距(m)

耐火等级	一、二级	三级	四级
一、二级	6.0	7.0	9.0
三级	7.0	8.0	10.0
四级	9.0	10.0	12.0

注：1. 两座建筑物相邻较高一面外墙为防火墙或高出相邻较低一座一、二级耐火等级建筑物的屋面 15m 范围内的外墙为防火墙且不开设门窗洞口时，其防火间距可不限；

2. 相邻的两座建筑物，当较低一座的耐火等级不低于二级、屋顶不设置天窗、屋顶承重构件及屋面板的耐火极限不低于 1.00h，且相邻的较低一面外墙为防火墙时，其防火间距不应小于 3.5m；

3. 相邻的两座建筑物，当较低一座的耐火等级不低于二级，相邻较高一面外墙的开口部位设置甲级防火门窗，或设置符合现行国家标准《自动喷水灭火系统设计规范》(GB 50084—2001)规定的防火分隔水幕或本规范第 7.5.3 条规定的防火卷帘时，其防火间距不应小于 3.5m；

4. 相邻两座建筑物，当相邻外墙为不燃烧体且无外露的燃烧体屋檐，每面外墙上未设置防火保护措施的门窗洞口不正对开设，且面积之和小于等于该外墙面积的 5% 时，其防火间距可按本表规定减少 25%；

5. 耐火等级低于四级的原有建筑物，其耐火等级可按四级确定；以木柱承重且以不燃烧材料作为墙体的建筑，其耐火等级应按四级确定；

6. 防火间距应按相邻建筑物外墙的最近距离计算，当外墙有凸出的燃烧构件时，应从其凸出部分外缘算起。

知识提示

(1) 建筑构件的燃烧性能。构件的燃烧性能分为三类：燃烧体、难燃烧体、非燃烧体。

① 燃烧体：用燃烧材料做成的构件。燃烧材料指在空气中受到火烧或高温作用时立即起火或微燃，而且火源移走后仍然继续燃烧或微燃的材料(如木材、纸板、胶合板等)。

② 难燃烧体：用难燃材料制成的构件或用可燃材料制成而用于不燃烧材料做保护层的构件。难燃材料指在空气中受到火烧或高温作用时难起火、难微燃、难碳化，当火源移走后燃烧或微燃立即停止的材料(如水泥、石棉板、沥青混凝土构件、木板条抹灰等)。

③ 非燃烧体：用不燃烧材料制成构件。不燃烧材料指在空气中受到火烧或高温作用时不起火、不微燃、不碳化的材料(如砖、石、钢筋混凝土、金属材料等)。

(2) 建筑构件的耐火极限：耐火极限指任一建筑构件在规定的耐火试验条件下，从受到火的作用时起，到失去支持能力或完整性被破坏或失去隔火作用时为止的这段时间，用小时表示。只要以下三个条件中任一个条件出现，就可以确定其已达到耐火极限。

① 失去支持能力：指构件在受到火焰或高温作用下，由于构件材质性能的变化，使承载能力和刚度降低，不能承受原设计的荷载而破坏。例如，受火作用后的钢筋混凝土梁失去支撑能力，钢柱失稳破坏；非承重构件自身解体或垮塌等，均属失去支持能力，如图 5.19(a)所示。

② 完整性被破坏：指薄壁分隔构件在火中高温作用下，形成穿透裂缝或孔洞，火焰穿过构件，使

其背面可燃物燃烧起火，发生爆裂或局部塌落。例如，受火作用后的板条抹灰墙，内部可燃板条先行自燃，一定时间后，背火面的抹灰层龟裂脱落，引起燃烧起火；预应力钢筋混凝土楼板使钢筋失去预应力，发生炸裂，出现孔洞，使火苗蹿到上层房间，如图5.19(b)所示。

③ 失去隔火作用：指具有分隔作用的构件，背火面任一点的温度达到220℃时，构件失去隔火作用。例如，一些燃点较低的可燃物(纤维系列的棉花、纸张、化纤品等)烤焦后导致起火，如图5.19(c)所示。

(a)　　　　　　　　　　(b)　　　　　　　　　　(c)

图5.19　9·11恐怖袭击现场

5.2　建筑的构造组成与建筑的标准化

引例 2

一般的民用建筑是由基础、墙体、梁、柱、楼地面、楼梯、门窗、屋盖等主要构件组成。这些构件的作用和功能不尽相同，从构件所起的主要作用上看，它们大致分为以下三类。

第一类：承重构件。例如，基础、梁、柱、承重墙、楼地面等。这类构件在房屋建筑中相互支撑，直接或间接承受建筑物上的各种荷载，所以也被称为"主体结构"。

第二类：围护分隔构件。例如，部分内外墙体、门窗等。这类构件的主要作用是抵御大自然中各种不良因素对房屋内部的干扰，以及采光、通风、分隔房屋内部空间等。

第三类：装饰构件。例如，吊顶，各种线条、门窗套等能满足感观需求的构件。它能美化房屋建筑，弥补建筑物存在的缺陷。

观察与思考

观察周围建筑物，思考不同功能的建筑物的各个构件的作用有什么不同。

5.2.1　民用建筑的构造组成

民用建筑按其所处的部位和功能的不同通常分为基础、墙体或柱、屋顶、楼梯和电梯、楼板层、地坪、门和窗等几大主要部分，如图5.20所示。

1. 构造组成

1) 基础

基础是建筑物的最下部分，是埋在地面以下地基之上的承重构件，承担建筑物的全部荷载，并把这些荷载有效地传给地基。基础作为建筑的重要组成部分，是建筑物得以立足的根基，应具有足够的强度、刚度及耐久性，并能抵抗冰冻、地下水等各种不良因素的侵袭。基础的大小、形式取决于荷载大小、土壤力学性能、材料性质和承重方式。

2）墙体或柱

墙体是建筑物的承重构件和围护构件。作为承重构件，它承受着建筑物由屋顶、楼板层等传来的荷载，并将这些荷载传递给基础；作为维护构件，外墙应具备抵御自然界各种因素对室内侵袭的能力。

内墙具有在水平方向划分建筑内部空间、组成房间、隔声，以及创造适用的室内环境的作用。墙体通常是建筑中自重最大、材料和资金消耗最多、施工量最大的组成部分，作用非常重要。因此，墙体应具有足够的强度、稳定性，良好的热工性能及防火、隔声、防水、耐久性能。方便施工和良好的经济性也是衡量墙体性能的重要指标。柱是也是建筑物的承重构件，除了不具备围护和分隔的作用之外，其他要求与墙体类似。

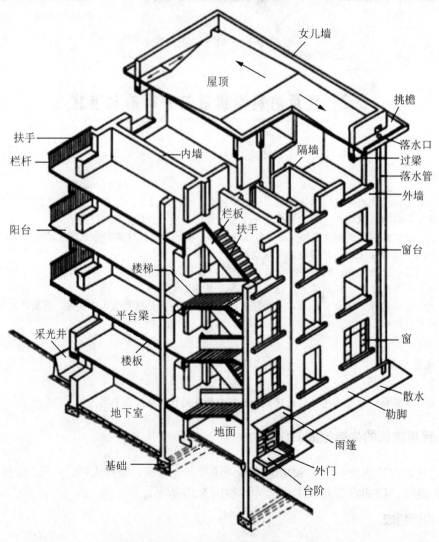

图 5.20 建筑的构造组成

3）屋顶

屋顶是建筑物顶部的承重构件和围护构件，一般由屋面层、保温(隔热)层和承重结构层三部分组成。其中承重结构层承受房屋顶部荷载及其自重并将这些荷载传递给墙或柱；而屋面和保温(隔热)层则应具有能够抵御自然界风霜雪雨、太阳辐射等影响的能力。屋顶应具有存足够的强度、刚度及防水、保温、隔热等性能。屋顶又是建筑体型和立面的重要组成部分，其外观形象也应得到足够的重视。上人屋面还应考虑使用的要求。

4）楼板层

楼板既是承重构件，又是分隔楼层空间的围护构件。楼板承担建筑的楼面荷载并把这些荷载传给墙或梁或柱，同时对墙体起水平支撑的作用。因此作为楼板层应具有够的强度、刚度和隔声功能；对有水侵蚀的房间，则要求楼板层具有防潮防水的性能。

5）楼梯和电梯

楼梯是楼房建筑中联系上下各层的垂直交通设施，平时供人们交通使用，在特殊情况下供人们紧急疏散。楼梯应具有足够的通行能力，还应有足够的承载能力，并且应满足坚固、耐磨、防滑、防火等要求。电梯是建筑的垂直运输工具，利用沿刚性导轨运行室外箱体或者沿固定线路运行室外梯级(踏步)，进行升降或者平行运送人、货物的机电设备。电梯分为乘客电梯、载货电梯、医用电梯、船用电梯、观光电梯、汽车电梯等。电梯自动化程度高，而且具有安全、舒适、高效的性能。

6）地坪

地坪是建筑底层房间与下部土层相接触的部分，它承担着底层房间的地面荷载。由于地坪下面往往是夯实的土壤，所以强度要求比楼板低。地坪面层直接同人体及家具设备接触，应具有足够的承载力和刚度，同时要具有良好的耐磨、抗压、防潮及防水、保温的性能。

7）门和窗

门与窗属于非承重的围护构件。门主要供人们通行和疏散之用，同时还兼有分隔房间、采光通风和围护的作用。门应有足够的宽度和高度，其数量、位置和开启方式也应符合有关规范的要求。窗的作用主要是采光、通风、分隔、眺望等，同时也是围护结构的一部分，在建筑的立面形象中也占有相当重要的地位。由于制作窗的材料往往比较脆弱和单薄、造价较高，同时窗又是围护结构的薄弱环节，因此在寒冷和严寒地区应合理控制窗的面积。某些有特殊要求的房间，门与窗应具有保温、隔热、隔声、防火的能力。

建筑这几部分在不同部位发挥着不同的作用。房屋除了上述几个主要组成部分之外，对不同使用功能的建筑还有一些附属的构件和配件，如阳台、雨篷、台阶、散水、通风道、排烟道、变形缝等，这些构配件也可以称为建筑的次要组成部分，可按建筑设计的具体要求来设置。

2．影响建筑构造的因素

由于建筑是建造在自然环境当中的，因此建筑的使用质量和使用寿命就要经受自然界各种因素的检验，同时还要充分考虑人为因素对建筑的影响。为了提高建筑物对外界各种因素的抵御能力，延长建筑物的使用年限，更好地满足各类建筑的使用功能，在进行建筑的构造设计时，必须要对影响建筑构造的因素进行综合分析，制定技术上可行、经济上合理的构造设计方案。影响建筑构造的因素很多，归纳起来大致可以分为以下几个方面。

1) 荷载因素的影响

直接作用在建筑物上的外力统称为荷载，荷载可分为恒荷载和活荷载两大类。恒荷载主要是指建筑的自重，活荷载包含的内容比较广泛，如人体、家具、设备的重力、风、雨、雪荷载和地震荷载。荷载的大小和种类是建筑结构设计的主要依据，也是选择建筑结构形式的重要参考因素，决定着构件的尺度和用料。作用在建筑物的活荷载有垂直荷载和水平荷载之分，所有建筑物都必须考虑垂直荷载的影响，对于某些地区或某种结构形式的建筑来说，其水平荷载也不能忽视。例如，沿海地区高层建筑要考虑风荷载；地震多发地区在构造设计时要根据地震烈度采取一定的技术措施。

2) 自然因素的影响

我国各地区地理位置及环境不同，自然气候有许多差异。不同的气候条件对房屋的影响也不尽相同，太阳的辐射热，自然界的风、雨、雪、霜、冰冻、地下水等构成了影响建筑物的诸多因素。故在进行构造设计时，应该针对建筑物所受影响的性质与程度，对各有关构件、配件及部位采取必要的防范措施，如防潮、防水、保温、隔热、设变形缝、防冻胀、设隔蒸汽层等构造措施，保证房屋的正常使用。

3) 人为因素的影响

人们在房屋内部从事的生产、生活、学习和娱乐等活动，往往会造成对建筑物产生不利的影响。例如，噪声、机械振动、化学辐射、爆炸、化学腐蚀、烟尘、火灾等，都属于人为因素的影响。故在进行建筑构造设计时，房屋的构造应当具备抵御这些不良因素的能力，应通过在相应的部位采取可靠的构造措施提高房屋的生存能力，采取相应的防火、防爆、防振、防腐、防漏、隔声等构造措施，以防止建筑物遭受不应有的损失。

4) 建筑技术条件的影响

建筑技术主要是指建造房屋的手段，应包括建筑的结构技术、材料技术、设备及施工技术。随着建筑技术的不断发展，各种新材料、新工艺、新技术、新设备都在不断地改进和更新，建筑构造应不断适应新的建筑技术条件，在构造设计中要以构造原理为基础，在利用原有的、标准的、典型的建筑构造的同时，不断发展或创造新的构造方案。建筑构造不能脱离一定的建筑技术条件而存在，它们之间的关系是相互促进、共同发展的。例如"国家体育场大跨度马鞍形钢结构支撑卸载技术"填补了国内外大跨度、复杂空间钢结构工程支撑卸载技术的空白，达到了国际先进水平，首次在国内体育场设计中采用国际上广泛应用于飞机等设计领域的三维 CATIA 设计软件，开创了在此类软件在我国应用于建筑设计领域的先河。

5) 经济条件的影响

随着建筑技术的不断发展和经济条件的改善，人们对建筑使用功能的要求也越来越高。建筑标准的变化必然带来建筑质量标准、建筑造价等方面的较大差别，对建筑构造的要求也将随着经济条件的改变而改变。经济水平的提高对建筑构造也提出了新的要求。

3. 建筑构造的设计原则

建筑构造设计应充分考虑各种因素的影响，在满足使用功能要求的前提下，兼顾安全、工业化、经济、美观等各项要求，总体应遵守以下基本原则。

1) 结构安全

在进行建筑构造设计时要确保结构有足够的强度和刚度，构件间连接坚固耐久，且有足够的整体性,安全可靠,经久耐用。在选择受力的构配件的时候,应当把确保结构安全放在首位。

2) 适应建筑工业化

在进行建筑构造设计时,应继承和改进传统的建筑方法,从材料、结构、施工等方面引入先进技术,并注意因地制宜、就地取材、结合实际。在满足建筑使用功能、艺术形象的前提下,应尽量采用标准设计和通用构配件,使构配件的生产工厂化,节点构造定型化、通用化,为机械化施工创造条件,以适应建筑工业化的需要。

3) 经济合理

房屋的建造需要消耗大量的材料,在选择构造方案时应充分考虑建筑的综合效益,多采用天然建材的替代产品,尽量降低材料费用。在确保工程质量的同时,努力降低工程造价。同时不能单纯追求效益而偷工减料,降低质量标准,应做到合理降低造价。另外,从材料选择到施工方法都必须注意保护环境,降低消耗,节约投资。

4) 注意美观

建筑构造设计是建筑设计的一个重要环节,建筑物的形象除了取决于建筑设计中的体型组合和立面处理外,有时一些细部构造,也直接影响着建筑物的美观效果,所以构造方案应力求符合人们的审美观念。

综上所述,建筑构造设计必须全面贯彻各项技术政策,应当本着满足功能、技术先进、经济适用、确保安全、美观大方、符合环保要求的原则,对不同的构造方案进行比较和分析,做出最佳选择。

5.2.2 建筑标准化

建筑标准化指在建筑工程方面建立和实现有关的标准、规范、规则等的过程。建筑标准化的目的是合理利用原材料,促进构配件的通用性和互换性,实现建筑工业化,以取得最佳经济效果。

建筑标准化的基础工作是制定标准,包括技术标准、经济标准和管理标准。其中技术标准包括基础标准、方法标准、产品标准和安全卫生标准等,应用最广。建筑标准化要求建立完善的标准化体系,其中包括建筑构配件、零部件、制品、材料、工程和卫生技术设备,以及建筑物和它的各部位的统一参数,从而实现产品的通用化、系列化。建筑标准化工作还要求提高建筑多样化的水平,以满足各种功能的要求,适应美化和丰富城市景观并反映时代精神和民族特色的需要。

建筑标准化主要包括两个方面。首先是应制定各种法规、规范、标准和指标,使设计有章可循;其次是在诸如住宅等大型性建筑的设计中推行标准化设计。标准化设计可以借助国家或地区通用的标准构配件图集来实现,设计者根据工程的具体情况选择标准构配件,避免重复劳动。构件生产厂家和施工单位也可以针对标准构配件的应用情况组织生产和施工,形成规模效益,如图5.21、图5.22所示。实行建筑标准化可以有效减少建筑构配件的规格,在不同的建筑中采用标准构配件,进而提高施工效率,保证施工质量,降低造价。

随着建筑工业化水平的提高和建筑科学技术的发展,建筑标准化的重要性日益明显,所涉及的领域也日益扩大。许多国家以最终产品为目标,用系统工程方法对生产全过程制定成套的技术标准,组成相互协调的标准化系统。运用最佳理论和预测技术,制定超前标准等,已经成为实现建筑标准化的新形式和新方法。

图 5.21　预制板

图 5.22　预制桩

5.2.3　建筑模数制

为了使建筑设计、构配件生产实现定型化、工厂化，以及在施工时使不同材料、不同形式和不同制造方法的建筑构配件，组合件具有一定的通用性和互换性，实现建筑工业化大规模生产，必须制定建筑构件和配件的标准化规格系列，这个规格系列既要满足不同的使用要求，又要尽量使规格、品种、型号减至最少，使构配件具有较大的通用性和互换性。这既有利于工程的定型规模生产，又可节省设计，加快施工进度，提高劳动生产率和降低工程造价的目的。建筑设计应采用国家规定的建筑统一模数制。

1．模数

建筑模数是选定的标准尺度单位，作为建筑空间、建筑构配件、建筑制品及有关设备尺寸相互协调中的增值单位。其目的是使构配件具有通用性和互换性。

2．基本模数

基本模数是模数协调中选用的基本单位，基本模数的数值规定为100mm，符号表示为M，即 1M=100mm。整个建筑物或其中一部分及建筑组合件的模数化尺寸均应是基本模数的倍数。

3．导出模数

由于建筑中需要用模数协调的各部位尺度相差较大，仅仅靠基本模数不能满足尺度的协调要求，因此在基本模数的基础上又发展了相互之间存在内在联系的导出模数。导出模数分为扩大模数和分模数，其基数应符合下列规定。

扩大模数：指基本模数的整倍数，分水平扩大模数和竖向扩大模数。其中水平扩大模数的基数为 3M、6M、12M、15M、30M、60M，相应的尺寸分别是 300mm、600mm、1200mm、1500mm、3000mm、6000mm；竖向扩大模数的基数为 3M、6M，其相应的尺寸分别是 300mm、600mm。

分模数：指整数除以基本模数的数值，也称"缩小模数"。分模数的基数为 M/10、M/5、M/2，其相应的尺寸分别是 10mm、20mm、50mm。

4．模数数列及适用范围

模数数列指以选定的模数基数为基础展开的数值序列，由基本模数、扩大模数、分模数扩展成的一系列尺寸。它可以保证不同建筑及其组成部分之间尺度的统一协调，有效减少建筑尺寸的种类，并确保尺寸具有合理的灵活性，建筑物的所有尺寸除特殊情况外，均需符合表 5-5 的规定，表 5-5 为我国现行的模数数列。

表 5-5　模数数列(mm)

基本模数	扩大模数						分模数		
1M	3M	6M	12M	15M	30M	60M	M/10	M/5	M/2
100	300	600	1200	1500	3000	6000	10	20	50
100	300						10		
200	600	600					20	20	
300	900						30		
400	1200	1200	1200				40	40	
500	1500			1500			50		50
600	1800	1800					60	60	
700	2100	2400	2400				70	80	
800	2400						80		
900	2700	3000		3000	3000		90	100	100
1000	3000						100		
1100	3300	3600	3600				110	120	
1200	3600						120		
1300	3900	4200					130	140	
1400	4200			4500			140		150
1500	4500	4800	4800				150	160	
1600	4800						160		
1700	5100	5400					170	180	
1800	5400						180		
1900	5700	6000	6000	6000	6000	6000	190	200	200
2000	6000						200	220	
2100	6300	6600						240	
2200	6600								250
2300	6900	7200	7200					260	
2400	7200			7500				280	
2500	7500	7800						300	300
2600		8400	8400					320	
2700		9000		9000	9000			340	
2800		9600	9600						350
2900				10500				360	
3000			10800					380	
3100			12000	12000	12000	12000		400	400
3200				15000					450
3300					18000	18000			500
3400					21000				550
3500					24000	24000			600
3600					27000				650
					30000	30000			700
					33000				750
					36000	36000			800
									850
									900
									950
									1000

模数数列的适用范围如下。

(1) 基本模数数列中，水平基本模数的数列幅度为 1～20M，主要适用于门窗洞口和构配件断面尺寸。竖向基本模数的数列幅度为 1～36M，主要适用于建筑物的层高、门窗洞口、构配件等尺寸。

(2) 扩大模数数列中，水平扩大模数数列的幅度：3M、6M、12M、15M、30M、60M的数列，主要适用于建筑物的开间或柱距、进深或跨度、构配件尺寸和门窗洞口尺寸。竖向扩大模数 3M 数列，主要适用于建筑物的高度、层高、门窗洞口尺寸。

(3) 分模数 M/10、M/5、M/2 的数列，主要适用于缝隙、构造节点、构配件截面处尺寸。

5.2.4　建筑设计和建筑模数协调中涉及的尺寸

1. 建筑设计

建筑设计主要是指对建筑空间的研究，以及对构成建筑空间的建筑物实体的研究，是在总体规划设计的前提下，根据要求，结合考虑自然条件、使用功能、结构设计、建筑经济及建筑设计等问题，着重解决建筑物内部各种使用功能和使用空间的合理安排。建筑空间是供人们使用的场所，它们的大小、形态、组合及流通关系与使用功能密切相关，同时往往还反映了一种精神上的需求。但是，所有的空间都是需要围合分隔才能形成的。作为人类栖息活动的场所，建筑物还应满足许多其他方面的物质需求，例如防水、隔热、保温等。因此在建筑设计的过程中，设计人员还必须注重对建筑物实体研究。建筑物实体应满足建筑功能的要求，采用合理的技术措施，讲究经济效益，符合总体规划的要求，建筑物与周围环境协调等问题。建筑物实体同时考虑建筑美观要求，具有利用价值和观赏价值，创造出科学的、艺术的生产和生活环境，其利用价值是指对空间的界定作用；而其观赏价值则是指对建筑形态的构成作用。例如，北京奥运会体育馆整个形体给人一种类似鸟巢的感觉，比较符合这一建筑物的内涵与特征。

建筑设计在整个工程设计中起着主导和先行的作用，除考虑上述各种要求之外，还应考虑建筑与结构、建筑与各种设备的等相关技术的综合协调，以及以最少的人力和物力、最低的造价，使建筑物经济、适用、美观、坚固耐用。

2. 建筑模数协调中涉及的尺寸

为了保证建筑物配件的安装与有关尺寸间的相互协调，在建筑模数协调中把尺寸分为标志尺寸、构造尺寸和实际尺寸。

1) 标志尺寸

标志尺寸应符合模数数列的规定，用以标注建筑物定位轴面、定位面或定位轴线、定位线之间的垂直距离(如开间或柱距、进深或跨度、层高等)，以及建筑构配件、建筑组合件、建筑制品及有关设备界限之间的尺寸。

2) 构造尺寸

它是建筑构配件、建筑组合件、建筑制品等的设计尺寸。一般情况下，标志尺寸减去缝隙尺寸为构造尺寸。缝隙尺寸的大小，也应符合模数数列的规定，如图 5.23 所示。

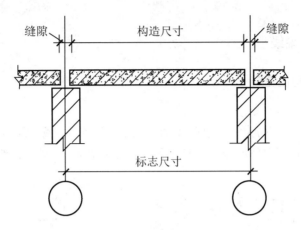

图 5.23　标志尺寸和构造尺寸的关系

3) 实际尺寸

实际尺寸是建筑制品、建筑构配件及建筑组合件等的生产制作后的实有尺寸。实际尺寸与构造尺寸之间的差数(误差)应符合建筑公差的规定。

标志尺寸、构造尺寸及与二者之间缝隙尺寸的关系,如图 5.24 所示。

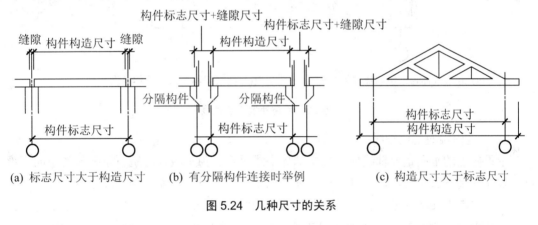

(a) 标志尺寸大于构造尺寸　　(b) 有分隔构件连接时举例　　(c) 构造尺寸大于标志尺寸

图 5.24　几种尺寸的关系

5.3　定位轴线

 引例3

定位轴线是确定建筑构配件位置及相互关系的基准线。为了实现建筑工业化,尽量减少预制构件的类型,就应当合理选定定位轴线。定位轴线的确定也是建筑设计和施工的需要。

以下介绍砖墙的定位轴线和底层框架结构的定位轴线的划分原则。

 观察与思考

观察建筑物,思考在设计施工时定位轴线的划分与编号原则的作用。

5.3.1 砖墙的定位轴线

1．墙体的平面定位轴线

1) 承重外墙的定位轴线

当底层墙体与顶层墙体厚度相同时,平面定位轴线与外墙内缘距离为120mm,如图5.25(a)所示;当底层墙体与顶层墙体厚度不同时,平面定位轴线与顶层外墙内缘距离为120mm,如图5.25(b)所示。

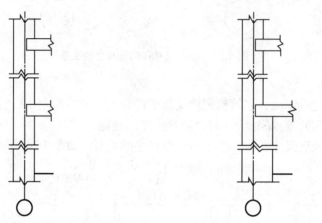

(a) 底层墙体与顶层墙体厚度相同　　　　(b) 底层墙体与顶层墙体厚度不同

图5.25　承重外墙定位轴线

2) 承重内墙的定位轴线

承重内墙的平面定位轴线应与顶层墙体中线重合。为了减轻建筑自重和节省空间,承重内墙往往是变截面的,即上部墙厚变薄。如果墙体是对称内缩,则平面定位轴线中分底层墙身,如图5.26(a)所示;如果墙体是非对称内缩,则平面定位轴线偏中分底层墙身,如图 5.26(b)所示。当内墙厚度不小于 370mm 时,为了便于圈梁或墙内竖向孔道的通过,往往采用双轴线形式,如图5.26(c);有时根据建筑空间的要求,也可以把平面定位轴线设在距离内墙某一外缘 120 mm 处,如图5.26(d)所示。

3) 非承重墙定位轴线

由于非承重墙没有支撑上部水平承重构件的任务,因此平面定位轴线的定位就比较灵活。

非承重墙除了可按承重墙定位轴线的规定定位之外,还可以使墙身内缘与平面定位轴线重合。

2．墙体的竖向定位轴线

(1) 砖墙楼地面竖向定位应与楼(地)面面层上表面重合,如图5.27所示。由于结构构件的施工先于楼(地)面面层进行,因此要根据建筑专业的竖向定位确定结构构件的控制高程。一般情况下,建筑标高减去楼(地)面面层构造厚度等于结构标高。

(2) 屋面竖向定位应为屋面结构层上表面与距墙内缘 120mm 的外墙定位轴线的相交处，如图 5.28 所示。

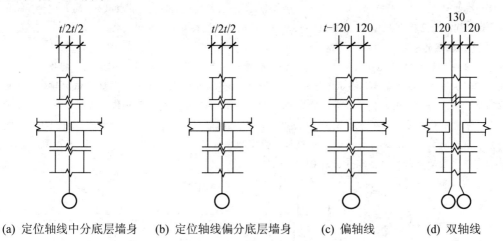

(a) 定位轴线中分底层墙身　(b) 定位轴线偏分底层墙身　(c) 偏轴线　(d) 双轴线

图 5.26　承重内墙定位轴线(t 为顶层砖墙厚度)

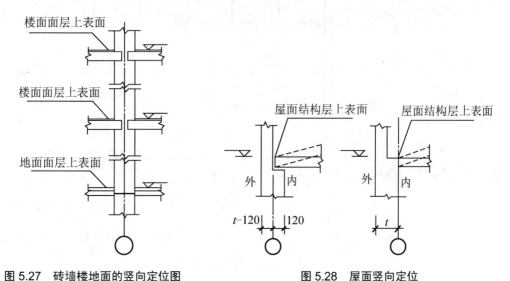

图 5.27　砖墙楼地面的竖向定位图　　　图 5.28　屋面竖向定位

5.3.2　底层框架结构的定位轴线

当房屋的结构形式为底层框架，上部为砖混结构时，则下层框架应与上部砖混结构的平面定位轴线一致。

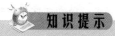

定位轴线的概念

1. 定位线

定位线是确定主要承重构件的位置及其标志尺寸(构件间相对位置关系)的基线，是施工定位放线的主要依据。

定位线分水平定位轴线和竖向定位线。其中水平定位轴线又分为横向定位轴线和纵向定位轴线。横向定位轴线之间的距离称为开间，沿建筑物短方向设置，一般是按楼板跨度的模数数列 3M 选定的；纵向定位轴线之间的距离称为进深，是沿建筑物长方向设置的，一般按梁跨度的模数数列 3M 或 6M 选定。

2. 定位轴线的编号

为了方便和统一建筑设计与施工，定位轴线的编号必须按照《房屋建筑制图统一标准》(GB/T 50001—2010)的有关规定编制，图纸中横向定位轴线的编号应从左向右用阿拉伯数字依次排列，纵向定位轴线应从下向上用大写拉丁字母依次排列，字母中 I、O、Z 不得用于轴线编号。当字母数量不够使用，可增用双字母或单字母加数字注脚。两根轴线之间的附加轴线，应以分母表示前一轴线的编号，分子表示附加轴线的编号，编号宜用阿拉伯数字顺序编写，如 1/5、1/A 等，如图 5.29 所示。在①轴和④轴之前的附加轴线，编号应为 01 或 0A。

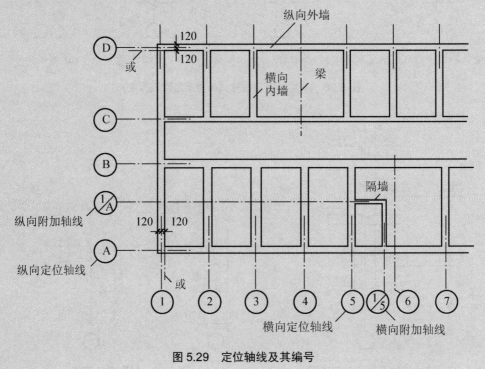

图 5.29　定位轴线及其编号

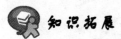

1. 变形缝处定位轴线

为了满足变形缝两侧结构处理的要求，变形缝处通常设置双轴线。

当变形缝处一侧为墙体，另一侧为墙垛时，墙垛的外缘应与平面定位轴线重合。墙体是外承重墙时，平面定位轴线距顶层墙内缘 120mm，如图 5.30(a)所示；墙体是非承重墙时，平面定位轴线应与顶层墙内缘重合，如图 5.30(b)所示。图 5.30 和图 5.31 中 a_i 为插入距，a_e 为变形缝宽度。

当变形缝处两侧均为墙体时，如两侧墙体均为承重墙，平面定位轴线应分别设在距顶层墙体 120mm 处，如图 5.31(a)所示；如两侧墙体均为非承重墙，平面定位轴线应分别与顶层墙体内缘重合，如图 5.31(b)所示。当变形缝两侧墙体带连系尺寸时，其平面定位轴线的划分与上述原则相同，如图 5.32 所示。图 5.31 中 a_e 为连系尺寸。

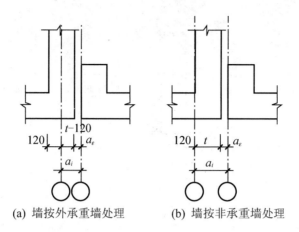

(a) 墙按外承重墙处理   (b) 墙按非承重墙处理

图 5.30　变形缝外墙与墙垛交界处定位轴线

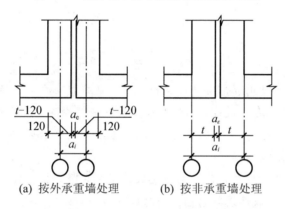

(a) 按外承重墙处理   (b) 按非承重墙处理

图 5.31　变形缝处两侧为墙体的定位轴线

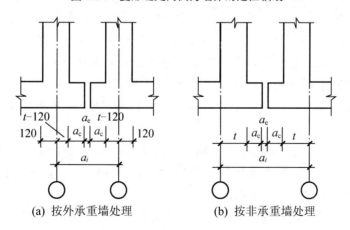

(a) 按外承重墙处理   (b) 按非承重墙处理

图 5.32　变形缝处双墙带连系尺寸的定位轴线

2. 高低层分界处的墙体定位轴线

当高低层分界处不设变形缝时，应按高层部分承重外墙定位轴线处理，平面定位轴线应距墙体内缘 120mm，并与底层定位轴线重合，如图 5.33 所示。当高低层分界处设变形缝时，应按变形缝处墙体平面定位处理。

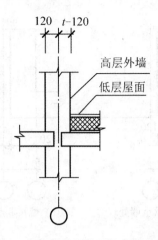

图 5.33 高低层分界处不设变形缝时定位

本 章 小 结

1. 建筑物通常按使用功能分为民用建筑、工业建筑和农业建筑，按建筑的规模和数量分为大量性建筑和大型性建筑，按层数分为低层、多层、高层建筑，按承重结构的材料分为木结构、砖石结构、钢筋混凝土结构、钢结构和混合结构，按结构的承重方式分为墙承重、骨架承重和空间结构。

2. 建筑物的等级按耐久性能分为一至四级耐久年限，按耐火性能分为一至四级耐火等级，耐火等级由组成建筑物的构件的燃烧性能和耐火极限的最低值所决定的。

3. 一般民用建筑是由基础、墙或柱、楼地层、楼梯、屋顶、门窗等六大主要部分组成的。

4. 影响建筑构造的主要因素，可分为外界环境的影响，建筑技术条件的影响和经济条件的影响三个方面。其中外界环境因素又分房屋结构上的作用、气候条件的影响、人为因素的影响三部分。房屋结构上的作用，是指使结构产生效应(结构或构件的内力、应力、位移、应变、裂缝等)的各种因素的总称，包括直接作用和间接作用。

5. 建筑构造设计是房屋建筑构造内容的重要组成部分，建筑构造设计必须最大限度地满足建筑物的使用功能，这也是整个设计的根本目的。建筑构造的设计原则应遵循：结构安全、技术先进、经济合理、美观大方。

6. 建筑模数是指选定的尺寸单位，作为尺度协调中的增值单位。基本模数的数值规定为 100mm，符号表示为 M，即 1M=100mm。导出模数分为扩大模数和分模数。其中扩大模数的基数为 3M、6M、12M、15M、30M、60M；分模数的基数为 M/10、M/5、M/2。模数数列是指以选定的模数基数为基础展开的数值序列。

7. 在建筑模数协调中几种尺寸分别为标志尺寸、构造尺寸、实际尺寸。

8. 定位轴线是确定建筑构配件位置及相互关系的基准线。为了实现建筑工业化，尽量减少预制构件的类型，就应当合理选择定位轴线。定位轴线的确定也是建筑设计和施工的需要，是确定主要承重构件的位置及其标志尺寸(构件间相对位置关系)的基线，是施工定位放线的主要依据。定位线分水平定位轴线和竖向定位线。其中水平定位轴线又分为横向定位轴线和纵向定位轴线。横向定位轴线之间的距离称为开间，沿建筑物短方向设置，一般是按楼板跨度的模数数列 3M 选定的；纵向定位轴线之间的距离称为进深，是沿建筑物长方向设置的，一般按梁跨度的模数数列 3M或 6M 选定。

复习思考题

一、填空题

1. 民用建筑通常是由_____、_____、柱、_____、_____、_____、地坪、_____等几大主要部分组成。

2. 基本模数是模数协调中选用的基本单位，其数值为_____。

3. 竖向模数扩大的基数为_____、_____。

4. 分数模数的基数为_____、_____、_____。

5. 建筑物按使用性质的不同，通常可分为_____和非生产性建筑。

6. 建筑物耐火等级是衡量建筑物耐火程度的标准，它是由组成建筑物的构件的_____和耐火极限的最低值决定的。

二、名词解释

1. 建筑模数。

2. 耐火极限。

3. 标志尺寸。

4. 构造尺寸。

5. 实际尺寸。

三、简答题

1. 基本模数数列、扩大模数数列、分数模数数列分别适用于建筑何种部位的尺寸？

2. 影响建筑构造的主要因素有哪些？

3. 建筑构造的设计原则是什么？

4. 建筑按建筑高度如何分类？

5. 建筑物按耐久年限如何分级？

四、综合实训

观察学校教学楼、宿舍、食堂、图书馆、体育馆，完成以下内容。

1. 对所有建筑物进行分类(使用功能、高度、结构材料等方面分类)。
2. 按耐久年限和耐火程度进行等级划分。
3. 观察每个建筑物的构造组成，分析构造受哪些因素的影响。

第 6 章

基础与地下室

学习目标

1. 掌握地基的概念。
2. 掌握基础的概念。
3. 理解地基与基础的关系。
4. 掌握基础埋深的概念。
5. 掌握基础埋深的影响因素。
6. 掌握常见的基础类型。
7. 理解常见基础的构造。
8. 掌握地下室的组成。
9. 理解地下室的组成及防水防潮的要求和构造。

学习要求

知识要点	能力要求	相关知识	所占分值 (100分)	自评分数
地基与基础概述	掌握地基与基础的概念	土力学、工程地质、建筑力学	25	
基础的埋置深度与影响因素	1. 掌握基础埋深的概念 2. 理解基础埋深的影响因素	土力学与地基基础、工程地质	25	
基础的类型与构造	1. 理解常见基础的类型 2. 了解常见基础的构造	建筑使用功能、土力学与地基基础、建筑材料	30	
地下室	1. 掌握地下室的组成 2. 熟悉地下室防水防潮的要求和构造	建筑材料、结构设计原理、建筑构造	20	

章节导读

各类建筑物和构筑物，如房屋、道路、桥梁、大坝等，都坐落在地层上，它们一般包括三部分，即上部结构、基础和地基。房屋建筑结构的最下面那部分结构称为基础，它将上部结构的荷载传递到地层中去，受上部结构影响的那部分地层称为地基，它在上部结构荷载的作用下会产生附加应力和变形，基础是建筑物和地基之间的连接体，如图6.1和图6.2所示。正所谓"万丈高楼平地起"，基础工程是建筑物的根本，直接关系到上部结构的稳定。基础设计施工有误或地基强度不足等原因造成的地基失稳事故很多，有的发生在施工过程中，如基坑失稳；有的发生在建筑物施工后，如建筑物整体倾斜，不能正常使用，甚至要拆除或炸毁。或者由于地基的不均匀变形、沉降，基础之间产生沉降，发生挠曲或倾斜，上部结构受到影响，造成结构破坏，影响建筑物的正常使用，如图6.3所示。基础处在建筑物地面以下，属于隐蔽工程，基础质量的好坏直接关系上部结构的安危，在工程建设中应高度重视地基的处理和基础工程的设计施工等问题。

本章重点介绍基础与地基的基本知识，为建筑施工打下基础。

图6.1　某砌体结构的基础施工现场

图6.2　筏板基础施工现场

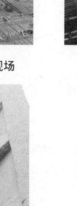

(a) 地基不均匀沉降导致墙体开裂

(b) 加拿大特朗斯谷仓倾覆的模拟现场

图6.3　地基不均匀沉降

6.1　地基与基础概述

基础是建筑物的重要组成部分，是建筑物地面以下的承重构件，承受着建筑物的全部荷载，并将这些荷载连同自身自重传给地基。

引例

马来西亚吉隆坡石油双塔大厦于 1998 年完工,共 88 层,高 1483 英尺(1 英尺=0.3048 米),它是两个独立的塔楼并由裙房相连,在两座主楼的 41 层和 42 层楼建一座长 58.4 米、距地面 170 米高的空中天桥。独立塔楼外形像两个巨大的玉米,故又名双峰大厦。它是马来西亚著名的旅游景点。塔楼由一个筏式基础和长达 340 英尺但达不到基岩层的 4 英尺×9 英尺截面长方形摩擦桩,或称作发卡桩承托。位于圆形与正方形重送交接点位置处的 16 根混凝土柱子支撑上部结构荷载,如图 6.4 所示。基础建立在地基之上,是建筑物的下部结构,地基不是建筑物的结构,这节主要介绍地基与基础的概念,通过学习大家要理解地基与基础在建筑物中的作用及它们之间的关系。

图 6.4 吉隆坡石油双塔夜景图

观察与思考

观察身边的建筑物,理解地基和基础之间的关系,思考地基、基础与建筑荷载三者有何联系。

6.1.1 地基的概念

1. 地基的定义

地基是指支撑建筑物重量的,受到荷载作用影响范围内的土层。地基不是建筑物的组成部分。地基承受上部结构建筑物全部荷载,其影响建筑物下部结构的结构形式和埋置深度。地基承受建筑物荷载而产生的应力和应变随着土层深度的增加而减小,当达到一定深度后就可忽略不计。直接承受建筑物荷载的土壤层为持力层。在地基受力范围内,持力层以下的土壤层为下卧层,如图 6.5 所示。

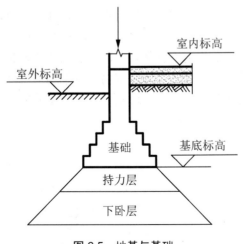

图 6.5 地基与基础

2．地基的分类

1) 地基可分为天然地基和人工地基两类

凡天然土层具有足够的承载力，不需人工加固，可直接在天然土层上建造房屋的地基称为天然地基。岩石、碎石土、砂土、黏性土可作为天然地基。

当天然土层的承载力较差或土层质地较好，但由于建筑物上部荷载较大，为使地基具有足够的承载力，需对土层进行人工补强和加固，从而使地基具有足够的承载力，这种为提高地基的承载力经人工处理的地基称为人工地基。

2) 人工地基的加固处理方法

人工加固地基的处理方法有压实法、换填法、预压固结法、强夯法、化学固化法等。

压实法是指利用重锤(夯)、压路机(碾压)和振动法在基础施工前，对地基土预先进行加载预压，小颗粒土压进大颗粒土的孔隙中，排除空隙中的空气，使土壤板结，提高地基土的强度和抵抗沉降的能力。适用于杂填土、黄土的浅层地基处理。

换填法是指用砂石、灰土、工业废渣等强度较高的材料，置换基础底面以下一定范围内的软弱土，再逐层夯实以作为基础持力层的地基处理方法。适用于厚度较薄的软弱土、杂填土、淤泥质土、湿陷性黄土等浅层地基处理。

预压固结法指先在建筑场地上施加或分级施加与其相当的荷载，使土体中孔隙水排出，孔隙体积变小，土体密实度增大，从而提高地基承载力和稳定性。适用于淤泥型地基土质。

强夯法是利用强大的夯击功，迫使深层土液化和动力固结而密实。强夯对地基土有加密作用、固结作用和预加变形作用，从而提高了地基承载力，降低了压缩性。目前强夯法又发展为强夯置换法，即在加密同时对部分软弱土用粗骨料取代，然后夯实；或是利用砂石及其他颗粒材料填入夯坑内，从而形成夯扩短桩。适用于市区以外的深层地基处理。

化学固化法是指用喷射、搅拌、注入等方法使固化剂与土体充分混合固化，利用固化剂和软土发生一系列物理和化学反应，使其凝结成桩。由桩和桩间土层一起组成复合地基，从而提高地基的承载力。例如，水泥土搅拌桩复合地基适用于含沙量较大的软土地基；旋喷桩复合地基适用于局部地基强度不足的建筑物或已建建筑物加固等。

3) 对地基的要求

地基应有足够的承载力和均匀程度，建筑物的建造地址尽可能选择在地基土的允许承载力较高而且土质分布均匀的地段，如岩石类、碎石类等，应优先考虑天然地基；地基要有均匀的压缩量，地基在荷载作用下沉降均匀，才能保证建筑物的沉降均匀，不致失稳。若地基土质分布不均匀，处理不好就会使建筑物产生不均匀沉降，此极易产生墙体开裂、建筑物倾斜、破坏，影响建筑物的使用；地基应该具有足够的稳定性，防止产生滑坡、倾斜，可加设挡土墙防止滑坡变形的出现。

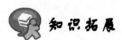 知识拓展

建筑物地基的土层分为岩石、碎石土、砂土、粉土、黏性土和人工填土。

1．岩石

岩石应为颗粒间牢固联结，呈整体或具有节理裂隙的岩体，作为建筑物地基应确定岩石的地质名称，并按表6-1和表6-2划分其坚硬程度和完整程度。

表6-1 岩石坚硬程度的划分

坚硬程度类别	坚硬岩	较硬岩	较软岩	软岩	极软岩
饱和单轴抗压强度标准值 f_{rk} /MPa	$f_{rk}>60$	$60\geq f_{rk}>30$	$30\geq f_{rk}>15$	$15\geq f_{rk}>5$	$f_{rk}\leq 5$

表6-2 岩石完整程度的划分

完整程度等级	完整	较完整	较破碎	破碎	极破碎
完整性指标	>0.75	0.55～0.75	0.35～0.55	0.15～0.35	<0.15

2. 碎石土

碎石土为粒径大于2mm的颗粒含量超过全重50%的土，碎石土可按表6-3分类。

表6-3 碎石土的分类

土的名称	颗粒形状	粒组含量
漂石 块石	圆形及亚圆形为主 棱角形为主	粒径大于200mm的颗粒含量超过全重50%
卵石 碎石	圆形及亚圆形为主 棱角形为主	粒径大于20mm的颗粒含量超过全重50%
圆砾 角砾	圆形及亚圆形为主 棱角形为主	粒径大于2mm的颗粒含量超过全重50%

注：分类时应根据粒组含量栏从上到下以最先符合者确定

3. 砂土

砂土为粒径大于2mm的颗粒含量不超过全重的50%的土、粒径大于0.075mm颗粒超过全重50%的土。砂土可按表6-4分类。

表6-4 砂土的分类

土的名称	粒组含量
砾砂	粒径大于2mm的颗粒含量占全重25%～50%
粗砂	粒径大于0.5mm的颗粒含量超过全重50%
中砂	粒径大于0.25mm的颗粒含量超过全重50%
细砂	粒径大于0.075mm的颗粒含量超过全重85%
粉砂	粒径大于0.075mm的颗粒含量超过全重50%

注：分类时应根据粒组含量栏从上到下以最先符合者确定

4. 粉土

粉土为介于砂土与黏性土之间，塑性指标 $I_p\leq 10\%$ 且粒径大于0.075mm的颗粒含量不超过全重的50%的土。

5. 黏性土

黏性土的状态可按表6-5分类。

表6-5 黏性土的分类

液性指标 I_L	状态	液性指标 I_L	状态
$I_L\leq 0$	坚硬	$0.75<I_L\leq 1$	软塑
$0<I_L\leq 0.25$	硬塑	$I_L>1$	流塑
$0.25<I_L\leq 0.75$	可塑	—	—

6. 人工填土

人工填土根据其组成和成因，可分为素填土、压实填土、杂填土、冲填土。素填土为由碎石土、砂土、粉土、黏性土等组成的填土。经过压实或夯实的素填土为压实填土。杂填土为含有建筑垃圾、工业废料、生活垃圾等杂物的填土。冲填土为由水力冲填泥沙形成的填土。

6.1.2　基础的概念

1. 基础的定义

基础是建筑物的重要组成部分，是位于建筑物地面以下的承重构件，它承受建筑物上部结构传下来的全部荷载，并把这些荷载连同本身的重量一起传到地基上。基础是建筑物的主要承重构件处在建筑物地面以下，属于隐蔽工程。基础质量的好坏关系着建筑物的安全问题。

2. 基础的要求

1) 基础应有足够的强度

基础是建筑物埋在室外地坪以下的重要承重构件，它承受建筑物上部结构的全部荷载，是建筑物安全的重要保证。如果基础在承受荷载后受到破坏，必然会使建筑物出现裂缝，甚至坍塌。因此基础必须具备足够的强度，才能保证将建筑物的全部荷载可靠地传递给地基。

2) 基础应有足够的耐久性

由于基础属于埋在地下的隐蔽工程，在土中经常受潮，若基础先于上部结构破坏，检查和维修加固都将十分困难，所以在选择基础所用的材料和构造形式时，应与上部结构等级相适应，并符合耐久性要求。

3) 基础应符合经济型的要求

基础工程造价占建筑总造价的 10%～40%，降低基础工程的造价是减少建筑总投资的有效方法之一，这就要求在设计时尽量选择土质好的地段；选择合理的基础方案，采用先进的施工技术，尽量选用地方材料，并采用合理的构造形式及构造方法，从而节约工程投资。

3. 地基、基础与建筑荷载的关系

在建筑工程中，基础是建筑物的下部结构，是埋入地下并直接作用于土壤层上的承重构件。基础的作用是承受上部结构的全部荷载，通过自身的调整，把它传给地基。基础是建筑物的重要组成部分。地基承受由基础传来的荷载，这些荷载包括上部建筑物至基础顶面的竖向荷载、基础自重、基础上部土层的重力荷载。地基承载力和抗变形能力要保证建筑物的正常使用和整体稳定性，并使地基在防止整体破坏方面有足够的安全储备。为了保证建筑物的稳定和安全，必须控制建筑物基础底面的平均压力不超过地基承载力。地基上所承受的全部荷载是通过基础传递的，因此当荷载一定时，可通过加大基础底面积来减少单位面积上地基所受到的压力。基础底面积、荷载和地基承载力之间的关系可通过下式来确定

$$A \geqslant N/P$$

式中：A 代表基础底面积；N 代表建筑物的总荷载；P 表示地基承载力。

从上式可以看出，当地基承载力不变时，建筑总荷载越大，基础底面积也越大。或当建筑物总荷载不变时，地基承载力越小，基础底面积越大。

 知识拓展

根据地基复杂程度、建筑物规模和功能特征，以及由于地基问题可能造成建筑物破坏或影响正常使用的程度，将地基基础设计分为三个设计等级，设计时应根据具体情况按表6-6选用。

表6-6 地基基础设计等级

设计等级	建筑和地基类型
甲级	重要的工业与民用建筑物 30 层以上的高层建筑 体型复杂，层数相差超过 10 层的高低层连成一体建筑物 大面积的多层地下建筑物(如地下车库、商场、运动场等) 对地基变形有特殊要求的建筑物 复杂地质条件下的坡上建筑物(包括高边坡) 对原有工程影响较大的新建建筑物 场地和地基条件复杂的一般建筑物 立于复杂地质条件及软土地区的二层及二层以上地下室的基坑工程
乙级	除甲级、丙级以外的工业与民用建筑物
丙级	场地和地基条件简单、荷载分布均匀的七层及七层以下民用建筑及一般工业建筑物；次要的轻型建筑物

6.2 基础的埋置深度与影响因素

 引例 2

随着时代的发展和人民生活水平的提高，建筑物的重要性和安全等级越来越高，为了确保建筑物的稳定性，建筑基础必须满足地下埋深嵌固的规范要求。建筑结构主体越高，其埋置深度就越深，对基础工程施工要求也就越高，随之存在的问题也越来越多，这给建筑施工带来了很大的困难。上海中心大厦由地上121 层主楼、5 层裙房和 5 层地下室组成，总高度达 632 米，主楼高度达 580 米，建筑面积573223 平方米，总投资达到 150 亿元左右。上海中心大厦于 2008 年 11 月开建，2009 年 7 月主楼桩基完成施工，整幢大厦将于 2014 年竣工。大厦主楼深基坑是全球少见的超深、超大、无横梁支撑的单体建筑基坑，其大底板是一块直径 121 米，厚 6 米的圆形钢筋混凝土平台，11200m^2 的面积相当于 1.6 个标准足球场大小，厚度则达到两层楼高，是世界民用建筑底板体积之最。其施工难度之大，对混凝土的供应和浇筑工艺都是极大的挑战。作为高 632 米的摩天大楼的底板，它将和其下方的 955 根主楼桩基一起承载上海中心 121 层主楼的负载，被施工人员形象地称为"定海神座"，如图 6.6 和图 6.7 所示。本节主要介绍基础的埋置深度的概念及埋置深度的影响因素。

图 6.6　上海中心大厦效果图　　　　　图 6.7　上海中心大厦主楼基础底板浇筑现场

观 察 与 思 考

　　观察周边建筑，思考建筑上部结构高度与基础埋深有何关系。

6.2.1　基础的埋置深度

　　基础的埋置深度指从室外设计地坪至基础底面的垂直距离，如图 6.8 所示。

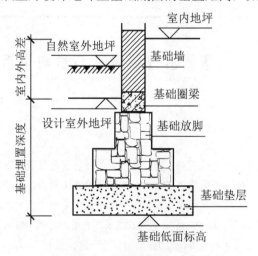

图 6.8　基础的埋置深度

　　基础按埋置深度大小分为浅基础和深基础。基础埋深不超过 5m(或基础埋深小于基础宽度的 4 倍)时的称为浅基础;超过 5m(或基础埋深不小于基础宽度的 4 倍时)的称为深基础。从经济和施工角度考虑在满足使用要求的情况下，一般民用建筑优先选用浅基础，浅基础构造简单，施工方便，造价低廉而且不需要特殊施工设备。但基础埋深度也不能过小，埋深过小，有可能在地基收到压力后，会把基础四周的土挤出，使基础产生滑移而失去稳定，同时基础会受到雨水冲刷、机械扰动等因素的影响而破坏从而影响建筑安全。除岩石地基外，基础埋深不宜小于 0.5m。

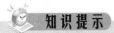

知识提示

室外地坪：室外地坪分自然地坪与设计地坪。自然地坪指施工建造场地的原有地坪；设计地坪指按设计要求工程竣工后室外场地经过填垫或下挖后的地坪。

6.2.2 基础埋置深度的影响因素

基础埋置深度的大小关系到地基的可靠性、施工的难易程度及造价的高低。影响基础埋深的因素很多，在设计时其主要影响因素有下列几个方面。

1．建筑物的使用要求、基础形式的影响

当建筑物设置地下室、设备基础或地下设施时，基础埋深应满足其使用要求；高层建筑基础埋深随建筑高度增加适当增大，才能满足稳定性要求。一般来说，高层建筑的基础埋置深度是地上建筑物总高度的 1/18～1/15，而多层建筑则依据地下水位及冻土深度来确定埋深尺寸。

2．作用在地基上荷载的影响

荷载大小也影响基础埋深，一般情况下荷载较大时埋深也较大；受上拔力的基础，其埋深应增大以满足抗拔力的要求。

3．工程地质条件的影响

基础应建造在坚实可靠的地基上，即基础底面应尽量埋在常年未经扰动且坚实平坦的土层或岩石上，不能设置在承载力低、压缩性高的软弱土层上。在满足地基稳定和变形的前提下，基础尽量浅埋，但通常不浅于 0.5m。如浅层土做持力层不能满足要求，可考虑深埋，但应与其他方案比较。地基软弱土层在 2m 以内，下卧层为压缩性低的土，此时应将基础埋在下卧层上；如软弱土层厚为 2～5m，低层轻型建筑争取将基础埋于表层软弱土层内，可加宽基础，必要时也可用换土、压实等方法进行地基处理；如软弱土层大于 5m，低层轻型建筑应尽量浅埋于软弱土层内，必要时可加强上部结构或进行地基处理；如地基土由多层土组成且均属于软弱土层或上部荷载很大时，常采用深基础方案，如桩基等。按地基条件选择埋深时，还要求从减少不均匀沉降的角度来考虑，当土层分布明显不均匀或各部分荷载差别很大时，同一建筑物可采用不同的埋深来调整不均匀沉降量。如图 6.9 所示为各种土层条件下的基础埋深情况。

4．地下水位的影响

地基土含水量的大小对地基承载力的影响很大，地下水位的高低直接影响地基承载力。建筑基础应尽量埋在最高地下水位以上，当地下水位很高，基础必须埋在地下水位以下时，应将基础埋置在最低地下水位 200mm 以下，因此基础底面不会处于地下水位变化的范围内，从而使基础避免了地下水浮力的影响，且同时考虑施工时基坑的排水和坑壁的支护等

因素，地下水位以下的基础选材时材料应具有良好的耐水性，同时应考虑地下水对基础是否有腐蚀性，如有应采取防腐措施，如图 6.10 所示。

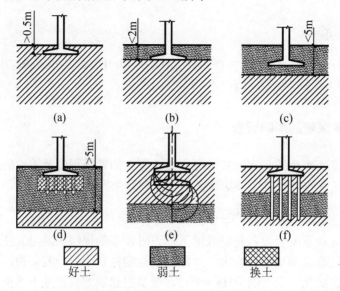

图 6.9　基础埋深与土质的关系

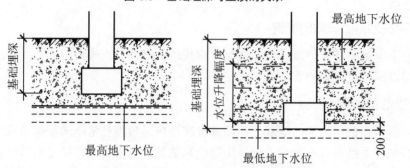

图 6.10　地下水位对基础埋深的影响

5．土的冻结深度的影响

土体的冻结深度取决于当地的气候条件。土的冻胀现象主要与地基土体的颗粒粗细程度、土体冻结前的含水量及地下水位的高低有关。粉砂、粉土和黏性土等细粒土具有冻胀现象，冬季土体冻胀会将基础向上拱起。春季气温回升土层解冻，基础又下沉，使基础处于不稳定状态。冻融的不均匀致使建筑处于不均匀的升降状态中，势必会导致建筑产生变形，严重时会产生开裂等破坏情况。因此，建筑物基础应埋置在冰冻线以下不小于 200mm 处。地面以下的冻结土与非冻结土的分界线称为冰冻线，如图 6.11 所示。

6．相邻建筑物基础埋深的影响

当建筑场地邻近已存在建筑物时，新建建筑物的基础埋深不大于相邻原有建筑基础埋深时，可不考虑相互的影响。当新建建筑基础埋深大于相邻原有建筑基础埋深时，应使两基础间留出一定的距离，其净距一般为相邻基础底面高差的 1～2 倍，如图 6.12 所示，以保证原有建筑的安全。如不能满足上述要求时，应采取分段施工、设临时加固支撑、做护坡桩或用沉井、地下连续墙结构及加固原有基础等施工措施，以确保原有浅基础的安全。

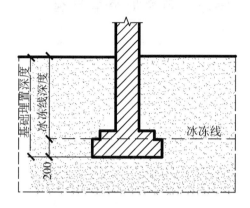

图 6.11 冻结深度对基础埋深的影响

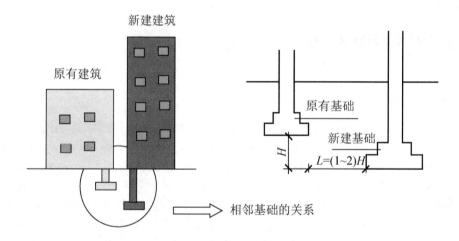

图 6.12 相邻建筑物对基础埋深的影响

 知识提示

地面以下的冻结土与非冻结土的分界线叫冰冻线；地面至冰冻线的距离即为土的冻结深度。

知识拓展

基础的埋置深度，应按下列条件确定。

(1) 建筑物的用途，有无地下室、设备基础和地下设施，基础的形式和构造。

(2) 作用在地基上的荷载大小和性质。

(3) 工程地质和水文地质条件。

(4) 相邻建筑物的基础埋深。

(5) 地基土冻胀和融限的影响。

6.3 基础的类型与构造

引例 3

研究基础的类型是为了经济合理地选择基础的形式和材料，确定其构造形式。基础的类型很多，划分方法也不尽相同，按所用材料及受力特点可分为无筋扩展基础(刚性基础)和扩展基础(柔性基础)，无筋扩展基础又包括砖基础、毛石基础、混凝土基础等。基础按构造类型分为单独基础、条形基础、筏片基础、箱形基础、桩基础等。本节主要介绍几种常见的基础类型。

观察与思考

观察周围建筑物，思考上部结构与基础的类型有什么样的联系。

6.3.1 按材料与受力特点分类

按所用材料及受力特点可分为无筋扩展基础和扩展基础。

1. 无筋扩展基础

无筋扩展基础是指由砖、毛石、混凝土或毛石混凝土、灰土和三合土等刚性材料形成，且不需配置钢筋的抗压强度大而抗拉强度小的墙下条形基础或柱下独立基础。根据《建筑地基基础设计规范》(GB 50007—2011)已将刚性基础定名为无筋扩展基础。从受力和传力的角度考虑，建筑上部结构是通过基础将其荷载传给地基的，由于土壤单位面积的承载能力有限，当建筑物荷载增大时，只有将基础底面积不断扩大，才能适应地基承载力的要求。但由于刚性材料抗压能力强，抗拉、抗剪能力差，基础尺寸放大超过一定范围，基础的内力超过其抗拉和抗剪强度，基础会发生折裂破坏，如图6.13所示。折裂的方向与垂直面的夹角 α 称为压力分布角，或称刚性角。刚性基础放大角度不应超过刚性角。为设计施工方便将刚性角换算成基础的宽高比。不同的材料和不同的基底压力有不同的宽高比要求，表6-7是各种材料基础的宽高比 b/h 的容许值，为保证基础安全不被拉裂，基础的高宽比应控制在一定的范围之内。无筋扩展基础用于多层民用建筑和轻型厂房。

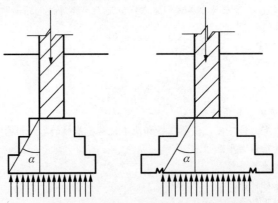

图 6.13 无筋扩展基础的受力传力特点

表 6-7　无筋扩展基础的宽高比的容许值

基础材料	质量要求	台阶宽高比的允许值		
		$p_k \leqslant 100$	$100 < p_k \leqslant 200$	$200 < p_k \leqslant 300$
混凝土基础	C15 混凝土	1：1.00	1：1.00	1：1.25
毛石混凝土基础	C15 混凝土	1：1.00	1：1.25	1：1.50
砖基础	砖不低于 MU10、砂浆不低于 M5	1：1.50	1：1.50	1：1.50
毛石基础	砂浆不低于 M5	1：1.25	1：1.50	—
灰土基础	体积比为 3：7 或 2：8 的灰土，其最小干密度：粉土 1.55t/m³ 粉质黏土 1.50t/m³ 黏土 1.45t/m³	1：1.25	1：1.50	
三合土基础	体积比 1：2：4～1：3：6(石灰：砂：骨料)，每层约虚铺 220mm，夯实 150mm	1：1.50	1：2.00	—

注：1. p_k 为荷载效应标准组合时基础底面处的平均压力值(kPa)；

　　2. 阶梯形毛石基础的每阶伸出宽度，不宜大于 200mm；

　　3. 当基础由不同材料叠合组成时，应对接触部分作抗压验算；

　　4. 基础底面处的平均压力值超过 300kPa 的混凝土基础，尚应进行抗剪验算。

2．扩展基础

扩展基础又称柔性基础，指用抗拉、抗压、抗弯、抗剪均较好的钢筋混凝土材料做基础，又称钢筋混凝土基础，主要指柱下钢筋混凝土独立基础和墙下钢筋混凝土条形基础。钢筋混凝土的抗弯和抗剪性能良好，是基础的最优材料，这类基础的高度不受台阶宽高比的限制，故适宜在宽基浅埋的场合下采用。在同样情况下，采用钢筋混凝土基础与混凝土基础比较，可节省大量的材料和挖土的工作量。钢筋混凝土基础的构造，如图 6.14 所示。钢筋混凝土材料利用钢筋来承受拉力，使基础底部能够承受较大弯矩。这时，基础宽度的加大不受刚性角的限制，故称钢筋混凝土基础为扩展基础。钢筋混凝土基础适用于高层建筑、重型设备或软弱地基及地下水位以下的基础。

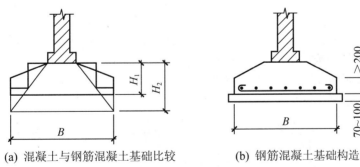

(a) 混凝土与钢筋混凝土基础比较　　　　(b) 钢筋混凝土基础构造

图 6.14　钢筋混凝土基础

知识提示

(1) 无筋扩展基础基础高度，应符合下列要求

$$H_0 \geqslant \frac{b - b_0}{2 \tan \alpha}$$

式中：b——基础底面宽度；

b_0——基础顶面的墙体宽度或柱脚宽度；

H_0——基础高度；

b_2——基础台阶宽度；

$\tan \alpha$——基础台阶宽高比，其允许值可按表6-7选用。

(2) 采用无筋扩展基础的钢筋混凝土柱，其柱脚高度 h_1 不得小于 b_1，如图6.15所示，并不应小于300mm 且不小于 $20d$(d为柱中的纵向受力钢筋的最大直径)。当柱纵向钢筋在柱脚内的竖向锚固长度不满足锚固要求时，可沿水平方向弯折，弯折后的水平锚固长度不应小于 $10d$ 也不应大于 $20d$。

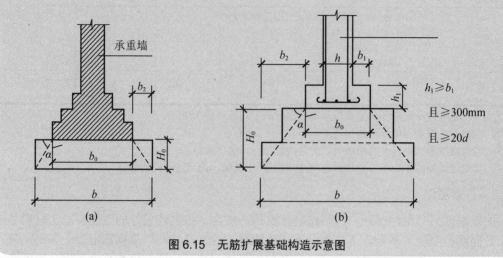

图6.15 无筋扩展基础构造示意图

6.3.2 按构造形式分类

基础构造形式的选择与建筑上部结构形式、地基土质情况、地基承载力、荷载大小等条件密切相关。一般情况下，上部结构形式直接影响基础形式，当上部荷载增大，且地基承载能力有变化时，基础构造形式也随之变化。

1. 单独基础

单独基础是独立的块状形式，又称独立基础。常用的断面形式有踏步形、锥形、杯形，适用于多层框架结构或厂房排架柱下基础。地基承载力不低于 80kPa 时，其材料通常采用钢筋混凝土、素混凝土等。当柱为预制时，则将基础做成杯口形，然后将柱子插入，并嵌固在杯口内，故称杯口基础，如图6.16所示。

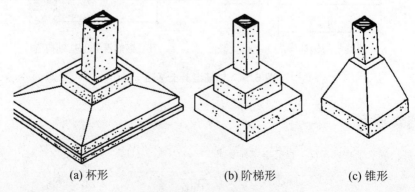

(a) 杯形   (b) 阶梯形   (c) 锥形

图6.16 单独基础

2．条形基础

条形基础为连续的带形，也叫带形基础，一般用于多层混合结构的承重墙下。如上部为钢筋混凝土墙，或地基较差、荷载较大时，可采用钢筋混凝土条形基础。条形基础有墙下条形基础和柱下条形基础两类，如图6.17所示。当地基条件较好，基础埋深较浅时，墙承式的建筑多采用墙下条形基础，以便传递连续的条形荷载。当上部结构为框架结构或排架结构承重，若柱子较密或荷载分布不均匀、地基承载力偏低时，为增加基底面积或增强整体刚度，减少不均匀沉降，常采用柱下条形基础。

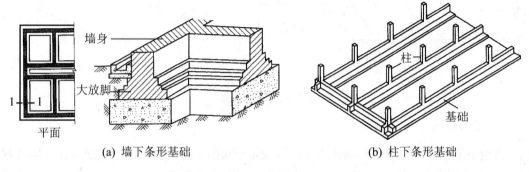

(a) 墙下条形基础　　　　　　　　　　(b) 柱下条形基础

图6.17　条形基础

3．井格基础

当地基条件较差，或框架结构上部荷载较大时，为了提高建筑的整体性，以免各柱子之间产生不均匀沉降，常将柱下独立基础沿纵、横两个方向扩展相互连接成一体，形成十字交叉的井格基础，如图6.18所示。

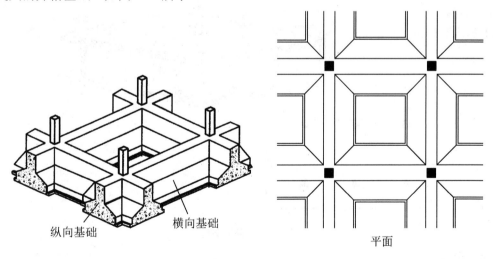

图6.18　井格基础

4．筏板基础

建筑物的基础由整片的钢筋混凝土板、梁等组成，板直接作用于地基上，称为筏板基础。筏板基础在外形和构造上类似于倒置的钢筋混凝土楼盖，整体刚度较大，可以跨越基础下的局部软弱土。筏片基础常用于地基软弱的多层砌体结构和框架结构、剪力墙结构及上部结构荷载较大且不均匀或地基承载力低的情况,如图 6.19 所示。按其结构布置筏板基础分为梁板式和平板式两种类型,应根据地基土质、上部结构体系、柱距、荷载大小及施工条件确定。梁板式筏板基础底板厚度不应小于 300mm,且板厚与板格的最小跨度之比不应小于 1/20。平板式筏板基础的板厚不应小于 400mm。

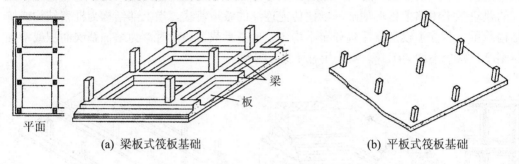

平面

(a) 梁板式筏板基础

(b) 平板式筏板基础

图 6.19 筏板基础

5. 箱形基础

将地下室的底板、顶板和墙体整体浇筑成箱子状的基础,称为箱形基础。该基础具有整体性好、空间刚度大、调整不均匀、沉降能力及抗震能力强,有较好的地下空间可以利用,能承受很大的弯矩,可消除因地基变形使建筑物开裂的可能性,减少基底处原有地基自重应力,降低总沉降量等特点。适用于上部建筑物荷载大,对地基不均匀沉降要求严格的高层建筑,重型建筑,以及软弱土地基上的多层建筑,可用于特大荷载且需设地下室的建筑,如图 6.20 所示。

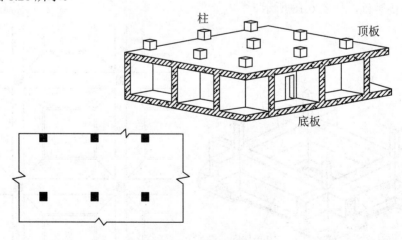

图 6.20 箱形基础

6. 桩基础

一般建筑物都应该充分利用地基土层的承载能力,而尽量采用浅基础。但当建筑物荷载较大,地基浅层土质不良,无法满足建筑物对地基变形和强度方面的要求时,而又不适宜采取地基处理措施时,可以考虑利用下部坚实土层或岩层作为持力层的深基础,其中桩基应用最为广泛。

桩基础一般由设置于土中的桩身和承接上部结构的承台组成，如图 6.21 所示。桩基是按设计的点位将桩身置于土中，桩的上端灌注钢筋混凝土承台梁，承台梁上接柱或墙体，以便使建筑荷载均匀地传递给桩基。在寒冷地区，承台梁下一般铺设 100～200mm 厚的粗砂或焦渣，以防土壤冻胀引起承台的反拱破坏。

桩基础的类型很多，按照桩的受力方式可分成端承桩和摩擦桩；按照桩的施工特点可以分成打入桩、振入桩、压入桩和钻孔灌注桩等；按照材料可以分成钢筋混凝土桩、钢管桩。桩的断面有圆形、方形、筒形、六角形等多种形式。目前，较为多用的是钢筋混凝土桩，包括预制桩、灌注桩和扩底桩。

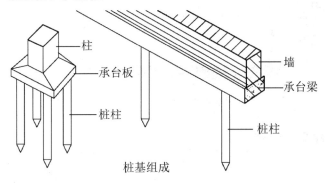

图 6.21　桩基础组成示意图

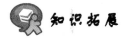

桩基础按桩的受力情况分为摩擦桩和端承型桩。摩擦型桩的桩顶竖向荷载主要由桩侧阻力承受；端承型桩的桩顶竖向荷载主要由桩端阻力承受。

6.4　地　下　室

引例 4

随着城市建筑日益向地下空间纵深发展，地下室空间都被有效地利用起来。换热站、泵站及车库多半在地下室内布置。地下室布置有很多值得提倡的地方，节省有价值的地面空间；但是施工人员一般认为只要结构没问题就行，地下室的防潮与防水施工却被忽视，导致交工使用的地下室受地下水的侵蚀，随着施工技术的提高地下室的防水工程质量问题也越来越引起人们的关注。

地下室是建筑物首层地面以下的空间。地下室一般由墙身、底板、顶板、门窗、楼梯和采光井等几部分组成。在城市用地日趋紧张的情况下，建筑向上下两个空间发展。高层建筑常利用深基础(如箱形基础)建造一层或多层地下室，既增加了使用面积，又省掉室内填土的费用。如图 6.22 所示，为地下室结构示意图。

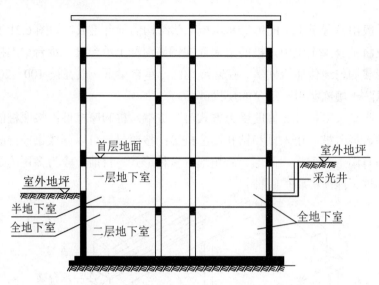

图 6.22　地下室结构示意图

6.4.1　地下室的组成与分类

1. 地下室的组成

地下室一般由墙体、顶板、底板、门窗、楼梯五大部分组成。

1) 墙体

地下室的外墙不仅承受垂直荷载，还承受土、地下水和土壤冻胀的侧压力，因此地下室的外墙，如用钢筋混凝土墙的最小厚度除应满足结构要求外，还应满足抗渗厚度的要求，其最小厚度不小于 250mm。外墙还应做防潮或防水处理。

2) 顶板

通常顶板可用预制板、现浇板或者预制板上做现浇层(装配整体式楼板)。若为防空地下室，必须采用现浇板，并按防空地下室有关设计规定确定顶板厚度和混凝土强度等级。在无采暖的地下室顶板上，即首层地板处，应设置保温层，以利于首层房间的使用舒适。

3) 底板

底板处于最高地下水位以上，并且无压力产生时，可按一般地面工程处理，即垫层上现浇混凝土 60～80mm 厚，再做面层。如底板处于最高地下水位以下时，底板不仅承受上部垂直荷载，还承受地下水的浮力荷载，因此应采用钢筋混凝土底板，并双层配筋，底板下垫层上还应设置防水层，以防渗漏。

4) 门窗

普通地下室的门窗与地上房间门窗相同。地下室外窗若在室外地坪以下时，应设置采光井和防护箅子，以利于室内采光、通风和室外行走安全。防空地下室一般不允许设窗，如需开窗，应设置战时堵严措施。防空地下室的外门应按防空等级要求设置相应的防护构造。

5) 楼梯

楼梯可与地面上房间结合设置。层高小或用作辅助房间的地下室，可设置单跑楼梯。有防空要求的地下室，至少要设置两部楼梯通向地面的安全出口，而且有一个是独立的安全出口。这个安全出口周围不得有较高建筑物，以防空袭倒塌堵塞出口而影响疏散。

为了充分利用地下室空间，以满足一定的采光和通风要求，往往在地下室外墙一侧设置采光井。一般沿每个开窗部位单独设一个，也可将几个采光井合并在一起。采光井由底板和侧墙构成，底板一般为现浇钢筋混凝土，侧墙可用砖或钢筋混凝土浇筑。

2．地下室的分类

(1) 地下室按使用功能分，有普通地下室和人防地下室。

(2) 按顶板标高分，有半地下室和全地下室。

(3) 按结构材料分，有砖混结构地下室和钢筋混凝土结构地下室。

6.4.2 地下室的防潮构造

地下室的防潮做法取决于地下室地坪与地下水位的关系，当设计最高地下水位低于地下室底板 300～500mm，且地基范围内的土壤及回填土无形成上层滞水的可能时，采用防潮做法地下室防潮只适用于防无压水。

地下室防潮的构造要求是：砌体必须采用水泥砂浆砌筑，灰缝必须饱满；在外墙外侧设垂直防潮层，防潮层做法一般为：1∶2.5 的水泥砂浆找平、涂冷底子油一道、热沥青两道；防潮层做至室外散水处，然后在防潮层外侧回填低渗透性土壤如黏土、灰土等，并逐层夯实，底宽 500mm 左右。此外，地下室所有墙体必须设两道水平防潮层，一道是在外墙与地下室地坪交界处，以防止土层中潮气因毛细管作用从基础侵入地下室；另一道是外墙与首层地板层交界处，用以防止潮气沿地下室墙身和勒脚处侵入地下室或上部结构。如图 6.23 所示为地下室防潮构造示意图。

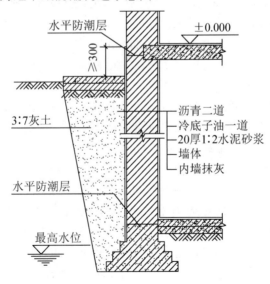

图 6.23 地下室防潮构造示意图

6.4.3 地下室的防水构造

当设计最高地下水位高于地下室地坪时，地下室外墙和地坪都浸泡在水中，地下水不仅可以浸入地下室，而且地下室外墙和底板还分别受到地下水的侧压力和浮力。水压力大小与地下水高出地下室地坪高度有关，高差越大，压力越大。这时对地下室必须采取防水处理。防水的具体方案和构造措施，各地有很多不同的做法，但归纳起来有隔水法、降排水法及综合防水法。隔水法是利用各种材料的不透水性来隔绝地下室外围水及毛细管水的渗透；降排水法是用人工降低地下水位或排出地下水，直接消除地下水对地下室作用的防水方法；综合防水法是指采用多种防水措施来提高防水可靠性的一种办法，一般地，当地下水量较大或地下室防水要求较高时才采用。

目前采用的隔水法是地下室防水采用最多的一种方法，又分材料防水和构件自防水两类。自防水是用防水混凝土作外墙和底板，使承重、围护、防水功能三者合一，这种防水措施施工较为简便。材料防水是在外墙和底板表面敷设防水材料，如卷材、涂料、防水水泥砂浆等，以阻止地下水的渗入。

1. 材料防水

材料防水是在地下室外墙与底板表面敷设防水材料，借材料的高效防水特性阻止水的渗入。常用的防水材料有卷材、涂料和防水水泥砂浆等。

1) 卷材防水

卷材防水能够适应结构的微量变形和抵抗地下水化学侵蚀，是效果比较可靠的传统防水做法。防水卷材常用的有高聚物改性沥青卷材和合成高分子卷材，一般用于迎水面。施工时，各自采用与卷材相适应的胶结材料胶合成防水层。

沥青卷材具有一定的抗拉强度和延伸性，价格较低，但属热操作，施工不便，且污染环境、易老化。一般为多层做法，单层使用时厚度不应小于 4mm，双层使用时总厚度不应小于 6mm。高分子卷材具有重量轻、应用范围广、抗拉强度高、延伸率大、对基层的变形适应性强等特点，而且是冷作业，施工操作简便，不污染环境。一般为单层做法，厚度不应小于 1.5mm，若双层使用时厚度不应小于 24mm。

2) 涂料防水

涂料防水是指在施工现场以刷涂、滚涂等方法，将无定型液态冷涂料在常温下涂敷于地下室结构表面的一种防水做法。目前，地下室防水工程应用的防水涂料包括有机防水涂料和无机防水涂料。有机防水涂料主要包括合成橡胶类、合成树脂类、橡胶沥青类防水涂料。有机防水涂料固化成膜后最终形成柔性防水层，适宜做在结构主体的迎水面，并应在防水层外侧做刚性保护层，用于迎水面的有机防水涂料应具有较高的抗渗性，且与基层有较强的黏结性；无机防水涂料主要包括聚合物改性水泥基防水涂料和水泥基渗透结晶型防水涂料，即在水泥中掺入一定的聚合物，能够不同程度地改变水泥固化后的物理力学性能，这类防水涂料被认为是刚性防水材料，所以不适用于变形较大或受振动部位，适宜做在结构主体的背水面。涂料的防水质量、耐老化性能均较油毡防水层好，故目前地下室防水工程应用广泛。防水涂料可采用外防外涂和外防内涂两种做法，如图 6.24 和图 6.25 所示。

3) 水泥砂浆防水

水泥砂浆防水层的材料有普通水泥砂浆、聚合物水泥防水砂浆、掺外加剂或掺合料防水砂浆等。施工方法有多层涂抹或喷射等方法。水泥砂浆防水层可用于结构主体的迎水面或背水面。采用水泥砂浆防水层，施工简便、经济，便于检修；但防水砂浆的抗渗性能较弱，对结构变形敏感度大，结构基层略有变形即开裂，从而失去防水功能，因此，水泥砂浆防水构造适用于结构刚度大、建筑物变形小的混凝土或砌体结构的基层上。不适用于环境有侵蚀性、持续振动的地下工程。水泥砂浆防水层应在基础垫层、初期支护、围护结构、内衬结构验收合格后方可施工。

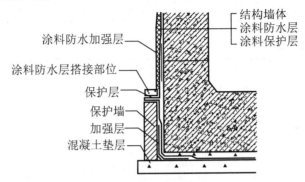

图 6.24　防水涂料外防外涂做法

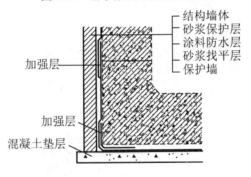

图 6.25　防水涂料外防内涂做法

2．构件自防水

为满足结构和防水的需要，地下室的底板和外墙材料一般采用防水混凝土。这种采用防水混凝土作为地下室外墙和底板材料的防水构造做法称为构件自防水。

防水混凝土的配制和施工与普通混凝土相同。所不同的是通过采用调整配合比或掺加外加剂等手段来提高混凝土自身的防水性能，从而达到防水的目的。调整混凝土集料级配主要是采用不同粒径的骨料进行配料，同时提高混凝土中水泥砂浆的含量，使砂浆充满于骨料之间，从而堵塞因骨料间直接接触而出现的渗水通道，达到防水目的；掺外加剂是在混凝土中掺入加气剂或密实剂以提高其抗渗性能和密实性，使混凝土具有良好的防水性能。防水混凝土外墙和底板均不宜太薄，一般不应小于 250mm，钢筋保护层厚度迎水面不应小于 50mm，防水混凝土的环境温度不得高于 80℃，处于侵蚀性介质中防水混凝土的耐侵蚀系数不应小于 0.8。为防止地下水对混凝土的侵蚀，应在墙外侧抹水泥砂浆、涂刷冷底子油和热沥青。防水混凝土结构底板必须连续浇筑，其间不得留施工缝，墙体一般只允许留水平施工缝，其位置通常宜留在高出底板表面 300mm 以上。防水混凝土的抗渗等级取决于工程埋置深度，见表 6-8。防水混凝土结构的混凝土垫层，强度等级不应小于 C10，厚度不应小于 100mm，在软弱土中不应小于 150mm，如图 6.26 所示。

表6-8 防水混凝土设计抗渗等级

工程埋置深度/m	设计抗渗等级
<10	S6
10~20	S8
20~30	S10
30~40	S12

注：1. 本表适用于Ⅳ、Ⅴ级围岩(土层及软弱围岩)；

2. 山岭隧道防水混凝土的抗渗等级可按铁道部门的有关规范执行。

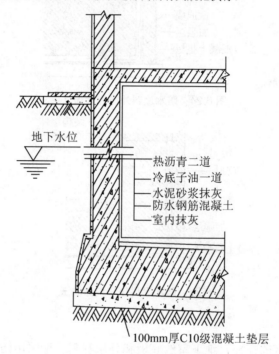

图 6.26 防水混凝土防水构造

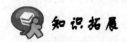

地下室的防火要求

民用建筑附建式或单独建造的地下室、半地下室的防火设计应符合相关防火规范的要求，一般情况下应满足表6-9中的规定。

表6-9 民用建筑附建式或单建地下室、半地下室防火设计一般要求

序号	项目名称	耐火等级	防火分区	安全出口	楼梯间
1	多层建筑附设的地下室、半地下室	不低于二级	最大允许面积500m²	不少于两个	不应与地上层共用，必须共用时，在出入口处应设明显标志

续表

序号	项目名称	耐火等级	防火分区	安全出口	楼梯间
2	高层建筑附设的地下室、半地下室	应为一级	最大允许面积 2000m²	不少于两个；一个厅室的建筑面积大于 50m² 可设一个出口，并设火灾自动报警系统	不应与地上层共用，必须共用时，在出入口处应设明显标志
3	地下汽车库	应为一级	最大允许面积 2000m²	不少于两个	不应与地上层共用，必须共用时，在出入口处应设明显标志
4	人员密集的厅室	不应设在地下二层及二层以下，当设在地下一层时外出入口地坪高度不大于 10mm，一个厅室的建筑面积不大于 200m²，并应有防排烟设施				
5	地下商店	营业厅不宜设在地下三层及三层以下，每层建筑地下商店每个防火分区最大允许建筑面积为 2000m²，商店总面积大于 2 万平方米时，应设防火墙分隔				

知识提示

半地下室：地下室顶板标高超出室外地面标高，或地下室地面低于室外地坪高度为该房间净高的 1/3～1/2 的地下室叫做半地下室。半地下室相当于一部分在地面以上，易于解决采光、通风的问题，可作为办公室、客房等普通地下室使用。

全地下室：当地下室顶板标高低于室外地面标高或地下室地面低于室外地坪高度超过该房间净高的 1/2 时，称为全地下室。全地下室由于埋入地下较深，通风采光较困难，一般多作为储藏仓库、设备间等建筑辅助用房。

普通地下室：普通的地下空间，一般按地下楼层进行设计。由于地下室与地上房间相比有许多弊端，如采光通风不利、容易受潮等，但同时也具有受外界气候影响较小的特点，因此，低标准的建筑多将普通地下室作为储藏间、仓库、设备间等建筑辅助用房，高标准的建筑，在采用了机械通风、人工照明和防潮防水措施后可用做商场。

人防地下室：指结合人防要求设置的地下空间，应妥善解决紧急状态下人员的隐蔽和疏散，并有具备保障人身安全的各项技术措施。人防地下室的设计应符合国家对人防地下室的有关建设规定和设计规范。人防地下室一般应设有防护室、防毒通道、通风滤毒室、洗消间及厕所等。《人民防空地下室设计规范》(GB 50038—2005)中规定：防空地下室的每个防护单元不应少于两个出入口(不包括竖井式出入口、防护单元之间的连通口)，其中至少有一个室外出入口(竖井式除外)。战时主要出入口应设在室外出入口。房间出入口应为空门洞，以确保人员疏散。必须设门时，应采取防护门、密闭门或防护密闭门。

本章小结

1. 基础和地基是两个不同的概念。基础是建筑物的下部结构，是埋入地下并直接作用于土壤层上的承重构件；地基则是承受建筑物荷载的土壤层。基础是建筑物的组成部分，而地基不属于建筑物的组成部分。地基与基础要满足强度、刚度、承载力等要求来保证建筑物的安全使用。

2. 地基可分为天然地基和人工地基，一般优先选用天然地基。

3. 基础埋深指从室外设计地坪至基础底面的垂直距离。影响基础埋深的因素有建筑物的使用要求及荷载、地基土层构造、地下水位、土的冻结深度、相邻建筑基础埋深等。

4. 地下室是建筑物设在首层以下的房间。由底板、顶板、墙体、楼梯、门窗、采光等构件组成。按顶板标高可分为半地下室和全地下室；按使用功能可分为普通地下室和人防地下室。

5. 地下室的防潮与防水主要取决于地下室地面标高与高地下水位的关系，当设计最高地下水位低于地下室底板、且无形成上层滞水可能时，地下室的墙体和底板只需做防潮处理。当设计最高地下水位高于地下室底板时，地下室的外墙和地坪都浸泡在水中，这时必须考虑对地下室的外墙、底板采取防水处理。

复习思考题

一、填空题

1. 当新建建筑物基础埋深大于相邻原基础埋深时，基础间净距应为基础底面高差的_____倍。

2. 新建建筑物基础埋深不宜_____相邻原基础埋深。

3. 建筑物的基础应埋置在冰冻层以下不小于_____处。

4. 箱型基础的刚度较大，抗震性能好、能承受很大的_____。

5. 地下室一般由_____、底板、_____、_____、_____五大部分组成。

6. 地基可分为天然地基和_____两类。

7. 基础的类型很多，按所用材料及受力特点可分为无筋扩展基础和_____。

8. 基础必须埋在地下水位以下时，应将基础埋置在最低地下水位_____以下。

9. 当地基承载力不变时，建筑总荷载越大，基础底面积_____。

10. 基础按埋置深度大小分为_____和_____。

二、名词解释

1. 基础埋深。
2. 刚性基础。
3. 柔性基础。
4. 地基。
5. 筏板基础。

三、简答题

1. 什么是地基和基础？地基和基础有何关系？地基、基础与建筑荷载三者有何联系？
2. 地基设计要求有哪些？
3. 简述地下室的构造组成及其作用。
4. 如何确定地下室应该防水还是防潮？

5．基础埋深影响因素有哪些？

6．人工地基处理常用的方法有哪些？

7．基础按构造方式分为哪些类型？一般适用于什么情况？

8．基础的设计要求有哪些？

四、综合实训

绘图说明地下室防潮构造和地下室防水构造。

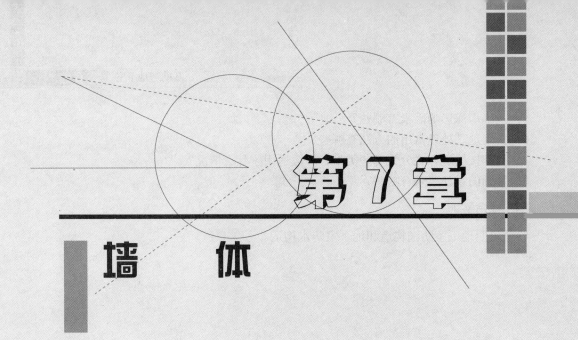

第 7 章

墙 体

学习目标

1. 掌握墙体的分类和墙体各部分名称。
2. 掌握墙体的构造要求和承重方案。
3. 掌握砖墙的尺度和组砌方式。
3. 掌握砖墙的细部构造。
4. 掌握砌块的类型与规格。
5. 掌握砌块的构造要求。
6. 掌握各种隔墙的构造要求与适用范围。
7. 掌握幕墙的种类。
8. 熟悉玻璃幕墙的构造。
9. 掌握板材墙的布置形式与连接构造。
10. 熟悉各种类型墙面装修的构造组成。
11. 掌握抹灰类、贴面类、涂料类墙面装修的构造要求。

学习要求

知识要点	能力要求	相关知识	所占分值 （100分）	自评 分数
墙体概述	1. 了解民用建筑中墙体的作用 2. 掌握不同分类方式下各墙体的名称 3. 了解墙体的设计要求 4. 掌握墙体的承重方案	建筑结构、物理学相关知识	15	
砖墙构造	1. 掌握砖墙的材料要求 2. 掌握砖墙的组砌方式 3. 掌握实心砖墙的尺度 4. 掌握砖墙的细部构造	建筑材料、砌体施工工艺标准	20	

续表

知识要点	能力要求	相关知识	所占分值(100分)	自评分数
砌块砖构造	1. 熟悉砌块的类型与规格 2. 掌握砌块的排列与组合原则 3. 掌握砌块墙的构造要求	建筑材料、砌体施工工艺标准	25	
隔墙、幕墙与板材墙	1. 掌握隔墙的类型与构造 2. 掌握幕墙的类型 3. 熟悉不同种类玻璃幕墙的构造 4. 掌握板材墙的连接构造与接缝构造	建筑结构、物理学相关知识	20	
墙面装修	1. 掌握墙面装修的作用及分类 2. 掌握抹灰类、贴面类、涂料类墙装修构造 3. 熟悉裱糊类、铺钉类墙装修构造	建筑材料、装饰装修工程施工工艺标准	20	

 章 节 导 读

　　墙是建筑物竖直方向的主要构件，起分隔、围护和承重等作用，还有隔热、保温、隔声等功能。中国古代主要以土和砖筑墙，欧洲古代则多用石料筑墙。19 世纪以来，出现了混凝土和钢筋混凝土墙，各种轻金属、玻璃、塑料等材料制成的非承重悬挂墙板(又称幕墙板)等。

　　本章将介绍各种不同类型墙体的构造，包括为适应墙体改革而普遍推广的砌块墙，以及集众多优点于一身的玻璃幕墙等。

7.1　墙 体 概 述

 引例

　　人们日常生活中随处可见到墙体，但很少有人能够准确地说出各部分墙体的准确名称，有的人甚至不知道什么样的墙是女儿墙，什么样的墙是山墙。如果读者也有同样的困惑，通过学习本节的内容后，将会有十分清晰的概念。

7.1.1　墙体的作用

　　墙体是房屋的重要组成部分。民用建筑中的墙体一般有三个作用。

1．承重作用
　　墙体承受着自重以及屋顶、楼板(梁)传给它的荷载和风荷载。

2．围护作用
　　墙体遮挡了风、雨、雪的侵袭，防止太阳辐射、噪声干扰及室内热量的散失，起保温、隔热、隔声、防水等作用。

3．分隔作用
　　通过墙体将房屋划分为若干房间和使用空间。

7.1.2 墙体的分类

根据墙体在建筑物中的位置、受力情况、材料选用、构造形式、施工方法的不同，可将墙体分为不同类型。

1. 墙体按位置分类

建筑物的墙体依其在房屋中所处位置的不同，有内墙和外墙之分。凡位于建筑物周边的墙体称为外墙，凡位于建筑内部的墙体称为内墙。从对于建筑空间围合的作用来说，外墙属于房屋的外围护结构，起着界定室内外空间，并有遮风、挡雨、保温、隔热，保护室内空间环境良好的作用；内墙则用来分隔建筑物的内部空间。其中，凡沿建筑物短轴方向布置的墙体称为横墙，横向外墙可以通称为山墙，而不论建筑物是否采用坡屋顶；凡沿建筑物长轴方向布置的墙体称为纵墙，纵墙有内纵墙与外纵墙之分。在一片墙上，窗与窗或门与窗之间的墙称为窗间墙；窗洞下部的墙称为窗下墙。屋顶上部的墙称为女儿墙等，如图7.1所示。

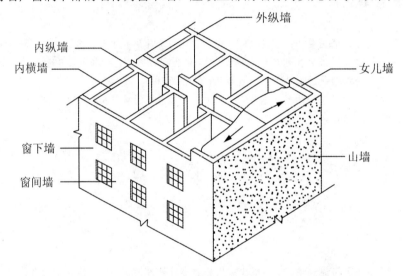

图 7.1　墙体各部分名称

2. 墙体按受力情况分类

从结构受力的情况来看，墙体又有承重墙和非承重墙之分。在一幢建筑物中，墙体是否承重，应按其结构的支撑体系而定。例如在骨架承重体系的建筑物中，墙体完全不承重，而在墙承重体系的建筑物中，墙体又可分为承重墙和非承重墙：其中，非承重墙包括隔墙、填充和幕墙。隔墙的主要作用是分隔建筑的内部空间，其自重由属于建筑物结构支撑系统中的相关构件承担。填充在骨架承重体系建筑柱子之间的墙称为填充墙，填充墙可以分别是内墙或外墙，而且同一幢建筑物中可以根据需要用不同材料来做填充墙。幕墙一般是指悬挂于建筑物外部骨架外或楼板间的轻质外墙。处于建筑物外围护系统位置上的填充墙和幕墙还要承受水平方向的风荷载和地震荷载。

3. 墙体按材料选用分类

根据墙体建造材料的不同，墙体还可分为砖墙、石墙、砌块墙、混凝土墙，以及其他用轻质材料制作的墙体。其中黏土砖虽然是我国传统的墙体材料，但它却越来越受到材源的限制，我国有很多地方已经限制在建筑中使用实心黏土砖；石材往往只是作为地方材料在产地使用，价格虽低但加工不便。砌块墙是砖墙的良好替代品，由多种轻质材料和水泥等制成，例如加气混凝土砌块。混凝土墙则可以现浇或预制，在多、高层建筑中应用较多。

4. 墙体按构造形式分类

1) 实心墙

单一材料(多孔砖、实心黏土砖、石块、混凝土和钢筋混凝土等)和复合材料(钢筋混凝土与加气混凝土分层复合、黏土砖与焦渣分层复合等)砌筑的不留空隙的墙体。

2) 黏土多孔砖墙

这种墙体使用的黏土多孔砖与普通黏土砖的烧结方法一样。这种黏土多孔砖的竖向孔洞虽然减少了砖的承压面积，但是砖的厚度增加，砖的承重能力与普通砖相比还略有增加。容重为 1350kg/m^3(普通黏土砖的容重为 1800 kg/m^3)。由于有竖向孔隙，所以保温能力提高，这是由于空隙是静止的空气层所致。试验证明，190mm 的空心砖墙，相当于 240mm 普通砖墙的保温能力。黏土空心砖主要用于框架结构外围护墙。近期在工程中广泛采用的陶粒空心砖，也是一种较好的围护墙材料。

3) 空斗墙

空斗墙在我国民间流传很久，这种墙体的材料是普通黏土砖。它的砌筑方法分斗砖与眠砖，砖竖放称为斗砖，平放称为眠砖。

> **知识提示**
>
> 空斗墙不宜在抗震设防地区中使用。

4) 复合墙

这种墙体多用于居住建筑，也可用于托儿所、幼儿园、医疗等小型公共建筑。这种墙体的主体结构为黏土砖或钢筋混凝土，其内侧复合轻质保温板材，常用的材料有充气石膏板(表观密度≤510kg/m^3)、水泥聚苯板(表观密度 280～320kg/m^3)、黏土珍珠岩(表观密度 360～400kg/m^3)、纸面石膏聚苯复合板(表观密度 870～970kg/m^3)、纸面石膏岩棉复合板(表观密度 930～1030kg/m^3)、纸面石膏玻璃棉复合板(表观密度 882～982kg/m^3)、无纸石膏聚苯复合板(表观密度 870～970kg/m^3)、纸面石膏聚苯板(表观密度 870～970kg/m^3)。

主体结构采用黏土多孔砖墙时，其厚度为 200mm 或 240mm；采用钢筋混凝土墙时，其厚度为 200mm 或 250mm。保温板材的厚度 50～90mm，若作空气间层时，其厚度为 20mm。这种保温墙体的传热系数指标为 0.79～1.17W/(m^2 · K)。

> **知识提示**
>
> 建筑物体形系数：建筑物与室外大气接触的外表面积与其所包围的体积的比值。外表面积中不包括地面和不采暖楼梯间隔墙及户门的面积。

5) 幕墙

幕墙按其构造分为框式幕墙和点支式幕墙；按其材料分为：①玻璃幕墙：有明框幕墙、隐框幕墙、半隐框幕墙、全玻璃幕墙及点支幕墙等；②金属幕墙：有单层铝板、蜂窝铝板、铝塑复合板、彩色钢板、不锈钢板及珐琅板等；③非金属板幕墙：有石材蜂窝板、树脂纤维板等。按其作用分为装饰性幕墙和围护式幕墙。

不同幕墙构造有差异，造价相差悬殊，需根据具体条件确定其构造和材料。

5．按施工方法分类

根据施工方法不同，墙体可分为块材墙、板筑墙和板材墙三种。块材墙是用砂浆等胶结材料将砖、石、砌块等组砌而成的，如实砌砖墙。板筑墙是在施工现场支模板现浇而成的墙体，如现浇混凝土墙。板材墙是预先制成墙板，在施工现场安装、拼接而成的墙体，如预制混凝土大板墙。

 观察与思考

观察一下身边建筑物中的墙体，看一下它们都属于哪种类型的墙体，是否能够准确地叫出墙体各个部分的名称。

7.1.3 墙体的设计要求

1．具有足够的强度和稳定性

墙的强度是指墙体承受荷载的能力，它与所采用的材料、材料的强度等级、墙体的截面积、构造和施工方式有关。作为承重墙的墙体，必须具有足够的强度以保证结构的安全。

稳定性与墙的高度、长度和厚度及纵横向墙体间的距离有关。墙的稳定性可通过验算确定。可采用限制墙体高厚比例、增加墙厚、提高砌筑砂浆强度等级、增加墙垛、设置构造柱和圈梁、墙内加筋等办法来保证墙体的稳定性。

2．满足保温隔热等热工方面的要求

我国北方地区气候寒冷，要求外墙具有较好的保温能力，以减少室内热量损失。墙厚应根据热工计算确定，同时应防止外墙内表面与保温材料内部出现凝结水现象，构造上要防止热桥的产生。可通过增加墙体厚度，选择导热系数小的墙体材料，在保温层高温侧设置隔气层等方法提高墙体保温性能和耐久年限。

我国南方地区气候炎热，设计中除考虑朝阳、通风等因素外，外墙应具有一定的隔热性能。可通过选择浅色而平滑的外饰面、设置遮阳设施、利用植被降温等措施提高墙体的隔热能力。

 知识拓展

墙体的保温因素，主要表现在墙体阻止热量传出的能力和防止在墙体表面和内部产生凝结水的能力两大方面。在建筑物理学上属于建筑热工设计部分，一般应以《民用建筑热工设计规范》(GB 50176—1993)为准，这里介绍一些建筑热工设计分区及要求的相关基本知识。

目前，全国划分为五个建筑热工设计分区。

1. 严寒地区

累年最冷月平均温度低于或等于-10℃的地区，如黑龙江和内蒙古的大部分地区。这些地区应加强建筑物的防寒措施，不考虑夏季防热。

2. 寒冷地区

累年最冷月平均温度高于-10℃、低于或等于0℃的地区，如东北地区的吉林、辽宁，华北地区的山西、河北、北京、天津及内蒙古的部分地区。这些地区应以满足冬季保温设计要求为主，适当兼顾夏季防热。

3. 夏热冬冷地区

累年最冷月平均温度为0～10℃，最热月平均温度为25～30℃，如西南地区东部和长江中、下游流域。这些地区必须满足夏季防热要求，适当兼顾冬季保温。

4. 夏热冬暖地区

最冷月平均温度高于10℃，最热月平均温度为25～29℃，如两广地区的南部和海南省。这些地区必须充分满足夏季防热要求，一般不考虑冬季保温。

5. 温和地区

最冷月平均温度为0～13℃，最热月平均温度为18～25℃，如云南省大部分地区，四川东南部地区。这些地区的部分地区考虑冬季保温，一般可不考虑夏季防热。

3. 满足隔声要求

有些建筑的室内在使用过程中要有一个良好的声学环境，这就要求墙体必须具有一定的隔声能力。设计中可通过选用容重大的材料、加大墙厚、在墙中设空气间层等措施提高墙体的隔声能力。

4. 满足防火要求

在防火方面，应符合防火规范中相应的构件燃烧性能和耐火极限的规定。当建筑的占地面积或长度较大时，还应按防火规范要求设置防火墙，防止火灾蔓延。

5. 满足防水防潮要求

在卫生间、厨房、实验室等用水房间的墙体，以及地下室的墙体应满足防水防潮要求。通过选用良好的防水材料及恰当的构造做法，可保证墙体的坚固耐久，使室内有良好的卫生环境。

6. 满足建筑工业化要求

在大量民用建筑中，墙体工程量占相当的比重，同时其劳动力消耗大，施工工期长。因此，建筑工业化的关键是墙体改革，可通过提高机械化施工程度来提高工效、降低劳动强度，并应采用轻质高强的墙体材料，以减轻自重、降低成本。

7.1.4　墙体的承重方案

墙体有四种承重方案：横墙承重、纵墙承重、纵横墙承重和内框架承重。

1. 横墙承重

横墙承重是将楼板及屋面板等水平承重构件搁置在横墙上，如图7.2(a)所示，楼面及屋面荷载依次通过楼板、横墙、基础传递给地基。由于横墙起主要承重作用且间距较密，因此建筑物的横向刚度较强，整体性好，有利于抵抗水平荷载(风荷载、地震作用等)和调整地基不均匀沉降。而且由于纵墙只承担自身质量，因此在纵墙上开门窗洞口限制较少。但是横墙间距受到限制，建筑开间尺寸不够灵活，而且墙体在建筑平面中所占的面积较大。这一布置方案适用于房间开间尺寸不大、墙体位置比较固定的建筑，如宿舍、旅馆、住宅等。

2．纵墙承重

纵墙承重是将楼板及屋面板等水平承重构件均搁置在纵墙上，横墙只起分隔空间和连接纵墙的作用，如图 7.2(b)所示。楼面及屋面荷载依次通过楼板(梁)、纵墙、基础传递给地基。由于纵墙承重，故横墙间距可以增大，能分隔出较大的空间。在北方地区，外纵墙因保温需要，其厚度往往大于承重所需的厚度，纵墙承重使较厚的外纵墙充分发挥了作用。但由于横墙不承重，这种方案抵抗水平荷载的能力比横墙承重差，其纵向刚度强而横向刚度弱，而且承重纵墙上开设门窗洞口有时受到限制。这一布置方案适用于使用上要求有较大空间的建筑，如办公楼、商店、教学楼中的教室、阅览室等。

3．纵横墙承重

这种承重方案的承重墙体由纵横两个方向的墙体组成，如图 7.2(c)所示。纵横墙承重方式平面布置灵活，两个方向的抗侧力都较好。这种方案适用于房间开间、进深变化较多的建筑，如医院、幼儿园等。

4．内框架承重

房屋内部采用柱、梁组成的内框架承重，四周采用墙承重，由墙和柱共同承受水平承重构件传来的荷载，称为内框架承重，如图 7.2(d)所示。房屋的刚度主要由框架保证，因此水泥及钢材用量较多。这种方案适用于室内需要大空间的建筑，如大型商店、餐厅等。

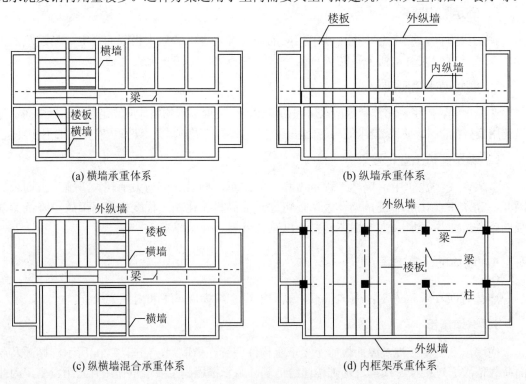

(a) 横墙承重体系

(b) 纵墙承重体系

(c) 纵横墙混合承重体系

(d) 内框架承重体系

图 7.2　墙体承重方案

观察与思考

现浇整体钢筋混凝土楼板的承重方案应该怎样划分?

7.2 砖 墙 构 造

引例 2

砖砌体在工程建设中,特别是量大面广的住宅工程,应用的非常广泛。它是通过人工将砖和砂浆结合在一起,按设计图纸规定的位置、形态、摆砖成墙、柱、垛等砌体。由于施工操作人员责任心不强、技术素质低,以及施工管理等方面的原因,使得砌筑出来的砖墙不符合规范或技术标准规定的构造要求,从而导致砖砌体存在着不同程度的质量问题,有些甚至成为质量通病(砖墙中最严重的质量通病就是裂缝,这个问题已日益引起开发商和居民的普遍关注),使工程的安全性、整体刚度、抗震性能、耐久性等受到影响。因此,正确地掌握砖墙的构造对一个工程技术人员是非常重要的。

砖墙是由砖和砂浆按一定的规律和砌筑方式组合成的砖砌体。砖墙在我国有着悠久的历史。砖墙的优点表现在:保温、隔热及隔声效果较好,具有防火和防冻性能,有一定的承载力,并且取材容易,生产制造及施工操作简单,不需大型设备。尽管砖墙也有不少缺点,如施工速度慢、劳动强度大、黏土砖占用农田,有待于进行改革,但从我国实际情况出发,砖墙在今后一段时期内仍将广泛采用。

7.2.1 砖墙材料及组砌方式

1. 砖墙材料

砖墙主要由砖和砂浆两种材料组成。

1) 砖

砖的种类很多,从材料上分有黏土砖、灰砂砖、页岩砖、煤矸石砖、水泥砖以及各种工业废料砖,如炉渣砖等。从形状上分为实心砖、空心砖和多孔砖。从其制作工艺看,有烧结和蒸压养护成型等方式。目前,常用的有烧结普通砖、烧结空心砖和烧结多孔砖。蒸压粉煤灰砖、蒸压灰砂砖等。砖的强度等级按其抗压强度取值,例如某种砖的标号为 MU30,即其抗压强度平均值大于或等于 $30.0 \text{N}/\text{mm}^2$。

(1) 烧结普通砖。指各种烧结的实心砖,以黏土、粉煤灰、煤矸石和岩石等主要原材料。黏土砖具有较高的强度和热工、防火、抗冻性能,但由于黏土材料毁坏农田,我国已逐步限时禁止使用实心黏土砖。取而代之可用多孔砖、空心砖、工业小砖(灰砂砖、蒸压粉煤灰砖、煤矸石砖等)、承重及非承重混凝土砌块、加气混凝土制品及各种轻质板材。例如北京市在取代黏土实心砖后的代用材料主要为两大类,它们分别是多孔砖和承重混凝土空心砌块。

常用的实心砖规格(长×宽×厚)为 240mm×115mm×53mm,加上砌筑时所需的灰缝尺寸(10mm),正好形成 4∶2∶1 的比例关系,便于砌筑时相互搭接和组合。

(2) 烧结空心砖。是以黏土、页岩和煤渣灰等为主要原料，经过原料处理、成型、烧结制成。空心砖的孔洞总面积占其所在砖面积的百分率，称为空心砖的孔洞率，一般应在15%以上。空心砖和实心砖相比，可节省大量的土地用土和烧砖燃料，减轻运输重量；减轻制砖和砌筑时的劳动强度，加快施工进度；减轻建筑物自重，加高建筑层数，降低造价。

烧结空心砖的一般规格是 390mm×190mm×190mm，由两两相对的顶面、大面及条面组成直角六面体，在烧结空心砖的中部开设有至少两个均匀排列的条孔，条孔之间由肋相隔，条孔与大面、条面平行，其间为外壁，条孔的两开口分别位于两顶面上，在所述的条孔与条面之间分别开设有若干孔径较小的边排孔，边排孔与其相邻的边排孔或相邻的条孔之间为肋。该空心砖结构简单，制作方便；砌筑墙体后，能确保设置在这种墙面上的单点吊挂的承载能力，适用于非承重部位作墙体围护材料，如图 7.3 所示。

图 7.3　烧结空心砖

(3) 烧结多孔砖。是以黏土、页岩、煤矸石或粉煤灰为主要原料，经焙烧而成，孔洞率不小于 25%，孔的尺寸小而数量多，主要用于承重部位的砖，简称多孔砖。目前烧结多孔砖分为 P 型砖和 M 型砖两种。烧结多孔砖除和普通黏土砖一样有较高的抗压强度、耐腐蚀性及耐久性外，还具有容重轻、保温性能好等特点。烧结多孔砖可广泛用于工业与民用建筑的承重墙体。

烧结多孔砖分为模数多孔砖(DM 型又称为 M 型)和普通多孔砖(KP1 型又称为 P 型)两种。DM 型多孔砖采用 IM 模数制进行组合拼装，其主要形状与规格尺寸如图 7.4 所示。KP1型多孔砖采用的是 2.5 制与实心砖非常相似，其形状与规格尺寸如图 7.5 所示。

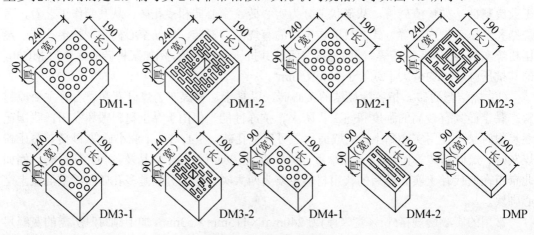

图 7.4　DM 型黏土多孔砖

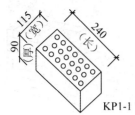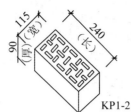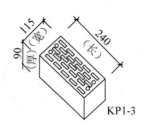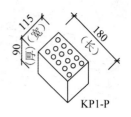

图 7.5　DP1 黏土多孔砖

知识提示

烧结空心砖与烧结多孔砖由于吸水率大，都不能用于地面以下或防潮层以下的砌体。

(4) 蒸压粉煤灰砖是以粉煤灰、石灰、石膏和细集料为原料，压制成型后经高压蒸汽养护制成的实心砖。其强度高，性能稳定。蒸压灰砂砖是以石灰和砂子为主要原料，成型后经蒸压养护而成，是一种比烧结砖质量大的承重砖，隔声能力和蓄热能力较好，有空心砖和实心砖。

2) 砂浆

砂浆是砌体的黏结材料，它将砖块胶结成为整体，并将砖块之间的空隙填平、密实，便于使上层砖块所受的荷载逐层均匀地传至下层砖块，保证砌体的强度。砌筑墙体的砂浆常用的有水泥砂浆、石灰砂浆和混合砂浆三种。水泥砂浆属水硬性材料，强度高，防潮性能好，通常在需要防潮的位置用水泥砂浆砌筑，如工程中常规定 ±0.000 以下或防潮层以下用水泥砂浆砌筑墙体。混合砂浆强度较高，和易性好，保水性优于水泥砂浆，常用于砌筑地面以上的砌体，是大量使用的砌筑砂浆。石灰砂浆属气硬性材料，强度和防潮性均差，和易性好，用于砌筑次要民用建筑中地面以上强度要求低的墙体。砌筑砂浆的强度也用强度等级表示，常用的砌筑砂浆等级有 M2.5、M5、M7.5、M10。

2. 砖墙的组砌方式

组砌是指砌块在砌体中的排列。为了保证墙体的强度，以及保温、隔声等要求，砌筑时砖缝砂浆应饱满、厚薄均匀，并且应保证砖缝横平竖直、上下错缝、内外搭接，避免形成竖向通缝，影响砖砌体的强度和稳定性。当外墙面做清水墙时，组砌还应考虑墙面图案美观。在砖墙的组砌中，长边平行于墙面砌筑的砖称为顺砖，长边垂直于墙面砌筑的砖称为丁砖。实体砖墙通常采用一顺一丁式、多顺一丁式、十字式(也称梅花丁)等砌筑方式，如图 7.6 所示。

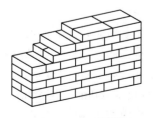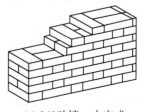

(a) 240砖墙　一顺一丁式　　(b) 240砖墙　多顺一丁式　　(c) 240砖墙　十字式

图 7.6　砖墙的组砌方式

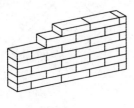

(d) 120砖墙

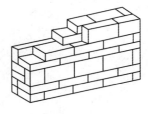

(e) 180砖墙

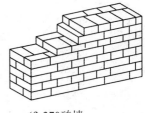

(f) 370砖墙

图 7.6　砖墙的组砌方式(续)

7.2.2　实心砖墙的尺度

普通黏土实心砖是使用最普遍的砖，其规格全国统一，尺寸为 240mm×115mm×53mm，即长∶宽∶厚为 4∶2∶1(包括 10mm 灰缝)。用标准砖砌筑墙体时以砖宽度的倍数[115+10=125(mm)]为模数，这与我国现行《建筑模数协调统一标准》(GBJ 2—1986)中的基本模数 M=100mm 不协调，因此在使用中须注意标准砖的这一特征。砖墙的尺度包括砖墙的厚度、墙段长度和洞口尺寸、砖墙高度等。

1. 砖墙的厚度

砖墙的厚度习惯上以砖长为基数来称呼，如半砖墙、一砖墙、一砖半墙等。工程上以它们的标志尺寸来称呼，如一二墙、二四墙、三七墙等。常用墙厚的尺寸规律见表 7-1。

表 7-1　砖墙厚度的组成

砖墙断面					
尺寸组成	115×1	115×1+53+10	115×2+10	115×3+20	115×4+30
构造尺寸/mm	115	178	240	365	490
构造尺寸/mm	120	180	240	370	490
工程称谓	一二墙	一八墙	二四墙	三七墙	四九墙
习惯称谓	半砖墙	3/4 砖墙	一砖墙	一砖半墙	两砖墙

2. 墙段长度和洞口尺寸

由于普通黏土砖墙的砖模数为 125mm，所以墙段长度和洞口宽度都应以此为递增基数，即墙段长度为(125n-10)mm，洞口宽度为(125n+10)mm。这样，符合砖模数的墙段长度系列为 115mm、240mm、365mm、490mm、615mm、740mm、865mm、990mm、1115mm、1240mm、1365mm、1490mm 等，符合砖模数的洞口宽度系列为 135mm、260mm、355mm、510mm、635mm、760mm、885mm、1010mm 等。我国现行的《建筑模数协调统一标准》(GBJ 2—1986)的基本模数为 100mm，房屋的开间、进深采用了扩大模数 3M 的倍数，门窗洞口亦采用 3M 的倍数，1m 内的小洞口可采用 100mm 的倍数。这样，在一幢房屋中采用两种模数，必然会在设计和施工中出现不协调现象，而砍砖过多会影响砌体强度，也给施工带来麻烦，如图7.7所示。

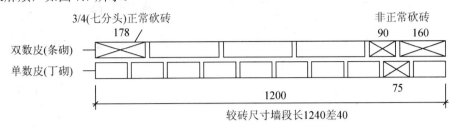

图 7.7 1200 窗间墙砌法实例

> **知识提示**
>
> 　　解决两种模数相矛盾的另一办法是调整灰缝大小。由于施工规范允许竖缝宽度为 8～12mm，使墙段有少许的调整余地。但是，墙段短时，灰缝数量少，调整范围小，故墙段长度小于 1.5m 时，设计时宜使其符合砖模数；墙段长度超过 1.5m 时，可不再考虑砖模数。

另外，墙段长度尺寸尚应满足结构需要的最小尺寸，以避免应力集中在小墙段上而导致墙体的破坏，对转角处的墙段和承重窗间墙尤其应注意。图 7.8 所示为多层房屋窗间墙宽度限值，供设计参考。

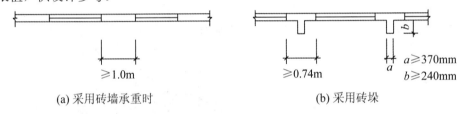

(a) 采用砖墙承重时　　　　　　　　(b) 采用砖垛

图 7.8 多层房屋窗墙宽度限值

在抗震设防地区，墙段长度应符合现行《建筑抗震设计规范》(GB 50011—2010)，具体尺寸见表7-2。

表 7-2 抗震设计规范的最小墙段长度(单位：mm)

构造类别	设计烈度			备注
	6、7度	8度	9度	
承重窗间墙	1000	1200	1500	局部尺寸不足时，应采取局部加强措施弥补，且最小宽度不宜小于1/4层高和表列数据的80%
承重外墙尽端墙段	1000	1200	1500	
非承重外墙尽端墙段	1000	1000	1000	
内墙阳角至门洞边	1000	1500	2000	

3．砖墙高度

按砖模数要求，砖墙的高度应为 53+10=63(mm)的整倍数，但现行统一模数协调系列多为 3M，如 2700mm、3000mm、3300mm 等，住宅建筑中层高尺寸则按 1M 递增，如 2700mm、2800mm、2900mm 等，均无法与砖墙皮数相适应。为此，砌筑前必须事先按设计尺寸反复推敲砌筑皮数，适当调整灰缝厚度，并制作若干根皮数杆，以作为砌筑的依据，如图7.9所示。

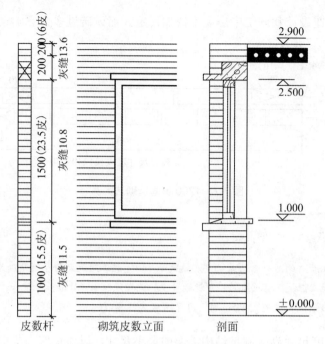

图 7.9　砖墙高度与砖皮数协调实例

7.2.3　砖墙的细部构造

　　砖墙的细部构造包括勒脚、墙身防潮层、明沟与散水、门窗洞口(门窗过梁、窗台)、窗套与腰线、墙身加固措施、墙中竖向孔道、变形缝等，如图 7.10 所示。

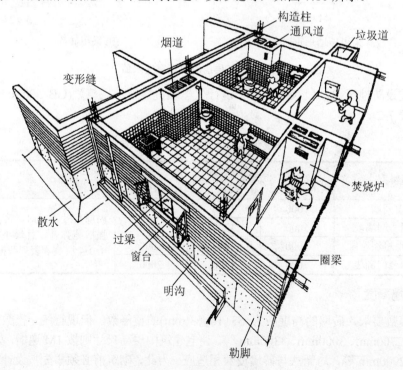

图 7.10　砖墙的细部构造

1．勒脚

勒脚一般是指室外地坪以上、室内地面以下的这段外墙。由于勒脚所处的位置常受到外界的碰撞和地表水、土壤中水的侵蚀，所以要求勒脚坚固、防水。另外，由于勒脚处于建筑物底层外墙的下部，故在此处进行建筑设计时还应考虑到建筑物的立面美观。

常用的勒脚做法有以下几种，如图7.11所示。

(1) 对一般建筑，可采用20mm厚1∶3水泥砂浆抹面，1∶2水泥白石子水刷石或斩假石抹面。

(2) 标准较高的建筑，可用天然石材或人工石材贴面，如花岗石、水磨石等。

(3) 整个勒脚采用强度高、耐久性和防水性好的材料砌筑，如条石、混凝土等。

> **知识提示**
>
> 勒脚施工质量不合格，将直接导致墙身受潮，饰面层发霉脱落，影响室内卫生环境和人体健康。

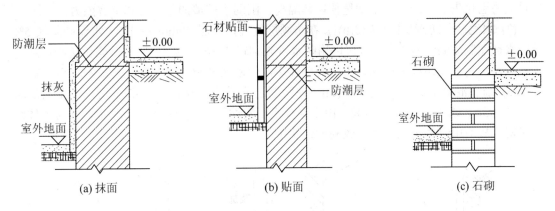

图7.11 勒脚的构造做法

2．墙身防潮层

在墙身中设置防潮层的目的是防止土壤中的水分以及位于勒脚处的地面水渗入墙内，而导致墙身受潮。因此，必须在内、外墙与室外环境及土壤接触的部位连续设置防潮层。其在构造形式上有水平防潮层和垂直防潮层。

1) 防潮层的位置

水平防潮层一般应在室内地面不透水垫层(如混凝土)范围以内，通常在-0.060m标高处设置，而且至少要高于室外地坪150mm，以防止雨水溅湿墙身。当地面垫层为透水材料(如碎石、炉渣等)时，水平防潮层的位置应平齐或高于室内地面60mm，即在+0.060m处。当两相邻房间之间室内地面有高差时，应在墙身内设置高低两道水平防潮层，并在靠土壤一侧设置垂直防潮层，以免回填土中的潮气侵入墙身。墙身防潮层位置，如图7.12所示。

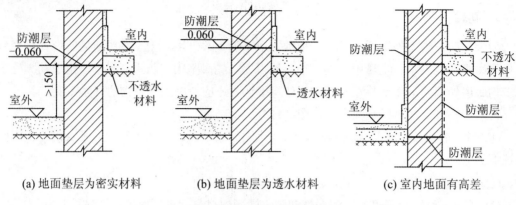

(a) 地面垫层为密实材料   (b) 地面垫层为透水材料   (c) 室内地面有高差

图 7.12　墙身防潮层的位置

2) 防潮层的做法

(1) 油毡防潮层[图 7.13(a)]。在防潮层部位先抹 20mm 厚的水泥砂浆找平层，然后干铺油毡一层或用沥青粘贴一毡二油。油毡防潮层具有一定的韧性、延伸性和良好的防潮性能，但日久易老化失效，同时由于油毡使墙体隔离，削弱了砖墙的整体性和抗震能力。

(2) 水泥砂浆防潮层[图 7.13(b)]。在防潮层位置抹一层 20mm 厚 1∶3 水泥砂浆加 5%的防水剂配制成的防水砂浆，也可以用防水砂浆砌筑 4～6 皮砖。用防水砂浆做防潮层适用于抗震地区、独立砖柱和振动较大的砖砌体中，但砂浆开裂或不饱满时会影响防潮效果。

(3) 细石混凝土防潮层[图 7.13(c)]。在防潮层位置铺设 60mm 厚 C15 或 C20 细石混凝土，内配 $3\phi6$ 或 $3\phi8$ 钢筋以抗裂。由于混凝土密实性好，有一定的防水性能，并与砌体结合紧密，故适用于整体刚度要求较高的建筑中。

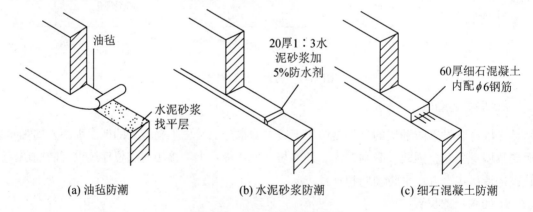

(a) 油毡防潮   (b) 水泥砂浆防潮   (c) 细石混凝土防潮

图 7.13　墙身水平防潮层构造

(4) 垂直防潮层。在需设垂直防潮层的墙面(靠回填土一侧)先用水泥砂浆抹面，刷上冷底子油一道，再刷热沥青两道，也可以采用掺有防水剂的砂浆抹面的做法。

3. 明沟与散水

为了防止屋顶落水或地表水侵入勒脚，危害基础，必须沿外墙四周设置明沟或散水，将积水及时排离。

1) 明沟

明沟是设置在外墙四周的排水沟，它将水有组织地导向集水井，然后流入排水系统。

明沟一般用素混凝土现浇，或用砖石铺砌成宽 180mm、150mm 深的沟槽，然后用水泥砂浆抹面。沟底应有不小于 1% 的坡度，以保证排水通畅。明沟适用于降雨量较大的南方地区，其构造做法如图 7.14 所示。

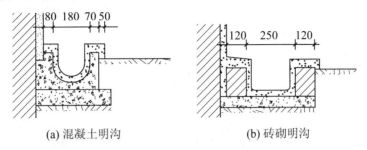

(a) 混凝土明沟　　　　　　　(b) 砖砌明沟

图 7.14　明沟的构造做法

2）散水

为了将积水排离建筑物，在建筑物外墙四周地面做成 3%～5% 的倾斜坡面，即为散水。散水又称为排水坡或护坡。散水可用水泥砂浆、混凝土、砖、块石等材料做面层，其宽度一般为 600～1000mm，当屋面为自由落水时，其宽度应比屋檐挑出宽度大 150～200mm。由于建筑物的沉降及勒脚与散水施工时间的差异，在勒脚与散水交接处应留有缝隙，缝内填粗砂或碎石子，上嵌沥青胶盖缝，以防渗水。散水整体面层纵向距离宜每隔 6～12m 做一道伸缩缝，缝宽可为 20～30mm，缝内处理同勒脚与散水相交处。散水的构造做法如图 7.15 所示。

散水适用于降雨量较小的北方地区。季节性冰冻地区的散水还需在垫层下加设防冻胀层。防冻胀层应选用砂石、炉渣石灰土等非冻胀材料，其厚度可结合当地经验采用。

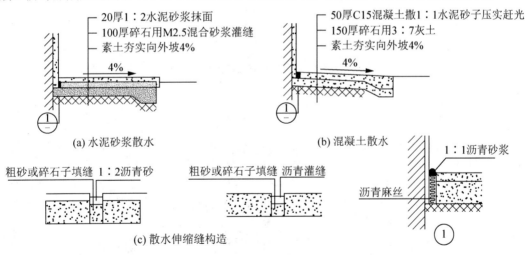

(a) 水泥砂浆散水　　　　　　　(b) 混凝土散水

(c) 散水伸缩缝构造

图 7.15　散水的构造做法

4．门窗过梁

过梁是用来支撑门窗洞口上部的砌体和楼板传来的荷载、并把这些荷载传给洞口两侧墙体的承重构件。过梁一般采用钢筋混凝土材料，个别也有采用砖拱过梁和钢筋砖过梁的形式。但在较大振动荷载、可能产生不均匀沉降，以及有抗震设防要求的建筑中，不宜采用砖砌平拱过梁和钢筋砖过梁。

1) 钢筋混凝土过梁

钢筋混凝土过梁承载力强,一般不受跨度的限制。预制装配过梁施工速度快,是最常用的一种。过梁宽度同墙厚、高度及配筋应由计算确定,但为了施工方便,梁高应与砖的皮数相适应,如 60mm、120mm、180mm、240mm 等。过梁在洞口两侧伸入墙内的长度应不小于 240mm。为了防止雨水沿门窗过梁向外墙内侧流淌,过梁底部外侧抹灰时要做滴水。

过梁的断面形式有矩形和 L 形,矩形多用于内墙和混水墙,L 形多用于外墙和清水墙。在寒冷地区,为防止钢筋混凝土过梁产生热桥问题,也可将外墙洞口的过梁断面做成 L 形。钢筋混凝土过梁形式如图 7.16 所示。

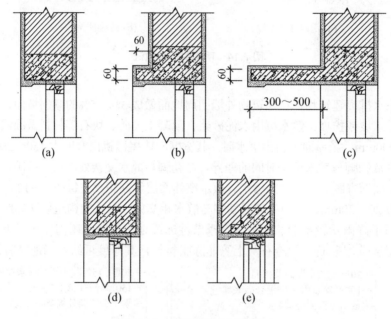

图 7.16 钢筋混凝土过梁形式

知识提示

冷(热)桥,顾名思义就是冷(热)量传递桥梁的意思。特指低温空气沿着热绝缘性能不良的构件向高温端介质传递能量的现象。热桥以往又称冷桥,现统一定名为热桥。

由于热桥部位内表面温度较低,寒冬期间,该处温度低于露点温度时,水蒸气就会凝结在其表面上,形成结露。此后,空气中的灰尘容易沾上,逐渐变黑,从而长菌发霉。热桥严重的部位,在寒冬时甚至会淌水,对生活和健康影响很大。

加强保温是处理热桥的有效办法。采用外墙内保温可以提高外墙内表面温度,但外墙与隔墙、外墙与楼板等连接处的热桥比较明显。内保温越好,经由热桥散失热量所占的比例就越大。采用外保温则由于保温层覆盖住整个外墙面,有利于避免热桥的产生,但对于门窗口四周侧壁也应注意妥善保温,避免此处热量过多散失。至于铝窗框的热桥问题,可以通过在窗框内设置断热条的方法解决。

2) 砖拱过梁

这种过梁是由竖砖砌筑而成的,它利用灰缝上大下小,使砖向两边倾斜、相互挤压形成拱的作用来承担荷载。砖拱过梁分为平拱和弧拱两种,建筑上常用砖砌平拱过梁。砖砌平拱过梁的高度多为一砖长,灰缝上部宽度不宜大于 15mm,下部宽度不应小于 5mm,中部起拱高度为洞口跨度的 1/50。砖不低于 MU7.5,砂浆不低于 M2.5,净跨宜小于等于 1.2m,不应超过 1.8m,如图 7.17 所示。

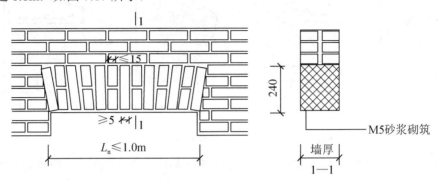

图 7.17　砖砌平拱过梁

砖砌弧拱过梁也用竖砖砌筑而成,其最大跨度 l 与矢高 f 有关,$f=(1/12\sim1/8)l$ 时 l 为 2.5~3.5m;$f=(1/12\sim1/8)l$ 时 l 为 3~4m。

3) 钢筋砖过梁

钢筋砖过梁是配置了钢筋的平砌砖过梁。通常将间距小于 120mm 的 $\phi 6$ 钢筋埋在梁底部厚度为 30mm 的水泥砂浆层内,钢筋伸入洞口两侧墙内的长度不应小于 240mm,并设 90° 直弯钩埋在墙体的竖缝内。在洞口上部不小于 1/4 洞口跨度的高度范围内(且不应小于 5 皮砖),用不低于 M5 的砂浆砌筑。钢筋砖过梁净跨宜小于等于 1.5m,不应超过 2m,如图 7.18 所示。

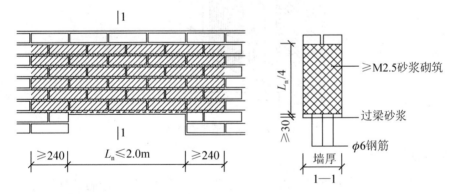

图 7.18　钢筋砖过梁

5．窗台

窗台构造做法分为外窗台和内窗台两个部分,如图 7.19 所示。外窗台应设置排水构造,其目的是防止雨水积聚在窗下、侵入墙身和向室内渗透。因此,外窗台应有不透水的面层,并向外形成不小于 20%的坡度,以利于排水。外窗台有悬挑窗台和不悬挑窗台两种。处于阳台等处的窗不受雨水冲刷,可不必设挑窗台;外墙面材料为贴面砖时,也可不设挑窗台。悬挑窗台常采用顶砌一皮砖出挑 60mm 或将一砖侧砌并出挑 60mm,也可采用钢筋混凝土窗台。挑窗台底部边缘处抹灰时应做宽度和深度均不小于 10mm 的滴水线或滴水槽。

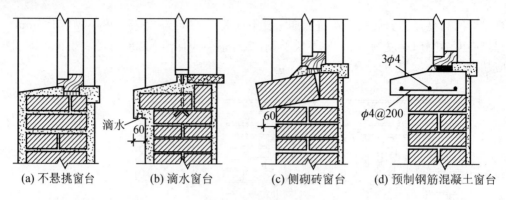

| (a) 不悬挑窗台 | (b) 滴水窗台 | (c) 侧砌砖窗台 | (d) 预制钢筋混凝土窗台 |

图 7.19　窗台构造

内窗台一般为水平放置，通常结合室内装修做成水泥砂浆抹灰、木板或贴面砖等多种饰面形式。在寒冷地区室内为暖气采暖时，为便于安装暖气片，窗台下应预留凹龛。此时应采用预制水磨石板或预制钢筋混凝土窗台板形成内窗台，如图 7.20 所示。为了使暖气散发的热量形成向上的热风幕，阻隔室外冷空气的侵入，经常在窗台板上设置长形散热孔。

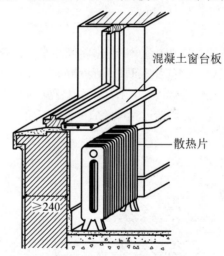

图 7.20　暖气槽与内窗台

6．墙身加固措施

对于多层砖混结构的承重墙，由于可能承受上部集中荷载、开洞以及其他因素，会造成墙体的强度及稳定性有所降低，因此要考虑对墙身采取加固措施。

1) 增加壁柱和门垛

当墙体承受集中荷载，强度不能满足要求，或由于墙体长度和高度超过一定限度而影响墙体稳定性时，常在墙身局部适当位置增设壁柱，使之和墙体共同承担荷载并稳定墙身。壁柱突出墙面的尺寸应符合砖规格，一般为 120mm×370mm、240mm×370mm、240mm×490mm，或根据结构计算确定，如图 7.21(a)所示。

当在墙体转角处或在丁字墙交接处开设门窗洞口时，为了保证墙体的承载力及稳定性和便于门窗板安装，应设门垛。门垛凸出墙面不少于 120mm，宽度同墙厚，如图 7.21(b)所示。

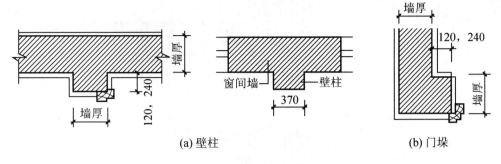

(a) 壁柱　　　　　　　　　　　　　　　　　(b) 门垛

图 7.21　壁柱与门垛

2) 设置圈梁

圈梁是沿外墙四周及部分内墙的水平方向设置的连续闭合的梁。圈梁配合楼板共同作用，可提高建筑物的空间刚度及整体性，增加墙体的稳定性，减少不均匀沉降引起的墙身开裂。在抗震设防地区，圈梁与构造柱一起形成骨架，可提高抗震能力。

圈梁有钢筋砖圈梁和钢筋混凝土圈梁两种。钢筋砖圈梁多用于非抗震区，结合钢筋砖过梁沿外墙形成。钢筋混凝土圈梁的宽度同墙厚且不小于 180mm，高度不应小于 120mm。钢筋混凝土圈梁在墙身上的位置，外墙圈梁顶一般与楼板持平，铺预制楼板的内承重墙的圈梁一般设在楼板之下。圈梁最好与门窗过梁合一，在特殊情况下，当遇到门窗洞口致使圈梁局部截断时，应在洞口上部增设相应截面的附加圈梁。附加圈梁与圈梁搭接长度不应小于其垂直间距的 2 倍，且不得小于 1m，如图 7.22 所示，但对有抗震要求的建筑物，圈梁不宜被洞口截断。

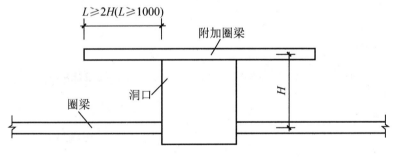

图 7.22　附加圈梁

3) 设置构造柱

钢筋混凝土构造柱是从抗震角度考虑设置的，一般设在外墙转角、内外墙交接处、较大洞口两侧及楼梯、电梯四角等。由于房屋的层数和地震烈度不同，构造柱的设置要求也有所不同。构造柱必须与圈梁紧密连接，形成空间骨架，以增强房屋的整体刚度，提高墙体抵抗变形的能力，并使砖墙在受震开裂后，也能裂而不倒。

构造柱的最小截面尺寸为 240mm×180mm。构造柱的最小配筋量是：纵向钢筋 4ϕ12，箍筋 ϕ6，间距不宜大于 200mm。7 度时超过 6 层、8 度时超过 5 层和 9 度时，主筋采用 4ϕ14，箍筋 ϕ6@200。构造柱下端应伸入地梁内，无地梁时应伸入底层地坪下 500mm 处。为加强构造柱与墙体的连接，该处墙体宜砌成马牙槎，并应沿墙高每隔 500mm 设 2ϕ6 拉结钢筋，每边伸入墙内不少于 1m。施工时应先放置构造柱钢筋骨架，后砌墙，随着墙体的升高而逐段现浇混凝土构造柱身，如图 7.23 所示。

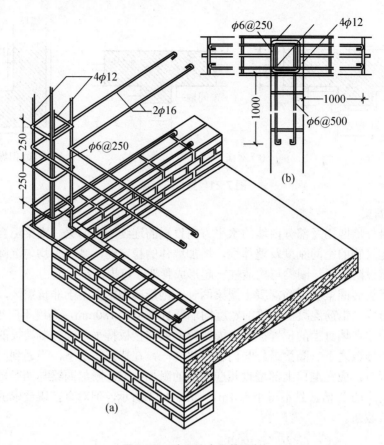

图 7.23　砖砌体中的构造柱

7. 墙中竖向孔道

墙体中的竖向孔道主要有通风道、烟道、垃圾道，目前烟道在城市建筑中已较少见。

1) 通风道

通风道是墙体中常见的竖向孔道，主要是为了排除室内的污浊空气和不良气味。在人流集中的房间、易产生不良气味的房间应设置通风道。对由于建筑布局或气候限制无法经常利用开窗进行通风换气的房间，通风道的作用尤其重要。通风道的截面积与房间的面积和换气次数有关。

为了使通风道能正常地发挥作用，通风道的设置应满足以下条件：通风道出屋面部分应高于女儿墙或屋脊；同层的房间不应共用同一个通风道；寒冷及严寒地区的通风道不应设在外墙内，如受条件限制必须设在外墙内时，不能削弱外墙的截面厚度；通风道在墙上的开口应靠近房间顶棚，一般为 300mm 左右。

通风道的组织方式较多，主要有每层独用、隔层共用、子母式三种，目前采用较多的是子母式通风道。砖砌子母式通风道中母通风道的截面尺寸是 260mm×135mm，子通风道的截面尺寸是 135mm×135mm，二者间距为 115mm。由于砖砌通风道占用面积较多、施工复杂、而且容易在施工过程中被建筑垃圾堵塞，目前在建筑中经常采用预制通风道，如预制钢筋混凝土通风道、预制浮石通风道等。

2) 垃圾道

垃圾道是为了方便使用者倾倒垃圾而设置的。我国有关的建筑设计规范对垃圾道的设置均有较为明确的规定。由于垃圾道往往因为截面尺寸过小、施工质量差和管理不善等原因对周围环境造成不良的影响，因此目前许多建筑对设置垃圾道持谨慎的态度，有时用每层设置封闭垃圾收集间来解决垃圾处理的问题。

垃圾道通常由垃圾井、垃圾倾倒口、垃圾收集箱和通气口组成。考虑到收集垃圾的方便，垃圾道一般靠外墙设置，垃圾倾倒口设置在建筑的公共区域或独立的垃圾间内。垃圾道的内径尺寸一般不应小于 500mm×500mm，并应确保内壁的平整和光滑。垃圾道应采用非燃烧体材料砌筑，并要具有良好的抗渗能力。

7.3 砌块墙构造

引例 3

用黏土烧制的实心砖，曾经是我国建筑行业的当家材料，在我国已有 2000 多年的烧制使用历史，因此有"秦砖汉瓦"之称。然而，随着人类社会的不断进步，烧制黏土砖所造成的巨大危害也越来越惊人。

危害一：烧制黏土砖，会损毁大量耕地。

烧制黏土砖，需要取用大量的黏土，而黏土的来源，又基本上来自耕地。我国现有耕地只占国土面积的 13%，人均耕地仅 1.43 亩(1 亩=666.67 平方米)，且优质耕地少，后备资源严重不足。另一方面，我国房屋建筑材料中 70%是墙体材料，其中黏土砖占据主导地位，生产黏土砖每年耗用黏土资源达 10 多亿立方米，相当于毁田 50 万亩。

以昆明市为例：目前全市人均耕地面积仅 0.58 亩，远低于全国人均耕地水平，也低于联合国 0.8 亩的警戒线，人地矛盾十分尖锐，制约着该市经济和社会的发展。而黏土砖的生产正是昆明市目前土地资源的消耗大户。按目前黏土实心砖的产量，以平均挖深 2 米计算，每生产 60.6 万块标准实心黏土砖，就要耗用耕地 1 亩，全市每年因生产黏土实心砖占用的耕地约为 6188 亩。2006 年，全市生产黏土砖 41.5 亿块标砖，全年取土就达 1700 万吨以上。

危害二：烧制黏土砖，会消耗大量能源。

黏土砖生产是能源消耗的大户。据不完全统计，每年我国因烧制黏土砖所消耗的煤炭资源约为 7000 万吨标准煤。按目前的产量情况，昆明市黏土实心砖、瓦生产企业年耗电 7387.5 万千瓦时，消耗 63.75 万吨标煤，约占昆明社会总能耗的 10%。

危害三：烧制黏土砖，会对环境造成极大的污染。

黏土砖在烧制的过程中，会产生大量的废气和粉尘污染。昆明市目前生产黏土实心砖全年废气排放总量约 61.8 亿 N·m³(标干·立方米)，排放二氧化硫约 1.16 万吨，烟尘约 25893 吨，工业粉尘约 34 吨，氟化物约 1107 吨，是全市排放废气烟尘等污染物数量最多的行业之一。

砌块墙是采用预制块材按一定技术要求砌筑而成的墙体。预制砌块利用工业废料和地方材料制成，既不占用耕地又解决了环境污染，具有生产投资少、见效快、生产工艺简单、节约能源等优点。采用砌块墙是我国目前墙体改革的主要途径之一。

7.3.1 砌块的类型与规格

1. 按尺寸规格分类

砌块按单块质量和幅面大小分为小型砌块、中型砌块和大型砌块。小型砌块高度为

115～380mm，单块质量不超过 20kg，便于人工砌筑。目前我国采用的小型砌块外形尺寸为 190mm×190mm×390mm、90mm×190mm×190mm、190mm×190mm×190mm。中型砌块高度为 380～980mm，单块质量为 20～350kg，需要用轻便机具搬运和砌筑。中型砌块尺寸各地不一，目前常见的有 180mm×845mm×630(1280)mm、240mm×380mm×280(430、580、880)mm。大型砌块高度大于 980mm，单块质量大于 350kg。大中型砌块由于体积和质量较大，不便于人工搬运，必须采用起重运输设备施工。我国目前采用的砌块以中型和小型为主。砌块按形式分为实心砌块和空心砌块。空心砌块有方孔、圆孔和窄孔等数种。

2．按主要受力情况分类

可分为承重砌块、非承重砌块。

3．按孔洞设置分类

可分为空心砌块(空心率不小于 25%)、实心砌块(空心率小于 25%)。

4．按制作原料分类

可分为有粉煤灰、加气混凝土、混凝土、硅酸盐、石膏砌块等数种。

 知识拓展

给大家介绍一种新型复合自保温砌块，它的构造是由主体砌块、外保温层、保温芯料、保护层及连接主体砌块与保护层并贯通保温层的"保温连接柱销"组成，为确保安全，在连接柱销中设置有加强钢丝。其中，主体砌块是由内外壁和连接于其间的"L 型 T 型点状连接肋"组成。具有极其优异的性价比和保温性能：290mm 厚时传热系数 0.21W/(m·K)，240mm 厚时即可满足节能 50%～85%的要求；抗压强度 2.5～7.5MPa。炉渣、建筑垃圾、粉煤灰等占砌块重量的 70%以上。配备有专用于梁、柱、剪力墙等冷桥部位的自保护保温板及辅助砌块，满足建筑保温一体化对外墙的要求，如图 7.24 所示。

图 7.24　保温砌块

7.3.2　砌块墙的排列与组合

砌块的尺寸比较大，砌筑不够灵活。因此，在设计时应考虑出砌块的排列，中、大型砌块应给出砌块排列组合图，以便施工时按图进料和安装。砌块排列组合图一般有各层平面图和内外墙立面分块图，如图 7.25 所示。在进行砌块的排列组合时，应按墙面尺寸和门窗布置，对墙面进行合理的分块，正确选择砌块的规格尺寸，尽量减少砌块的规格类型，优先采用大规格的砌块做主要砌块，并且尽量提高主要砌块的使用率，减少局部补填砖的数量。

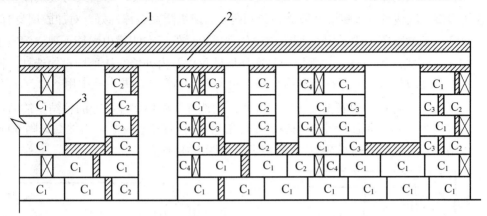

图 7.25　砌块的排列组合图

C_1—主规格砌块；C_2、C_3、C_4—辅规格砌块；1—镶砖；2—圈梁；3—顶砌砖块

7.3.3　砌块墙构造

1. 增加墙体整体性措施

1) 砌块墙的接缝处理

砌块在厚度方向大多没有搭接，因此砌块的长向错缝搭接要求比较高。中型砌块上下皮搭接长度不少于砌块高度的 1/3，且不小于 150mm。小型空心砌块上下皮搭接长度不小于 90mm。当搭接长度不足时，应在水平灰缝内设置不小于 $2\phi4$ 的钢筋网片，网片每端均超过该垂直缝不小于 300mm，如图 7.26 所示。砌筑砌块一般采用强度不少于 M5 的水泥砂浆。灰缝的宽度主要根据砌块材料的规格大小确定，一般情况下，小型砌块为 10～15mm，中型砌块为 15～20mm。当竖缝宽大于 30mm 时，须用 C20 细石混凝土灌实。

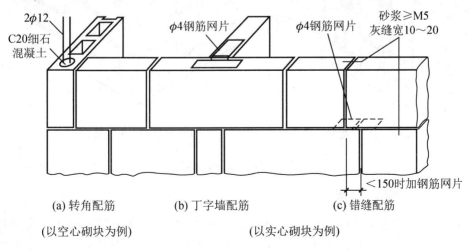

(a) 转角配筋　　　(b) 丁字墙配筋　　　(c) 错缝配筋

(以空心砌块为例)　　　　(以实心砌块为例)

图 7.26　砌缝处理

2) 设置圈梁和构造柱

为加强砌块墙的整体性，砌块建筑应在适当的位置设置圈梁。当圈梁与过梁位置接近时，往往用圈梁取代过梁。圈梁分现浇和预制两种。现浇圈梁整体性好，对加固墙身有利，但施工复杂。预制圈梁一般采用 U 型预制块代替模板，然后在凹槽内配筋再现浇混凝土，如图 7.27 所示。砌块墙的竖向加强措施是在外墙转角以及内外墙交接处增设构造柱，将砌块在垂直方向连成整体。构造柱多利用空心砌块上下孔洞对齐，并在孔中用 $\phi 12$、$\phi 14$ 的钢筋分层插入，再用 C20 细石混凝土分层灌实。构造柱与砌块墙连接处的拉结钢筋网片每边伸入墙内不少于 lm。混凝土小型砌块房屋可采用 $\phi 4$ 点焊钢筋网片，沿墙高每隔 600mm 设置；中型砌块可采用 $\phi 6$ 钢筋网片，隔皮设置如图 7.28 所示。

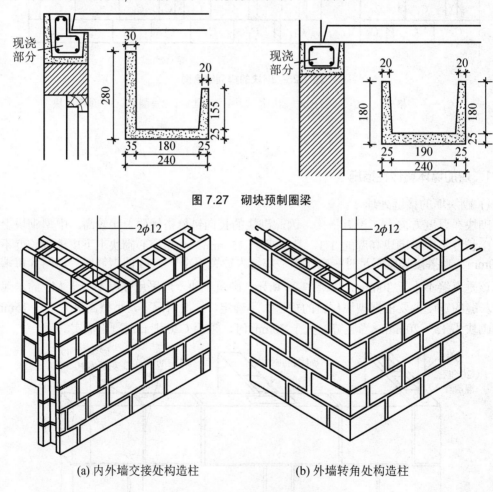

图 7.27 砌块预制圈梁

(a) 内外墙交接处构造柱　　　　(b) 外墙转角处构造柱

图 7.28 砌块墙构造柱

2．门窗框与墙体的连接

砖砌体与门窗框的连接一般是在砌体中预埋木砖，用钉子将门窗框固定或在砌体中预埋铁件与钢门窗框焊牢。由于砌块的块体较大且不宜砍切，或因空心砌块边壁较薄，门窗框与墙体的连接方式除采用在砌块内预埋木砖的做法外，还有利用膨胀木楔、膨胀螺栓、铁件锚固，以及利用砌块凹槽固定等做法。图 7.29 所示为根据砌块种类选用相应的连接方法。

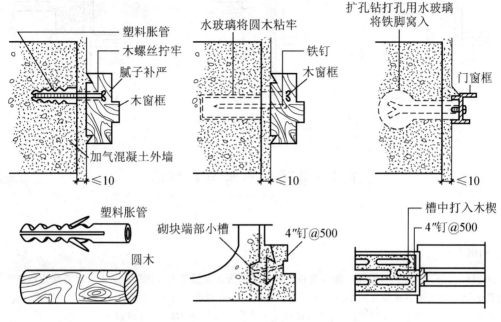

图 7.29　门窗框与砌块的连接

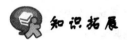知识拓展

　　窗框与墙体的连接，还有另外一种方式，通过副框做媒介来进行连接。副框与预埋在窗口周围墙体里面的木块的作用是相同的，只不过它不是在几个点安装，而是一个框，当然这个框得比主窗框大，它的目的就是固定主窗框。这时门窗的安装顺序就是：先把副框利用射钉枪安装在墙体上，然后抹水泥砂浆进一步固定副框，抹灰层的外表面与副框的内表面平齐。等砂浆强度满足要求后，再把主窗框安装在副窗框上。

　　按照门窗框固定的方法不同可分为立口和塞口两种形式。

　　(1) 立口：是当墙体砌至门窗设计高度时，先把门窗框支立在设计位置，用撑杆加以临时固定，然后继续砌墙，并把门窗框上的木拉砖砌入墙体内，以实现门窗框在墙体上固定的方法。

　　(2) 塞口：则是在砌墙时按设计门窗洞口尺寸留好洞口，并按要求事先砌入木砖(一般间距 650～750mm)，安装门窗框时，把门窗框塞入洞口，先用木楔、铁钉初步固定，然后用水泥砂浆嵌实以实现门框在墙体固定的方法。

3．防潮构造

　　砌块吸水性强、易受潮，在易受水部位，如檐口、窗台、勒脚、落水管附近，应做好防潮处理。特别是在勒脚部位，除了应设防潮层以外，对砌块材料也有一定的要求，通常应选用密实而耐久的材料，不能选用吸水性强的块材材料。图 7.30 为砌块墙勒脚的防潮处理。

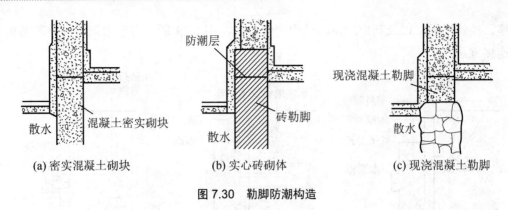

(a) 密实混凝土砌块　　　　(b) 实心砖砌体　　　　(c) 现浇混凝土勒脚

图 7.30　勒脚防潮构造

7.4　隔墙、幕墙与板材墙

引例 4

　　20 世纪以来，世界人口激增。能源消耗的增长速度大大超过了人口的增长速度，世界性的能源危机，特别是由于温室气体排放导致的全球变暖问题，已经促使人们意识到节能的重要性。在发达国家，建筑能耗约占本国总能耗的 1/3，在我国目前建筑能耗已占全国总能耗的 1/4。为了经济和社会的可持续发展，建筑节能势在必行。

　　先来了解一下建筑玻璃幕墙的发展与节能现状。第二次世界大战后，由于铝工业急速的进步，给玻璃幕墙的发展提供了丰富的建筑材料，从而使玻璃幕墙从 20 世纪 50 年代开始得到了系统的发展。20 世纪 70 年代开始出现隔热断桥铝合金型材，这无疑是玻璃幕墙技术的一次飞跃。从 20 世纪 80 年代开始，建筑玻璃幕墙在我国逐步得到应用，伴随着经济的快速发展呈现出大规模、高速度的发展态势。目前，我国已成为世界第一大幕墙生产国和使用国。据统计，2007 年我国生产玻璃幕墙为 2200 万平方米，占当年我国建筑幕墙总产量的 31.4%，占当年世界玻璃幕墙生产量的 86.27%；累计使用玻璃幕墙为 11000 万平方米，占我国建筑幕墙总使用量的 34.9%，占世界玻璃幕墙累计使用量的 61.11%。

　　玻璃幕墙以其轻巧美观、外观简洁、通透明亮、富于时代感等优点备受设计师和业主的喜爱，使玻璃幕墙在高层建筑中得到广泛使用，这几乎成了世界各城市高层建筑外立面的普遍选择。用玻璃幕墙作为建筑围护结构，大大减少了高能耗的钢筋、混凝土及砖砌体的使用量，这对于节能环保具有现实意义。但另一方面，在建筑三大围护结构部件中，门窗及玻璃幕墙的热工性能最差，是影响室内热环境质量和建筑能耗最主要的因素之一。就我国目前的高层建筑围护结构部件而言，窗和玻璃幕墙的能耗约为墙体的 3 倍、屋面的 4 倍，约占建筑围护结构部件总能耗的 40%～50%。专家研究表明，大型高层建筑单位建筑面积能耗大约是普通居住建筑的 10～15 倍，高层建筑节能潜力巨大。透过玻璃的能量损失约占门窗能耗的 75%，占窗户面积 80% 左右的玻璃能耗占第一位。建筑节能的重点是高层建筑，而门窗及玻璃幕墙节能是建筑节能的重中之重。

7.4.1　隔墙

　　隔墙是建筑中不承受任何外来荷载，只起分隔室内空间作用的墙体。隔墙构造设计应满足：重量轻，有利于减轻楼板的荷载；厚度薄，增加建筑的有效空间；有一定的隔声能力，避免各房间干扰；便于拆装，能随着使用要求的改变而变化；根据使用部位不同还需满足如防潮、防水、防火等要求。

常用隔墙有砌筑隔墙、轻骨架隔墙和条板隔墙 3 大类。

1. 砌筑隔墙

砌筑隔墙是指用普通砖、空心砖及各种轻质砌块砌筑的隔墙。常用的有普通砖隔墙和砌块隔墙两种。

1) 砖隔墙

砖隔墙有 1/2 砖隔墙和 1/4 砖隔墙之分。

对 1/2 砖隔墙,当采用 M2.5 级砂浆砌筑时,其高度不宜超过 3.6m,长度不宜超过 5m。当采用 M5 级砂浆砌筑时,其高度不宜超过 4m,长度不宜超过 6m;否则在构造上除砌筑时应与承重墙牢固搭接外,还应在墙身每隔 1.2m 高处加 2ϕ6 拉结钢筋予以加固。此外,砖隔墙顶部与楼板或梁相接处,不宜过于填实,或使砖砌体直接接触楼板和梁,应将上两皮砖斜砌或留有 30mm 的空隙,然后填塞墙与楼板间的空隙,以防止楼板或梁产生挠度致使隔墙被压坏,如图 7.31 所示。

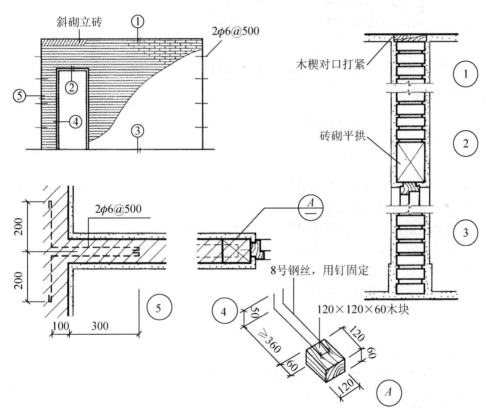

图 7.31 半砖隔墙

对 1/4 砖墙,高度不应超过 3m,宜用 M5 级砂浆砌筑。一般多用于面积不大且无门窗的墙体。隔墙上有门时,要用预埋铁件或用带有木楔的混凝土预制块将砖墙与门框拉接牢固。砖隔墙坚固耐久,有一定的隔声能力;但自重大,施工速度慢。

2) 砌块隔墙

采用各种空心砌块、加气混凝土块、粉煤灰硅酸盐块等砌筑的隔墙,大都具有重量轻、孔隙率大、保温隔热性能好、节省黏土等优点;但其吸水性强,一般应先在隔墙下部实砌

3～5 皮实心黏土砖，如图 7.32 所示。砌块较薄，也需采取措施，加强其稳定性，其方法与普通砖隔墙相同。

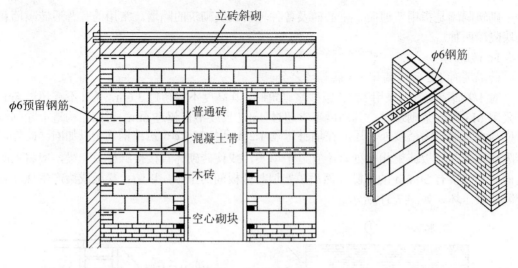

图 7.32 砌块隔墙

2. 轻骨架隔墙

轻骨架隔墙是以木材、钢材或铝合金等构成骨架，把面层粘贴、涂抹、镶嵌，钉在骨架上形成的隔墙。

1) 骨架

骨架的种类很多，常用的是木骨架和型钢骨架。近年来，为了节约木材和钢材，各地出现了不少利用地方材料和轻金属制成的骨架，如石膏骨架、轻钢和铝合金骨架等。

轻钢骨架是由各种形式的薄型钢加工制成的，也称轻钢龙骨，它具有强度高、刚度大、重量轻、整体性好、易于加工和大批量生产，以及防火、防潮性能好等优点，因此被广泛应用。轻钢骨架是由上槛、下槛、墙筋、横承或斜承组成。骨架的安装过程是先用射钉或螺栓将上、下槛固定在楼板上，然后安装轻钢龙骨。

2) 面层

人造板材面板可用镀锌螺钉或金属夹子固定在骨架上，为提高隔墙的隔声能力，可在面板间填岩棉等轻质有弹性的材料。胶合板、硬质纤维板等以木材为原料的板材多用木骨架，石膏板多用于轻钢骨架，如图 7.33 所示。

3. 条板隔墙

条板隔墙是采用工厂生产的制品板材，用黏结材料拼合固定形成的隔墙。条板隔墙单板相当于房间净高，面积较大，不依赖于骨架直接装配而成；它具有自重轻、安装方便、施工速度快、工业化程度高等特点。常见的条板有加气混凝土条板、石膏条板、碳化石灰板、泰柏板及各种复合板等。条板的厚度大多为 60～100mm，宽度为 600～1200mm。为便于安装，条板长度略小于房间净高。安装时，板下留 20～30mm 缝隙，用小木楔顶紧，板下缝隙用细石混凝土堵严。条板安装完毕后，用胶泥刮平板缝后即可做饰面。图 7.34 所示为碳化石灰条板隔墙的举例。

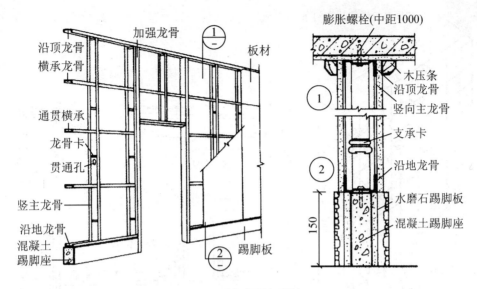

图 7.33　轻钢骨架隔墙

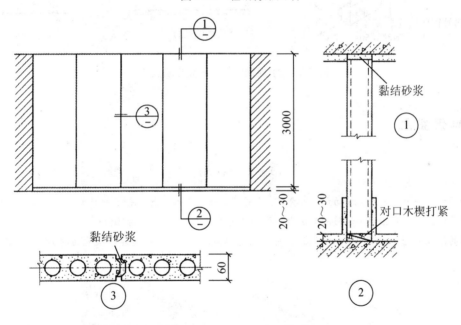

图 7.34　碳化石条板隔墙示例

　　水泥钢丝网夹芯板复合墙板(又称为泰柏板、PG板)是以 50mm 厚的阻燃型聚苯乙烯泡沫塑料整板为芯材，两侧钢丝网间距 70mm，钢丝网格间距 50mm，每个网格焊一根腹丝，腹丝倾角 45°，两侧喷抹 30mm 厚水泥砂浆或小豆石混凝土，总厚度为 110mm，如图 7.35 所示。

　　安装水泥钢丝网夹芯板复合墙板时，先放线，然后在楼面和顶板处设置锚筋或固定 U 型卡，将复合墙板与之可靠连接，并用锚筋及钢筋网加强复合墙板与周围墙体、梁、柱的连接。这种复合墙板具有耐火性、防水性、隔声性能好的优点，且安装、拆卸方便。但该复合墙板在高温下会散发有毒气体，因此不宜在建筑的疏散通道两侧使用。

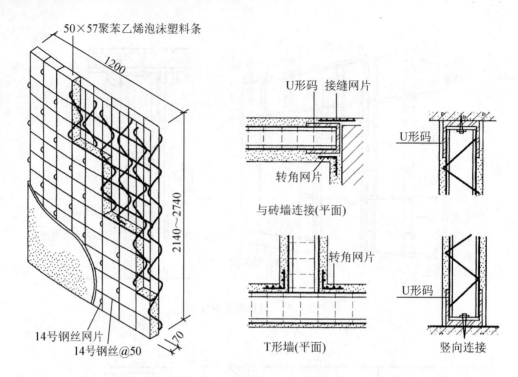

图 7.35 水泥钢丝网夹芯复合墙板

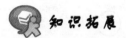 知识拓展

活动隔墙

活动隔墙可分为拼装式、滑动式、折叠式、悬吊式、卷帘式和起落式等多种形式。其主体部分的制作工艺与门扇的做法十分相似。其移动多由上下两条轨道或是单由上轨道来控制和实现。

悬吊的活动隔墙一般不用下面的轨道，可以使得地面完整，不妨碍行走以及地面的美观，如图 7.36 所示。

图 7.36 悬吊式活动隔墙

7.4.2 幕墙

幕墙通常指悬挂在建筑物结构表面的非承重墙。幕墙按所用材料可分为玻璃幕墙、铝板幕墙、钢板幕墙、混凝土幕墙、塑料板幕墙和石材幕墙等。幕墙的组成如图 7.37 所示。

1. 玻璃幕墙

玻璃幕墙主要是应用玻璃饰面材料覆盖建筑物的表面。玻璃幕墙的自重及受到的风荷载通过连接件传到建筑物的结构上。玻璃幕墙自重轻、用材单一、更换性强、效果独特。但考虑到能源损耗、光污染等问题，故不能滥用。

玻璃幕墙所用材料，基本上有幕墙玻璃、骨架材料和填缝材料 3 种。幕墙玻璃主要有热反射玻璃(镜面玻璃)、吸热玻璃(染色玻璃)、双层中空玻璃及夹层玻璃、夹丝玻璃、钢化玻璃等品种。玻璃幕墙的骨架，主要由构成骨架的各种型材，以及连接与固定用的各种连接件、紧固件组成。填缝材料一般是由填充材料、密封材料与防水材料组成。

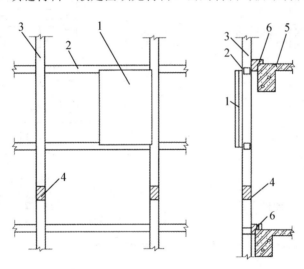

图 7.37 幕墙组成示意图
1—幕墙构件；2—横梁；3—立柱；4—立柱活动接头；5—立体结构；6—立柱悬挂点

1) 有骨架玻璃幕墙

(1) 外露骨架玻璃幕墙，这种玻璃幕墙的玻璃板镶嵌在铝框内，成为四边有铝框的幕墙构件。幕墙构件镶嵌在横框及立柱上，形成框、立柱均外露，铝框分格明显。横框和立柱本身兼龙骨及固定玻璃的双重作用。横梁上有固定玻璃的凹槽，不用其他配件。图 7.38 所示为外露骨架玻璃幕墙的节点构造。

(2) 隐蔽骨架玻璃幕墙，是指玻璃用结构胶直接粘固在骨架上，外面不露骨架的幕墙。玻璃安装简单，幕墙的外观简洁大方，图 7.39 所示为隐蔽骨架玻璃幕墙的节点构造。

2) 无骨架玻璃幕墙

无骨架玻璃幕墙又称全玻璃幕墙，它由面玻璃和肋玻璃组成，面玻璃与肋玻璃相交部位应留出一定的间隙，用以注满硅酮系列密封胶，做法如图 7.40 所示。全玻璃幕墙所用的玻璃,多为钢化玻璃和夹层钢化玻璃。在建筑物底层及旋转餐厅,为满足游览观光需要,有时需要采取完全透明,无遮挡的全玻璃幕墙。

3) 点式玻璃幕墙

点式玻璃幕墙全称为金属支撑结构点式玻璃幕墙,它是采用计算机设计的现代结构技术和玻璃技术相结合的一种全新建筑空间结构体系,幕墙骨架主要由无缝钢管、不锈钢拉杆(或再加拉索)和不锈钢爪件所组成,它的面玻璃在角位打孔后,用金属接驳件连接到支撑结构的全玻璃幕墙上。玻璃是用不锈钢爪件穿过玻璃上预钻的孔得以可靠固定的,如图 7.41 所示。

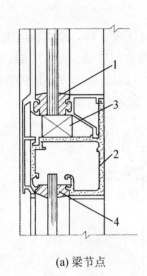

(a) 梁节点

1—上框主件;2—下框主件;
3—弹性垫块;4—耐候胶

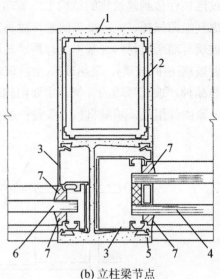

(b) 立柱梁节点

1—立柱;2—塞件(伸入立柱300mm);
3—扣件;4—双层玻璃;5—丙烯胶;
6—玻璃;7—硅酮耐候胶

图 7.38 外露骨架玻璃幕墙梁、柱节点构造

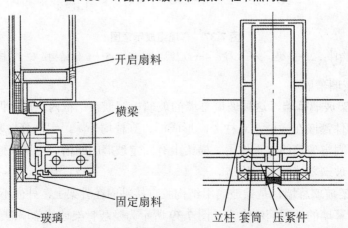

图 7.39 隐蔽骨架玻璃幕墙的节点构造

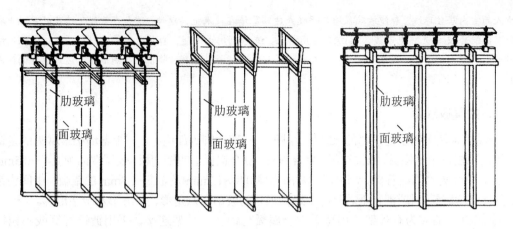

图 7.40 无骨架玻璃幕墙支撑系统

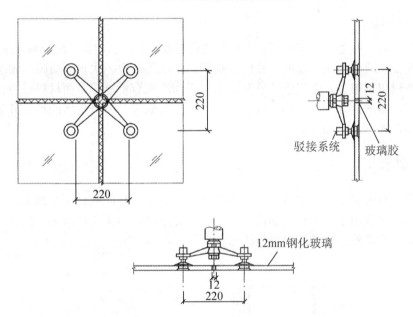

图 7.41 点式玻璃幕墙的标准节点构造

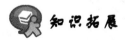

呼吸式玻璃幕墙与智能玻璃幕墙

内循环呼吸式玻璃幕墙是一种由双层玻璃幕墙通风排风系统及一系列附件组成的一种新型玻璃幕墙。结构包括玻璃幕墙金属框架、幕墙外层玻璃、幕墙内层玻璃、幕墙排气格栅、空气过滤器、进气管道、排气管道；幕墙外层玻璃装置在玻璃幕墙金属框架室外侧，幕墙内层玻璃装置在玻璃幕墙金属框架室内侧，幕墙外层玻璃与幕墙内层玻璃之间构成幕墙中空层，玻璃幕墙装置有进气管道、排气管道，排气管道与幕墙中空层相连通，设置有进气口、排气口，幕墙装置有排气格栅、空气过滤器。

在科学技术日新月异的今天，又出现了节能效果更佳的智能玻璃幕墙。它是以一种动态的形式，根据外界气候环境的变化，自动调节玻璃幕墙的保温、遮阳和通风系统，最大限度地减少能量的消耗，创造舒适宜人的室内居住环境。智能玻璃幕墙是呼吸式玻璃幕墙在技术上的延伸，这是在智能化建筑的基础上将建筑其他配套技术(光、电、暖、热)综合运用起来，充分利用太阳能、自然光和幕墙材料，通过电脑网络有效地调节室内的温度、光线和空气，从而减少了建筑物能量的损耗，降低了使用成本，达到最佳的经济效益。

2．金属板幕墙

金属板幕墙多用于建筑物的入口处、柱面、外墙勒脚等部位。金属板幕墙中最常见的是铝板幕墙，铝板常用平铝板、蜂窝铝板、复合铝板。复合铝板也叫铝塑板，表层双面为 0.4～0.5mm 的铝板，中间为聚乙烯芯材。蜂窝铝板两面为厚 0.8～1.2mm 及 1.2～1.8mm 的铝板，中间为铝箔芯材、玻璃钢芯材或混合纸芯材等。蜂窝形状为波形、六角形、长方形及十字形等。

金属板幕墙多为有骨架幕墙体系，金属板与铝合金骨架连接，采用镀锌螺钉或不锈钢螺栓连接。某铝塑板幕墙构造如图 7.42 所示。

3．石材幕墙

石材幕墙的用材主要有花岗石、大理石及青石板。花岗石耐磨、耐酸碱、耐用年限长，主要用于重要建筑的基座、墙面、柱面、勒脚、地面等部位。大理石质脆、硬度低、抗冻性差，室外耐用年限短，当用于室外时，需在表面涂刷有机硅等罩面材料进行保护。青石板材质较软、易风化，其纹理构造可取得风格自然的效果。石材幕墙的形式分为有骨式和无骨式两种，如图 7.43 所示。

7.4.3 板材墙体

板材墙是我国工业建筑墙体的发展方向之一，其优点是能减轻墙体自重，改善墙体抗震性能，充分地利用工业废料，加快施工速度，促进建筑的工业化水平。但目前的板材墙还存在着热工性能差、连接不理想等缺点。

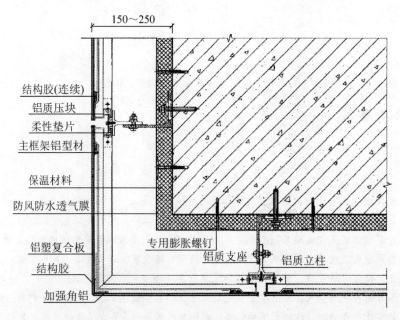

图 7.42 铝塑板幕墙构造

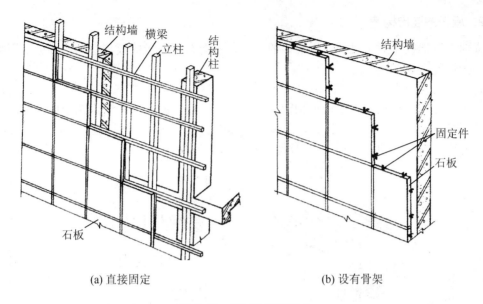

(a) 直接固定　　　　　　　　　　(b) 设有骨架

图 7.43　石材幕墙的形式

1. 墙板的布置

墙板布置可分为横向布置、竖向布置和混合布置 3 种类型，如图 7.44 所示。

1) 横向布置

横向布置的优点是板长度和柱距一致，可利用厂房的柱作为墙板的支撑或悬挂点，竖缝可由柱遮挡，不易渗透风雨，墙板本身可兼起门窗过梁与连系梁的作用，能增强厂房的纵向刚度，构造简单，连接可靠，板型较少，便于布置窗框板或带形窗等。其缺点是遇到穿墙孔洞时，墙板布置较复杂。

2) 竖向布置

竖向布置的优点是布置灵活，不受柱距限制，便于做成矩形窗。其缺点是板长受侧窗高度限制，板型多，构造复杂，易渗漏雨水等。

3) 混合布置

混合布置中的大部分板为横向布置，在窗间墙和特殊部位竖向布置，因此它兼有横向与竖向布置的优点，布置灵活，但板型较多，构造复杂。

(a) 横向布置　　　　　　　(b) 竖向布置　　　　　　　(c) 混合布置

图 7.44　墙板布置

 **观察与思考**

观察一下身边的板材墙建筑的墙板是采取哪种墙板布置方式，思考一下这样布置的优点是什么。

2．墙板的连接构造

横向布置墙板方式是目前应用最多的一种，横向布置墙板的板与柱的连接可采用柔性连接和刚性连接。

1) 柔性连接

这种连接方法是在大型墙板上预留安装孔，同时在柱的两侧相应位置预埋构件，在板吊装前焊接连接角钢，并安上栓钩，吊装后用螺栓钩将上下两块板连接起来，如图 7.45 所示。这种连接对厂房的振动和不均匀沉降的适应性较强。

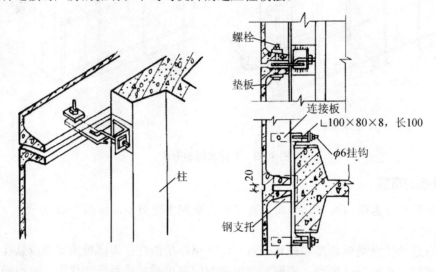

图 7.45 螺栓挂钩柔性连接构造

2) 刚性连接

刚性连接是用角钢直接将柱与板的预埋件焊接连接，如图 7.46 所示。这种方法构造简单、连接刚度大，增加了厂房的纵向刚度。但由于板柱之间缺乏相对独立的移动条件，在振动和不均匀沉降的作用下，墙体会产生裂缝，因此不适用于烈度为 7 度以上的地震区或可能产生不均匀沉降的厂房。

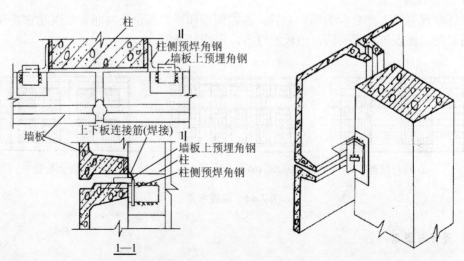

图 7.46 刚性连接构造

3．板缝构造

外墙板防止接缝渗漏的措施，一般可归纳为 3 种，即材料防水、构造防水、材料防水与构造防水相结合。

1) 材料防水

用防水油膏嵌缝或用嵌缝带密封。当采用防水油膏嵌缝时，所用嵌缝油膏必须具有弹性大、高温不流淌、低温不脆裂等性能。防水油膏还应有与混凝土、砂浆等材料能良好黏结，能经受拉伸和压缩的反复变化，以及长期暴露在大气中不致老化的性能。材料防水构造如图 7.47 所示。

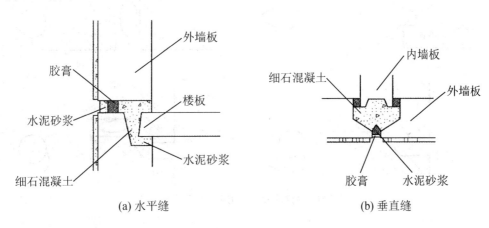

(a) 水平缝　　　　　　　　　　　(b) 垂直缝

图 7.47　外墙板材料防水构造

2) 构造防水

构造防水即在板缝外口做合适线型构造或采取不同形式的挡水处理，使水流分散，减少接缝处的雨水流量、流速和压力。构造防水的接缝，允许少量雨水渗入，但接缝的形状应能保证将渗入的雨水顺利地导出墙外。水平缝构造如图 7.48 所示，垂直缝构造如图 7.49 所示。

3) 材料防水与构造防水相结合

这种防水方法是在构造防水的基础上，用弹性材料或粘塑性材料嵌缝，使接缝出现变形，也能防止形成内外贯通的缝隙，具有防水和防风的双重功能。这种做法对于保温要求高的严寒地区尤其适用，如图 7.50 所示。

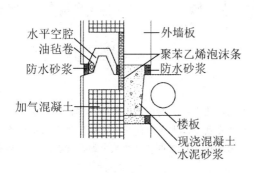

图 7.48　水平企口缝构造

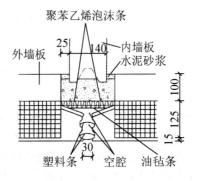

图 7.49　垂直双腔缝构造

7.4.4　压型钢板墙面

压型钢板是指以彩色涂层钢板或镀锌钢板为原材料，经辊压冷弯成波形断面，以改善力学性能、增大板刚度，是建筑用围护板材，具有轻质高强、施工方便、防火抗震等优点。压型钢板墙面的构造主要解决的问题是：固定点要牢靠、连接点要密封、门窗洞口要做防排水处理。图 7.51 所示为墙面板的连接构造，图 7.52 所示为墙身窗洞口的构造。

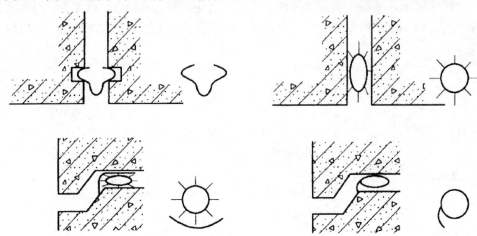

图 7.50　材料防水和构造防水相结合构造

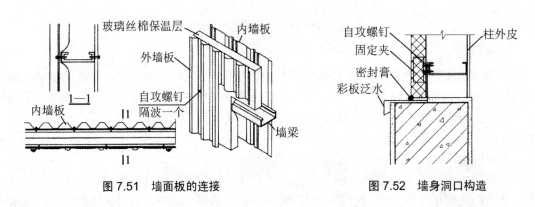

图 7.51　墙面板的连接　　　　　　　图 7.52　墙身洞口构造

7.5　墙面装修

　引例 5

涂料是墙面装修材料之一。涂料最早源于我国，如桐油，几千年前就作为一种防水材料广泛使用于器皿、船舶等。但真正含义的建筑装饰涂料源于欧洲，当时随着西方工业革命的变革，现代化工的雏形逐渐形成，涂料开始得以生产和应用，其中德国依赖其在化工领域优势已取得较好成果，如合成树脂涂料和有机硅改性涂料的上市使产品的使用周期大大延长。

我国建筑涂料的原有基础较差，20 世纪 80 年代后期以来得到了迅速发展，但目前我国中低档涂料生产厂家和产量过多,而高档新型产品、功能性产品过少,以进口为主,应用前景广泛的防火、防霉、杀虫、抗静电、发热、保温等功能性涂料尚处于起步阶段。

7.5.1 墙面装修的作用及分类

墙面装修是建筑装修中的重要内容。其主要作用如下。

(1) 对墙面进行装修,可以保护墙体、提高墙体的耐久性。

(2) 改善墙体的热工性能、光环境、卫生条件等使用功能。

(3) 美化环境,丰富建筑的艺术形象。

墙面装修按其所处的部位不同可分为室外装修和室内装修。室外装修应选择强度高、耐水性好、抗冻性强、抗腐蚀、耐风化的建筑材料,室内装修应根据房间的功能要求及装修标准来确定。按材料及施工方式的不同,常见的墙面装修可分为抹灰类、贴面类、涂料类、裱糊类和铺钉类五大类。

7.5.2 墙面装修的构造

1. 抹灰类墙面装修

抹灰又称粉刷,是我国传统的饰面做法,它是用砂浆或石碴浆涂抹在墙体表面上的一种装修做法。该做法材料来源广泛、施工操作简便、造价低廉、通过改变工艺可获得不同的装饰效果,因此在墙面装修中应用广泛。但目前多为手工湿作业,工效低,劳动强度大。为了避免墙面出现裂缝,保证抹灰层牢固和表面平整,施工时须分层操作。抹灰装饰层由底层、中层和面层三个层次组成(图7.53)。普通抹灰分底层和面层;对一些标准较高的中级抹灰和高级抹灰,在底层和面层之间还要增加一层或数层中间层。各层抹灰不宜过厚,总厚度一般为15～20mm。

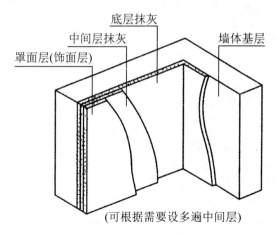

图7.53 墙面抹灰分层

底层抹灰的作用是与基层(墙体表面)黏结和初步找平,厚度为5～15mm。底层灰浆用料视基层材料而异:普通砖墙常用石灰砂浆和混合砂浆;混凝土墙应采用混合砂浆和水泥砂浆;板条墙的底灰用麻刀石灰浆或纸筋石灰砂浆;另外,对湿度较大的房间或有防水、防潮要求的墙体，底灰应选用水泥砂浆或水泥混合砂浆。

中层抹灰主要起找平作用，其所用材料与底层基本相同，也可以根据装修要求选用其他材料，厚度一般为 5～10mm。

面层抹灰主要起装修作用，要求表面平整、色彩均匀、无裂纹，可以做成光滑或粗糙等不同质感的表面。根据面层所用材料，抹灰装修有很多类型，常见抹灰的具体构造做法见表 7-3。

表 7-3 墙面抹灰做法举例

抹灰名称	做法说明	适用范围
水泥砂浆墙(1)	8 厚 1∶2.5 水泥砂浆抹面 12 厚 1∶3 水泥砂浆打底扫毛 刷界面处理剂一道(随刷随抹底灰)	混凝土基层的外墙
水刷石墙面(1)	8 厚 1∶1.5 水泥石子(小八厘)罩面，水刷露出石子 刷素水泥浆一道 12 厚 1∶3 水泥砂浆打底扫毛 刷界面处理剂一道(随刷随抹底灰)	混凝土基层的外墙
水刷石墙面(2)	8 厚 1∶1.5 水泥石子(小八厘)罩面，水刷露出石子 刷素水泥浆一道 6 厚 1∶1∶6 水泥石灰膏砂浆抹平扫毛 6 厚 1∶0.5∶4 水泥石灰膏砂浆打底扫毛 刷加气混凝土界面处理剂一道	加气混凝土等轻型外墙
斩假石(剁斧石)墙面	剁斧斩毛两遍成活 10 厚 1∶1.25 水泥石子抹平(米粒石内掺 30%石屑) 刷素水泥浆一道 10 厚 1∶3 水泥砂浆打底扫毛 清扫集灰适量洇水	砖基层的外墙
水泥砂浆墙(2)	刷(喷)内墙涂料 5 厚 1∶2.5 水泥砂浆抹面，压实赶光 13 厚 1∶3 水泥砂浆打底	砖基层的内墙
水泥砂浆墙(3)	刷(喷)内墙涂料 5 厚 1∶2.5 水泥砂浆抹面，压实赶光 5 厚 1∶1∶6 水泥石灰膏砂浆扫毛 6 厚 1∶0.5∶4 水泥石灰膏砂浆打底扫毛 刷界面处理剂一道	加气混凝土等轻型内墙
纸筋(麻刀)灰墙面(1)	刷(喷)内墙涂料 2 厚纸筋(麻刀)灰抹面 6 厚 1∶3 石灰膏砂浆 10 厚 1∶3∶9 水泥石灰膏砂浆打底	砖基层的内墙
纸筋(麻刀)灰墙面(2)	刷(喷)内墙涂料 2 厚纸筋(麻刀)灰抹面 9 厚 1∶3 石灰膏砂浆 5 厚 1∶3∶9 水泥石灰膏砂浆打底划出纹理 刷加气混凝土界面处理剂一道	加气混凝土等轻型内墙

在室内抹灰中，对人群活动频繁、易受碰撞的墙面，或有防水、防潮要求的墙身，常采用 1∶3 水泥砂浆打底，1∶2 水泥砂浆或水磨石罩面，高约 1.5m 的墙裙(图 7.54)。对于易被碰撞的内墙阳角，宜用 1∶2 水泥砂浆做护角，高度不应小于 2m，每侧宽度不应小于 50mm，如图 7.55 所示。

外墙面抹灰面积较大，由于材料干缩和温度变化，容易产生裂缝，故常在抹灰面层做分格，称为引条线。引条线的做法是在底灰上埋放不同形式的木引条，面层抹灰完毕后及时取下引条，再用水泥砂浆勾缝，以提高抗渗能力，如图 7.56 所示。

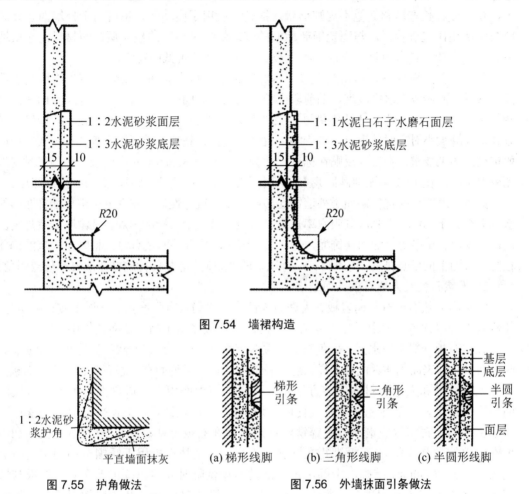

图 7.54 墙裙构造

图 7.55 护角做法

图 7.56 外墙抹面引条做法

2．贴面类墙面装修

贴面类装修是指将各种天然石材或人造板、块，通过绑、挂或直接粘贴于基层表面的装修做法。它具有耐久性好、装饰性强、容易清洗等优点。常用的贴面材料有花岗岩板和大理石板等天然石板；水磨石板、水刷石板、剁斧石板等人造石板；以及面砖、瓷砖、锦砖等陶瓷和玻璃制品。质地细腻、耐酸性差的各种大理石、瓷砖等一般适用于内墙面的装修，而质感粗糙、耐酸性好的材料，如面砖、锦砖、花岗岩板等适用于外墙装修。

1) 面砖、锦砖墙面装修

面砖多数是以陶土和瓷土为原料，压制成型后煅烧而成的饰面块。面砖分挂釉和不挂釉、平滑和有一定纹理质感等不同类型。无釉面砖主要用于高级建筑外墙面装修，釉面砖主要用于高级建筑内外墙面及厨房、卫生间的墙裙贴面。面砖质地坚固、防冻、耐蚀、色彩多样。陶土面砖常用的规格有 113mm×77mm×17mm、145mm×113mm×17mm、233mm×113mm×17mm 和 265mm×113mm×17mm 等多种；瓷土面砖常用的规格有 108mm×108mm×5mm、152mm×152mm×5mm、100mm×200mm×7mm、200mm×200mm×7mm 等。

陶瓷锦砖又名马赛克,陶瓷锦砖是以优质陶土烧制而成的小块瓷砖,有挂釉和不挂釉之分。常用规格有 18.5mm×18.5mm×5mm、39mm×39mm×5mm、39mm×18.5mm×5mm 等,有方形、长方形和其他不规则形状。锦砖一般用于内墙面,也可用于外墙面装修。锦砖与面砖相比造价较低。与陶瓷锦砖相似的玻璃锦砖是透明的玻璃质饰面材料,它质地坚硬、色泽柔和,具有耐热、耐蚀、不龟裂、不褪色、造价低的特点。

面砖等类型贴面材料通常是直接用水泥砂浆粘于墙上。面砖安装前应先将墙面清洗干净,然后将面砖放入水中浸泡,贴前取出晾干或擦干。面砖安装时,先抹 15 厚 1:3 水泥砂浆打底找平,再抹 5 厚 1:1 水泥细砂砂浆粘贴面层制品。镶贴面砖需留出缝隙,面砖的排列方式和接缝大小对立面效果有一定影响,通常有横铺、竖铺、错开排列等几种方式。锦砖一般按设计图纸要求,在工厂反贴在标准尺寸为 325mm×325mm 的牛皮纸上,施工时将纸面朝外整块粘贴在 1:1 水泥细砂砂浆上,用木板压平,待砂浆硬结后,洗去牛皮纸即可。

此外,严寒地区选择贴面类外墙饰面砖应注意其抗冻性能,按规范规定外墙饰面砖的吸水率不得大于 10%,否则因其吸水率过大易造成冻裂脱落而影响美观。凡镶贴于室外突出的檐口、窗口、雨篷等处的面砖饰面,均应做出流水坡度和滴水线(槽)。粘贴于外墙的饰面砖在同一墙面上的横竖排列,均不得有一行以上的非整砖。非整砖行应排在次要部位或阴角处。

2) 天然石板及人造石板墙面装修

常见的天然石板有花岗岩板、大理石板两类。它们具有强度高、结构密实、不易污染、装修效果好等优点。但由于加工复杂、价格昂贵,故多用于高级墙面装修中。

人造石板一般由白水泥、彩色石子、颜料等配合而成,具有天然石材的花纹和质感,同时有质量轻、表面光洁、色彩多样、造价较低等优点,常见的有水磨石板、仿大理石板等。

天然石材和人造石材的安装方法相同,由于石板面积大,质量大,为保证石板饰面的坚固和耐久,一般应先在墙身或柱内预埋 $\phi6$ 铁箍,在铁箍内立 $\phi8\sim\phi10$ 竖筋和横筋,形成钢筋网,再用双股铜线或镀锌铁丝穿过事先在石板上钻好的孔眼(人造石板则利用预埋在板中的安装环),将石板绑扎在钢筋网上。上下两块石板用不锈钢卡销固定。石板与墙之间一般留 30mm 缝隙,上部用定位活动木楔做临时固定,校正无误后,在板与墙之间分层浇筑 1:2.5 水泥砂浆,每次灌入高度不应超过 200mm。待砂浆初凝后,取掉定位活动木楔,继续上层石板的安装如图 7.57 所示。由于湿贴法施工的天然石板墙面具有基底透色、板缝砂浆污染等缺点,在一些装饰要求较高的工程中常采用干挂法施工。

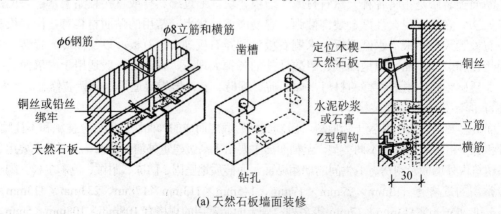

(a) 天然石板墙面装修

图 7.57 天然石板与人造石板墙面装修

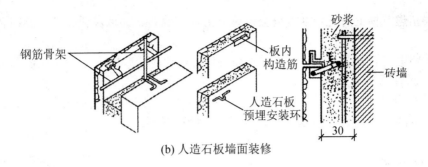

(b) 人造石板墙面装修

图 7.57　天然石板与人造石板墙面装修(续)

3．涂料类墙面装修

1) 建筑涂料的功能

通常建筑涂料具有三大功能：装饰功能、保护功能及特种功能。

(1) 装饰功能：建筑物内外墙面经过涂装后可以形成具有不同颜色、不同花纹、不同光泽和不同质感的涂膜，从而起到美化居住环境作用。

(2) 保护功能：所谓保护功能就是保护建筑物不受环境的影响或将其影响减至最小的功能。涂料经涂装后在建筑物内外墙表面形成均匀连续的涂膜。这种涂膜具有一定的厚度、柔韧性和硬度以及具有耐磨、耐水、耐酸碱腐蚀、耐污染、耐紫外光照射、耐气候变化、耐真菌侵蚀等特征，可以减少或消除大气、水分、酸雨、灰尘、微生物对建筑物的破坏作用。延长建筑物使用寿命，提高建筑物经济价值。

(3) 特种功能：特殊功能的建筑涂料，包括防霉涂料、防火涂料、防水涂料、防虫涂料、防锈涂料、防腐涂料、吸音涂料、抗结露涂料、余温涂料、防尘涂料、防辐射涂料、防电波干扰涂料等。

2) 涂料的特点及分类

涂料类墙面装修是指利用各种涂料敷于基层表面而形成完整牢固的膜层，从而起到保护和装饰墙面作用的一种装修做法。它具有造价低、装饰性好、工期短、工效高、自重轻以及操作简单、维修方便、更新快等特点，因而在建筑上得到广泛的应用和发展。

(1) 涂料按其成膜物的不同可分为无机涂料和有机涂料两大类。

① 无机涂料。无机涂料有普通无机涂料和无机高分子涂料。普通无机涂料如石灰浆、大白浆、可赛银浆等，多用于一般标准的室内装修。无机高分子涂料有 JH80-1 型、JH80-2 型、JHN84-1 型、F832 型、LH-82 型、HT-1 型等。无机高分子涂料有耐水、耐酸碱、耐冻融、装修效果好、价格较高等特点，多用于外墙面装修和有耐擦洗要求的内墙面装修。

② 有机涂料。有机涂料依其主要成膜物质与稀释剂不同，有溶剂型涂料、水溶性涂料和乳液涂料三类。溶剂型涂料有传统的油漆涂料、苯乙烯内墙涂料、聚乙烯醇缩丁醛内(外)墙涂料、过氯乙烯内墙涂料等；常见的水溶性涂料有聚乙烯醇水玻璃内墙涂料(即 106 涂料)、聚合物水泥砂浆饰面涂层、改性水玻璃内墙涂料、108 内墙涂料、ST-803 内墙涂料、JGY-821 内墙涂料、801 内墙涂料等；乳液涂料又称乳胶漆，常见的有乙丙乳胶涂料、苯丙乳胶涂料等，多用于内墙装修。

(2) 按涂膜厚度及质感(形状)分类：可分为表面平整，光滑的平面涂料；表面呈砂粒状装饰效果的砂壁状涂料；形成凹凸花纹立体装饰效果的复层涂料(包括环山状、斑点状、橘皮状、拉毛状等)。

(3) 按在建筑物上的使用部位分类：可分为内墙涂料、外墙涂料、地面涂料、顶棚涂料等。

(4) 按使用功能分类：可分为装饰性涂料与特种功能性涂料(如防火涂料、防霉涂料、防水涂料、弹性涂料等)。

在以上的分类方法中，往往将其中的 1、3 两类结合起来为建筑涂料命名，如合成树脂乳液内(外)墙涂料、溶剂型外墙涂料、水溶性内墙涂料等。

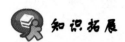 **知识拓展**

"绿色"涂料因为有害物质含量低一度成为室内装修的首选材料，但"绿色"涂料也只是降低了污染物的释放量，并未作到完全根除。污染物的长期作用和室内空间的封闭性往往导致室内空气依然处于污染状态。利用建筑涂料的多组分复合和大面积应用的特点，在成品涂料中直接添加纳米光催化、负离子、纳米组装无机抗菌剂等空气净化材料，使其作为空气净化材料的载体与媒介，最大限度地发挥净化材料的功能作用，已成为从根本改善与解决建筑装饰涂料污染危害的新趋势。

3) 构造做法

建筑涂料的施涂方法一般分刷涂、滚涂和喷涂。施涂溶剂型涂料时，后一遍涂料必须在前一遍涂料干燥后进行，否则易发生皱皮、开裂等质量问题。施涂水溶性涂料时，要求与做法同上。每遍涂料均应施涂均匀，各层结合牢固。当采用双组分和多组分的涂料时，施涂前应严格按产品说明书规定的配合比，根据使用情况可分批混合，并在规定的时间内用完。

在湿度较大，特别是遇明水部位的外墙和厨房、厕所、浴室等房间内施涂涂料时，为确保涂层质量，应选用耐洗刷性较好的涂料和耐水性能好的腻子材料(如聚醋酸乙烯乳液水泥腻子等)。涂料工程使用的腻子应坚实牢固，不得粉化、起皮和裂纹，待腻子干燥后，还应打磨平整光滑，并清理干净。

用于外墙的涂料，考虑到其长期直接暴露于自然界中经受日晒雨淋的侵蚀，因此要求外墙涂料涂层除应具有良好的耐水性、耐碱性外，还应具有良好的耐洗刷性、耐冻融循环性、耐久性和耐沾污性。当外墙施涂涂料面积过大时，可以外墙的分格缝、墙的阴角处或落水管等处为分界线，在同一墙面应用同一批号的涂料，每遍涂料不宜施涂过厚，涂料要均匀，颜色应一致。

4. 裱糊类墙面装修

裱糊类墙面装修是将各种装饰性的墙纸、墙布、织锦等卷材类的装饰材料裱糊在墙面上的一种装修做法。常用的装饰材料有 PVC 塑料壁纸、复合壁纸、玻璃纤维墙布等。裱糊类墙体饰面装饰性强、造价较经济、施工方法简捷高效、材料更换方便，并且在曲面和墙面转折处粘贴可以顺应基层，获得连续的饰面效果。

在裱糊工程中，基层涂抹的腻子应坚实牢固，不得粉化、起皮和裂缝。当有铁帽等凸出时，应先将其嵌入基层表面并涂防锈涂料，钉眼接缝处用油性腻子填平，干后用砂纸磨平。为达到基层平整效果，通常在清洁的基层上用胶皮刮板刮腻子数遍。刮腻子的遍数视基层的情况不同而定，抹完最后一遍腻子时应打磨，光滑后再用软布擦净。对有防水或防潮要求的墙体，应对基层做防潮处理，在基层涂刷均匀的防潮底漆。

墙面应采用整幅裱糊，并统一预排对花拼缝。不足一幅的应裱糊在较暗或不明显的部位。裱糊的顺序为先上后下、先高后低，应使饰面材料的长边对准基层上弹出的垂直准线，用刮板或胶辊赶平压实。阴阳转角应垂直，棱角分明。阴角处墙纸(布)搭接顺光，阳面处不得有接缝，并应包角压实。

裱糊工程的质量标准是粘贴牢固，表面色泽一致，无气泡、空鼓、翘边、褶皱和斑污，斜视无胶痕，正视(距墙面1.5m处)不显拼缝。

5. 铺钉类墙面装修

铺钉类墙面装修是将各种天然或人造薄板镶钉在墙面上的装修做法，其构造与骨架隔墙相似，由骨架和面板两部分组成。施工时先在墙面上立骨架(墙筋)，然后在骨架上铺钉装饰面板。

骨架分木骨架和金属骨架两种。采用木骨架时为考虑防火安全，应在木骨架表面涂刷防火涂料。骨架间及横档的距离一般根据面板的尺度而定。为防止因墙面受潮而损坏骨架和面板，常在立筋前先于墙面抹一层10mm厚的混合砂浆，并涂刷热沥青两道，或粘贴油毡一层。室内墙面装修用面板，一般采用硬木条板、胶合板、纤维板、石膏板及各种吸声板等。硬木条板装修是将各种截面形式的条板密排竖直镶钉在横撑上，其构造如图7.58所示。胶合板、纤维板等人造薄板可用圆钉或木螺丝直接固定在木骨架上，板间留有5～8mm缝隙，以保证面板有微量伸缩的可能，也可用木压条或铜、铝等金属压条盖缝。石膏板与金属骨架之间一般用自攻螺丝或电钻钻孔后用镀锌螺丝进行连接。

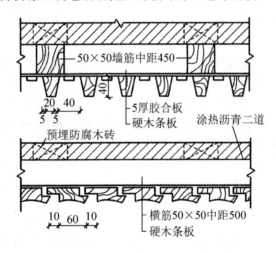

图7.58 硬木条板墙面装修构造

本章小结

1. 民用建筑中的墙体一般有三个作用：承重、围护、分隔空间，其中最重要的是围护作用，墙体能够遮挡风、雨、雪的侵袭，防止太阳辐射、噪声干扰及室内热量的散失，起保温、隔热、隔声、防水等作用。

2. 墙体可按在建筑物中的位置、受力情况、材料选用、构造形式、施工方法的不同，分为不同类型。在施工中，工程技术人员经常用到的是按位置、构造形式分类的名称。

3. 墙体应具有足够的强度和稳定性、良好的保温隔热性能、满足隔声要求、满足防火要求、满足防水防潮要求、满足建筑工业化要求。

4. 墙体有四种承重方案：横墙承重、纵墙承重、纵横墙承重和内框架承重。

5. 实体砖墙通常采用一顺一丁式、多顺一丁式、十字式(也称梅花丁)等砌筑方式。

6. 砖墙的厚度习惯上以砖长为基数来称呼，如半砖墙、一砖墙、一砖半墙等。工程上以它们的标志尺寸来称呼，如一二墙、二四墙、三七墙等。

7. 墙段长度尺寸除了应尽量满足模数规定外，还应满足结构需要的最小尺寸，以避免应力集中在小墙段上而导致墙体的破坏，对转角处的墙段和承重窗间墙尤其应注意。

8. 砖墙的细部构造包括勒脚、墙身防潮层、明沟、散水、门窗洞口(门窗过梁、窗台)、窗套与腰线、墙身加固措施、墙中竖向孔道、变形缝等。

9. 钢筋混凝土圈梁、构造柱是从抗震角度考虑设置的，构造柱必须与圈梁紧密连接，形成空间骨架，以增强房屋的整体刚度，提高墙体抵抗变形的能力，并使砖墙在受震开裂后，也能裂而不倒。

10. 砌块按尺寸规格分类：小型砌块、中型砌块、大型砌块；按主要受力情况分类：承重砌块、非承重砌块；按孔洞设置分：空心砌块(空心率不小于 25%)、实心砌块(空心率小于 25%)；按制作原料分有粉煤灰、加气混凝土、混凝土、硅酸盐、石膏砌块等数种。

11. 为了提高砌块墙的整体刚度和稳定性，砌块墙也需要设置构造柱和圈梁。

12. 砌块吸水性强、易受潮，在易受水部位，如檐口、窗台、勒脚、落水管附近，应做好防潮处理。特别是在勒脚部位，除了应设防潮层以外，对砌块材料也有一定的要求，通常应选用密实而耐久的材料，不能选用吸水性强的块材材料。

13. 隔墙是建筑中不承受任何外来荷载，只起分隔室内空间作用的墙体。常用隔墙有砌筑隔墙、轻骨架隔墙和条板隔墙三大类。

14. 砌筑隔墙是指用普通砖、空心砖及各种轻质砌块砌筑的隔墙。轻骨架隔墙是以木材、钢材或铝合金等构成骨架，把面层粘贴、涂抹、镶嵌，钉在骨架上形成的隔墙。条板隔墙是采用工厂生产的制品板材，用黏结材料拼合固定形成的隔墙。

15. 幕墙通常指悬挂在建筑物结构表面的非承重墙。幕墙按所用材料可分为玻璃幕墙、铝板幕墙、钢板幕墙、混凝土幕墙、塑料板幕墙和石材幕墙等。

16. 板材墙体墙板布置可分为横向布置、竖向布置和混合布置三种类型，墙板与结构连接分刚性连接、柔性连接两种，板缝的处理可采用材料防水、结构防水、两者相结合的方式。

17. 墙面装修的作用为保护墙体、提高墙体的耐久性；改善墙体的热工性能、光环境、卫生条件等使用功能；美化环境，丰富建筑的艺术形象。常见的墙面装修可分为抹灰类、贴面类、涂料类、裱糊类和铺钉类等五大类。

复习思考题

一、判断题

1. 纵向外墙可以通称为山墙。 （ ）

2. 处于建筑物外围护系统位置上的填充墙和幕墙还要承受水平方向的风荷载和地震荷载。 （ ）

3. 空斗墙在我国民间流传很久,这种墙体的材料是空心砖。 （　　）

4. 板筑墙是预先制成墙板,在施工现场安装、拼接而成的墙体,如预制混凝土大板墙。
（　　）

5. 利用植被降温等措施提高墙体的隔热能力。 （　　）

6. 纵墙承重方案适用于房间开间尺寸不大、墙体位置比较固定的建筑,如宿舍、旅馆、住宅等。 （　　）

7. 常用的实心砖规格(长×宽×厚)为 240mm×115mm×55mm。 （　　）

8. 三七墙的构造尺寸为 365mm。 （　　）

9. 勒脚一般是指室外地坪以下、基础顶面以上的这段外墙。 （　　）

10. 过梁在洞口两侧伸入墙内的长度应不小于 120mm。 （　　）

11. 钢筋混凝土圈梁的宽度同墙厚且不小于 180mm,高度不应小于 120mm。（　　）

12. 构造柱的最小截面尺寸为 240mm×180mm。构造柱的最小配筋量是:纵向钢筋 $4\phi12$,箍筋 $\phi6$,间距不宜大于 200mm。 （　　）

13. 陶瓷锦砖又名马赛克。 （　　）

二、填空题

1. 民用建筑中的墙体一般有三个作用:分别是＿＿＿＿、＿＿＿＿、＿＿＿＿。

2. 窗与窗或门与窗之间的墙称为＿＿＿＿;窗洞下部的墙称为＿＿＿＿;屋顶上部的墙称为＿＿＿＿。

3. 墙体有四种承重方案:＿＿＿＿、＿＿＿＿、＿＿＿＿和＿＿＿＿。

4. 常用的实心砖规格(长×宽×厚)为＿＿＿＿。

5. 砖墙的厚度习惯上以砖长为基数来称呼,如半砖墙、一砖墙、一砖半墙等。工程上以它们的标志尺寸来称呼,如＿＿＿＿、＿＿＿＿、＿＿＿＿等。

6. ＿＿＿＿一般是指室外地坪以上、室内地面以下的这段外墙。

7. 构造柱的最小截面尺寸为＿＿＿＿。构造柱的最小配筋量是:纵向钢筋＿＿＿＿,箍筋＿＿＿＿,间距不宜大于＿＿＿＿。

8. 小型砌块高度为 115～380mm,单块质量不超过＿＿＿＿。

9. 中型砌块上下皮搭接长度不少于砌块高度的＿＿＿＿,且不小于＿＿＿＿。

10. 常用隔墙有＿＿＿＿、＿＿＿＿和＿＿＿＿三大类。

11. 采用各种空心砌块、加气混凝土块、粉煤灰硅酸盐块等砌筑的隔墙,其吸水性强,一般应先在隔墙下部＿＿＿＿。

12. 点式玻璃幕墙主要由＿＿＿＿、＿＿＿＿和＿＿＿＿所组成,

13. 附加圈梁与圈梁搭接长度不应小于其垂直间距的＿＿＿＿倍,且不得小于＿＿＿＿。

三、简答题

1. 常用的勒脚做法有哪几种?

2. 内墙在什么情况下,需要设置垂直防潮层?

3. 什么是过梁?

4. 通风道的设置有哪些具体要求?

5. 砌块排列组合的原则是什么?

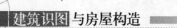

6．1/4 砖隔墙有哪些具体构造要求？适用于什么情况？

7．什么是玻璃幕墙？有哪些特点？

8．特种功能涂料有哪些种类？

9．板材墙中的外墙板防水构造措施有哪几种？

10．墙面装修的主要作用有哪些？

第 8 章

楼板与地坪

学习目标

1. 掌握房屋建筑构造楼板的类型、组成及要求。
2. 熟练掌握钢筋混凝土楼板的构造特点及使用范围。
3. 掌握楼地坪与地面的构造组成、要求及装修类型。
4. 了解顶棚装修类型及构造，阳台与雨篷的构造。

学习要求

知识要点	能力要求	相关知识	所占分值 (100分)	自评 分数
楼板的类型、组成及要求	掌握楼板的主要类型、基本组成和设计要求	建筑使用功能、建筑力学、建筑构建筑构造规范	20	
钢筋混凝土楼板的构造特点及使用范围	1. 掌握钢筋混凝土楼板的构造特点和施工方式 2. 掌握现浇钢筋混凝土楼板的分类和施工过程	建筑施工行业相关知识、建筑结构、建筑制图	30	
楼地坪与地面的组成、要求及装修类型	1. 掌握楼地坪与地面的组成 2. 掌握地坪与地面各构造组成部分及装修类型	建筑使用功能、建筑结构、建筑材料	20	
顶棚装修类型及构造	了解顶棚装修类型及构造	建筑构造与识图	20	
阳台与雨篷的构造	了解阳台与雨篷的构造	建筑构造与识图	10	

章节导读

随着建筑技术和施工技术的发展，建筑的楼板施工方法和设计构造出现了较大的改变，其主要优点是结构的整体性、安全性和抗震性能有很大的提高。因此，作为结构的重要承重构件，楼板承担非常关键的一部分，本章将介绍楼板的类型、组成及要求并重点介绍钢筋混凝土楼板的构造特点及使用范围，以及楼地坪与地面的组成、要求及装修类型；顶棚装修类型及构造；阳台与雨篷的构造。

8.1 楼板的类型、组成及要求

 引例

如图 8.1 所示，是实际建筑中楼板的图片和施工中的相关图片，当作用在建筑物的荷载达到承载能力荷载时，楼板将会产生变形并且出现裂缝，因此，建筑物的安全性能将会降低。本节将通过楼板的学习，来掌握楼板的类型、组成以及要求。

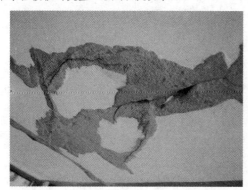

图 8.1 实际中的楼板图片

8.1.1 楼板的类型

楼板按所用材料不同可以分为木楼板、砖拱楼板、钢筋混凝土楼板、压型钢板组合楼板等类型，如图 8.2 所示。

1. 木楼板

此种楼板是我国的传统楼板的一种，它是在木格栅上下铺钉木板，同时在格栅之间设置剪力支撑由此来加强整体性和稳定性。但因为防火性、耐腐蚀性能较差，目前在主体工程几乎不采用，在某些别墅和住宅的室内装修中有较少的采用。

2. 砖拱楼板

此种楼板用砖砌成拱形结构来承受楼板层的荷载。在古代和近代的建筑中采用较多，因承载能力和抗震能力差，施工复杂，已经不采用。

3. 钢筋混凝土楼板

此种楼板是先绑扎钢筋网用混凝土浇筑而成。它具有强度高、刚度好、可塑性好等特点，因此目前在民用建筑和工业建筑中运用最广泛。

4. 压型钢板组合楼板

在钢筋混凝土楼板的基础上发展而来，利用钢衬板作为楼板的承重构件和底模，该楼板强度和刚度较高、施工速度较快，因此，目前是建筑工程中大力推广的一种新型楼板。

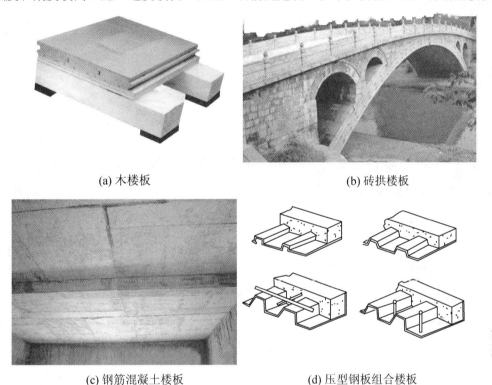

(a) 木楼板　　　　　　　　　　　(b) 砖拱楼板

(c) 钢筋混凝土楼板　　　　　(d) 压型钢板组合楼板

图 8.2　楼板的类型

8.1.2　楼板的组成

楼板层主要由三部分组成：面层、结构层、顶棚层和附加层(地热管、电线管、水管等)，如图 8.3 所示。

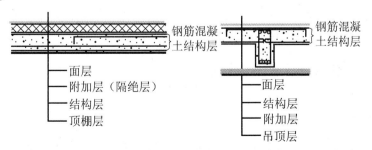

图 8.3　楼板的组成

1．面层

面层又称地面，处于楼板层的上表面，起着保护楼板、承受并传递荷载的作用，同时也保障室内清洁和装饰作用。

2．结构层

结构层是指人们通常所说的楼板，它是楼板的承重构件，主要功能是承受楼板层上的全部荷载并且将其传递给梁、柱或承重墙体，同时对墙体起到水平支撑作用，从而加强建筑物的整体刚度。

3．顶棚层

处于楼板层的最下层，其主要作用是保护楼板、安装灯具等设备、装饰室内环境、敷设管线等。

4．附加层

附加层又称功能层或技术层。根据实际建筑施工中的结构功能来设置，主要作用是找平、隔声、隔热、保温、防水、防潮、防锈蚀、防静电等。例如，设置在楼板层中的地热层、电线套管网等。附加层有时会与面层、结构层或顶棚层合二为一。

8.1.3 楼板的设计要求

1．强度和刚度要求

强度要求是指楼板在自重和正常使用荷载作用下，结构安全可靠，不发生任何破坏；刚度要求是指楼板在允许荷载作用下不发生过大变形，保证正常使用。

2．保温、隔热、防火、防水、隔声等要求

1) 保温隔热要求

楼板应该有一定的蓄热性，当上下层之间设计要求室内温度不同时，应该在楼板里设保温隔热层。

2) 防火要求

三级以上建筑楼板不能采用燃烧体，四级耐火建筑可采用难燃烧体，耐火极限不小于0.25h。

3) 防水、防潮要求

厨房、卫生间、浴室等地面潮湿、易积水房间，应处理好楼地面的防渗问题。

4) 提高隔声要求

知识提示

提高隔声要求措施：①选用空心构件来隔绝空气传声；②在楼板面铺设弹性面层，如橡胶、地毯等；③在面层下铺设弹性垫层；④在楼板下设置吊顶棚。

3．便于在楼层和地层中敷设各种管线

略。

4．经济要求

楼板、地坪、地面施工占建筑物总造价的20%～30%，选用楼板材料时应尽量考虑就地取材和机械化施工。

观察与思考

观察一下周围的建筑物的楼板构造,从外形上看看都有哪些类型的楼板,如果条件允许的话,将这些楼板用相机拍下来,分别归类并进行分析说明,看看还有哪些楼板书里没有提及,将其反馈给本书编写组。

 知识拓展

在实际建筑中,对建筑物的隔声有一定的要求,楼板的隔声量一般为 40~50 分贝,对于 240mm 红砖墙,堆砌整齐没有空洞且两面抹灰,隔声量可以达到 55 分贝;如果是简易墙体,双层 12mm 石膏板,施工时不留空洞,隔声量有 30 分贝;100mm 彩钢夹芯板隔声量 15 分贝左右。玻璃门窗的隔声量一般为 40~50 分贝。

8.2 钢筋混凝土楼板

 引例2

钢筋混凝土楼板在过去的施工方式主要有现浇式、装配式和装配整体式,在过去由于机械设备、建筑材料、模板等条件落后,现浇式的钢筋混凝土虽然整体性好、抗震性能好,但模板用量大、施工速度慢,所以在很长的一段时期内,装配式和装配整体式楼板曾经应用很广,但是近些年来地质灾害连年发生,这两种施工方法建造的建筑大多因为整体性差、抗震性能差等原因大面积的垮塌,家破人亡、财产遭到很大损失,如图 8.4 所示。

(a)   (b)

图 8.4 地震灾害后预制混凝土楼板

近些年来,由于施工技术、建筑材料和施工工艺的不断改进和完善,现浇钢筋混凝土楼板已经基本取代了预制构件的钢筋混凝土楼板。在这节主要学习现浇钢筋混凝土楼板和压型钢板组合楼板。

8.2.1 现浇钢筋混凝土楼板

现浇钢筋混凝土楼板施工过程,如图 8.5 所示:支模→绑扎钢筋→浇筑混凝土→养护→拆模。

(a) 支模板

(b) 绑扎钢筋浇筑混凝土

(c) 浇筑混凝土

(d) 养护

图 8.5 现浇钢筋混凝土楼板施工过程

其特点是：整体性好、抗震能力强、可以是任何平面形状、便于留孔洞、布置管线方便等。随着现场建筑机械化水平的提高，现浇钢筋混凝土楼板得到广泛的应用。

现浇钢筋混凝土楼板按受力和传力情况可以分为板式楼板、肋形楼板、井字楼板、无梁楼板、压型钢板组合楼板等。

1. 板式楼板

楼板内不设置梁，将板直接搁置在墙上的楼板称为板式楼板。从图 8.6 可以看出，该楼板的下表面和墙体的顶面是在一个平面上的。

图 8.6 板式楼板

板式楼板可分为单向板和双向板。单向板是指板的长边与短边之比大于 2 的楼板。单向板代号：B/80，表示 80mm 厚的单向板。双向板是指板的长边与短边之比不大于 2 的板式楼板。

双向板代号：$\overset{B}{\underset{100}{+}}$，表示 100mm 厚的双向板。板式楼板的分类详图，如图 8.7 所示。

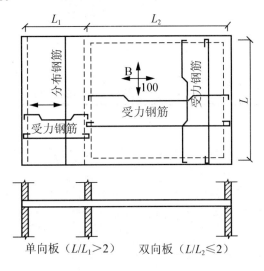

图 8.7　单向板和双向板

板式楼板特点是底面平整、美观、施工方便。适用小跨度房间，如走廊、厨房、卫生间等。板式楼板尺寸厚度 $d \leqslant 120mm$，经济跨度 $L \leqslant 3000mm$。

2．肋形楼板（常见楼板）

板内设置主梁和次梁，主梁沿房间的短跨布置，主梁和次梁一般垂直相交，楼板搁置在次梁上，次梁搁置在主梁上，主梁搁置在柱上，如图 8.8 所示。

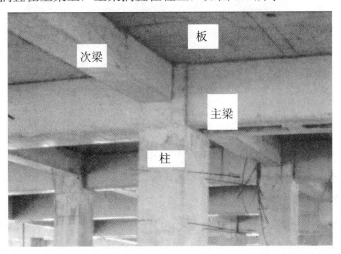

图 8.8　肋形楼板

荷载传递方式：楼板→次梁→主梁→柱(或者墙)→基础→地基。

肋形楼板通常可以分为单向板肋形楼板和双向板肋形楼板。肋形楼板各构件的尺度，见表8-1。

表8-1　肋形楼板经济尺度

构件名称	经济尺度		
	跨度L	梁高、板厚h	梁宽b
主梁	5～8m	(1/14～1/8) L	(1/3～1/2) h
次梁	4～6m	(1/18～1/12) L	(1/3～1/2) h
板	1.5～3m	简支板 1/35 L 连续板 1/40 L(60～80mm)	—

3. 井字楼板

井字楼板是一种特殊形式的类型楼板，当房间尺寸较大并接近于正方形时，主梁和次梁的高度相同，也就是不分主梁和次梁。

此种楼板荷载传递方式可按双向板考虑，横梁和纵梁共同承受楼板传递下来的荷载并将其传递给柱。井字楼板尺寸跨度一般为6～10m，板厚为70～80mm，井格边长一般不大于2.5m。

井字楼板分为正井式和斜井式。正井式楼板是梁与墙之间成正交梁系的肋形楼板，如图8.9所示；斜井式楼板是长方形房间的梁与墙之间常做成斜向布置形成斜井式。

图8.9　井字楼板

井字楼板适用于跨度为10m左右、长短边之比小于1.5的公共建筑门厅、大厅，具有可装饰性好等特点。

4. 无梁楼板

无梁楼板是将楼板直接支撑在柱上，不设主梁和次梁，在柱的顶端设置柱帽和托板。柱网布置通常有正方形或矩形，如图8.10所示。尺寸规格为：柱距为6mm左右；板厚不小于120mm，160～200mm较多。其特点是楼层净空较大，顶棚平整，采光通风和卫生条件较好。

无梁楼板适用于活荷载较大的商店、仓库、商场、影剧院等公共场所。

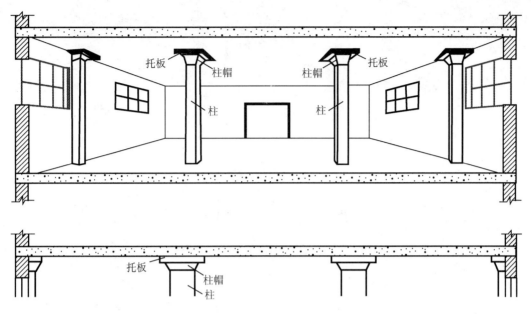

图 8.10 无梁楼板

5．压型钢板组合楼板

压型钢板组合楼板是以截面为凹凸形的压型钢板做衬板与钢筋混凝土浇筑在一起构成的钢筋混凝土楼板结构。

压型钢板起现浇钢筋混凝土的永久模板作用；压型钢板肋条与混凝土共同工作，简化施工程序，加快施工速度；其结构具有刚度大、整体性好等优点。与此同时，可以利用压型钢板肋间空间可用做敷设电力或通信管线。此种楼板适用于较大空间的高、多层民用建筑及大跨度工业厂房，如图 8.11 所示。

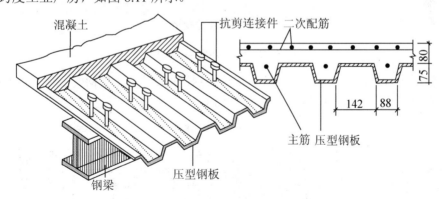

图 8.11 压型钢板组合楼板

压型钢板组合楼板是由钢梁、压型钢板、现浇混凝土三部分组成。压型钢板是双面镀锌，截面为梯形，板薄刚度大。因此，为了进一步提高压型钢板承载能力及便于敷设管线，可采用压型钢板下加一层平钢板或梯形钢板形成箱形截面的压型钢板。压型钢板的宽度一般为 500～1000mm，肋高 35～150mm。

压型钢板之间的连接方式有：自攻螺栓连接、膨胀铆钉连接和压边咬接，如图 8.12 所示。

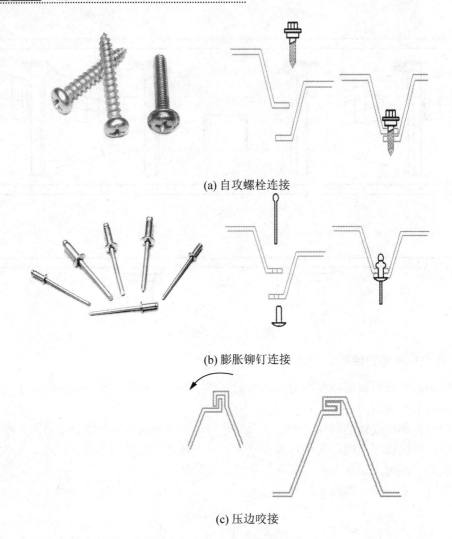

(a) 自攻螺栓连接

(b) 膨胀铆钉连接

(c) 压边咬接

图 8.12　压型钢板连接方式

压型钢板组合楼板的整体连接由抗剪螺栓将钢筋混凝土、压型钢板、钢梁组合成整体，共同承受水平荷载。抗剪螺栓的位置，如图 8.13 所示。

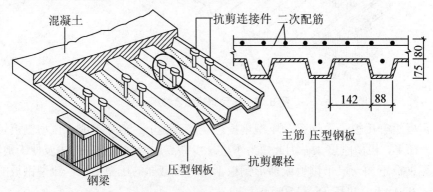

图 8.13　压型钢板与钢梁之间的连接

抗剪螺栓与钢梁的连接采用焊接，数量和规格按压型钢板与混凝土之间的剪力和抗剪螺栓的抗剪强度来确定。

压型钢板组合楼板的施工安装，如图8.14所示，在使用和设计时应注意以下事项。

(1) 压型钢板组合楼板尽量避免在腐蚀的环境中使用。

(2) 压型钢板应避免长期暴露，做好梁板的防锈处理。

(3) 压型钢板在动荷载作用下，应在细部构造上注意组合作用的完整性和共振问题。

图8.14　压型钢板、钢梁、二次配筋的安装

 观察与思考

利用课外时间对施工现场的楼板进行实践观察压型钢板的截面形状、钢梁的截面形式有哪些，以及压型钢板的厚度尺寸、钢梁的型号是怎样划分的。

8.2.2　预制类钢筋混凝土楼板

在近年来，由于钢筋混凝土工程施工技术和机械化程度的提高，加之预制板之间的连接不如现浇的牢靠，整体性和抗震性能较差，在民用建筑的施工中，预制类的钢筋混凝土楼板已经逐渐被淘汰出建筑市场。

 知识拓展

(1) 常用的预制类钢筋混凝土楼板根据截面形式可分为实心平板、槽形板和空心板。实心板板厚小，一般在50～80mm，跨度在2.4m内，板的宽度为50～900mm。由于尺寸较小，所以，实心板主要适用于走廊板、楼梯平台板、阳台板、管道和下水沟等处的盖板。

槽形板由板面和板边肋组成，是一种梁和板的结合构件，即在实心板的两侧设纵向边肋，形成的槽形截面。具有自重相对较轻、节省材料、造价较低、便于开孔、强度和刚度较高等优点。槽形板在预应力混凝土构件施工中应用较为广泛。

空心板是将较厚的实心板在制作过程中沿纵向抽空而成。空洞形状一般为圆形、长圆形和矩形等。其中以圆孔板制作最为方便，应用最广。其特点是自重相对较轻、隔声效果好，因此在过去是广泛采用的一种形式。

(2) 楼板层是建筑重要的水平承重和竖向分隔构件，钢筋混凝土楼板仍然是楼板结构的主体。随着施工现场机械化水平的提高和施工技术的改进，以及商品混凝土的普及应用，现浇钢筋混凝土楼板的应用将会逐步推广。

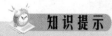

知识提示

预制类钢筋混凝土楼板是在预制厂家或施工现场，对一定尺寸的楼板进行预制，然后在施工现场进行装配形成的。此种楼板可以节省模板、改善施工条件、提高施工速度、缩短工期、受天气条件影响小等特点，但是楼板的整体性差、抗震性能极弱，并且随着使用年限的增加，板与板之间容易出现裂缝。所以，现在楼房建筑中已经逐渐淘汰。

8.3　地坪与地面构造

引例 3

试问大家一下，每天进出的教室的地面又可以称作什么？有些学生会回答"地坪"。是的，近些年来，随着建筑材料和施工工艺的不断提高，地坪的面层有很大的更新，从原始的水泥砂浆地面发展到水磨石地面，再进一步发展到大理石地面、地板砖地面、木材地板地面，等等，如图 8.15 所示。

其中地砖地面和地板地面因施工方便、速度快、外表美观等优点，在现代建筑业得到广泛使用。本节就来介绍地坪和地面的构造。

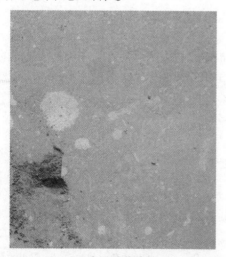
(a) 水泥砂浆地面

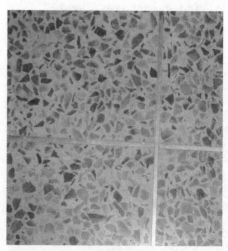
(b) 水磨石地面

图 8.15　不同建筑材料的地面

(c) 大理石地面

(d) 地板砖地面

(d) 木地板地面

图 8.15　不同建筑材料的地面(续)

8.3.1　地坪的组成

　　地坪是将底层房间与建筑底层下的土壤分隔开来的底层水平构件。地坪组成由下向上依次为基层、附加层、垫层、水泥砂浆结合层和面层(地面)，具体如图 8.16 所示，在施工过程中的做法具体如图 8.17 所示。

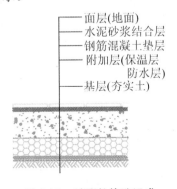

面层(地面)
水泥砂浆结合层
钢筋混凝土垫层
附加层(保温层
　　　防水层)
基层(夯实土)

图 8.16　地面的构造组成

(a) 基层土壤的夯实

(b) 换土回填夯实

(c) 细石混凝土垫层和管线技术层

(d) 地坪面层

(e) 地坪保温附加层

图 8.17　地坪各部分的施工做法

1. 基层

地坪层的承重层，一般为夯实的土壤。其具体要求如下。

(1) 土壤条件较好、地层上荷载不大，采用原土夯实或填土分层夯实。

(2) 当地坪上荷载较大、土质条件较差时，对土壤进行换土或夯入碎砖、砾石等，如 100～150mm 厚 2∶8 灰土或 100～150mm 厚碎砖、道渣三合土等。

2. 附加层

附加层是为了满足某些特殊使用功能要求而设置的，其具体一般包括：防潮层、防水层、保温隔热层和管线敷设层等。

3. 垫层

垫层是承重层和面层之间的填充层，它起到找平和传递荷载的作用。材料一般有C15素混凝土或焦渣混凝土，厚度一般为60～100mm，垫层内夹$\phi6$～$\phi8@100$～150的钢筋网片。

4. 水泥砂浆结合层

水泥砂浆结合层位于面层下部，它起到找平地坪和有效的地面粘接一体作用，很好地保证地坪的整体性。

5. 面层

面层即地面，是室内人、家具、设备等直接接触的部分，起着保护垫层和室内装修的作用。面层的材料和做法通常根据室内的使用要求和耐久性来确定。

 观察与思考

利用课外业余时间，在实际施工实训中观察地坪组成的各部分的具体施工特点。例如，附加层包括：防潮层、防水层、保温隔热层和管线敷设层等部分。通过现场施工学习，了解各层面的施工注意事项和具体要求是什么。

8.3.2 对地面的要求

底层房间的地坪层和楼板层的上表面统称为地面。地面在人们日常的生产、生活和社会活动中直接承受荷载，受到摩擦、清扫和冲洗，又起着装饰的作用，因此，地面需满足以下各方面要求。

1. 具有足够的坚固性

要求地面在外来荷载作用下不易磨损、破坏，表面整洁、易清洁、不易起灰。

2. 保温性能好

首层地面应确保室内不受基层土壤的温度影响，保证寒冷季节使用者的脚步温度舒适。

3. 具有一定的弹性

使用者走路时不会感到脚步踩踏发硬，减弱撞击时发出的尖锐声。

4. 满足隔声要求

楼层之间的楼板要有一定的隔声性能，隔绝其他楼层对房间的噪声影响，因此要合理选择楼层的厚度和附加层材料。

5. 美观要求

略。

6. 防潮、防水、防火，耐燃烧、耐腐蚀要求

略。

8.3.3 地面的构造做法

根据面层所用材料及施工方法不同，常用地面装修可分为整体地面、块材地面、卷材地面、涂料地面。

1. 整体地面

整体地面是用现场浇注混凝土的方法制成整片的地面。常用的有水泥砂浆地面、水磨石地面、菱苦土地面。

1) 水泥砂浆地面

水泥砂浆地面是用水泥砂浆抹压而成。因易结露、起灰、无弹性、热传导性高，在民用建筑中已几乎不采用，而因为造价低廉耐水，在工业建筑的厂房地面常采用，如图 8.18 所示。

(1) 单层做法：先刷素水泥浆结合层一道，再用 15～20mm 厚 1∶2 水泥砂浆压实抹光。

(2) 双层做法：先抹 15～20mm 厚 1∶3 水泥砂浆打底、找平，再用 5～10mm 厚 1∶2 或 1∶5 的水泥砂浆抹面。

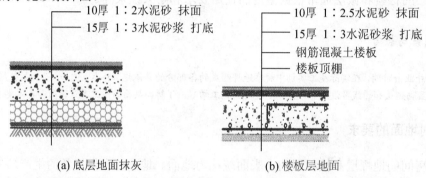

(a) 底层地面抹灰　　　　　　(b) 楼板层地面

图 8.18　水泥砂浆地面

2) 水磨石地面

水磨石地面是用水泥做胶结材料，大理石或白云石等中等硬度石料的石屑做骨料而形成的水泥石屑浆浇抹硬结后，磨光打蜡而成的地面，如图 8.19 所示。其特点是耐磨性能好、表面光洁、不易起灰、耐洗刷、造价高。过去主要应用于卫生间、公共建筑门厅、走廊、楼梯间，以及标准较高的房间，由于施工较繁琐，目前已经较少采用。

图 8.19　水磨石地面

构造做法先用 10～15mm 厚 1∶3 水泥砂浆打底、找平,用 1∶1 水泥砂浆固定分隔条(玻璃条、铜条或铝条等),再用 1∶2～1∶2.5 水泥石渣浆抹面,浇水养护约一周后用磨石机磨光,再用草酸清洗,打蜡保护,如图 8.20 所示。分隔条的作用有 3 个:一是减少开裂,二是美观,三是便于维修。

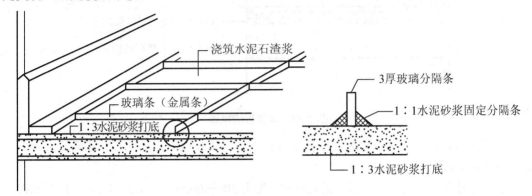

浇筑水泥石渣浆

玻璃条(金属条)

1∶3 水泥砂浆打底

3 厚玻璃分隔条

1∶1 水泥砂浆固定分隔条

1∶3 水泥砂浆打底

图 8.20 水磨石地面构造

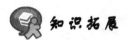 知识拓展

水磨石地坪是一种以水泥为主要原材料的一种复合地面材料,它是将大理石和花岗岩等碎片混合进水泥混合物中制作出来的一种水泥人造石材。由于颜色多样,表面光亮,形状和颜色都可任意搭配,而且价格低廉,所以在地坪行业早期被广泛使用。但由于它本身的主要成分是水泥,所以也带有水泥地面的弊病,以及特有的缺点。一是表面粗糙,水磨石地面施工需要充分打磨或打蜡处理,耗时耗力。二是水磨石地坪容易风化老化。三是抗污能力差,且污染后清理困难。四是保养难度大,费用多,长期成本高。所以,现在建筑业已经逐渐将水磨石地坪淘汰。

2. 块材地面

块材地面通常是利用各种块材铺贴而成的地面。根据面层的材料不同可分陶瓷板块地面、石板地面、木地面。

1) 陶瓷板块地面

陶瓷板块地面所采用材料主要有:缸砖、陶瓷锦砖、釉面陶瓷地砖、瓷土无釉砖等。特点是表面致密光洁、耐磨、耐腐蚀、吸水率低、不变色。

陶瓷板块地面普遍应用于各类民用建筑室内装修。过去缸砖和陶瓷锦砖在室内装修较普遍,目前,常用的是瓷土类面砖。过去由于造价较高,主要用于厕所、厨房、卫生间、浴室、实验室等,现在由于建筑工业化的发展,已经普遍应用于民用建筑室内的装修。

块材类地面铺贴方式为:在找平层上撒素水泥面(洒适量清水),用 5～10mm 厚的 1∶1 水泥砂浆将地砖铺平拍实,再用干水泥擦缝,如图 8.21 所示。

2) 石板地面

石板地面包括天然石和人造石。其中天然石又可分大理石、花岗岩;人造石分预制水磨石、人造大理石。

石板地面材料的特点是大理石、水磨石耐磨性较差,但装饰性较好,花岗岩石板耐磨性强,但石板的保温性能差、弹性差;尺寸一般为 500mm×500mm。

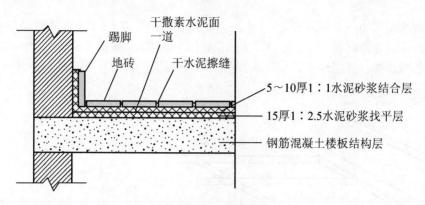

图 8.21　陶瓷板块地面

花岗岩目前较多应用于室内的楼梯踏步、室外台阶和地面，大理石、花岗岩较多应用于室内地面和园林建设。

施工方法为先试铺，合适后再正式铺砌。先用 20～30mm 厚 1:3～1:4 干硬性水泥砂浆找平，再用 5～10mm 厚 1:1 水泥砂浆铺贴石板，缝中灌稀水泥浆擦缝，如图 8.22 所示。

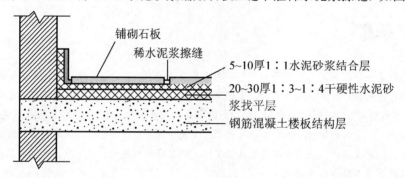

图 8.22　石板地面

3）木地面

木地面材料是经过特殊处理后具有耐腐蚀性、难燃烧、木质板材制成。

其特点是木地面有弹性、不起灰、不返潮、易清洁、保温性能好、耐火性能差、保养不好易腐朽，而且造价较高。

木地面一般应用在住宅、宾馆、体育馆、健身房、剧院舞台等。构造方式包括空铺式地面和实铺式地面。

空铺式地面常用于底层房间的木地板铺设，首先在垫层上砌筑地垄墙，墙顶部用 20mm 厚 1:3 水泥砂浆找平，将截面 100mm×50mm 的沿缘木固定在边墙上，将 50mm×70mm 沿缘木固定在地垄墙上，沿缘木之间固定 50mm×50mm 横撑，中距 800mm，上面钉木质地板，如图 8.23 所示。

实铺木地面有铺钉式和粘贴式两种方法。

铺钉式又分为单层做法和双层做法，单层做法将木地板直接钉在钢筋混凝土基层上的木格栅上，木格栅绑扎在预埋于钢筋混凝土楼板内或垫层内的 10 号双股镀锌铁丝上。木格栅布置：木格栅材料为 50mm×70mm 的木方，中距为 400mm，设置有 50mm×50mm 的横撑，中距为 800mm。格栅上再钉木质地板，如图 8.24 所示。

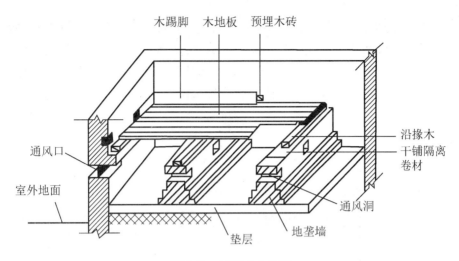

图 8.23 空铺式木地面

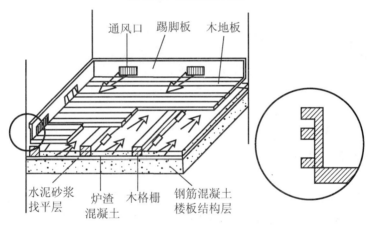

图 8.24 铺钉式实铺木地板单层做法

双层做法是在单层做法的基础上，在格栅上钉斜向 45° 木毛板，然后钉木质地板，如图 8.25 所示。

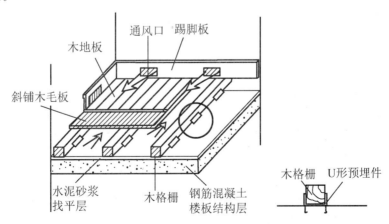

图 8.25 铺钉式双层木质地板构造

粘贴式实铺木地面是将木地面用黏结材料直接粘贴在钢筋混凝土楼板或水泥砂浆找平层上。具体的构造做法是在基层上用 20mm 厚 1∶2.5 水泥砂浆找平，然后刷冷底子油、热沥青或其他防水材料做防潮层，再用黏结剂随涂随铺 20mm 厚硬木长条木质地板。木地板做好后应刷油漆并打蜡，加以保护地面，如图 8.26 所示。

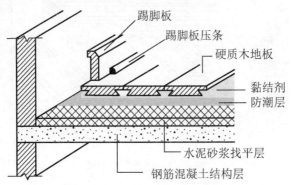

图 8.26　粘贴式木地面构造

3．卷材地面

卷材地面是用成卷的材料铺贴而成。常见的卷材材料一般有软质聚氯乙烯塑料地毡、橡胶地毡以及地毯等。

(1) 软质聚氯乙烯塑料地毡的规格宽 700～2000mm，长 10～20m，厚 1～6mm；铺设方法是用黏结剂粘贴在水泥砂浆找平层上或干铺。聚氯乙烯塑料接口切成 V 形，用三角形塑料焊条焊接，如图 8.27 所示。

(2) 橡胶地毡是以橡胶粉为基料，掺入填充料、防老化剂、硫化剂等制成的卷材。其特点是耐磨、防滑、绝缘、吸声、富有弹性。橡胶地毡施工方法与塑料地面相似，可以用黏结剂粘贴在水泥砂浆找平层上或干铺。适用于体育馆、体育场橡胶跑道，歌剧院舞台等建筑物。

(3) 地毯根据材料不同可分为：化纤地毯、羊毛地毯、棉织地毯等。地毯的本身特点：柔软舒适、吸音、保温、美观、施工简便、价格高。地毯的铺设方法通常有固定和不固定式两种。

4．涂料地面

涂料地面是在水泥砂浆地面利用涂料涂刷或涂刮而成的地面。它是水泥砂浆地面的一种表面处理形式，用以改善水泥砂浆地面在使用和装饰方面的不足。

(1) 地板漆是传统地面涂料，与水泥砂浆地面黏结性差，易磨损脱落，目前已逐步被人工合成高分子涂料取代。

(2) 人工合成高分子涂料是由合成树脂代替水泥或部分代替水泥，再加入填料、颜料等搅拌混合而成的材料，经现场涂抹施工，硬化以后形成整体的涂料地面。此种涂料特点是无缝、易于清洁、施工方便、造价较低，耐磨性、韧性和不透水性强；适用于一般建筑水泥地面装修。

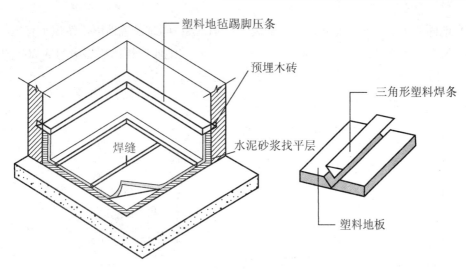

图 8.27　塑料地面

8.3.4　地面细部构造

1. 踢脚线构造

在地面与墙面交接处的垂直部位，构造上通常按地面的延伸部分进行处理，这部分称为踢脚线，也称为踢脚板，如图 8.28 所示。

作用是保护室内墙脚、避免扫地或拖地板时污染墙面。尺寸一般为 100～150mm。所用材料按地面的延伸部分来处理，过去常用的有水泥砂浆、水磨石，现在常用的有木材、石材、面砖、瓷砖、涂料等。

当墙体基层采用吸水性较高的材料砌筑时，楼地面以上应采用三皮实心砖砌筑，或现浇钢筋混凝土与楼板浇筑在一起进行防潮处理。

2. 地面排水、防水构造

对于用水频繁的房间如卫生间，如图 8.29 所示，厨房、盥洗室、浴室、实验室等；容易发生渗漏水现象，故应注意排水、防水构造。

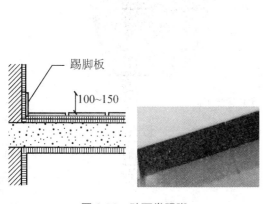

图 8.28　贴面类踢脚

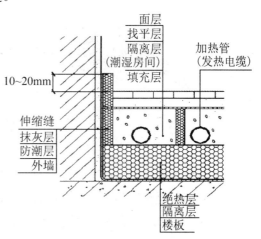

图 8.29　卫生间墙脚基层构造

(1) 地面排水应具有一定坡度，一般为 1%～1.5%；同时设置地漏，使积水有组织的排向地漏；为防止积水外溢，影响其他房间使用，有水房间地面应该比相邻房间低 20～30mm，或在门口设置 20～30mm 门槛，如图 8.30 所示。

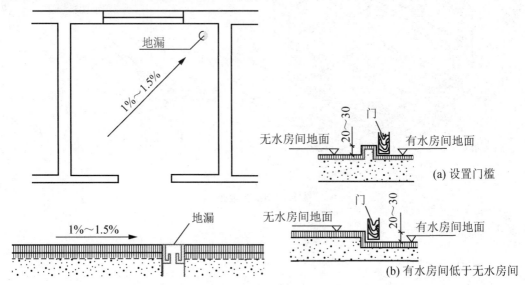

图 8.30　地面排水坡度

(2) 地面防水、防渗构造。有水房间楼板基层采用现浇钢筋混凝土楼板最佳，面层材料过去常用水泥砂浆、水磨石、陶瓷锦砖(马赛克)，现在常采用陶瓷面砖。防水层材料有防水卷材、防水涂料、防水水泥砂浆。防水层布置：在用水房间防水层沿墙体四周或排水管道向上翻 150mm，遇到门窗洞口时，向外延伸 250mm 以上，如图 8.31 所示。

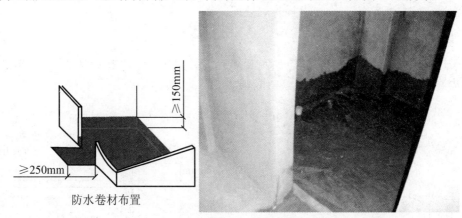

图 8.31　卫生间防水卷材布置

当竖向管道穿过楼地面时，容易产生渗漏现象，处理方法一般有两种。

对于冷水管道来讲，可以在竖管穿越的四周用 C20 干硬性细石混凝土填实，再以卷材或涂料做密封处理，如图 8.32 所示。

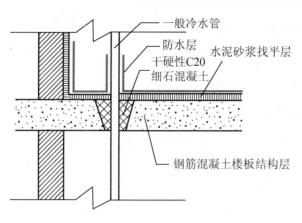

图 8.32　冷水管做法

对于热水管(例如采暖管)：在穿管位置预埋比竖管管径稍大的套管，高出地面约 30mm，在缝隙内填塞弹性防水材料，如图 8.33 所示。

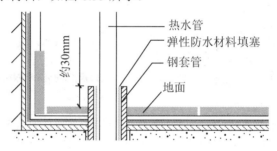

图 8.33　热水管做法

 观察与思考

通过网络查询或者向一线施工人员的请教询问、查看图纸，观察一下目前还有哪些新型或者新工艺的地面防水构造做法。

8.4　顶　棚　构　造

顶棚是楼板层下面的装修层。对顶棚基本要求是光洁、美观、采光、卫生要求；对于特殊房间的要求还应具有：防火、隔声、保温、隐蔽管线等功能。随着建筑业的发展，顶棚的构造做法推陈出新，花样繁多，而且顶棚的材料也有很大的更新进步，例如，石膏吊顶、PVC 塑料扣板、铝扣板，等等。

根据构造方式不同，顶棚可以分为直接式顶棚和吊顶棚两种类型。

8.4.1　直接式顶棚

直接式顶棚是指在钢筋混凝土楼板下做饰面层而形成的顶棚。此种顶棚构造简单，施工方便，造价较低，适用于绝大多数房间。

1. 直接喷刷涂料顶棚

当楼板底面平整、室内装饰要求不高时，楼板底部简单刮平后直接喷刷大白浆、石灰浆等涂料，以增加顶棚的反射光照作用。

2. 抹灰喷刷涂料顶棚

当楼板底面不够平整或室内装饰要求较高时，可以在楼板底部抹灰后再喷刷涂料。找平层材料有：纸筋灰(混合砂浆打底)、水泥砂浆、混合砂浆、石膏腻子等，其中纸筋灰应用最为普遍，如图 8.34(a)所示。

3. 贴面顶棚

对于有保温、隔热、吸声要求的房间，以及楼板底部不需要敷设管线、装饰要求高的房间；可于楼板底面用水泥砂浆打底找平，再用黏结剂黏贴墙纸、泡沫塑料板、铝塑板或装饰吸音板等，如图 8.34(b)所示。

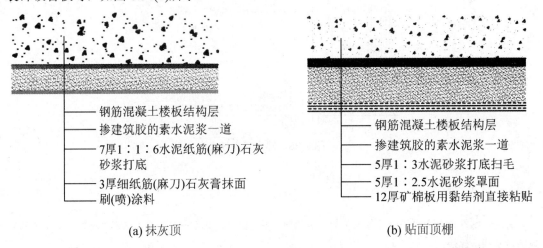

钢筋混凝土楼板结构层
掺建筑胶的素水泥浆一道
7厚1：1：6水泥纸筋(麻刀)石灰砂浆打底
3厚细纸筋(麻刀)石灰膏抹面
刷(喷)涂料

钢筋混凝土楼板结构层
掺建筑胶的素水泥浆一道
5厚1：3水泥砂浆打底扫毛
5厚1：2.5水泥砂浆罩面
12厚矿棉板用黏结剂直接粘贴

(a) 抹灰顶   (b) 贴面顶棚

图 8.34　直接式顶棚构造

8.4.2　吊顶棚

吊顶棚是指悬挂在屋顶或楼板下，由骨架或面板所组成的顶棚。吊顶构造复杂、施工麻烦、造价较高，适用于装修标准较高而楼板底部不平或楼板下面敷设管线的房间以及有特殊要求的房间。

1. 吊顶的设计要求

(1) 吊顶应该有足够的净空高度，以便于各种设备管线的敷设。

(2) 合理安排灯具、通风口的位置，以符合照明、通风要求。

(3) 选择合适的材料和构造做法，使吊顶的燃烧性能和耐火极限满足防火规范要求。

(4) 便于制作、安装和维修。

(5) 对特殊房间，吊顶棚应满足隔声、音质、保温等特殊要求。

(6) 应满足美观和经济等方面的要求。

2．吊顶构造

骨架系统一般是由吊筋、主龙骨、次龙骨等组成的，吊筋将主龙骨固定在楼板上，次龙骨固定在主龙骨上，面板固定在次龙骨上。

龙骨按照所用材料不同分为金属龙骨和木龙骨。目前，常用的龙骨有薄钢带或铝合金制作的轻钢金属龙骨、木方龙骨。面板常用的有木质板、石膏板、铝合金板、PVC 塑料扣板。

当需要设置吊顶的房间面积比较小或面板的面积比较小的时候，可以将吊顶的主龙骨直接固定在墙体上，如果吊顶的面积比较大，主龙骨的边缘可以固定在墙上，中间部分需要用吊筋固定在楼板上，如图 8.35 所示。

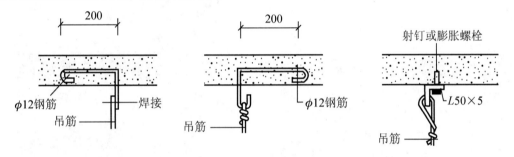

图 8.35 吊筋与楼板的固定方式

(1) 木龙骨吊顶。木龙骨吊顶的主龙骨截面一般为 50mm×70mm 方木，中距 900～1200mm，一般是单向排列。次龙骨截面为 40mm×40mm 方木，间距一般 400～500mm，通过吊木吊在主龙骨下方，可单向布置，也可双向布置，如图 8.36 所示。

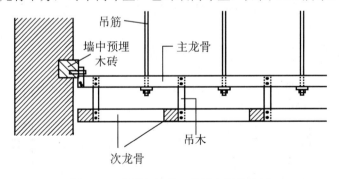

图 8.36 龙骨与墙体、吊筋之间的连接

在过去，木龙骨吊顶采用的面板常为抹灰面板，在次龙骨上钉木板条，然后抹灰，最后做表面装修，价格低廉，但是作业量大，随着近些年来建筑材料的发展，目前常用的面板为胶合板、纤维板、木丝板、刨花板、石膏板、PVC扣板等，如图 8.37 所示。

吊顶的形式可为满堂形式的，也可以在四周做窄吊顶称为边沿式吊顶如图 8.38 所示。

(a) PVC 塑料吊顶　　　　　　　　(b) PVC 塑料扣板

图 8.37　PVC 塑料吊顶及材料

(a) 满堂形式吊顶　　　　　　　　(b) 边沿式吊顶

图 8.38　吊顶的形式

(2) 金属龙骨吊顶。金属龙骨吊顶材料一般以轻钢或铝合金型材龙骨，其特点是：自重轻、刚度大、防火性能好、施工安装快、无湿作业，应用较为广泛。骨架系统的构造方式为：主龙骨截面有 U 形、倒 T 形、凹形等，一般是单向布置，次龙骨呈双向固定在主龙骨的下方，面板再固定在次龙骨上，如图 8.39 所示。

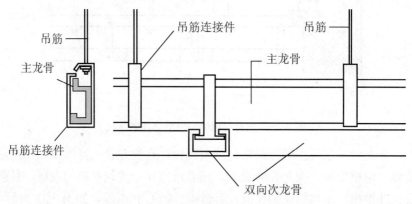

图 8.39　分主、次龙骨的金属龙骨系统

铝合金面板最后固定在次龙骨上，面板主要有人造非金属和金属面板，如图 8.40 所示。

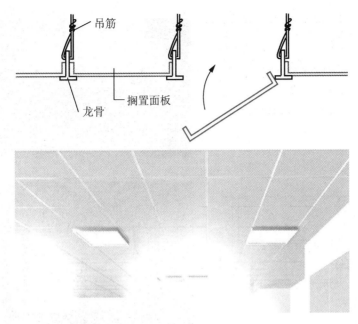

吊筋

搁置面板

龙骨

图 8.40　铝合金集成吊顶

　　人造板有纸面石膏板、浇筑石膏板、水泥石棉板、铝塑板；金属板有铝板、铝合金板、不锈钢板等，面板的形状有条形、方形、长方形、折棱形、曲面形等，面板的固定方式有螺丝固定、直接搁置在龙骨上等。

8.5　阳台与雨篷构造

8.5.1　阳台

1. 阳台的类型

　　阳台是楼房建筑中不可缺少的室内外过度空间，相当于单层平房中的院子，人们可以利用阳台晒衣、休息、眺望或从事家务活动。同时，阳台的造型也是建筑艺术造型的重要组成部分，可以装点市容，开阔人们的心情，对社会的精神文明也是起到一定作用的。

　　(1) 阳台按照与外墙的关系可分为：凸阳台、凹阳台、半凹半凸阳台等，如图 8.41 所示。

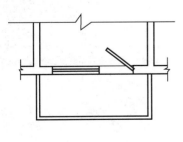

(a) 凸阳台

图 8.41　阳台的类型 I

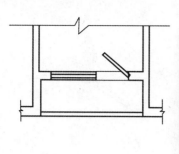

(b) 凹阳台

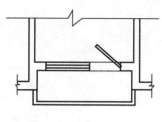

(c) 半凹半凸阳台

图 8.41　阳台的类型 I (续)

(2) 按照使用功能的不同分为生活阳台、服务阳台，如图 8.42 所示。

(a) 生活阳台　　　　　　　　　　　　　(b) 服务阳台

图 8.42　阳台的类型 II

(3) 按照通风与保暖的要求分为封闭阳台、开放式阳台，如图 8.43 所示。

(a) 封闭阳台　　　　　　　　　　　　　(b) 开放式阳台

图 8.43　阳台的类型 III

2. 阳台的结构布置

凹阳台的阳台板是楼板层的一部分，所以在承载结构上是搁板式布置方法，将阳台板搁置在两侧墙体上，由两侧墙体或柱等承受其荷载。而凸阳台的承重方案有挑板式、挑梁式和支柱式，如图8.44、图8.45所示。

1) 搁板式

搁板式是将阳台板搁置于阳台两侧凸出来的墙上，即为搁板式阳台。阳台板型和尺寸与楼板一致，施工方便。在寒冷地区采用较为广泛，可以避免冷桥。

2) 挑板式

挑板式阳台是利用楼板从室内向外延伸，形成的挑板式阳台。这种阳台构造简单，施工方便，但对寒冷地区保温不利，需要在阳台板处增加保温设施。

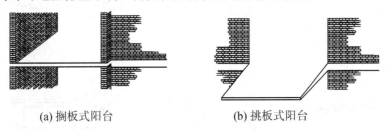

(a) 搁板式阳台   (b) 挑板式阳台

图 8.44   阳台的结构布置类型 Ⅰ

3) 挑梁式

挑梁式阳台是利用横墙向外伸出形成挑梁，上面搁置预制楼板。此种阳台荷载通过挑梁传给纵横墙，由压在挑梁上的墙体和楼板来承受阳台的倾覆力矩。挑梁式阳台的挑梁伸入墙体的长度应为挑出长度的1.5倍以上，必要时可设置边梁挡住挑梁梁头。

4) 支柱式阳台

支柱式阳台是利用阳台板四角处的边角小柱支撑阳台板。其特点是结构坚固、整体性强，但施工复杂，阳台面积利用率低。

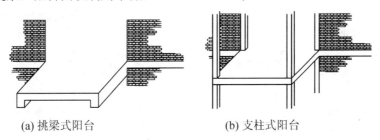

(a) 挑梁式阳台   (b) 支柱式阳台

图 8.45   阳台的结构布置类型 Ⅱ

3. 阳台的构造

1) 阳台的栏杆

栏杆是在阳台外围设置的垂直构件，扶手位于栏杆的顶端。其作用一是承担人们推倚的侧向力，保障使用者的安全；二是对建筑物起装饰作用。因此要求是坚固、美观。栏杆(栏板)高度应该高于人体重心，并且高于1.05m，高层建筑栏杆高度为1.10～1.20m。

(1) 栏杆的类型按形式分类：空花栏杆(南方地区开放式阳台)、实心栏板(住宅楼封闭式阳台)、组合式栏杆(例如一些学校宿舍楼)。

(2) 按材料分类:金属栏杆、砖砌栏板、钢筋混凝土栏杆板。金属栏杆一般为不锈的圆钢和方钢,与阳台板中预埋的通长扁钢焊接或直接插入阳台板的预留孔内。钢栏杆自重小、造型多样、抗腐蚀性好、施工方便,是现在采用较广的栏杆。

砖砌栏板有立砌和顺砌两种方式。砖砌栏板自重大、抗震性能差,为增加结构安全,需在栏板配置通长钢筋或外侧固定钢筋网,并采用现浇混凝土扶手。

钢筋混凝土栏杆与阳台板浇筑一体,也可采用预制栏杆,借预埋铁件互相焊接牢固,并与阳台板或边梁焊牢,如图 8.46 所示。

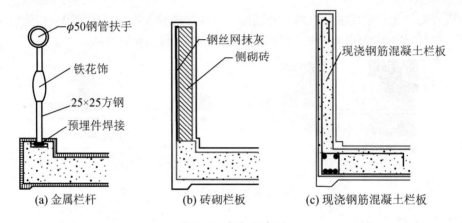

图 8.46　栏杆的类型

2) 扶手构造

扶手分为金属扶手和钢筋混凝土扶手两种,前者用于金属栏杆,后者用于栏板。金属扶手一般用 $\phi 50$ 钢管与金属栏杆焊接;钢筋混凝土扶手宽度尺寸有 80mm、120mm、160mm三种,如果扶手需要摆放花盆时,可在外侧设置 180～200mm 的保护栏板,花台净宽为240mm。在封闭式阳台中,扶手按内窗台的构造方式进行处理,如图 8.47 所示。

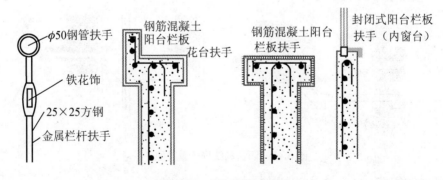

图 8.47　栏杆的扶手类型

3) 阳台的保温与排水

在我国北方寒冷地区,离客厅或卧室较近的生活阳台一般做成封闭式的,多采用钢筋混凝土实体栏板,在栏板顶端与阳台顶板之间安装保温塑钢窗,并且在阳台的外层安装保温层(泡沫苯板),以确保室内的温度,如图 8.48 所示,为实际施工中保温板的做法。

图 8.48　阳台外墙的保温

在炎热多雨的南方，或者离厨房很近的生活阳台，一般为开放式阳台，雨天会有很多雨水落到阳台板上，所以要求必须将积水及时排除掉。

阳台的排水一般分为内排水和外排水。外排水是用地漏和泄水管将雨水直接排到外面，泄水管管径一般为 40～50mm，外挑长度不少于 80mm；内排水是在高层建筑和外墙整洁要求较高的建筑中采用，将阳台的地漏用泄水管与雨水管连接，如图 8.49 所示。

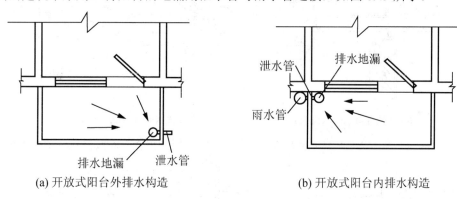

(a) 开放式阳台外排水构造　　　　　　　(b) 开放式阳台内排水构造

图 8.49　阳台的排水构造

8.5.2　雨篷

雨篷是建筑物入口处用以遮挡雨水、保护外门免受雨水侵蚀的主要构件。在过去雨篷多为钢筋混凝土悬挑构件，大型雨篷下常加立柱形成门廊，现在雨篷材料出现钢化有机玻璃，承载构件使用钢材，下面来了解雨篷构造形式如图 8.50 所示。

1. 雨篷形式

(1) 挑板式：较小的雨篷，可兼做过梁，悬挑长度一般为 700～1500mm。

(2) 挑梁式：较大的雨篷，不可兼做过梁，是钢筋混凝土楼板向外的延伸部分，例如一些校教学楼门出口。

(3) 立柱式：兼做门厅顶板的雨篷，由柱子或墙支撑，例如某些学校教学主楼、食堂等。

2. 雨篷的构造要求

(1) 防倾覆：保证雨篷梁伸入建筑内的长度(压重)。

(2) 排水：包括自由落水和有组织排水。

(3) 防水：敷设防水层，面层采用防水砂浆，并向排水口做出 1% 的坡度，防水砂浆应顺墙上卷起 300mm。

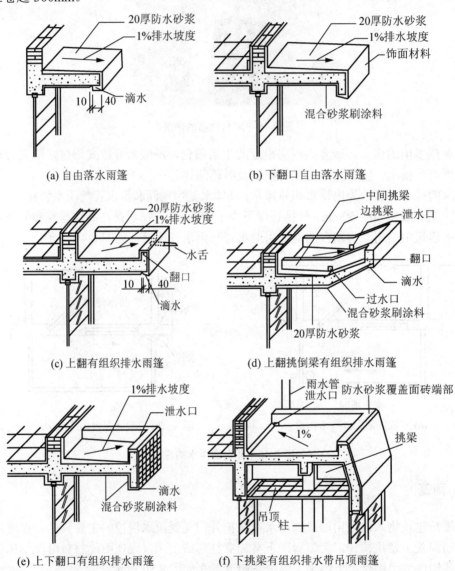

图 8.50　雨篷构造

知识提示

雨篷是建筑入口处的一层与二层之间的楼板挑出室外的部分，在顶层阳台上部也需要设置，主要是用来遮挡雨水、保护外门免受雨水侵蚀。同时雨篷也能体现出建筑的重要性和在建筑群中的地位，在艺术造型上也是起作用的，另外有些雨篷可以兼用作门厅使用。

![本章小结]

1. 楼板按所用材料不同可以分为木楼板、砖拱楼板、钢筋混凝土楼板、压型钢板组合楼板等类型。

2. 楼板层主要由四部分组成：面层、结构层、顶棚和附加层。

3. 楼板的设计要求有：①强度和刚度要求；②保温、隔热、防火、防水、隔声等要求；③便于在楼层和地层中敷设各种管线；④经济要求。

4. 现浇钢筋混凝土楼板施工过程：支模→绑扎钢筋→浇筑混凝土→养护→拆模。

5. 现浇钢筋混凝土楼板按受力和传力情况可以分为板式楼板、肋形楼板、井字楼板、无梁楼板、压型钢板组合楼板等。

6. 地坪组成由下向上依次为基层、附加层、垫层、水泥砂浆结合层和面层(地面)。

7. 地面需满足以下各方面要求：①具有足够的坚固性；②保温性能好；③具有一定的弹性；④满足隔声要求；⑤美观要求；⑥防潮防水、防火耐燃烧、耐腐蚀要求。

8. 地面面层所用材料及施工方法不同，常用地面装修可分为整体地面、块材地面、卷材地面、涂料地面。

9. 木地面按构造方式分为空铺式地面、实铺式地面。其中，实铺式地面包括铺钉式和粘贴式两种，铺钉式实铺地面有单层和双层做法。

10. 在地面与墙面交接处的垂直部位，构造上通常按地面的延伸部分进行处理，这部分称为踢脚线，也称为踢脚板。其作用是保护室内墙脚、避免扫地或拖地板时污染墙面，尺寸一般为100~150mm。材料过去常用的有水泥砂浆、水磨石，现在常用的材料有木材、石材、面砖、瓷砖、涂料等。

11. 顶棚根据构造方式不同，可以分为直接式顶棚和吊顶棚两种类型。其中直接式顶棚又分为：①直接喷刷涂料顶棚；②抹灰喷刷涂料顶棚；③贴面顶棚。

12. 阳台按照与外墙的关系可分为凸阳台、凹阳台、半凹半凸阳台；按照使用功能的不同分为生活阳台、服务阳台；按照通风与保暖的要求分为封闭阳台、开放式阳台。

13. 凸阳台按承重方案可分挑板式、挑梁式和支柱式。

14. 栏杆的类型按形式可分空花栏杆(南方地区开放式阳台)、实心栏板(住宅楼封闭式阳台)、组合式栏杆(例如一些学校宿舍楼)，根据材料分为金属栏杆、砖砌栏板、钢筋混凝土栏杆板。

15. 雨篷根据构造形式分为自由落水雨篷、下翻口自由落水雨篷、上翻有组织排水雨篷、上翻挑倒梁有组织排水雨篷、上下翻口有组织排水雨篷、下挑梁有组织排水带吊顶雨篷。

复习思考题

一、判断题

1. 在墙体中，勒脚就是踢脚。 （　）

2．外窗台一般水平设置。 （　　）

3．无论墙体采用什么装修方式，墙体基层上都应该做底层抹灰。 （　　）

4．目前现浇钢筋混凝土楼板由于模板用量大，施工速度慢等原因仍然得不到广泛应用。

（　　）

5．地面就是指地坪层的上表面。 （　　）

6．水磨石地面是块材类地面。 （　　）

二、选择题

1．下列不属于贴面类墙体装修材料的是(　　)。
　　A．马赛克　　　　B．陶瓷面砖　　　C．天然石板　　　D．斩假石

2．目前，(　　)具有较好的发展前景。
　　A．压型钢板组合楼板　　　　　　B．预制钢筋混凝土楼板
　　C．木楼板　　　　　　　　　　　D．钢楼板

3．水磨石地面设置分格条的作用是(　　)。
　　Ⅰ．坚固耐久　　Ⅱ．便于维修　　Ⅲ．防止产生裂缝　　Ⅳ．防水
　　A．ⅠⅡ　　　　B．ⅠⅢ　　　　C．ⅡⅢ　　　　D．ⅢⅣ

4．学校教室的钢筋混凝土楼板一般属于(　　)。
　　A．板式楼板　　　　　　　　　　B．井字楼板
　　C．现浇肋形楼板　　　　　　　　D．预制钢筋混凝土楼板

5．随着人们生活水平的不断提高，下列哪种地面装修方式正被逐步淘汰(　　)。
　　A．水泥砂浆地面　　　　　　　　B．水磨石地面
　　C．陶瓷板块地面　　　　　　　　D．花岗岩地面

6．目前应用比较广泛的楼板是(　　)。
　　A．砖拱楼板　　　　　　　　　　B．预制钢筋混凝土楼板
　　C．现浇钢筋混凝土楼板　　　　　D．压型钢板组合楼板

7．下列哪种房间不适用板式楼板(　　)。
　　A．厨房　　　　　B．厕所　　　　C．走廊　　　　D．教室

8．厕所的地面不应该采用(　　)。
　　A．大理石地面　　B．缸砖地面　　C．马赛克地面　　D．水磨石地面

9．目前，预制钢筋混凝土楼板及楼梯在民用建筑中不常用的主要原因是(　　)。
　　A．自重比较大　　　　　　　　　B．施工速度较慢
　　C．整体性和抗震性能比较差　　　D．强度比较低

三、填空题

1．常见的墙面装修可分为_____、_____、_____、_____、_____。

2．底层地坪主要由_____、_____、_____、附加层组成。

3．现浇钢筋混凝土楼板是在施工现场通过_____、_____、_____等工序而成型的。

4．雨篷按照承重形式分为_____、_____、_____。

四、简答题

1．什么是地面？对地面有哪些基本要求？

2．如何做好卫生间、厨房、浴室的排水、防水工程？

五、综合实训

1．通过参观施工生产一线、访问施工技术人员和网络查询，了解现浇钢筋混凝土楼板和地坪层的施工生产过程及细部要求。

2．观察自己身边生活中建筑物阳台和雨篷构造，总结阳台的种类、结构构造，掌握阳台的栏杆、扶手、艺术造型、保温和排水等细部构造，找出本书中没有介绍的阳台和雨篷种类。

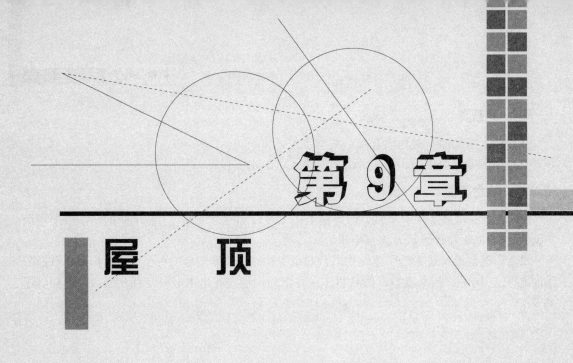

第 9 章

屋 顶

学习目标

1. 了解民用建筑屋顶的结构形式和外形种类及其设计要求。
2. 掌握各类民用建筑屋顶建造的基本要求。
3. 掌握平屋顶的组成、特点和排水组织(坡度)组织方法。
4. 掌握平屋顶钢筋混凝土结构层的施工过程。
5. 掌握平屋顶的防水、泛水构造组成与施工方法。
6. 掌握平屋顶的保温与隔热的构造组成与施工方法。
7. 了解坡屋顶的组成、特点。
8. 了解各类坡屋顶的结构承重方案和外形种类及其设计要求。
9. 掌握坡屋顶常见承重结构的施工与安装。
10. 掌握坡屋顶的坡面组织方法、屋面排水、防水及泛水构造。
11. 掌握坡屋顶的保温与隔热措施。
12. 掌握空间结构屋顶承重结构和屋面安装。

学习要求

知识要点	能力要求	相关知识	所占分值(100分)	自评分数
屋顶概述	结合书本理论知识对屋顶实物进行准确识别	屋顶的分类、组成和特点	15	
平屋顶构造	钢筋混凝土平屋顶的结构形式和施工方案	平屋顶的钢筋混凝土结构层	10	
	平屋顶排水组织的构造与施工	平屋顶的坡度、坡向和排水组织	10	
	平屋顶的防水层的铺设、檐口和泛水的构造处理	平屋顶的防水构造和泛水处理	15	
	平屋顶的保温层、隔热层的施工与安装	平屋顶的保温隔热	5	

续表

知识要点	能力要求	相关知识	所占分值 (100分)	自评分数
坡屋顶构造	坡屋顶各类结构层的安装与施工(包括现浇钢筋混凝土结构屋顶)	坡屋顶的承重结构	20	
	坡屋顶的排水组织的设计与施工	坡屋顶的坡面组织	5	
	坡屋顶的防水、保温和屋面的安装	坡屋顶的层次构造	15	
	网架结构钢化玻璃屋顶承重结构和屋面的安装	网架结构玻璃屋顶的构造	5	

章节导读

　　当人们走在一座城市的街道上时，周围远近各色建筑的造型构成了一道绚丽多彩的城市风景，使得人们在感受现代城市物质文明建设的同时也充分地感到了精神文明的不断进步和发展，其中这些建筑的屋顶是构成建筑形象和城市规划的重要组成部分。我国在建筑史上的发展源远流长，古代的建筑工程师在技术和材料十分落后的情况下能够创造出当时的各种形式的屋顶，并且对周边国家的影响也很大。从一些古城建筑造型和街区的组成上就可以感受到我国古代建筑工程师的智慧和技术能力，对当代的建筑工程师在建筑的设计和建造的思路上也有很多影响。作为一名中国人在感到自豪的同时要利用现代先进的材料、工艺和技术，结合实际需要为城市的规划建设，建造出外形变化多样和细部装修精美的屋顶来，当然也包括古代和近代传统类型的屋顶。

　　由此，思考一些问题：

　　作为承重构件，屋顶将要依靠什么样的结构来承受各种荷载，当代建筑常见的屋顶承重结构都有哪些？

　　作为围护构件，屋顶怎样抵御风霜雨雪和太阳辐射的影响，以确保室内的温度、湿度和光学环境？

　　作为建筑形象的重要组成部分，屋顶都有哪些形式？

　　古代的建筑奇迹——古巴比伦的空中花园，能否利用现代的技术和条件来变成现实？

　　通过这一章的学习并结合对周围建筑的观察，来分析、思考和讨论以上问题。

9.1　屋顶的基本知识概述

引例

　　试想一下，一栋建筑如果没有了屋顶，会是什么样子？屋顶的不可或缺说明了屋顶都有哪些重要性？作为技术人员，确保使用者的安全性和舒适性是最重要的，屋顶该怎样才能满足使用者的这些要求？

9.1.1　屋顶的作用

　　屋顶又称屋盖，是建筑最上部的水平构件，是房屋的重要组成部分，主要有三方面的作用。

　　首先，屋顶作为承重构件，承受着自重和施加在屋顶上的各种活荷载，并将这些荷载通过墙体和柱传递给基础和地基。同时，对建筑的墙体和柱也起到水平支撑的作用，以保证房屋具有良好的刚度、强度和整体稳定性。

其次，作为建筑的重要围护构件，为确保室内的温度、湿度环境要求和光线要求，屋顶要隔绝风霜雨雪、太阳辐射、季节和气候变化等自然因素的影响，为室内空间创造良好的使用环境。

最后，屋顶的色彩、外形和细部构造也是建筑艺术造型的重要组成部分。

9.1.2 屋顶设计和施工的基本要求

基于屋顶以上的作用和功能，人们对屋顶有以下的基本要求。

1. 结构性能要求

屋顶在结构设计和施工上要承受各种荷载，不能发生过大的变形和位移，更不能发生任何破坏，屋顶的结构层与墙体和柱构成的框架体系应该有很好的整体性、稳定性。

2. 排水要求

利用屋面合适的坡度、合理的布置方案，将屋面的积水及时地排除，尽量减少屋面雨水的停留时间。

3. 隔绝性能要求

屋面应具有良好的防水、保温、隔热等要求，以确保室内的温度和湿度环境。

4. 材料要求

屋顶的构造应简单、自重轻、取材方便、经济合理，并且对于各种自然因素的影响应该具有良好的耐久性和防火性。

5. 建筑艺术要求

屋顶在色彩和造型上应该根据当地的自然环境、习俗、经济、材料供应等情况进行设计和施工，体现出屋顶的建筑艺术效果。

9.1.3 屋顶的类型

1. 按照屋面的坡度和外形分类

按照屋面的坡度和外形分为：平屋顶、坡屋顶和其他形式的曲面屋顶。

(1) 平屋顶按照边檐部位的构造不同分为挑檐屋顶、女儿墙屋顶、挑檐女儿墙平屋顶、坡檐平屋顶等，如图 9.1 所示。

  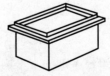 

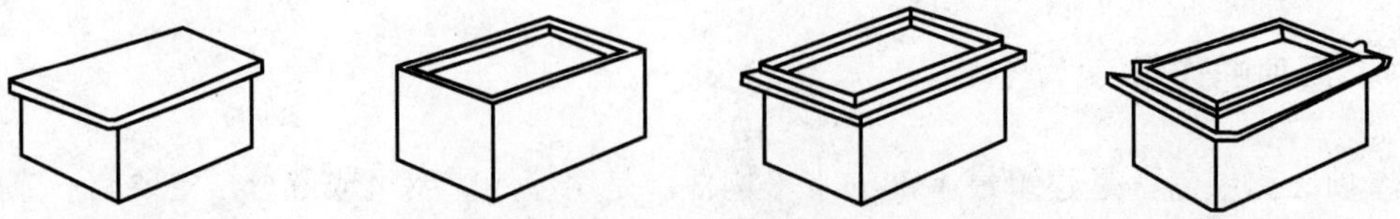

(a) 挑檐平屋顶   (b) 女儿墙平屋顶   (c) 挑檐女儿墙平屋顶   (d) 坡檐平屋顶

图 9.1 平屋顶的形式

(2) 坡屋顶按照坡面的组织形式分为：单坡屋顶、硬山两坡屋顶、悬山两坡屋顶、四坡屋顶、卷棚顶坡屋顶、庑殿顶坡屋顶、歇山坡屋顶、圆攒尖顶坡屋顶，如图 9.2 所示。

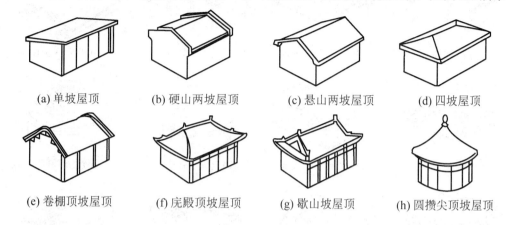

(a) 单坡屋顶 (b) 硬山两坡屋顶 (c) 悬山两坡屋顶 (d) 四坡屋顶

(e) 卷棚顶坡屋顶 (f) 庑殿顶坡屋顶 (g) 歇山坡屋顶 (h) 圆攒尖顶坡屋顶

图 9.2 坡屋顶的形式

(3) 其他形式的曲面屋顶，按照承重结构材料、承重方式和外形的不同，常见屋面屋顶主要有拱形屋顶、球形网壳屋顶、折板屋顶、悬索曲面屋顶、筒壳屋顶、扁壳屋顶等，如图 9.3 所示。

 观 察 与 思 考

利用业余时间观察一下周围的建筑屋顶，从外形和坡度上看看都有哪些类型的屋顶，如果条件允许的话，将这些屋顶用相机拍下来，分门别类地加以分析说明，看看还有哪些屋顶书里没有提及，将其反馈给本书编写组。

2. 按照屋顶承重结构分类

(1) 按承重结构的材料主要有钢筋混凝土结构屋顶、钢结构屋顶等。

(2) 按照承重结构的形式主要有钢筋混凝土梁板结构、屋架承重、山墙承重、拱形结构、薄壳结构、网架结构、空间结构、悬索结构等，如图 9.3 所示。

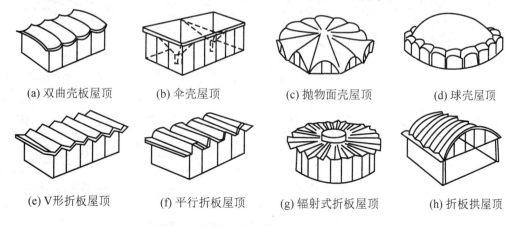

(a) 双曲壳板屋顶 (b) 伞壳屋顶 (c) 抛物面壳屋顶 (d) 球壳屋顶

(e) V形折板屋顶 (f) 平行折板屋顶 (g) 辐射式折板屋顶 (h) 折板拱屋顶

图 9.3 其他形式的折板屋顶和曲面屋顶

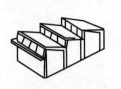
(i) 三角形锯齿屋顶

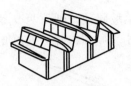
(j) 筒壳锯齿屋顶

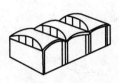
(k) 劈锥壳锯齿屋顶

(l) 曲面网架屋顶

(m) 落地拱网架屋顶

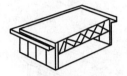
(n) 平板型网架屋顶

(o) 球形网壳屋顶

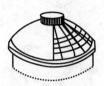
(p) 肋环网壳屋顶

(q) 单向悬索屋顶

(r) 地锚悬索屋顶

(s) 车轮形悬索屋顶

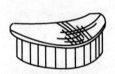
(t) 鞍形悬索屋顶

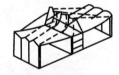
(u) 单向悬挂屋顶

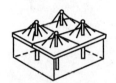
(v) 伞形悬挂屋顶

(w) 活动球顶

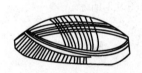
(x) 充气屋顶

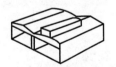
(y) 多跨双坡屋顶

(z) 多跨拱形屋顶

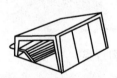
(A) 单坡刚架屋顶

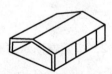
(B) 两坡刚架屋顶

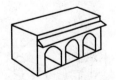
(C) 窑洞屋顶

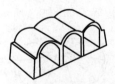
(D) 砖石拱屋顶

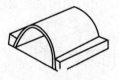
(E) 落地拱屋顶

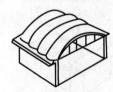
(F) 双曲拱屋顶

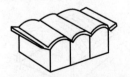
(G) 筒壳屋顶

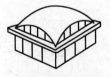
(H) 扁壳屋顶

(I) 扭壳屋顶

(J) 落地扭壳屋顶

图 9.3 其他形式的折板屋顶和曲面屋顶(续)

3. 按照屋顶表面的材料不同分类

按照屋顶表面的材料不同可分为：水泥防水砂浆屋面、陶土瓦类屋面、压型钢板类屋面、钢化玻璃类屋面、薄膜类屋面等。

4. 按照屋顶保温隔热要求分类

按照屋顶保温隔热要求可分为：保温屋面、无保温屋面、隔热屋面等。

5. 按屋面防水材料分类

按屋面防水材料分为：柔性卷材防水屋面、刚性防水屋面、涂膜防水屋面等。

我国根据建筑物的性质、重要程度、使用功能要求、防水屋面耐用年限等，将屋面防水分为四个等级。在设计和施工中，屋面工程应按所要求的等级进行设防，见表9-1。

表9-1 屋面防水等级和设防要求

项目	屋面防水等级			
	I	II	III	IV
建筑物类别	特别重要的民用建筑和对防水有特殊要求的工业建筑	重要的工业与民用建筑、高层建筑	一般的工业与民用建筑	非永久性建筑
防水层耐用年限	25 年	15 年	10 年	5 年
设防要求	三道或三道以上防水设防，其中应有一道合成高分子防水卷材，且只能有一道厚度≥2mm 的合成高分子防水涂料	两道防水设防，其中应有一道卷材；也可采用压型钢板进行一道设防	一道防水设防或两种防水材料复合使用	一道防水设防

知识拓展

在古代，屋顶应用的基本都是坡屋面，屋面上陶土瓦的荷载主要依靠屋架、檩条、椽子、挂瓦条(挂瓦扳)等搭接在一起形成的骨架体系来承担，这种屋架体系对于当时的施工条件来说造价较低，在近代和几十年前的小城镇和农村应用较广泛，如图9.4所示，但是因为采用的多是木料，所以容易腐蚀朽烂，耐久性和整体性较差。后来，随着建筑工业的不断发展，又多采用了预制钢筋混凝土屋架、檩条和挂瓦扳，但是这种体系的整体性仍然较差，并且施工也比较繁琐。随着钢筋混凝土和冶金工艺的不断更新发展，现在屋架体系多采用钢制构件焊接或铆接，对于这种屋架屋面也多采用彩色压型钢板瓦，有些建筑也采用了"平屋顶-坡屋面"，即屋面的荷载由水平的钢筋混凝土屋顶和金属屋架共同承担，如图9.7(d)所示。相比屋架系承重来说，现浇钢筋混凝土屋顶施工更加方便高效，并且整体性和稳定性也较好，所以现在很多建筑采用的就是如图9.7(a)所示的施工方法。随着新材料、新工艺和新技术的不断更新，在有些建筑内的大面积空间对采光的要求也较高，例如商场、营业大厅、车站、展览馆外墙上的窗，因为种种限制并不能满足这些较大室内空间的采光要求，而借助屋顶可以达到采光的目的，所以现在采用的屋顶大多是钢结构的屋架体系配合钢化玻璃屋面，如图9.7(b)所示。另外，更多的建筑屋顶利用钢结构和复合材料屋面的种种优势可以做成任意形状的屋面，能够体现出不同的艺术特色。如图9.5所示的部分新型屋顶照片。

图 9.4　古代及近代建筑的木质屋架结构及陶土瓦类屋面

图 9.5　各种新型的钢结构屋架承重结构体系及钢化玻璃屋面

 观察与思考

综合以上屋顶的各种分类方法，观察周围的建筑屋顶，根据收集到的图片和其他资料，分析屋顶的特点，看看屋顶都受到了哪些时代、历史、地域、宗教习俗和科学技术条件等因素的影响。

9.1.4　屋顶的坡度

建筑的屋顶由于排水和防水需要，都要有一定的坡度。

1. 屋顶坡度的表示方法

(1) 单位高度和相应长度的比值，如 1/2、1/5、1/10 等。

(2) 屋面相对水平面所成的角度，如 30°、40° 等。

(3) 平屋顶常用百分比，如 2%、5%等。习惯上把坡度小于 10%的屋顶称为平屋顶，坡度大于10%的屋顶称为坡屋顶。

2．影响屋顶坡度的主要因素

1) 屋顶面层防水材料

一般情况下，屋面材料单块面积越小，所要求的屋面排水坡度越大；屋面材料厚度越厚，所要求的屋面排水坡度越大，例如，陶土瓦的单块面积较小、材料较厚，而平屋顶的水泥砂浆保护面层面积较大，厚度较薄，如图 9.6 所示。

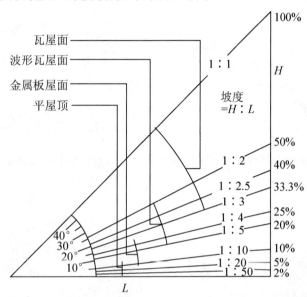

图9.6　屋面坡度范围

 观察与思考

仔细观察周围的建筑屋面，都有哪些材料的屋面坡度相对大一些？哪些材料的屋面坡度相对小一些？

2) 屋顶结构形式和施工方法

钢筋混凝土梁板结构的屋顶一般坡度较平缓，屋架、悬索、折板和空间结构的屋顶坡度较大。在过去，由于技术条件的限制，现浇钢筋混凝土只在平屋顶的结构层中比较适用，当时坡屋顶的结构层大多采用屋架檩条体系或预制钢筋混凝土结构。近些年来，钢筋混凝土浇筑工艺和技术不断发展进步，加之对房屋结构的整体性和稳定性要求越来越高，现浇钢筋混凝土坡屋顶在建筑的设计和施工中得到了普遍的应用。但在高层建筑中，出于安全角度的考虑，一般采用平屋顶。

3) 地理气候条件

在南方多雨地区，一般坡度要求陡一些，并且要求尽量采用坡屋顶，以便雨水能够迅速地排除，减少雨水在屋面的停留时间；在北方雨水较少的地区，坡度要求可放缓一些。

4) 建筑造型要求

平屋顶的建筑在平面上可以设计成任意形状，坡屋顶在我国和近代的建筑造型较多，在现代的建筑造型上也多仿照古代建筑进行设计，除了以上两种屋顶以外，许多其他造型的曲面屋顶、球形屋顶、折板屋顶等也体现出了多姿多彩的艺术特色，例如上海的东方明珠塔。

3．屋面坡度的形成方式

屋面坡度的形成方式主要有结构找坡和材料找坡。

(1) 结构找坡，是指利用屋面的承重结构构件使得屋面形成一定坡度的方式，在坡屋顶和曲面屋顶中应用较多。例如，坡屋面依靠屋架或者现浇钢筋混凝土倾斜梁板结构层进行找坡，曲面屋顶依靠钢结构网架结构承重等，如图 9.7 所示。

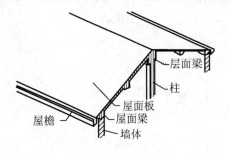

(a) 利用现浇钢筋混凝土梁板结构找坡的坡屋面

(b) 利用钢结构找坡的钢化玻璃平屋面

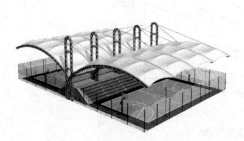

(c) 利用悬索结构找坡的曲面屋顶

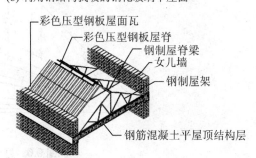

(d) 利用屋架找坡的平屋顶坡屋面

图 9.7　各类结构找坡的屋面

(2) 材料找坡，是指利用屋面结构层以上各种散状轻质材料、面层抹灰材料构造层在不同位置上的厚度差异形成的排水坡度，此种找坡方式又称为构造找坡，目前在施工中通常用于平屋顶的排水找坡，如图 9.8 所示。

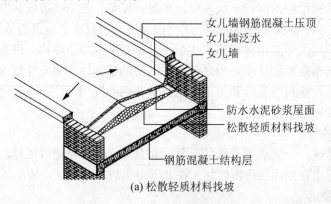

(a) 松散轻质材料找坡

图 9.8　屋面的构造层材料找坡

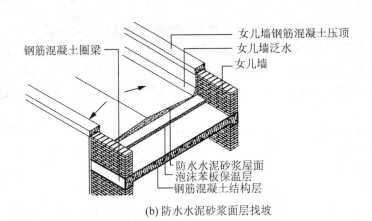

钢筋混凝土圈梁

女儿墙钢筋混凝土压顶
女儿墙泛水
女儿墙

防水水泥砂浆屋面
泡沫苯板保温层
钢筋混凝土结构层

(b) 防水水泥砂浆面层找坡

图9.8 屋面的构造层材料找坡(续)

9.2 平 屋 顶

引例2

在建筑工程中通常将坡度小于10%的屋顶称为平屋顶。平屋顶构造厚度较小，结构布置简单，室内顶棚平整，能够适应各种复杂的建筑平面形状，而且屋面防水、排水、保温、隔热等处理方便，构造简单，在目前的建筑市场应用十分广泛，尤其是平面形状十分复杂的建筑以及高层建筑。平屋面可以上人并且可以将屋顶的露天空间充分利用，例如很多沿海、沿江、沿湖建筑的平屋顶被用做露天茶馆，餐厅，以及歌舞剧场等，还有些建筑的屋顶上建成了园林，古巴比伦的"空中花园"在现代的建筑技术及工艺下成为了现实，如图9.9所示。无论平屋顶建造成什么形式，都要在结构强度、刚度、整体性和稳定性上确保使用者的安全，在排水、防水和保温隔热上确保室内有一个令使用者感到舒适的温湿度环境，这些都是对于屋顶的最基本要求，怎样满足这些要求呢？这一节内容至关重要。

(a) 屋顶露天茶馆

(b) 建造中的现代"空中花园"

图9.9 屋顶露天空间的利用

9.2.1 平屋顶的组成

1. 主要构造层次

1) 承重结构层

结构层主要承受屋顶自重以及在屋顶上的各种活荷载，并将其通过墙体、柱等构件传递给基础和地基，在过去预制构件采用较多的时期，承重结构采用较多的是预制钢筋混凝土板。现在采用的主要是钢筋混凝土板，如图 9.8 所示。在有些建筑中，虽然采用的是钢筋混凝土平屋顶，但却采用了坡屋面，这种屋顶的结构层包括了钢筋混凝土平板和屋架，如图 9.7(d)所示。还有些平屋顶的结构层采用的是钢结构的屋架，如图 9.7(b)所示。

2) 防水构造层

由于平屋顶的坡度较小，排水较慢，在屋顶的停留时间较长，所以对防水构造的要求较高。平屋顶的防水构造层主要有防水材料层和屋面层两道，防水材料层是独立的专门为防水渗透而设置的构造层次，屋面层除了起到一定的防水作用外，还起到保护其下各构造层的作用。有些建筑的屋面层和防水层合而为一，例如钢化玻璃屋面。

根据材料及防水层的做法不同可分为柔性防水屋面、刚性防水屋面和涂膜类防水屋面。柔性防水层主要采用的是各种卷材，一般常用于我国北方寒冷地区；刚性防水层主要采用的是细石混凝土、防水砂浆等刚性防水材料，主要用于南方夏季气候炎热及温差变化较大的地区；涂膜类防水层是指将胶体类溶液涂敷在找平层上，待干燥硬化后形成的一道防水层。

3) 保温隔热层

在北方地区，冬季气候寒冷，屋顶主要做好保温层的施工，材料有散状的膨胀蛭石、膨胀珍珠岩，块状的加气混凝土板、聚苯乙烯泡沫塑料板等。

在南方地区，夏季气候炎热，屋顶主要做好隔热层的施工，例如设置空气间层、堆土植草、屋顶设置蓄水池和反射隔热降温层等。

另外，在北方有些对室内温度有特殊要求的建筑，在做好室内保温的同时也要做好屋顶的隔热构造，例如食品、药品加工车间和库房等。

4) 顶棚层

在平屋顶的最下部也要设置顶棚层，在保温隔热方面上也能起到一定的作用，其构造与楼板层下面所设置的顶棚层一样。

2. 次要构造层次

根据建筑功能和施工工艺的不同，还需要设置找平和找坡层、保护层、隔汽层、隔离层等。

1) 找平和找坡层

找平层主要在铺设保温板和防水层前设置的，一般用水泥砂浆抹灰处理，找坡层可在铺设防水层前用水泥砂浆抹灰处理，也可在铺设完防水层和保温层后用散状轻质材料找坡处理，表面是防水水泥砂浆保护层。

2) 保护层

保护层置于屋顶的最上层，也就是屋面，主要起到防止各种自然因素对屋顶各构造层的侵蚀风化影响。平屋顶的屋面多采用掺有防水剂的水泥砂浆抹灰处理，起到保护和初步防水的双重作用，此外，屋面也可以起到找坡的作用。

3) 隔汽层

为了防止室内湿气进入屋面保温层，进而受热膨胀影响防水层，在保温层及防水层下需要设置隔汽层，将进入保温层内的水蒸气排入屋顶上设置的排气孔。

4) 隔离层

对于刚性防水层，为了防止结构层的挠度变形引起刚性防水层的断裂，需要在刚性防水层和其下的找平层之间设置隔离层。

3．各构造层次之间的位置关系及布置

屋顶按主要构造层次从上到下的位置关系不同，有以下三种布置方法。

(1) 屋面—防水层—保温层—结构层—顶棚，此种布置方法常见，如图9.10(a)所示。

(2) 屋面—保温层—防水层—结构层—顶棚，此种布置方法称为倒置式屋面，在施工中也较常见，如图9.10(b)所示。

(3) 屋面—防水层—结构层—保温层—顶棚，此种方法是将保温层布置在室内的屋顶结构层下，应该注意保温层的耐燃性和防火，如图9.10(c)所示。

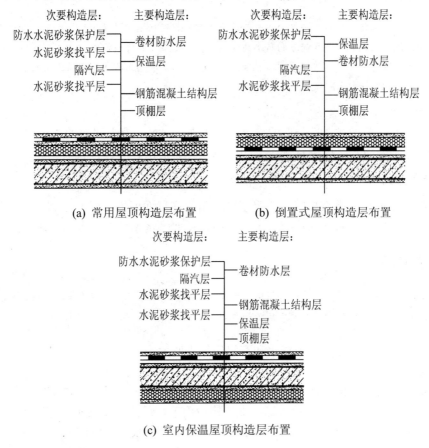

(a) 常用屋顶构造层布置　　(b) 倒置式屋顶构造层布置

(c) 室内保温屋顶构造层布置

图 9.10　屋顶构造层的布置

知识提示

图9.10并非规范性构造图，为方便作为初学者的学生了解屋顶构造而绘制，标准的构造图将各构造层的名称标在右侧，并注明采用材料的类型。

 观察与思考

通过网络查询、向一线施工人员的请教询问、查看图纸，辨别屋顶构造层的布置方法和找坡方式。

9.2.2 平屋顶的排水组织

1. 排水坡度

1) 排水坡度形成方式

目前，由于现浇钢筋混凝土屋顶在民用建筑中的普遍采用，平屋顶的找坡方式一般采用的是构造(材料)找坡，利用水泥砂浆或轻质混凝土进行找坡处理，如图 9.8 所示。

> **知识提示**
>
> 轻质材料找坡是指用炉渣、蛭石、膨胀珍珠岩等轻质材料在不同的位置堆积成不同的厚度，形成了一定的排水坡度，或者将这些轻质材料加适量的水泥浆形成了轻骨料混凝土，在不同位置浇筑不同的厚度形成排水坡度。由于这些轻质材料孔隙比较大，所以在有些工程中可以将保温层和找坡层合并在一起，不需另设水泥砂浆找坡层。

2) 排水坡度要求

不上人屋面一般做成 2%～5% 的坡度，常用 2%～3%；上人屋面做成 1%～2% 的坡度。找坡可以在屋顶做防水之前进行施工，也可以在做完防水之后进行找坡。

2. 排水方式

平屋顶坡度较小，排水较困难。为了减少雨水在屋面的停留时间，将雨水尽快地排除出去，需要组织好屋面的排水系统，统一考虑好屋面排水系统的布置与排水方式的选择。

> **知识提示**
>
> 屋顶的排水系统包括屋面、天沟、檐沟、檐口、雨水口、雨水斗、雨水管等，屋顶的排水系统布置和构造与排水方式的选择有关，所以应统一考虑。

屋面的排水方式分为无组织排水和有组织排水两大类。

1) 无组织排水

无组织排水又称自由落水，排水的组织形式是屋面的雨水顺着屋面的坡度排至屋顶的挑檐处自由滴落，如图 9.11 所示。这种做法构造简单、经济，但雨水下落时会打湿墙面，对地面也会造成一定影响，所以该种排水方式常用于雨水较少地区的低层建筑。

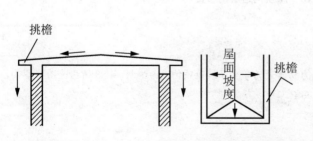

图 9.11 无组织排水

2) 有组织排水

有组织排水的形式是屋面雨水顺坡汇集于标高较低的檐沟或天沟，并在檐沟或天沟内设置沿沟长方向 0.5%～1%的纵坡，使得雨水汇集至雨水口和雨水斗排除屋面，这种屋顶的排水方式称为有组织排水。有组织排水有利于保护墙面和地面，消除了对周围环境的负面影响。一般民用和工业建筑都应采用有组织排水。

有组织排水分为外排水和内排水。

当雨水管布置在室外时称为有组织外排水，雨水经雨水管排至室外墙角处的散水或市政地下排水系统中。常见的有组织外排水主要有挑檐沟外排水，如图 9.12 所示；女儿墙天沟外排水，如图 9.13 所示；女儿墙挑檐沟外排水，如图 9.14 所示。

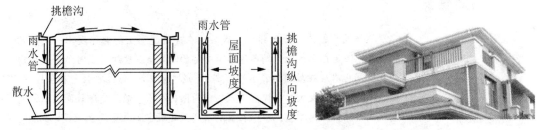

图 9.12　有组织挑檐沟外排水

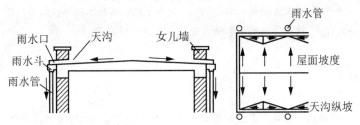

图 9.13　有组织女儿墙天沟外排水

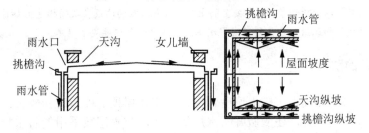

图 9.14　有组织女儿墙挑檐沟外排水

当雨水管布置在室内时称为有组织内排水，雨水经室内雨水管排至室内污水管道系统，如图 9.15 所示。

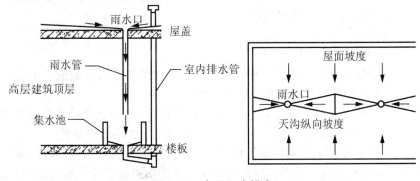

图 9.15　有组织内排水

高层建筑如果设置外排水，雨水管较长容易出现"气塞"，影响排水速度；严寒地区如果在室外设置雨水管容易冻结堵塞；屋顶面积较大难以组织外排水。除以上几种情况应该设置有组织内排水外，其他无特殊情况的建筑应该优先采用有组织外排水。

在有组织排水方式中，雨水管的数量应该根据地区每小时最大降雨量时一根雨水管所能承担的屋面雨水排除面积进行设置。一般情况下，每根口径 100mm 的雨水管所能承担的屋面排水面积为 100～200m²。

知识提示

挑檐及挑檐沟类屋面排水方式虽然在建筑造型上能够体现出一定的艺术性来，但是在北方地区的冬春季节交替的时候，温度的时高时低会使屋顶的积雪融化以后在屋檐的滴水处结冰，形成"胡萝卜"形的冰挂悬在屋檐下，随着冰挂的变粗变大，会掉落下来砸伤周围的行人，尤其是建筑高度较大的建筑此种情况最为严重。所以在多层及高层建筑中如果要设置挑檐、挑檐沟及其他装饰性构件时，一定要在建筑的底层设置裙房，或者在一楼与二楼之间设置雨棚等挑出构件，使得融化脱落的冰挂掉在裙房屋顶或雨棚上，以确保周围行人及车辆的安全，如图 9.16 所示。

图 9.16 挑檐沟与雨棚

观察与思考

观察学校及周边的建筑平屋顶，看看都属于哪种排水方式(考察调研时要注意安全，尽量不要攀登高处，条件允许的话配备望远镜、相机和该建筑施工图图纸，尽量通过安全通道到达屋顶)。将排水系统以简图的形式绘制下来并加以分析和掌握。从安全的角度，看看周围的建筑在挑檐构造上都存在着哪些安全隐患。运用学习过的相关知识结合收集到实践常识想想该如何避免这些安全隐患。

9.2.3 平屋顶的防水构造

平屋顶的排水坡度较小，排水速度较慢，雨水在屋顶的停留时间较长，在采取有效的合理措施做好排水的同时，还应做好防水层的施工。防水层按采用的防水材料和施工工艺的不同可分为卷材防水、刚性防水、涂膜防水三种。

1. 卷材防水工艺

卷材类防水是将柔性的各类防水卷材相互搭接用胶结剂铺贴在屋面找平层上形成屋面防水能力的防水做法，所以又称柔性防水。

1) 屋面防水材料

(1) 对卷材防水材料的要求包括以下三个方面。

① 延展性：建筑的不均匀沉降、屋顶结构层的挠度变形会对屋面的防水卷材层有一定的影响，所以要求卷材有应对这些变形的延展性。

② 耐气候性：屋面在昼夜温差和季节交替等因素的作用下会周而复始地热胀冷缩，需要防水材料能够随这些变化而伸展、回缩，并且保持化学性质的稳定性。

③ 耐久性：根据屋面的不同防水等级要求，建筑物的屋面防水应该达到规定的耐久年限，这就要求防水卷材具有一定的抗老化性，在规定的年限内保证防水性能的有效与稳定。

（2）施工中采用的防水卷材主要有两类，一是高聚物改性沥青防水卷材，例如 SBS、APP、OMP 等改性沥青防水卷材；二是合成高分子防水卷材，例如三元乙丙橡胶类、聚氯乙烯类、氯化聚乙烯类和改性再生胶类等。

 知识链接

过去长期以来使用的防水卷材为沥青油毡类防水卷材，这种防水卷材因为防水性能不是很好，往往重叠铺设 2～3 层，卷材与找平层之间、卷材层之间要涂敷冷底子油作为胶结材料，在当时俗称三毡四油或二毡三油。这种做法虽然造价很低，但是易老化，使用寿命短，低温脆裂，高温流淌，施工时需要加热，污染环境，所以在现在的城市工业与民用建筑的建造中已经基本被禁止使用。现在采用的新型防水卷材如改性沥青类、合成高分子类防水卷材较过去常用的沥青油毡类防水卷材来说具有弹性好、防腐蚀、耐低温、寿命长等优点，并且改性沥青防水卷材只需在卷材接缝处加热处理，与基层的黏结层不需加热，合成高分子防水卷材不需加热施工，对环境的污染较轻，加之我国近些年来化工工业的不断进步和发展，新型防水卷材在建设工程中已经十分普及。

目前，常用的防水卷材主要有聚氯乙烯丙纶、氯丁橡胶、APP 和 SBS 改性沥青卷材等。卷材类防水的施工工艺如图 9.17 所示。

（a）改性沥青防水卷材铺加热设施工　　　　　（b）聚氯乙烯丙纶防水卷材粘贴冷施工

图 9.17　卷材类屋面防水的铺设施工

2）卷材防水屋面的构造层组成

与卷材防水层相关的构造层包括结构层、找平层、结合层、防水层、隔汽层、保护层等。

（1）结构层：即钢筋混凝土结构层。

（2）找平层：铺设防水卷材前用 15～30mm 厚 1∶3 水泥砂浆在结构层或保温层上做的找平基层。

知识提示

为了防止找平层的水泥砂浆因为种种因素出现裂缝，找平层在一定范围内应该预留分格缝，分格缝的位置主要在距离檐口 500mm 的范围内，分格缝在屋面的纵横间距不应超过 6000mm。分格缝的宽度为 20～40mm，分格缝应该采用附加柔性材料或建筑油膏密封等方法处理，并且在铺设防水卷材前单向粘贴或干铺一层宽约 200～300mm 同样材质的附加卷材，在正式铺设防水卷材经过分格缝处时应该将防水卷材放宽一些，如图 9.18 所示。

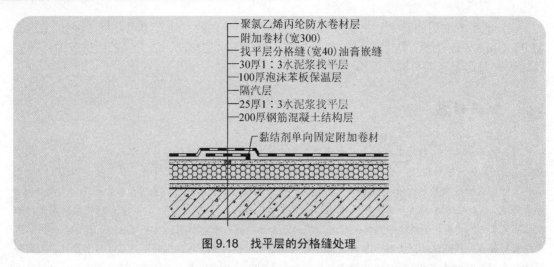

图9.18　找平层的分格缝处理

(3) 结合层：将防水卷材牢固地胶结在找平基层上的黏结层，通常改性沥青防水卷材用冷底子油粘贴在找平层上，而合成高分子防水卷材都有配套的黏结剂，例如聚氯乙烯丙纶用氯丁胶做结合层。也可以用冷底子油或稀释乳化沥青做结合层。

知识提示

　　冷底子油是指用重量配合比为4：6的石油沥青和煤油或轻柴油的混合液，也有用3：7的石油沥青和汽油的混合液。

(4) 防水层：就是指铺设的各类防水卷材。

知识提示

　　在铺设时由于卷材的长度和宽度有限，应该注意卷材之间的搭接长度，沿着坡度方向从下往上铺贴，上下搭接80～120mm，并且高处的卷材压住低处的卷材；左右应逆主导风向铺贴，相互搭接100～150mm，并且上风处的卷材压住下风处的卷材，如图9.19所示。

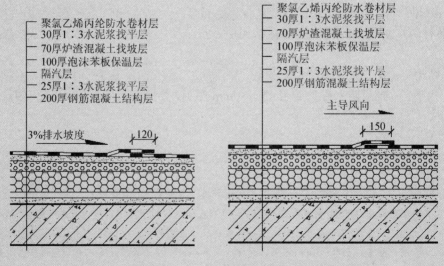

图9.19　防水卷材的搭接

(5) 隔汽层：为了防止滞留于屋面材料中或自室内渗入的水汽受热膨胀引起防水层鼓包和发生褶皱，影响屋顶的防水性能，需要在防水层及保温层下设置隔汽层，并且在适当的位置设置排气孔，如图9.20(a)所示，排气孔道可用砖砌，也可以用管材代替，如图9.20(b)所示。

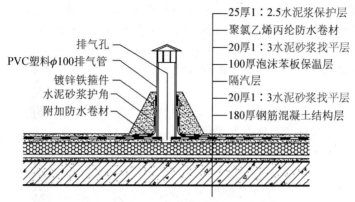

(a) 屋面隔汽层与排气孔的构造

(b) 屋面排气孔和防裂分格条

图 9.20 屋顶隔汽层

(6) 面层：又称保护层，即人们通常所说的"屋面"。如果是不上人屋面，可在表面做 20~30mm 厚的水泥砂浆找平层，如果在水泥砂浆中加入防水剂，可以起到保护构造层和防水的双重作用；如果为上人屋面，可在防水层上面浇筑 30~40mm 厚的细石混凝土，也可以用 20mm 厚水泥砂浆贴地砖或混凝土预制板等。

知识提示

在进行屋顶面层的施工中，由于温差和养护过程中的干缩等原因，屋面会出现一些裂缝，这就要求在施工的过程中采取一定的措施防止这种情况的出现，除了加强面层的养护外，还要按一定的面积设置分格缝，如图9.20在屋面上的分格条就是起到防裂缝作用的。

3) 卷材防水层的细部构造

(1) 泛水构造。泛水是指屋面与垂直墙面相交处的防水处理，例如女儿墙、山墙、烟道、排气孔等与垂直墙面相交部位，都应做泛水处理，防止交接缝出现漏水。泛水构造的具体做法如下。

① 在屋面与墙面的垂直交接缝处，用砂浆抹成圆弧或 45° 斜面，上刷卷材胶黏剂，

使卷材铺贴牢固，防止卷材架空或折裂。

② 将屋面的卷材沿墙面垂直方向向上延伸 250mm 以上，形成卷材泛水。

③ 在卷材铺设完毕后加铺一层附加卷材。

④ 做好泛水上口的卷材收头固定，防止卷材在垂直墙面下滑。一种做法是在垂直墙中沿墙体水平长度方向凿出通长凹槽，将卷材收头压入凹槽内，用防水压条钉压后再用密封材料嵌实，外抹水泥砂浆保护，凹槽上部的墙体用防水水泥砂浆抹灰；另一种做法是用通长的镀锌铁皮压条和水泥钉直接将防水卷材钉在女儿墙上，用油膏等材料将缝隙密封好，然后外抹防水水泥砂浆。

⑤ 女儿墙与屋面所成的倾斜面又称为屋顶内檐沟或天沟，内檐沟的深度和宽度根据当地的降雨量来定，一般宽度不宜小于 250mm。

泛水的构造如图 9.21 所示。

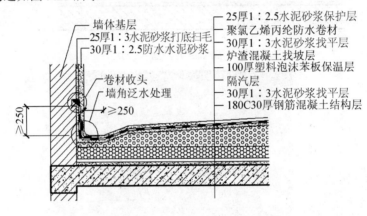

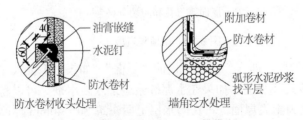

(a) 卷材的泛水处理——凹槽收头

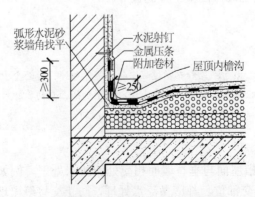

(b) 卷材的泛水处理——金属压条收头

图 9.21 卷材的泛水处理

(2) 挑檐口构造。挑檐口按照排水方式不同分为自由落水挑檐和有组织排水挑檐沟两种。其防水构造的关键在于做好卷材的收头，是卷材四周封闭，避免雨水渗入。根据檐口的不同，卷材收头的构造处理主要有以下两方面。

① 自由落水挑檐口的处理。收头处用油膏或其他胶结材料嵌实，不可用砂浆等硬性材料。可在表面安装固定彩色压型钢板瓦做面层。檐口的滴水也应做好，使得雨水能够迅速地垂直落下，防止污染墙面，如图 9.22 所示。

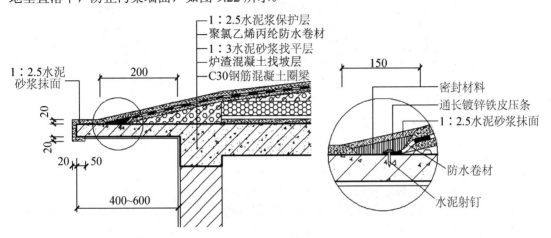

图 9.22 自由落水挑檐口的防水卷材收头处理

② 挑檐沟的卷材收头处理。在檐沟边缘的顶部用水泥钉和通长镀锌铁皮压条压住卷材端部，再用防水油膏或防水砂浆等密封材料盖缝；檐沟底部应做好泛水处理，构造和女儿墙泛水相似，防止卷材折裂；檐沟外侧下部应该做好滴水处理；檐沟内可加铺一道防水卷材，以增强挑檐沟的防水能力；挑檐沟的沟深不宜小于 150mm，如图 9.23 所示。

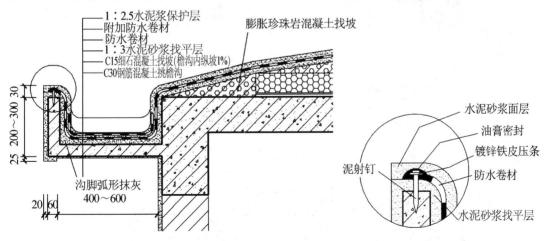

图 9.23 防水卷材挑檐沟构造及挑檐口的卷材收头处理

(3) 雨水口的处理。根据雨水口的构造不同，防水卷材的收头可分别按照下列方式进行处理。

① 女儿墙挑檐沟的防水卷材处理。在屋顶的防水卷材应该延伸出女儿墙的雨水口，并且要注意与挑檐沟防水卷材的搭接处理，如图 9.24 所示。

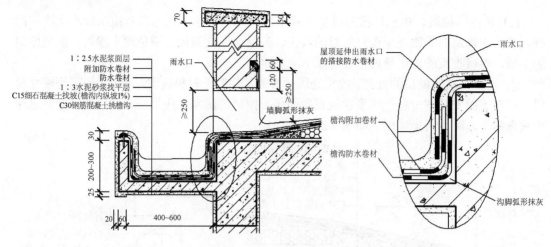

1：2.5水泥浆面层
附加防水卷材
防水卷材
1：3水泥砂浆找平层
C15细石混凝土找坡(檐沟内纵坡1%)
C30钢筋混凝土挑檐沟

雨水口

墙脚弧形抹灰

屋顶延伸出雨水口的搭接防水卷材
雨水口
檐沟附加卷材
檐沟防水卷材
沟脚弧形抹灰

图9.24 女儿墙挑檐沟卷材防水构造及卷材搭接的收头处理

② 女儿墙内天沟的防水卷材处理。雨水口多用铸铁制，安装在女儿墙的墙角处，安装雨水口之前，要在女儿墙开口处做好水泥砂浆抹灰和防水处理，铸铁雨水口在女儿墙内侧连接内天沟，对女儿墙外连接雨水斗、雨水管，并且需要增设一道附加防水卷材向雨水口内延伸50mm以上，以便盖住铸铁雨水口与屋面之间的接缝，防水卷材要用黏结剂粘牢(也可直接用油膏等将铸铁雨水口和屋面之间的接缝密封嵌实)，粘贴在女儿墙上的卷材也应向雨水口内延伸50mm以上，如图9.25所示。

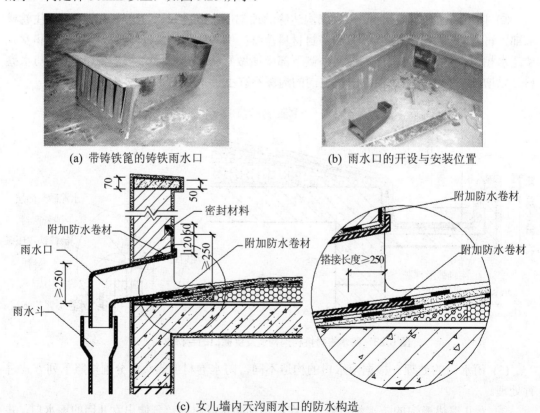

(a) 带铸铁篦的铸铁雨水口

(b) 雨水口的开设与安装位置

密封材料
附加防水卷材
雨水口
附加防水卷材
雨水斗

附加防水卷材
附加防水卷材
搭接长度≥250

(c) 女儿墙内天沟雨水口的防水构造

图9.25 女儿墙内天沟雨水口的防水处理

③ 直管式雨水口构造。直管式雨水口是指雨水直接通过雨水管顶端的雨水斗排出的排水设施，如图 9.26 所示。主要有安装在挑檐沟上的有组织外排水屋顶和安装在屋顶上的有组织内排水两种情况，如图 9.27 所示。

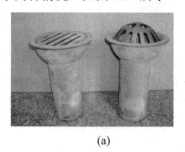

（a）　　　　　　　　　　　　　　　　　　　（b）

图 9.26　铸铁直管式雨水口

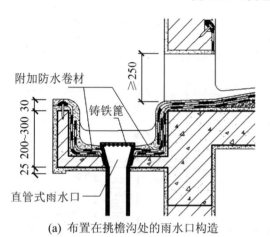

（a）布置在挑檐沟处的雨水口构造

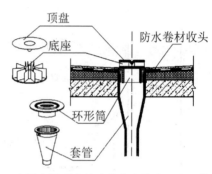

（b）布置在屋顶上的内排水直管式雨水口构造

图 9.27　直管式雨水口的布置及构造

（4）变形缝处的细部构造。由于变形缝在屋顶处也要将建筑分成两个部分，所以在进行防水施工时，对变形缝处的构造处理既不能影响屋顶的变形和位移，又要防止雨水渗入变形缝。

① 等高屋面变形缝的构造做法。在变形缝的两侧屋顶板上砌筑相同高度的矮墙，以挡住屋面雨水，矮墙高度不小于 250mm，半砖墙厚。屋面防水层与矮墙面的连接处理与女儿墙的泛水相同，在两堵矮墙之间的变形缝内填充沥青麻丝等材料。矮墙顶部在干铺一道防水卷材后可用镀锌铁皮盖缝，也可用预制的混凝土盖板盖缝，如图 9.28 所示。

② 高低屋面变形缝的构造做法。通常在低侧屋面砌筑矮墙。当变形缝宽度较小时可用镀锌铁皮盖缝并固定在高侧墙上，矮墙处的泛水与一般女儿墙泛水做法相同，如图 9.29(a) 所示。也可以从高侧墙上悬挑钢筋混凝土板盖缝，如图 9.29(b) 所示。

（5）屋面检修孔、屋面出入口构造。为了便于屋面的检修维护和屋面空间利用，建筑根据需要设置屋面检修孔和屋面出入口，需要对这些部位加强防水。

① 屋面检修孔。不上人屋面一般都应设置屋面检修孔，以便对屋面进行维修和维护。检修孔四周的孔壁可用砖砌筑成半砖墙，也可在现浇钢筋混凝土屋顶时将孔壁与屋顶浇筑成整体，高度一般为 300mm，外侧的防水层应做成泛水并将卷材用镀锌铁皮盖缝压条钉压牢固，如图 9.30 所示。

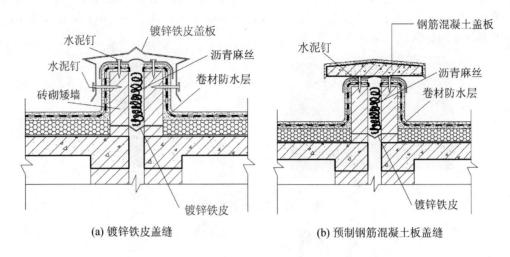

(a) 镀锌铁皮盖缝　　　　　　　(b) 预制钢筋混凝土板盖缝

图 9.28　等高屋面变形缝处的防水处理

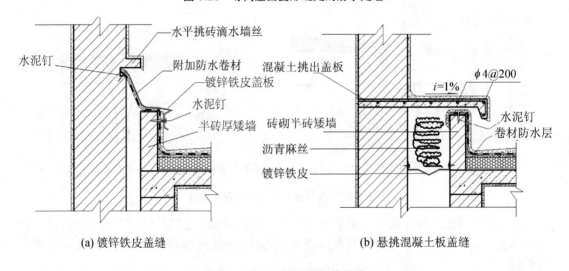

(a) 镀锌铁皮盖缝　　　　　　　(b) 悬挑混凝土板盖缝

图 9.29　高低屋面变形缝的构造处理

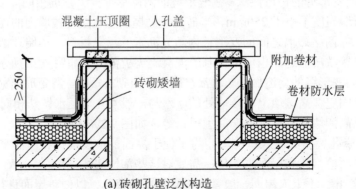

(a) 砖砌孔壁泛水构造

图 9.30　屋面检修孔构造

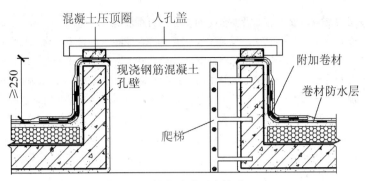

(b) 现浇钢筋混凝土孔壁泛水构造

图 9.30　屋面检修孔构造(续)

②　屋面出入口构造。上人屋面需要在楼梯间的顶部设置屋顶出入口,同一建筑如果存在高差,也可在较高部分的外墙上开门作为出入口,如图 9.31 所示。通常情况下要求顶部楼梯间的室内地面标高高于室外屋面,如果不能满足此要求,就要在出入口设挡水的门槛。屋面出入口处的构造类同于泛水构造,如图 9.32 所示。

(a) 建造中的楼梯间顶部出入口

(b) 有高差建筑屋面的出入口

图 9.31　屋顶出入口

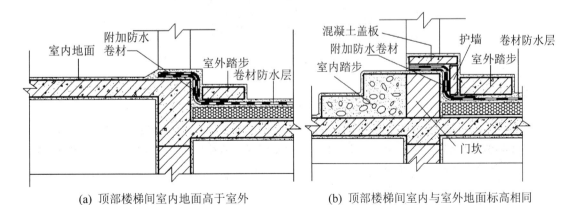

(a) 顶部楼梯间室内地面高于室外　　　　(b) 顶部楼梯间室内与室外地面标高相同

图 9.32　屋顶出入口的防水构造

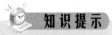

　　屋顶的女儿墙墙角、檐口、雨水口、检修口、屋面出入口等处的泛水和卷材收头是屋面防水的薄

弱环节，如果处理不好会导致顶层室内漏水受潮甚至影响屋顶结构的整体性，所以应该做好这些部位的防水处理。像女儿墙墙角、检修口、屋面出入口等处，在做防水前将垂直墙面与屋面基层之间做成弧形抹灰，以便在铺设防水卷材时防止卷材断裂从而使屋面失去防水性能，在泛水处原有的卷材防水层之上加铺一道附加防水卷材和一道自上而下的搭接防水卷材；在檐口、女儿墙雨水口和女儿墙上的卷材收头部位，通常采用的做法是将镀锌铁皮等材料制成的压条用水泥射钉固定在收头部位，然后用油膏等材料将收头部位密封好；对于弯管式、直管式落水口等排水设施与屋面之间的连接部位，在安装之前应做好防水和找平处理，在安装后应注意卷材防水层与排水设施的配合搭接；在进行表面找平和找坡时，应使得屋面坡度坡向内檐沟(内天沟)、雨水口(通向挑檐沟)、落水口等处，并且内、外檐沟内都应有不小于1%的纵向排水坡度。

 观察与思考

通过观察周围建筑的屋顶外形构造，辨别出建筑屋顶的类别，推断出该建筑屋顶应该注意哪些细部构造问题，如果条件允许的情况下，可以通过屋顶出入口到屋顶进行实践调研。

2. 刚性防水工艺

刚性防水是指利用刚性防水材料作屋面的防水层。主要有普通细石混凝土防水屋面、补偿收缩混凝土防水屋面、纤维混凝土防水屋面、预应力混凝土防水屋面等。尤以前两者应用最为广泛，如图9.33所示。

图9.33 刚性防水屋面施工

知识提示

刚性防水材料是指以水泥、砂石为原材料，或其内掺入少量外加剂、高分子聚合物等材料，通过调整配合比，抑制或减少孔隙率，改变孔隙特征，增加各原材料界面间的密实性等方法，配制成具有一定抗渗透能力的水泥砂浆混凝土类防水材料。

1) 刚性防水屋面的特点

与前述的卷材及涂膜防水屋面相比，刚性防水屋面所用材料易得，价格便宜，耐久性好，维修方便，但刚性防水层材料的表观密度大，抗拉强度低，极限拉应变小，易受混凝土或砂浆的干湿变形、温度变形和结构变形的影响而产生裂缝。

2) 刚性防水屋面在工程中的应用

基于刚性防水屋面以上特点，刚性防水主要适用于防水等级为Ⅲ级的屋面防水，也可用作Ⅰ、Ⅱ级屋面多道防水设防中的一道防水层；不适用于设有松散保温层的屋面、大跨度和轻型屋盖的屋面，以及受振动或冲击的建筑屋面，一般不适用于保温的屋面。而且刚性防水层的节点部位应与柔性材料复合使用，才能保证防水的可靠性。

3) 刚性防水屋面的构造层次及做法

如图9.34所示，刚性防水层的构造层一般有：防水层、隔离层、找平层、结构层等。

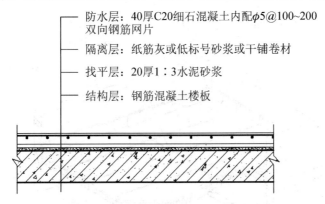

防水层：40厚C20细石混凝土内配$\phi 5$@100~200双向钢筋网片
隔离层：纸筋灰或低标号砂浆或干铺卷材
找平层：20厚1：3水泥砂浆
结构层：钢筋混凝土楼板

图9.34 刚性防水屋面(防水等级为Ⅲ级)

(1) 防水层。防水层采用不低于C20的细石混凝土整体现浇而成，厚度不小于40mm并应配置直径为$\phi 4$～6.5mm间距为100～200mm的双向钢筋网片。为提高防水层的抗裂和抗渗性能，可在细石混凝土中掺入适量的外加剂，例如膨胀剂、减水剂、防水剂等。

(2) 隔离层。为了减小结构变形对防水层的不利影响，需要在防水层与结构找平层之间设置隔离层。

知识提示

结构层在荷载作用下产生挠曲变形，在温度变化作用下产生胀缩变形。由于结构层比防水层厚，刚度也较大，当结构层屋面板产生变形时容易将刚度较小的防水层拉裂。因此，应在结构层和防水层间设置一层隔离层将二者隔离开。隔离层可选用铺纸筋灰、低标号砂浆，或薄砂层上铺一层卷材等做法。

(3) 找平层。当楼板表面较平整时可不用设置找平层，如果需要找平或找坡时，可在结构层上用1：3水泥砂浆做找平层，厚度为20mm。

(4) 结构层。目前，屋面结构层大多采用现浇钢筋混凝土屋面板。

4) 刚性防水层的细部构造

(1) 分格缝。分格缝又称分仓缝，是一种设置在刚性防水层中的变形缝，主要有两方面作用：一方面由于钢筋混凝土防水层受气温影响产生的温度变形较大，容易导致混凝土防水层开裂，设置一定数量的分格缝将单块混凝土防水层的面积减小，从而减少其伸缩变形，可有效地防止和限制裂缝的产生；另一方面钢筋混凝土屋面板在荷载作用下会发生挠曲变形，引起刚性防水层开裂，在变形敏感部位预留分格缝就可避免防水层开裂。

(2) 分格缝在设置与构造上主要有以下几个施工要点。

① 分格缝应该设置在变形和位移比较敏感的位置，例如，屋面分水岭、刚性防水层与女儿墙之间、承重墙处，如图9.35所示。

② 分格缝之间的间距不应超过6m，将屋面分成若干块，每一块称为一仓，每仓面积控制在20～30m²。

③ 刚性防水层内的钢筋在分格缝处应断开。

④ 分格缝宽度一般为 20mm，缝内填充沥青麻丝等弹性材料，以便利于自由伸缩。

⑤ 缝口可做成平缝，也可作成凸形缝，缝口用油膏等弹性密封材料嵌实，或者用 200～300mm 宽防水卷材铺贴盖缝，如图 9.36 所示。

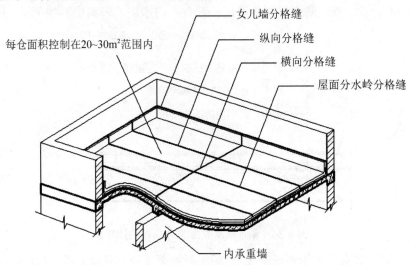

图 9.35　分格缝的位置

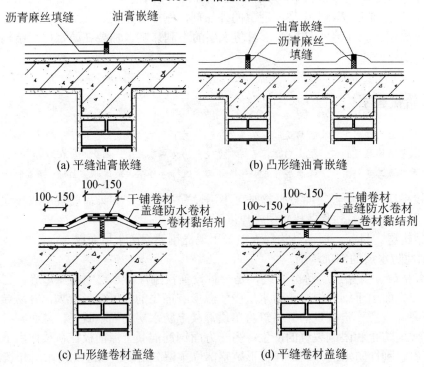

(a) 平缝油膏嵌缝　　　　　　　(b) 凸形缝油膏嵌缝

(c) 凸形缝卷材盖缝　　　　　　(d) 平缝卷材盖缝

图 9.36　分格缝构造

(3) 刚性防水层的节点构造。刚性防水屋面在檐墙处应设挑檐构件，做好挑檐沟排水或自由落水。在构造处理时应注意避免在刚性防水层及其基层的间隙渗水，如图 9.37、图 9.38 所示，女儿墙处泛水通常采用刚性防水层自身翻起进行构造处理的方法，如图 9.39 所示。

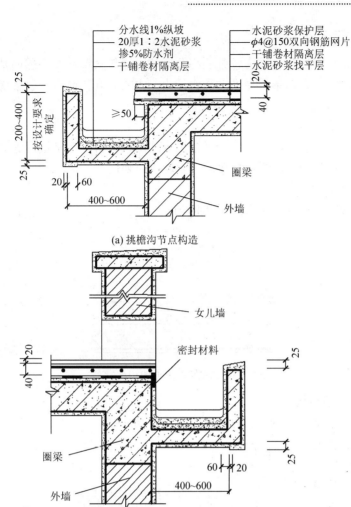

分水线1%纵坡
20厚1:2水泥砂浆掺5%防水剂
干铺卷材隔离层

水泥砂浆保护层
φ4@150双向钢筋网片
干铺卷材隔离层
水泥砂浆找平层

圈梁
外墙

(a) 挑檐沟节点构造

女儿墙
密封材料
圈梁
外墙

(b) 女儿墙雨水口节点构造

图 9.37　刚性防水屋面挑檐沟节点构造

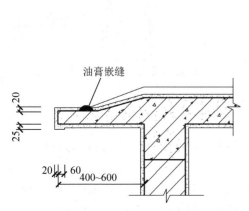

油膏嵌缝

图 9.38　自由落水刚性防水屋面檐口节点构造

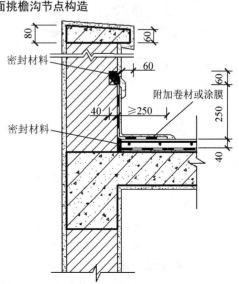

密封材料
附加卷材或涂膜
密封材料

图 9.39　女儿墙泛水构造

3. 涂膜防水工艺

涂膜防水是将可塑性和黏结力较强的高分子防水涂料直接涂刷在屋面基层上，形成一层满铺的不透水薄膜层，以形成屋面的防水能力，主要有乳化沥青、氯丁橡胶类、丙烯酸树脂类等。

1) 涂膜防水的施工工艺

涂膜防水的施工工艺有两大类，一类是用水或溶剂溶解后在基层上涂刷，通过水或溶剂蒸发而干燥硬化；另一类是通过材料的化学反应而硬化。

2) 涂膜防水的构造层次

涂膜防水屋面常用的构造层次如图 9.40 所示。

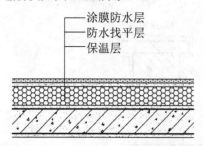

图 9.40 涂膜防水屋面的构造层次

3) 涂膜防水的节点构造

涂膜防水的构造及泛水等节点的处理如图 9.41 所示。

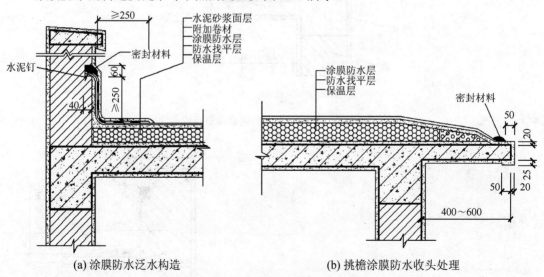

(a) 涂膜防水泛水构造   (b) 挑檐涂膜防水收头处理

图 9.41 涂膜防水屋面构造

4) 涂膜防水施工的准备工作

涂膜的基层应为混凝土或水泥砂浆，要求平整干燥，含水率为 8%～9%方可施工。

5) 涂膜防水的特点

涂膜防水材料防水性好、黏结力强、延伸性大和耐腐蚀、耐老化、无毒、冷作业、施工方便等优点，有很好的发展前景。但涂膜防水目前的价格较昂贵。

9.2.4 平屋顶的保温与隔热

在我国，无论是夏季炎热的南方还是冬季寒冷的北方，为保持建筑室内环境给人们提供舒适空间，避免外界自然环境的影响，建筑外围护构件都必须具有良好的建筑热工性能。根据各地不同的气候条件，我国北方地区通常需加强保温措施，而南方地区则主要以加强隔热措施为主。根据建筑的用途不同，北方地区的某些建筑也应考虑夏季炎热气候对室内生产及生活活动的影响，施工时也应考虑采取隔热措施。

1. 屋顶的保温

我国多数地区处于温带和亚热带，所以我国大部分地区的建筑屋顶在结构层、防水层等的基础上，均需提高其保温性能。

1) 平屋顶的保温措施

(1) 在屋顶的构造层次中设置实体保温层。

(2) 屋顶结构层选用有较好保温性能的材料。

(3) 在屋顶中设置通风层。

在以上各种保温措施中，保温材料的选用要根据当地建材市场的材料供应和施工现场的条件来确定，目前我国绝大多数平屋顶建筑需要提高保温性能的措施主要采用在屋顶构造中增设实体保温层的做法，其优点是构造简单、施工方便，经济效果也较好。

2) 保温材料

(1) 保温材料要求：密度小、孔隙多、导热系数小。

(2) 常用保温材料的主要有以下三种。

① 散状保温材料，例如矿渣、炉渣等工业废料，以及蛭石、膨胀珍珠岩等，这种材料质量轻、效果好，但整体性差，施工操作较困难，一般不单独使用，而是配合整体保温材料做构造找坡。

② 现浇轻骨料混凝土，例如炉渣水泥、蛭石水泥、膨胀珍珠岩水泥等，此种保温做法较常用。

③ 块体保温材料，如膨胀珍珠岩混凝土预制块、加气混凝土块、泡沫塑料苯板等，此种保温做法目前在我国应用很广泛。

(3) 保温层的构造做法。保温层厚度需要根据当地气候条件由热工计算确定。保温层位置目前主要有三种情况。

① 在防水层和结构层之间设置保温层，这种做法施工方便，还可以利用散状保温材料进行找坡，所以目前应该最常见，如图9.10(a)所示。

② 倒置式保温屋面，其屋面防水效果和保温效果均较好，如图9.10(b)所示。

③ 在结构层下的室内设置保温层，例如在做吊平顶时在吊平顶上铺设保温层、在顶棚上贴保温板材等，采用此种做法需要考虑保温材料的防火措施，如图9.10(c)所示。

(4) 隔汽层与排气孔。当在防水层下设置保温层时，为了防止室内湿气进入屋面保温层，进而受热膨胀影响防水性能，需在保温层下设置隔汽层。目前常用的做法就是在保温层下设防水卷材或涂刷防水涂料隔绝水汽侵入保温层。在设置隔汽层的同时，为了排除进入保温层的水蒸气，可以在保温层上部或中部设置排气道，在屋顶上做排气孔，如图9.20所示。排气孔的做法及构造已在先前提过，不再重复。

2. 屋顶的隔热

我国南方地区的夏天由于太阳辐射强烈，屋顶温度较高，北方有些特殊的建筑例如食品厂、医药仓库等，需对屋顶进行隔热构造处理。其常用的施工做法主要有以下三种。

(1) 铺设实体保温材料进行隔热处理。如铺设混凝土板或砾石屋面，如图9.42所示。

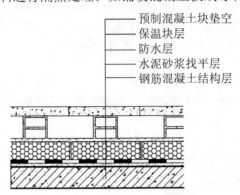

预制混凝土块垫空
保温块层
防水层
水泥砂浆找平层
钢筋混凝土结构层

图 9.42　铺设实体材料保温屋面

(2) 蓄水屋顶，如图9.43所示，屋顶堆土植草，如图9.44所示，这样一来就形成了屋顶的园林——空中花园[见图9.9(b)]。

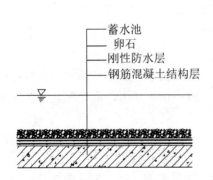

蓄水池
卵石
刚性防水层
钢筋混凝土结构层

图 9.43　屋顶蓄水池

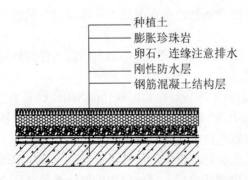

种植土
膨胀珍珠岩
卵石，连缘注意排水
刚性防水层
钢筋混凝土结构层

图 9.44　屋顶草坪

(3) 在屋顶上设架空隔热板或构造层中设空气间层，形成通风屋顶，如图9.45所示，也可以在结构层下结合室内装修设吊平顶形成通风层隔热，如图9.46所示。

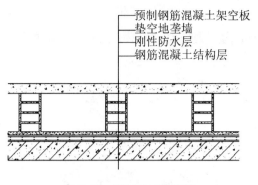

图 9.45 屋顶通风隔热层

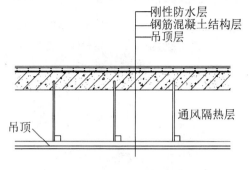

图 9.46 吊平顶通风隔热层

除了以上各种隔热措施外，在工程中还有采用屋面涂刷反光涂料或配套涂料、铺设反光卷材等方法形成的反射隔热降温屋面的做法。如图 9.47 所示的某职业学院体育馆，就是采用的此种隔热降温方法。

图 9.47 反光吸热降温屋顶

9.2.5 平屋顶的女儿墙

女儿墙指的是建筑物屋顶外围的矮墙。

1. 女儿墙的主要作用

女儿墙的主要作用除维护安全外，亦会在底处施作防水压砖收头，以避免防水层渗水、或是屋顶雨水漫流。依建筑技术规则规定，女儿墙被视作栏杆的作用。上人的女儿墙的作用是保护人员的安全，并对建筑立面起装饰作用。不上人的女儿墙的作用除立面装饰作用外，还固定油毡。

2. 女儿墙的高度

如建筑物在 10 层楼以上，高度不得小于 1.2m，而为避免业主刻意加高女儿墙，方便以后搭盖违建，亦规定高度最高不得超过 1.5m。

女儿墙的高度取决于是否上人，不上人屋面女儿墙高度应不大于 800mm，上人屋面女儿墙高度应不小于 1200mm。

有混凝土压顶时，按楼板顶面算至压顶底面为准；无混凝土压顶时，按楼板顶面算至女儿墙顶面为准。

3. 女儿墙的外形

女儿墙的外形有实体矮墙、镂空栏杆、坡檐(平屋顶坡檐)三种形式，如图 9.48 所示。

(a) 实体矮墙女儿墙

(b) 镂空栏杆女儿墙

(c) 坡檐女儿墙

图 9.48　女儿墙的外形

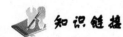

知识链接

　　宋《营造法式》上讲"言其卑小，比之于城若女子之于丈夫"，女儿墙就是城墙边上部升起的部分。《三国演义》第五十一回写道："只见女墙边虚所捌旌旗，无人守护。"这里的"女墙"一词，就是指城墙顶部筑于外侧的连续凹凸的齿形矮墙，以在反击敌人来犯时，掩护守城士兵之用。有的垛口上部有瞭望孔，用来瞭望来犯之敌，下部有通风孔。这就是女儿墙一词的典故，如图 9.49 所示。

图 9.49　古城墙上的女儿墙

　　如今女儿墙已成为建筑的专用术语，伴随着社会的发展和进步，古城墙上女儿墙的浪漫和诗情画意早已成为历史，只是国家建筑规范中的 90 厘米高的砖混结构式的一堵矮墙而已。它回归了建筑的本原，在建筑物上起着它应起的作用。女儿墙一般在一些单元楼的屋顶上，成为建筑施工工序中必不可少的并且具有封闭性的一部分。

4．避雷设施

在雷雨天气中，为确保高层建筑及其室内的人员和设备安全，需要在女儿墙等较高的突出部位上设置避雷针，避雷针之间用铁丝连接，并与女儿墙构造柱内的钢筋相连接，通向地基中，将空气中的电流导入土中，如图 9.50(a)所示。对于面积较大的屋顶，在屋顶中间远离女儿墙的部位也应设置一定数量的避雷针，如图 9.50(b)所示。

(a) 插在女儿墙上的避雷针　　　　　　　(b) 准备安置在屋顶上的避雷针

图 9.50　平屋顶避雷装置

9.3　坡屋顶的构造

 引例 3

坡屋顶是我国传统的屋顶，早在古代和近代，由于防水技术落后，为了不让雨水过多、长时间地停留在屋面，在当时绝大多数建筑采用的都是坡屋顶。直到现代，仍然有很多建筑的屋顶是由古建筑演化而来的，许多古建筑高超的艺术造型和坚固的结构，体现了我国古代文明和建筑技术在当时世界上的高度发达，很多方面是值得现在的施工技术人员去学习和借鉴的。施工技术人员要结合现代的先进技术和材料工艺，让坡屋顶更能体现出它的优势来，尤其是现代的阁楼艺术对于丰富居住着的生活和城市的风景点缀十分有意义。

为了确保建筑周围行人的安全，坡屋顶一般适用于七层或七层以下的底层及多层建筑，高层建筑仍然采用平屋顶。

9.3.1　坡屋顶的组成和特点

1．坡屋顶的组成

坡屋顶主要有屋面、支撑结构、顶棚等部分组成，必要时还可以增加保温层、隔热层、防水层等技术层。

2．坡屋顶各组成部分的作用

(1) 屋面：排除屋面雨水和雪融水，围护室内空间。

(2) 支撑结构：承受屋面荷载并将荷载传递给垂直构件(柱或墙等)。

(3) 顶棚：顶层室内装修，分为直接式顶棚和吊顶两种，其中吊顶能在屋面与顶棚之间形成一道隔热通风层，也能起到一定的保温作用。

(4) 技术层(保温层、隔热层和防水层等)：确保室内温度和湿度环境。

3．坡屋顶的特点

坡屋顶主要具有排水快，屋面造型较多，雨水在屋面停留时间较短，屋顶防水要求不高等优点。

4．坡屋顶的坡度和形式

排水坡度一般大于 10%的屋顶称为坡屋顶，坡屋顶的屋面组织形式主要有单坡屋顶、双坡悬山屋顶、双坡硬山屋顶、山墙出屋顶坡屋顶、四坡屋顶、歇山四坡屋顶等，如图 9.2、图 9.51 所示。

(a) 单坡屋顶

(b) 双坡悬山屋顶

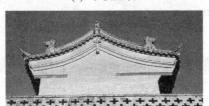

(c) 双坡硬山屋顶

(d) 山墙出屋顶坡屋顶

(e) 四坡屋顶

(f) 歇山四坡屋顶

图 9.51　坡屋顶的常见类型

坡屋顶的形式和坡度主要取决于建筑平面、结构形式、屋面材料、气候环境、风俗习惯和建筑造型等因素。

5．坡屋顶的适用范围

坡屋顶适用于七层或七层以下中小型民用建筑、工业建筑厂房。

9.3.2　坡屋顶的承重结构

坡屋面常见的支撑方式主要有山墙承重、屋架承重、椽架承重、屋面板承重等。

1．山墙承重

对于内部空间较小的民用建筑，可将山墙和横墙顶部砌成山尖形，在上面搁置并固定等距檩条、在檩条上架设椽子，然后将屋面固定在椽子上；也可将望板和屋面直接固定在檩条上。所以，山墙承重又称为硬山架檩，如图 9.52 所示。

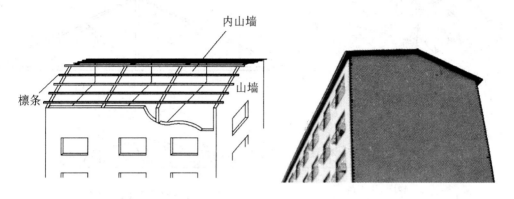

图 9.52　山墙承重

檩条有预制钢筋混凝土檩条、木檩条和型钢檩条，檩条的截面尺寸和间距通过荷载计算确定。目前，常用的檩条主要是型钢檩条，如图 9.53 所示。

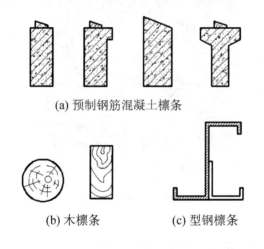

(a) 预制钢筋混凝土檩条

(b) 木檩条　　　(c) 型钢檩条

图 9.53　常用檩条

2．屋架承重

对于内部空间比较大的建筑，可在柱、墙或钢筋混凝土平顶板上设立并固定屋架，在屋架上放置檩条，檩条上再放置椽子或望板，以便安置屋面，如图 9.54 所示。

1) 屋架组成

屋架主要由上弦杆、下弦杆、腹杆、屋架间支撑等组成，如图 9.55 所示。

2) 屋架种类

屋架按材料可分为木屋架、钢屋架、钢木屋架、预制钢筋混凝土屋架，目前比较常用的是钢制的屋架，但要注意防腐处理。屋架的形状通常有三角形、拱形、多边形、三维空间屋架等，如图 9.56 所示。

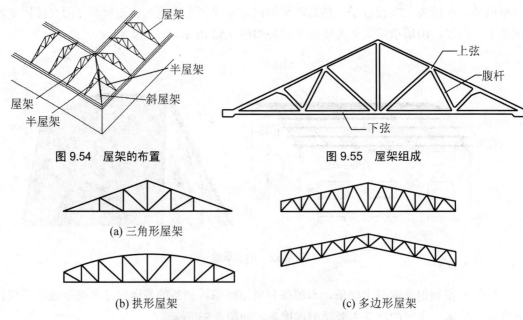

图 9.54 屋架的布置

图 9.55 屋架组成

(a) 三角形屋架

(b) 拱形屋架

(c) 多边形屋架

(d) 三维空间屋架

图 9.56 屋架的外形

3) 屋架附属构件

为了确保整个支撑结构体系的整体性和稳定性，在屋架间需要设置杆件支撑，在建筑的转角处需要设置半屋架。

4) 屋架的固定与安装

在多层及高层建筑的顶部，一般风力较大，当坡屋顶采用屋架承重的方案时，必须在屋架与墙之间的固定安装、屋架之间的支撑上确保结构的整体性和稳定性，以确保屋顶的坚固耐用和周围行人的安全。

(1) 木屋架的安装与固定。

① 对于自由落水屋面，可在女儿墙上固定经过防腐处理的沿游木，屋架的两端固定在沿游木上，如图 9.57(a)所示；也可在墙体(女儿墙)砌筑到一定高度时，用防腐木砖固定在墙的内侧，然后继续砌筑，如图 9.57(b)所示；屋架之间设置支撑，如图 9.57(c)所示。

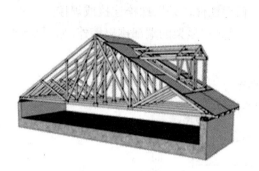

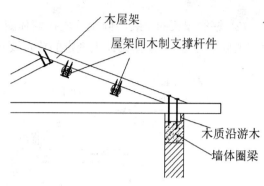

(a) 女儿墙顶沿游木固定木屋架

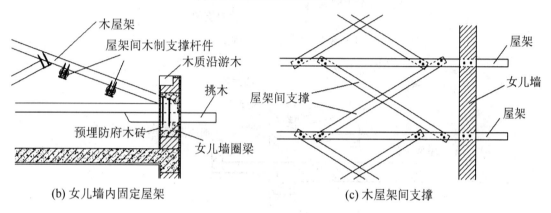

(b) 女儿墙内固定屋架　　　　　　　　(c) 木屋架间支撑

图 9.57　自由落水屋面木屋架的固定

② 对于不设挑檐有组织排水屋面，可在女儿墙内侧、墙顶以下一定距离位置上预埋防腐木砖，可将木屋架直接固定在防腐木砖上；也可在防腐木砖上沿墙体长度方向固定通长沿游木，再固定木屋架，如图 9.58 所示；木屋架间的支撑木杆安装同上。

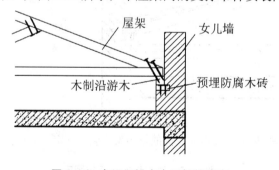

图 9.58　有组织排水木屋架的固定

知识提示

木制屋架与其他木制构件(防腐木砖、沿游木、屋架间支撑杆)连接一般采用铁钉固定，屋架下方可不设钢筋混凝土屋顶，直接设一道吊顶层；也可浇筑一道钢筋混凝土水平板，并在板上做防水层和保温层。沿游木、防腐木砖一般情况下应该固定在钢筋混凝土圈梁上。

(2) 钢制屋架的安装与固定。先在墙体圈梁中预埋铁件，采用螺栓连接或焊接的方式将屋架固定在墙上，根据设计上规定的排水要求确定是否将屋架的端部挑出墙外，如图 9.59 所示。

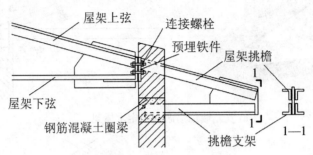

(a) 自由落水屋面钢屋架的固定

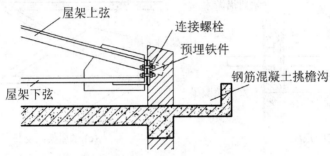

(b) 设挑檐沟屋面的钢屋架安装与固定

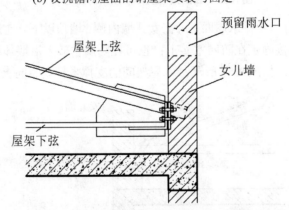

(c) 设内檐沟（天沟）屋面的钢屋架安装与固定

图 9.59　钢屋架的安装与固定

(3) 预应力钢筋混凝土屋架的安装与固定。主要依靠混凝土构件及墙体内的预埋铁件进行焊接或螺栓连接。

3．椽架承重

用密排的人字形椽条制成的支架，支在纵向的承重墙上，上面铺木望板或直接钉挂瓦条。椽架的一般间距为 400～1200mm，椽架的人字形椽条之间须有横向拉杆，如图 9.60 所示。

图 9.60 橡架承重

橡架的安装与固定方式根据材料的不同与屋架基本相同。

4．屋面板承重

屋面为斜向的现浇钢筋混凝土结构构件，直接承受屋面的荷载，并将荷载传递给墙或柱，如图 9.61 所示。施工过程与做法与钢筋混凝土楼板和平屋顶相似。

(a) 正在支模浇筑的坡屋顶 　　(b) 浇筑成型拆模后的坡屋顶

图 9.61 现浇钢筋混凝土斜屋面

知识提示

随着钢筋混凝土技术和工艺的不断发展,现浇钢筋混凝土坡屋面在民用建筑中已经十分普及。从图9.61中不难看出,顶层的斜屋面与梁、柱等钢筋混凝土构件一起构成了框架体系,这种承重结构的屋顶与屋架、橡架等承重的屋顶相比,整体性好,稳定性高,能够耐住较大风荷载的影响,便于各种技术构造层的安装与施工。并且还可以将屋顶浇筑成各种造型,对于建筑美观和市容规划起到了重要作用。

9.3.3　坡屋顶的屋面排水组织

和平屋顶一样，坡屋顶的排水方式分为无组织排水(自由落水)和有组织排水两大类。

1．排水方式

1) 无组织排水

无组织排水就是将屋顶建造成挑檐类屋檐，对于不超过三层的低层建筑，适用于这种排水方式，不超过七层的多层建筑，如图9.62所示，如果采用此排水方式，应该在一楼和二楼之间设置挑出构件(如雨棚)，确保周围行人安全。

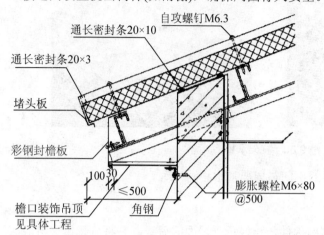

图9.62 挑檐类自由落水坡屋面

 观察与思考

观察周围的建筑，看看哪些建筑的坡屋顶采用的是无组织排水方式。认真地观察整个建筑的造型，讨论是否对周围行人存在安全隐患。如果存在安全隐患，试着设计一下，看看应该采取哪些修补措施。

2) 有组织排水

(1) 有组织女儿墙外排水。这种排水方式一般较多用于现浇钢筋混凝土坡屋面，下雨时落在坡屋面上的雨水汇集到屋面与女儿墙所形成的天沟内，再由天沟内纵坡排到雨水口，如图9.63所示。

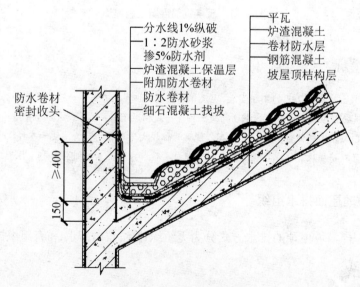

图9.63 有组织女儿墙外排水

知识提示

对于较高的六、七层以上建筑，如果出于对周围行人安全的角度考虑，可以将屋顶的排水方式设计成有组织女儿墙外排水。这种建筑如果站在楼下观察，类似于人们通常看到的平屋顶建筑，虽然安全，但是坡屋顶的美观并不能体现出来，所以在建筑中并不常用，这种构造类型的建筑也并不常见。

(2) 有组织挑檐沟外排水。这种排水方式的屋顶可以采用任何形式的承重和支撑结构，雨水顺着屋顶坡度流到坡底的檐沟，通过檐沟内的纵向坡度汇集到雨水口处，如图 9.64 所示。这种排水方式在坡屋顶中应用比较广泛。

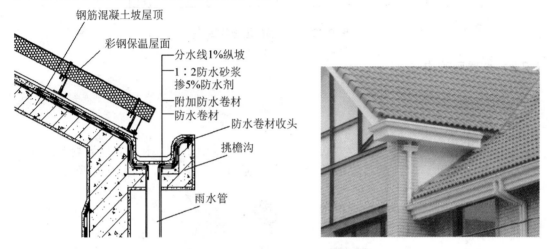

图 9.64　坡屋顶挑檐沟

2．排水组织

在坡屋顶上，斜沟、屋檐、女儿墙脚的天沟和坡屋面共同作用排除屋面积水，形成了一套排水系统，如图 9.65 所示。在进行坡屋面组织设计时，坡屋面之间的有平面交叉的位置应该尽量避免平天沟的出现，如图 9.66 所示。

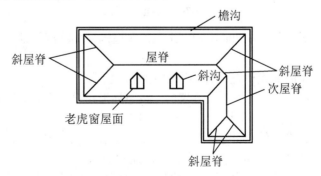

图 9.65　坡屋顶的排水组织

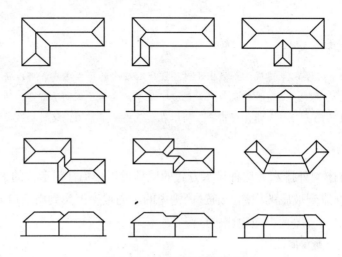

图 9.66 坡屋顶的坡面组织

9.3.4 坡屋面的构造

1. 瓦屋面

1) 瓦的种类

(1) 瓦按材料和制作工艺分类，可分为黏土瓦、小青瓦、琉璃瓦、彩色混凝土瓦(英红瓦)、水泥机平瓦等，目前常用的瓦才主要是英红瓦和水泥机平瓦，如图 9.67 所示。

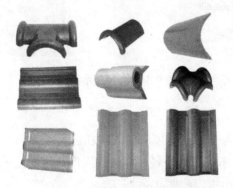

图 9.67 彩色混凝土瓦

彩色混凝土瓦标准尺寸为 420mm×332mm，水泥机平瓦标准尺寸有 400mm×385mm、385mm×235mm 两种。

(2) 瓦按照在屋面的铺设位置可分为屋面瓦和配件瓦。

① 屋面瓦是用来铺设在屋面一般位置的，按照外形可分为平瓦、三曲瓦、双筒瓦、鱼鳞瓦、牛舌瓦、板瓦、筒瓦、滴水瓦、沟头瓦、J 形瓦、S 形瓦和其他异形瓦。

② 配件瓦是用来铺设在屋面特殊位置的，配件瓦按功能分主要有：檐口瓦和脊瓦两个配瓦系列，其中檐口瓦系列包括檐口封头、檐口瓦和檐口瓦顶；脊瓦系列包括脊瓦封头、脊瓦、双向脊顶瓦、三向脊顶瓦和四向脊顶瓦等。此外，不同形状的屋面瓦还有其特有的配件。

(3) 瓦按表面状态可分为有釉瓦、无釉瓦两种。

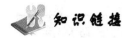知识链接

瓦在我国的建筑史上有着悠久的历史，其生产比砖早。

从甲骨文字形中，知道3000多年前的屋脊有高耸的装饰或结构构件，但尚未发掘当时实物陶瓦。故可知此种构件可能是木制——已腐烂，或铜制——尚未被今人识别，但没有覆盖烧制的陶瓦。

陶瓦或于西周初年(公元前1066年)开始用于屋顶，从岐山遗址可见遗存，判断当时仅用于屋脊部分。到了春秋时期的遗址，发现较多板瓦、筒瓦、瓦当，其表面多刻有各种精美的图案，可知当时屋面也开始覆瓦。

公元前640年在古希腊奥林匹亚兴建的赫拉神庙，是有屋瓦的建筑物中最古老的，瓦用黏土烧成。烧瓦技术很快传遍欧亚。罗马人率先使用砂岩和石灰岩混合制瓦，12世纪才普遍使用黏板岩。

春秋早期，屋面覆瓦的建筑还不多，《春秋》隐公八年，宋公、齐侯、卫侯盟于瓦屋。会盟的地点是在周王朝的温，但经中仅记为覆盖有瓦的屋，可见这是在当时人人皆知的伟大建筑。到了战国时代，一般人的房子也能用瓦了。

到了秦汉时期，形成了独立的制陶业，并在工艺上作了许多改进，如改用瓦榫头使瓦间相接更为吻合，取代瓦钉和瓦鼻。西汉时期工艺上又取得明显的进步，使带有圆形瓦当的筒瓦，由三道工序简化成一道工序，瓦的质量也有较大提高，称"秦砖汉瓦"。

最早的琉璃瓦实物见于唐昭陵。闻名中外的北京明清皇宫紫禁城屋顶的琉璃瓦表面光润如镜，作为中国帝王之家的专属用品，也成为中国建筑的象征。

2) 瓦类屋面构造

瓦类屋面主要由结构层、保温层、防水层和屋面等组成。根据支撑结构可分为檩式和板式构造。

(1) 檩式构造主要是指屋面直接支撑在檩条上的构造方式，在檩式构造屋顶上安装瓦材，需要注意关于构造方面的问题，以求做好瓦屋面的防水、排水和安全稳定。

① 檩式瓦屋面构造方式及层次。以彩色混凝土瓦和水泥机平瓦为例、根据有无保温层和望板，檩式构造瓦屋面可分为如表9-2所示的几种构造方式。

知识提示

在坡屋顶中所说的望板是指平铺在椽子上的木板，以承托屋面的苫背和瓦件，分为顺望板和横望板。

瓦类屋面在施工安装时需要注意以下几点。

首先，屋面都采用挂瓦方式进行安装，铺设瓦材的望板面要求平整，望板上需干铺一层防水卷材，在其上做顺水条、挂瓦条，当无望板时先在檩条上固定椽条，再固定挂瓦条。

其次，瓦的铺设从屋檐沿坡向上铺设，瓦的搭接长度约为75mm，根据坡面的长度可进行调节。

最后，瓦屋面的坡度通常为20%～50%，坡度较大时需要做特殊固定处理。屋面坡度为40%～50%时，屋面周边瓦、檐口瓦、檐沟瓦、天沟处和屋脊梁的瓦要用钢钉固定；屋面坡度大于50%时，或建筑处在地震区、大风区时，所有的瓦材都应用钢钉(或18号铜丝)固定；屋面坡度大于100%时，所有瓦材用钢钉(或18号铜丝)加生产厂家的瓦片夹头固定。

表 9-2　檩式屋面构造层次及做法

瓦材名称及简图	构造层次及做法 (由上至下)	防水等级
彩色混凝土瓦(英红瓦)屋面 有望板、无保温层	1. 彩色混凝土瓦(英红瓦); 2. 木挂瓦条 40×30(h); 3. 木顺水条 25×12(h), 间距 500; 4. 干铺防水卷材一层; 5. 木望板, 厚 20; 6. 木条(固定在钢檩条上); 7. 钢檩条(焊接在钢屋架上)	III级
彩色混凝土瓦(英红瓦)屋面 有望板、有保温层	1. 彩色混凝土瓦(英红瓦); 2. 木挂瓦条 40×30(h); 3. 木顺水条 25×12(h), 间距 500; 4. 干铺防水卷材一层; 5. 木望板, 厚 20; 6. 木条间填保温层; 7. 承托网; 8. 钢檩条(焊接在钢屋架上)	III级
水泥机平瓦屋面 有望板、无保温层	1. 水泥机平瓦; 2. 木挂瓦条 30×25(h); 3. 木顺水条 25×12(h), 间距 500; 4. 干铺防水卷材一层; 5. 木望板, 厚 20; 6. 木条(固定在钢檩条上); 7. 钢檩条(焊接在钢屋架上)	III级
水泥机平瓦屋面 有望板、有保温层	1. 水泥机平瓦; 2. 木挂瓦条 30×25(h); 3. 木顺水条 25×12(h), 间距 500; 4. 干铺防水卷材一层; 5. 木望板, 厚 20; 6. 木条间填保温层; 7. 承托网; 8. 钢檩条(焊接在钢屋架上)	III级
水泥机平瓦 无望板、无保温层	1. 水泥机平瓦; 2. 木挂瓦条 30×25(h); 3. 木椽条 40×50h, 间距 500; 4. 钢檩条(焊接在钢屋架上)	III级

② 檩式瓦屋面的檐口构造。瓦屋面的檐口支架应用 Q235 钢制作,以螺栓与屋架固定或与墙内的埋件连接,檐口由镀锌钢板制作并安装在封檐板或屋架上,详细构造如图 9.68 所示。

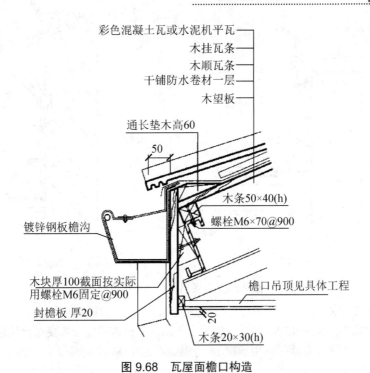

图 9.68　瓦屋面檐口构造

③ 檩式瓦屋面山墙处的泛水构造。檩式瓦屋面在山墙处的泛水构造形式分为硬山、悬山和山墙出屋顶三种构造形式，如图 9.69～图 9.71 所示。

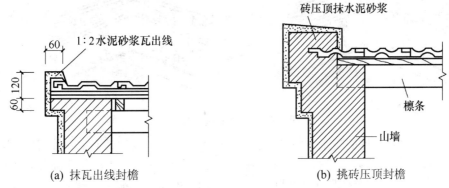

(a) 抹瓦出线封檐　　　　　　　　(b) 挑砖压顶封檐

图 9.69　檩式瓦屋面硬山泛水构造

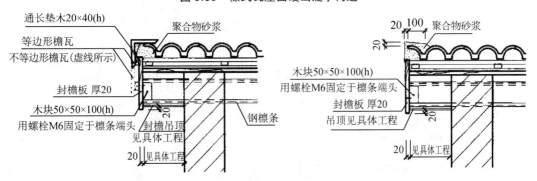

图 9.70　檩式瓦屋面悬山泛水构造

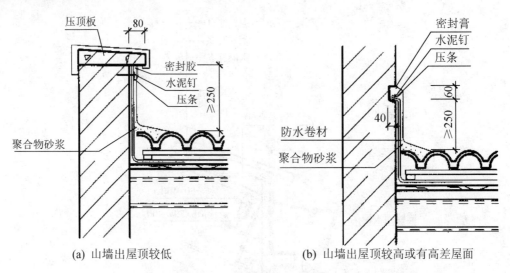

(a) 山墙出屋顶较低　　　　　　　　(b) 山墙出屋顶较高或有高差屋面

图 9.71　山墙出屋顶泛水构造

④ 屋脊处理。屋脊的脊瓦与平瓦之间用聚合物砂浆进行封檐防水处理,靠近屋脊处第一排瓦用聚合物砂浆窝牢,如图 9.72(a)所示。如果出于防风和抗震的安全需要对脊瓦进行加固,则应在屋脊上固定一根木条,每块脊瓦用一根 18 号铜丝固定在该附加木条上,如图 9.72(b)所示。

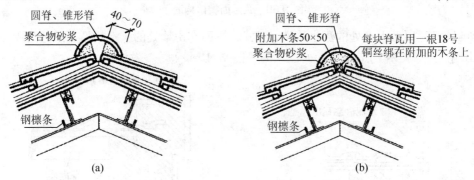

(a)　　　　　　　　　　　　　　　(b)

图 9.72　瓦屋面屋脊构造

⑤ 通风道出屋顶处的防水、保温处理。在民用建筑中,厨房、卫生间等需要设置通风道,在出坡屋顶的位置需要进行防水和保温的加强处理,通风道出屋顶的部分有金属管材(图 9.73)和砖砌(图 9.74)两种,而砖砌通风道又分为有圈梁和无圈梁两种情况

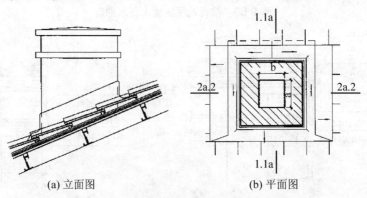

(a) 立面图　　　　　　　　　(b) 平面图

图 9.73　砖砌通风道出屋面处的构造处理

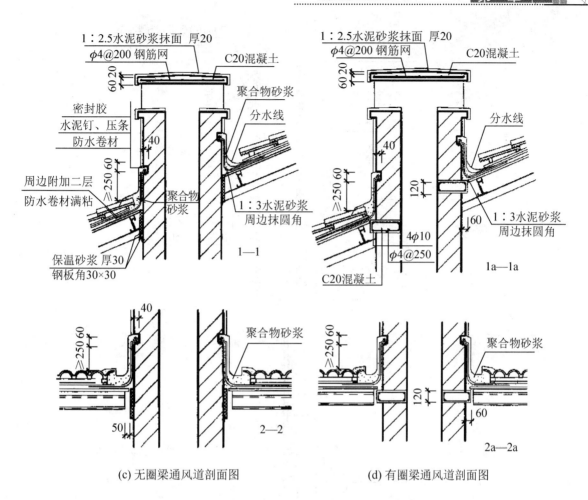

(c) 无圈梁通风道剖面图　　　　　(d) 有圈梁通风道剖面图

图 9.73　砖砌通风道出屋面处的构造处理(续)

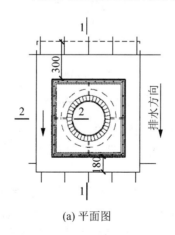

(a) 平面图

图 9.74　金属通风道出屋面构造

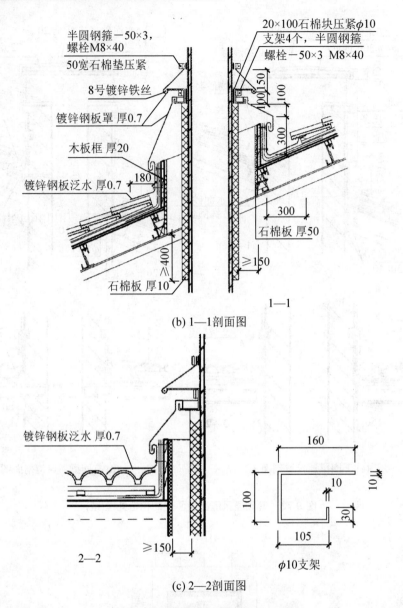

(b) 1—1剖面图

(c) 2—2剖面图

图9.74 金属通风道出屋面构造(续)

⑥ 通气管出屋面的处理。在民用建筑中，卫生间、厨房的排水管需要向上延伸出屋面作为通气管，在坡屋顶中，通气管需要设置拉索固定并在其根部加强防水和保温，如图9.75所示。

⑦ 斜天沟的处理。斜屋面之间的相交处一般是采用镀锌铁皮处理，如图9.76所示。

(2) 板式瓦类屋面主要是指在现浇钢筋混凝土坡屋顶上安装瓦材的构造方式，构造方法是在钢筋混凝土斜向结构板上铺贴防水卷材。其次安装保温层，一般是采用蛭石、炉渣等轻骨料配合水泥砂浆做成轻骨料混凝土作为保温层，也可在轻骨料混凝土下加一层泡沫苯板加强保温性能。采用麻刀水泥砂浆等将瓦固定在屋面上。详细构造如图9.77所示。

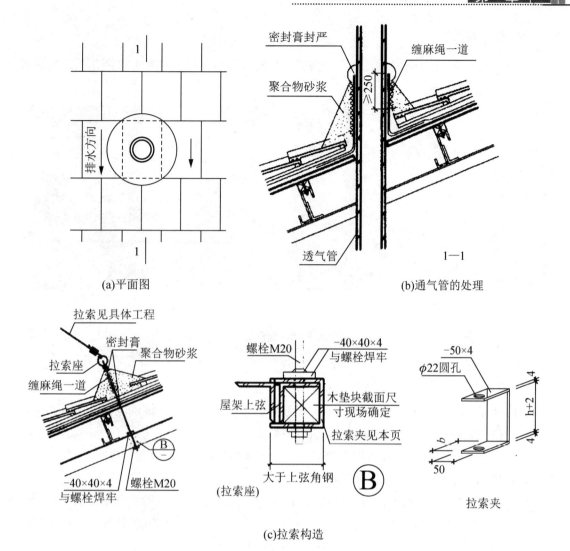

(a)平面图

(b)通气管的处理

(c)拉索构造

图 9.75　排水管道通气管的构造处理

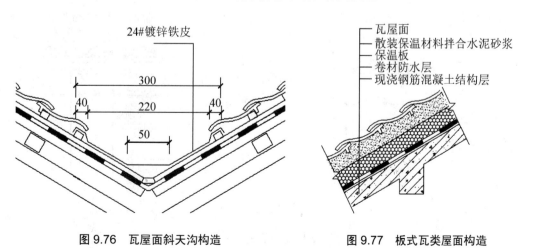

图 9.76　瓦屋面斜天沟构造

图 9.77　板式瓦类屋面构造

2. 波形瓦屋面

波形瓦是一种尺寸相对平瓦较大、横断面呈波浪形的瓦材，如图9.78所示。安装时将其直接固定在檩条上。

(a) 石棉水泥波形瓦

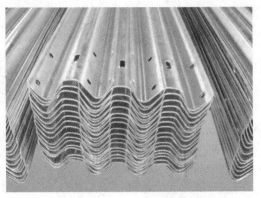
(b) 镀锌钢板波形瓦

图9.78　波形瓦

1) 波形瓦的分类

波形瓦大体上分为非金属波形瓦和金属波形瓦两大类。

(1) 非金属波形瓦包括各种大、中、小波纤维水泥瓦，加压纤维水泥瓦，聚氯乙烯塑料波纹瓦，玻璃钢波形瓦，琉璃型轻质瓦。

(2) 金属波形瓦包括镀锌薄钢板波形瓦、搪瓷波形瓦及铝波纹瓦等。

2) 波形瓦屋面的层次构造与安装

波形瓦可铺设在望板上，也可以直接固定在檩条上，相邻两瓦的横向搭接长度：大波瓦、中波瓦不应少于半个波，小波瓦不应少于一个波。上下两排波瓦的搭接长度根据屋面坡度确定，一般为150～200mm。详细构造如图9.79所示。

3) 波形瓦的适用范围

波形瓦多用于标准较低的民用建筑、厂房、附属建筑、库房及临时性建筑的屋面。

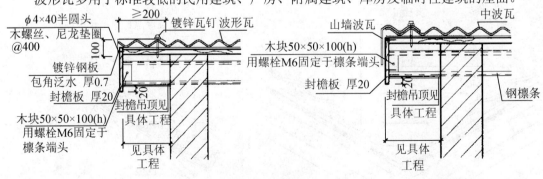
(a) 悬山封檐

图9.79　波形瓦的构造

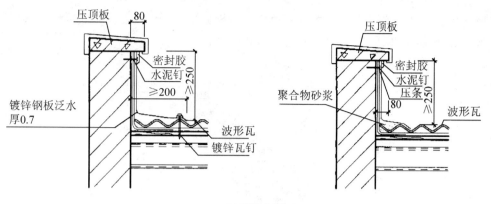

(b) 硬山封檐

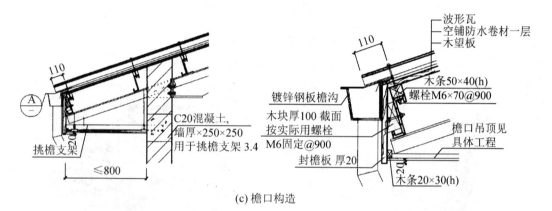

(c) 檐口构造

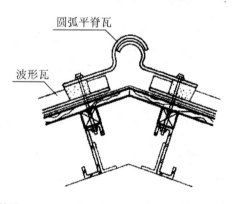

(d) 屋脊构造

图 9.79　波形瓦的构造(续)

3. 彩钢屋面

1) 材料简介

彩钢瓦是用 0.5mm 或 0.6mm 厚彩色涂层钢板经专用加工模具冷弯成型的块状屋面瓦,彩钢瓦色彩鲜艳、外形美观流畅、重量轻、坚固持久。彩钢瓦纵横均有波,瓦形及尺寸有多种。

彩色压型钢板(彩钢板)是用 0.6～1.0mm 厚彩色涂层镀锌钢板经辊压冷弯成型的单层彩

色薄钢板，分为高波板和低波板两种，彩色压型钢板如果结合保温芯板和底板可以形成复合彩钢瓦，如图 9.80 所示。

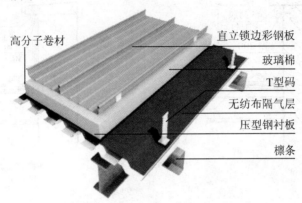

图 9.80　彩色压型钢板的尺寸及外观

加工可在施工现场进行，也可在生产厂家加工后运送到施工现场，如图 9.81 所示。此外，关于彩钢瓦屋面其他的零部件，彩钢瓦生产厂家也会专门成批量地生产制造出来。

(a) 彩钢板的辊压生产

(b) 彩钢瓦的轧制成型

图 9.81　彩色压型钢板的生产设备

2) 彩钢屋面铺设、搭接与固定

(1) 彩钢瓦屋面安装。为了确保屋面满足建筑施工的基本要求，彩钢瓦在安装过程中需要由以下施工要点来指导施工。

① 铺设彩钢瓦的望板要求平整，应先在望板上干铺一层防水卷材，在其上做顺水条，挂瓦条固定在顺水条上，彩钢瓦的挂瓦条为专业厂家生产的专业挂瓦条。

② 彩钢瓦的横向搭接应顺应当地的年最大风频方向。

③ 彩钢瓦的连接与固定用自攻螺栓连接时其位置应在波峰上，用拉铆钉连接时应在波谷上，外露钉头用密封胶封严，彩钢瓦的横向搭接缝内应设通长自黏性密封条。

④ 彩钢瓦屋面的层次构造、封檐板和挑檐沟的安装与固定，详细构造如图 9.82 所示。

知识提示

在看彩钢瓦屋面构造图的时候，需要记住，彩钢瓦的厚度只有 0.5～0.6mm，所以彩钢瓦在构造图中应该用细线来表示，如图 9.82 中的彩钢瓦，容易被初学者将彩钢瓦面、挂瓦条、顺水条看成一个整体。所以在研究彩钢瓦构造时，一定要认真观察剖面构造图。

⑤ 彩钢瓦屋面挑檐的挑出方式可采用支架支撑悬挑、砖砌挑檐支撑、屋架伸出悬挑等方式，如图 9.83 所示。

⑥ 檐沟采用镀锌钢板制作并用自攻螺栓或拉铆钉安装在挑檐上，如图 9.82、图 9.83 所示。

⑦ 山墙端部挑檐也应注意封檐，一般说来有悬山挑檐和山墙出屋顶两种构造情况。详细构造如图 9.84 所示。

⑧ 安装脊瓦时，先安装专用脊瓦支架，采用拉铆钉将脊瓦安装在支架上，脊瓦之间的接缝除了用拉铆钉固定好外，还应用密封胶封严，如图 9.85 所示。

⑨ 彩钢瓦及各彩钢部件上的钉眼应该用密封件封严。

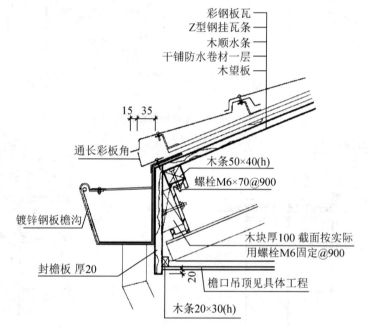

图 9.82 彩钢瓦的层次构造、挑檐沟安装、封檐

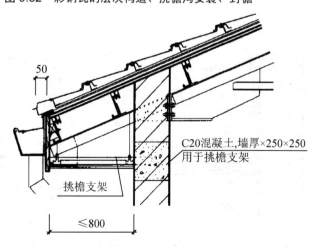

(a)支架挑檐

图 9.83 彩钢瓦屋面的挑檐方式

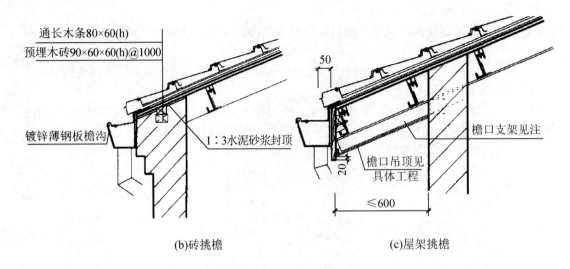

(b)砖挑檐　　　　　　　　　　(c)屋架挑檐

图 9.83　彩钢瓦屋面的挑檐方式(续)

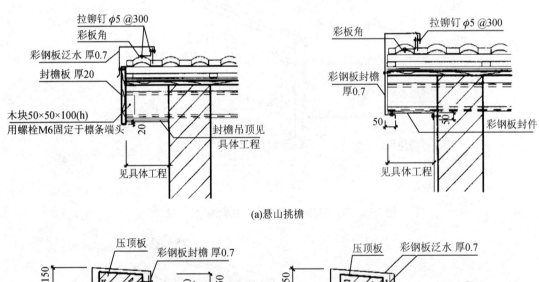

(a)悬山挑檐

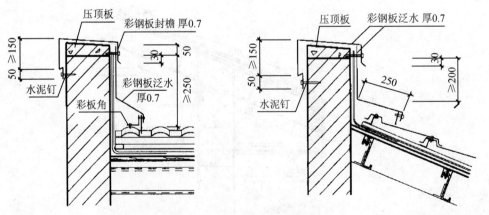

(b)山墙出屋顶挑檐及泛水构造

图 9.84　彩钢瓦屋面山墙处檐口构造

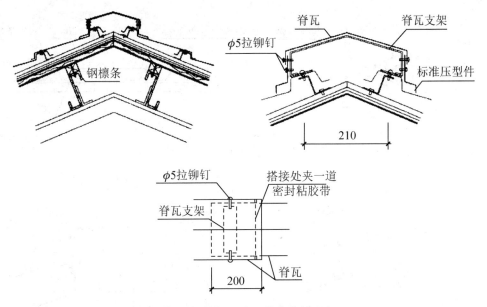

图 9.85　彩钢屋脊瓦的安装与固定

彩钢瓦适用于中小型民用建筑，如住宅、别墅、公共建筑等屋面，彩钢瓦的屋面坡度一般不小于 33.3%，坡度小于 20% 的屋面不宜采用彩钢瓦。

(2) 彩钢压型板屋面在安装时需要参考以下各施工要点来指导施工。

① 彩钢板直接用自攻螺钉安装在檩条上，檩条与钢制屋架之间采用焊接或螺栓连接；

② 彩钢板的搭接方向应顺应当地的年均最大频率风向，左右搭接宽度不小于一个波，上下两排屋面板的搭接长度根据彩钢板的长度和坡度确定，一般来说，高波板搭接长度为 350mm；屋面坡度不大于 10% 的低波板搭接长度为 250mm，屋面坡度大于 10% 的低波板搭接长度为 200mm，如图 9.86 所示。

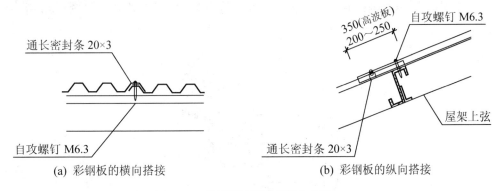

(a) 彩钢板的横向搭接　　　　(b) 彩钢板的纵向搭接

图 9.86　彩钢屋面板的搭接与固定

③ 每块钢板至少由三根檩条支撑，避免简支。连接钢板和檩条的自攻螺栓位于顺水方向板与板之间的连接处。每块钢板至少有三个自攻螺钉连接在同一根檩条上，每块钢板的中间应至少有两个自攻螺钉与檩条连接。

④ 板与板之间、屋脊板、封檐板、包角板、泛水板、盖缝板、压顶板、变形缝盖板等，各种板和配件的连接应该顺应当地的主导风向，搭接长度不应小于 150mm，用拉铆钉进行连接，拉铆钉的间距不大于 200mm，如图 9.87 所示。

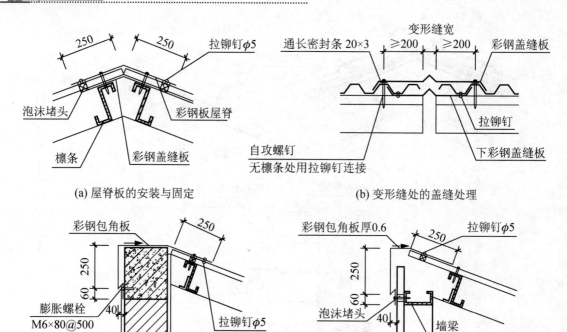

(a) 屋脊板的安装与固定

(b) 变形缝处的盖缝处理

(c) 包角处理

图 9.87 彩钢板屋面配件的安装与固定

⑤ 外露钉头都应用密封胶封严。

⑥ 地震地区、大风地区，应该对彩钢屋面板采取加固措施，例如减小钉距、增加用钉数量、增加垫圈等。

⑦ 檐沟可采用彩钢板制作。彩钢板屋面的构造连接及挑檐沟构造如图 9.88 所示。

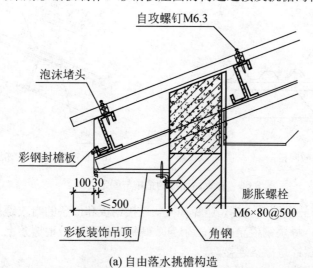

(a) 自由落水挑檐构造

图 9.88 彩钢板屋面的彩钢板的连接固定、挑檐及檐沟构造

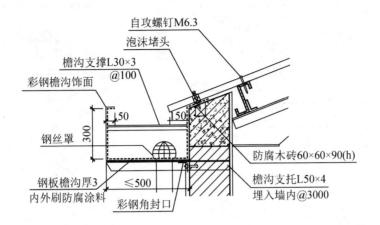

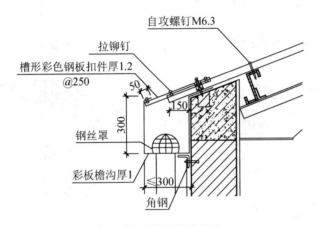

(b) 有组织排水挑檐构造

图 9.88　彩钢板屋面的彩钢板的连接固定、挑檐及檐沟构造(续)

⑧ 彩钢板屋面的山墙封檐有悬山、硬山和山墙出屋顶三种构造形式，如图 9.89、图 9.90、图 9.91 所示。

⑨ 建筑有高差时的泛水做法与山墙处相类似，如图 9.92 所示。

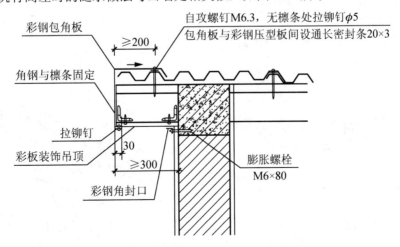

图 9.89　彩钢板屋面悬山泛水构造

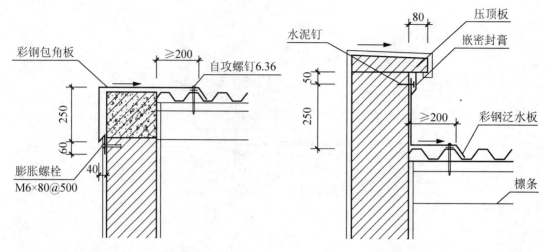

图 9.90　彩钢板屋面硬山泛水构造　　　　图 9.91　彩钢板屋面山墙出屋顶泛水构造

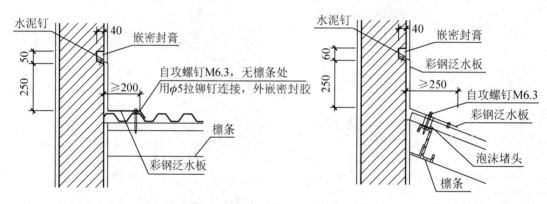

图 9.92　彩钢板屋面高低跨泛水处理

(3) 彩钢压型夹芯板屋面常用于保温屋面，在安装中要遵循以下各施工要点。

① 板的横向搭接按具体板型确定，搭接方向应与当地年最大风频方向一致。

② 板的上下搭接应位于檩条处，两块板都应搭在支撑构件上，每块板支座长度应不小于 50mm，为此搭接处应设双檩条或加焊通长角钢，屋面坡度不小于 10%，搭接长度为 200mm，屋面坡度小于 10%时，搭接长度应为 250mm，如图 9.93 示。

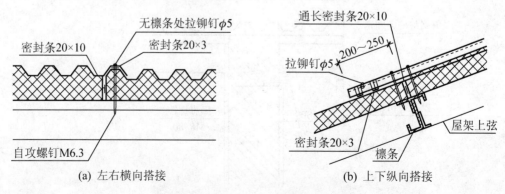

(a) 左右横向搭接　　　　　　　　(b) 上下纵向搭接

图 9.93　彩钢夹芯板保温屋面的搭接

③ 压型夹芯板与檩条之间的连接采用自攻螺钉，并位于顺水方向板与板的连接处，每块板至少有三个自攻螺钉与同一根檩条连接在一起，每块板的中间至少有两个点用螺钉与檩条连接固定。

④ 板与板之间、屋脊板、封檐板、包角板、泛水版、盖缝板、压顶板、变形缝盖板等，各种配件的搭接应与当地的年最大风频方向是一致的，搭接长度应不小于150mm，并用拉铆钉固定，拉铆钉间距不大于200mm，外露钉头应用密封胶封严。详细构造如图 9.94 所示。

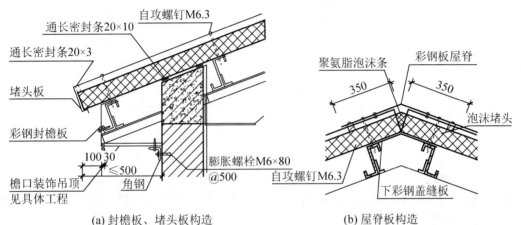

(a) 封檐板、堵头板构造　　　　　　(b) 屋脊板构造

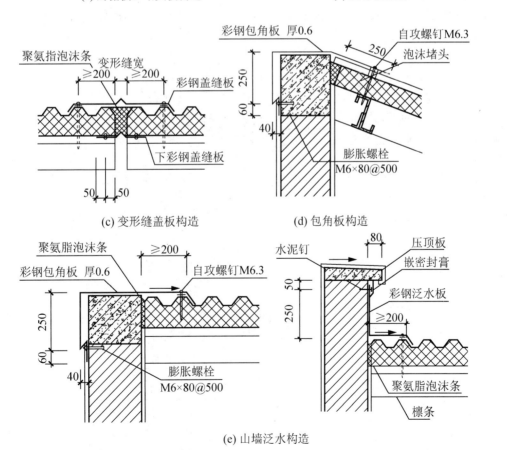

(c) 变形缝盖板构造　　　　　　(d) 包角板构造

(e) 山墙泛水构造

图 9.94　彩钢夹心保温板屋面的配件安装与固定

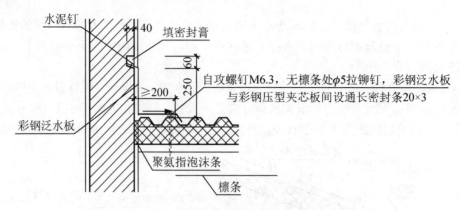

(f) 有高差屋面高低跨处泛水构造

图 9.94　彩钢夹心保温板屋面的配件安装与固定(续)

⑤ 地震地区、大风地区，屋面板应采取加固措施，例如，减小钉孔间距、增加用钉量、增加垫圈等。

⑥ 保温板的厚度根据由具体工程按保温要求确定。

⑦ 挑檐沟、内檐沟采用彩色压型钢板制作，内外檐沟都应注意泛水的构造处理，内檐沟处应注意加强保温，如图 9.95、图 9.96 所示。

彩色压型钢板屋面和彩色压型夹芯钢板屋面广泛适用于工业与民用建筑坡屋顶。

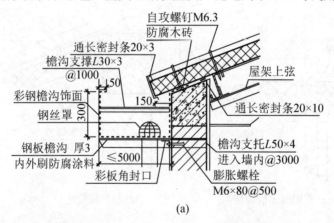

(a)

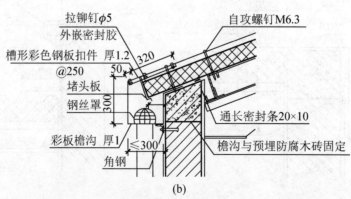

(b)

图 9.95　挑檐沟构造

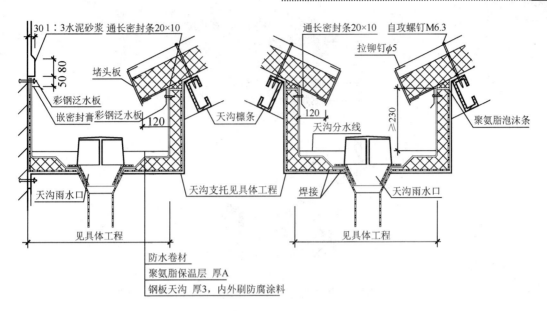

图 9.96 内檐沟构造

(4) 有些建筑的屋顶采用了钢筋混凝土作为结构层，彩钢类屋面在钢筋混凝土坡屋顶上的安装和细部构造处理上需要注意以下各点。

① 彩钢瓦屋面的安装。在做完防水和保温构造层以后，在混凝土屋顶上预埋钢制檩条，然后安装望板、顺水条、挂瓦条，最后进行彩钢瓦屋面的施工，除檩条安装方式外，其余构造做法与屋架承重屋面基本相同，如图 9.97 所示。

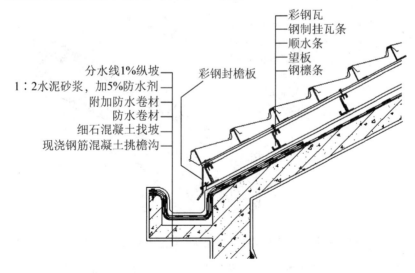

图 9.97 彩钢瓦屋面在钢筋混凝土坡屋顶上的安装与固定

② 彩钢板屋面的安装。在做完防水层和保温构造层以后，在混凝土屋顶上预埋钢制檩条，然后可以直接安装彩色压型钢板，除檩条安装方式外，其余构造做法与屋架承重屋面基本相同，如图 9.98 所示。

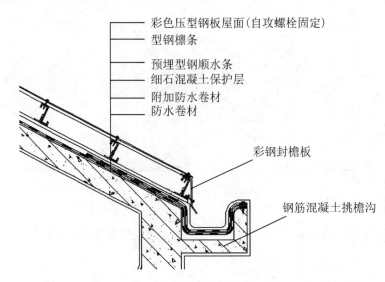

图 9.98　彩钢板屋面在现浇钢筋混凝土坡屋顶上的安装与固定

③ 挑檐沟、内檐沟构造。挑檐沟、内檐沟采用现浇钢筋混凝土与屋顶浇筑成整体，并做好找坡、加强防水、泛水构造处理，构造做法与平屋顶的檐沟基本相同，如图 9.98、图 9.99、图 9.100 所示(注意要观察檐沟)。

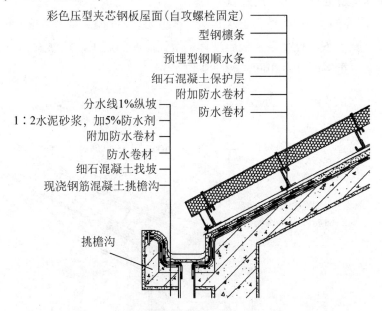

图 9.99　彩钢夹心板屋面在现浇钢筋混凝土坡屋顶上的安装与固定

④ 钢筋混凝土斜屋面上的附加防水卷材顺坡向上延伸 800mm 以上，如图 9.100 所示。

观察与思考

通过观察周围的彩钢屋面，指出周围的屋面属于哪种类型，通过上面所学的知识来分析彩钢瓦屋面和彩钢压型板有什么不同。建议将观察到的屋面各部分与书本知识进行对照和分析。

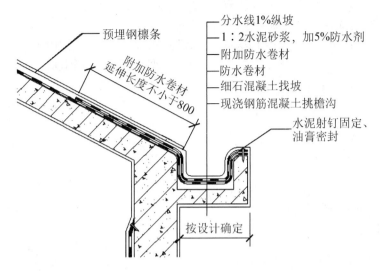

图 9.100 现浇钢筋混凝土坡屋顶上的防水、挑檐沟泛水处理

4．网架结构钢化玻璃屋面

网架结构钢化玻璃屋面一般用于建筑内局部需要较大空间，并且要求自然采光的位置，如火车站的候车大厅、办公楼的阳光大厅、商场中的跃层大厅、阳台等。钢化玻璃屋面保温隔热性能好、白天自然采光效果较好、美观大方。在花卉业、温室蔬菜种植业、养殖业中的应用也较为广泛，如图 9.101 所示。

(a) 建筑中的阳光大厅

(b) 温室养殖业

(c) 玻璃阳台

(d) 正在进行安装的玻璃屋面

图 9.101 网架结构钢化玻璃屋面

1) 网架结构的支撑

网架结构支撑在钢筋混凝土结构构件如梁、柱、剪力墙等上面，用膨胀螺栓将钢制的网架支座固定在钢筋混凝土结构构件上，如图9.102所示。

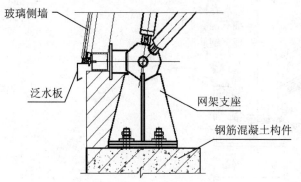

图9.102　网架结构的支撑

2) 网架结构玻璃屋面的安装

(1) 在网架结构安装完毕后，先将截面边长为60mm、壁厚3mm的型钢檩条按设计要求固定在网架节点上，一般是采用焊接方式完成。

(2) 将铝合金副框用$\phi 5\times 35$自攻钉固定在型钢檩条上。

(3) 将铝压板固定在铝合金副框上，铝合金副框的两侧固定6×8双面胶条，铝压板间距为300mm。

(4) 将6mm×0.38mm×6mm夹胶双层玻璃粘接在铝压板和双面胶条上。

(5) 在玻璃缝处挤入$\phi 20$橡胶条填充料，并用耐久性较强的密封胶封严。

网架结构钢化玻璃屋面的详细构造图如图9.103所示。

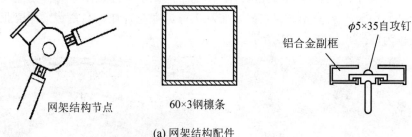

(a) 网架结构配件

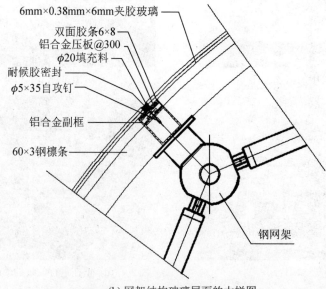

(b) 网架结构玻璃屋面的大样图

图9.103　网架结构钢化玻璃屋面构造图

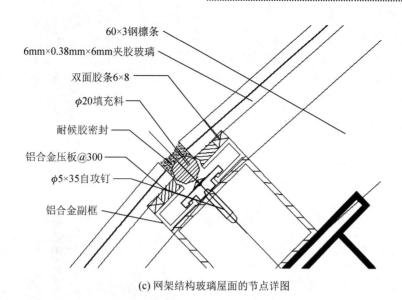

(c) 网架结构玻璃屋面的节点详图

图 9.103　网架结构钢化玻璃屋面构造图(续)

另外，网架结构钢化玻璃屋面也可以采用盖板式的密封做法，如图 9.104 所示。

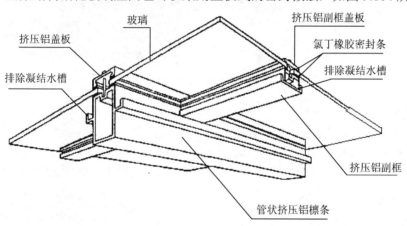

(a) 玻璃屋面的安装

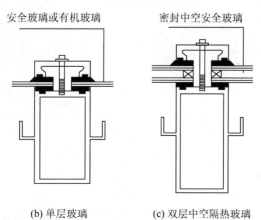

(b) 单层玻璃　　　(c) 双层中空隔热玻璃

图 9.104　钢化玻璃屋面

观察与思考

利用业余时间观察周围的商场、车站等公共建筑，找出网架结构钢化玻璃屋面，运用本书知识分析该建筑屋面的构造。

9.3.5 坡屋顶的顶棚

坡屋顶的顶棚分为直接式顶棚和吊顶棚。

1. 直接式顶棚

直接式顶棚多用现浇钢筋混凝土屋顶室内，做法与楼板层的顶棚相同，如图 9.105 所示。

图 9.105　坡屋顶内的直接式顶棚

2. 吊顶

吊顶可用于任何形式的坡屋顶，并且吊顶可以做成多种外形，现浇钢筋混凝土坡屋顶的吊顶构造与钢筋混凝土楼板下的吊顶做法基本相同，如图 9.106(a)所示；屋架承重的坡屋顶将吊顶的吊筋固定在屋架下线，其余部位的安装施工与楼板吊顶做法相同，如图 9.106(b)所示。

(a) 现浇钢筋混凝土坡屋顶下的吊顶　　　　　(b) 某厂房屋架下的塑料薄膜吊顶

图 9.106　坡屋顶下的吊顶

知识提示

有些建筑虽然在外观形状上可以判定为坡屋面，但在坡屋顶下还有如图 9.7(b)中的现浇钢筋混凝土平板，那么这样的顶层室内顶棚装修和其他层的顶棚装修完全相同。

知识链接

老虎窗是开在坡屋顶侧面的天窗,在坡屋顶中由于该类窗户的外景形状像一头卧虎,所以被称作老虎窗,如图9.107所示,老虎窗多在现浇钢筋混凝土坡屋顶中设置。在坡屋顶上设置老虎窗不仅有利于顶楼或阁楼的采光与通风,在建筑外形的艺术美观上也是很有设计参考价值的。

(a) 老虎窗外景　　　　　　　　　　　　　(b) 老虎窗内景

图9.107　老虎窗

本章小结

1. 屋顶在民用建筑中具有承重、围护和艺术装饰三方面的作用,屋顶在设计和施工上应该满足上述三项基本要求。

2. 屋顶可按屋面坡度、承重结构、屋面材料、保温隔热要求进行分类,屋面的防水可按建筑等级、防水层耐用年限、防水设防要求、防水等级分为四个级别。

3. 屋面坡度的形成有结构找坡和材料找坡两种方式。

4. 平屋顶的主要构造层次有结构层、防水层、保温隔热层和顶棚层。

5. 屋顶的排水方式分为无组织排水和有组织排水两大类。

6. 平屋顶的防水构造分为卷材防水层、刚性防水层、涂膜防水层。

7. 平屋顶的安全防护需要重点注意女儿墙高度和避雷设施的安装。

8. 坡屋顶主要由屋面、支撑结构、顶棚层和技术层(防水层、保温层、隔热层)组成。

9. 坡屋面的承重方式主要有山墙檩条承重、屋架承重、橡架承重和钢筋混凝土屋面板承重。

10. 坡屋面主要有瓦屋面、波形瓦屋面、彩钢类屋面、钢化玻璃屋面等。

11. 屋顶的顶棚层分为直接式顶棚和吊顶棚两类。

复习思考题

一、判断题

1. 平屋顶的构造找坡又称为材料找坡。　　　　　　　　　　　　　　（　　）

2. 平屋顶就是表面绝对水平的屋顶。   （   ）

3. 刚性防水层在任何建筑中都可单独使用。   （   ）

4. 坡屋顶的排水方式只能采用自由排水。   （   ）

二、选择题

1. 下列不属于平屋顶优点的是（   ）。

   A．厚度小，结构简单，室内顶棚平整

   B．防水、排水、保温、隔热等处理方便，构造简单

   C．排水速度快，屋面积水机会少

   D．可在屋顶设置露天餐厅以便于屋面利用

2. 刚性防水屋面分仓缝处常用的密封材料为（   ）。

   A．水泥砂浆   B．油膏   C．细石混凝土   D．防水砂浆

3. 一般情况下，当雨水管口径为 100mm 左右时，每根雨水管所承担的屋面排水面积为（   ）。

   A．50～100m^2 B．100m^{2}左右   C．100～200m^2 D．100～200mm^2

4. 下列平屋顶的各构造层次中，哪一项不是主要构造层。（   ）

   A．承重结构层   B．防水构造层   C．找平(找坡)层   D．保温隔热层。

5. 下列屋顶坡度的表示方法，哪一项是错误的。（   ）

   A．1/5、1/10   B．0.2、0.1   C．2%、3%   D．20°、30°

6. 下列哪一种建筑的屋面可不采用有组织内排水。（   ）

   A．高层建筑   B．占地面积较小的低层建筑

   C．严寒地区的建筑   D．大面积的连跨厂房

三、填空题

1. 屋顶在建筑中主要起着＿＿＿＿、＿＿＿＿、＿＿＿＿三方面作用。

2. 屋面常见排水方式主要有＿＿＿＿、＿＿＿＿两大类。

3. 屋顶的防水工艺按防水材料不同可分为＿＿＿＿、＿＿＿＿、＿＿＿＿三大类。

四、简答题

1. 平屋顶的保温材料有哪些种类？平屋顶的保温措施有哪些？

2. 坡屋顶的坡面组织都有哪些形式？坡度和形式取决于哪些因素？有哪些支撑方式？

3. 彩钢瓦和彩钢板有什么不同？

五、综合实训

　　某建筑平屋顶平面尺寸如图 9.108 所示，在图上画出天沟、分水岭、雨水管和雨水口(间距不得超过 15m)等排水设施的位置，设计出合理的有组织女儿墙外排水方式。

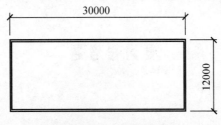

图 9.108　综合实训图

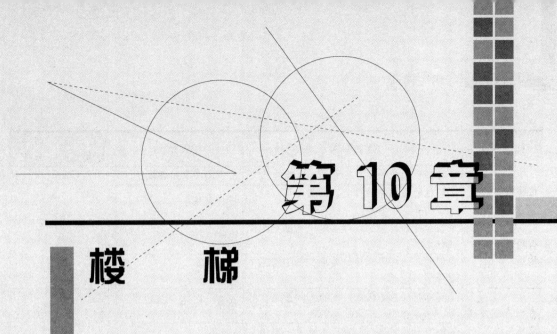

第 10 章

楼 梯

学习目标

1. 掌握多层及高层建筑室内常用的垂直交通设施的种类及其辨别。
2. 掌握楼梯的作用、要求，了解楼梯的平面形式。
3. 掌握楼梯的组成及各部分尺度要求。
4. 掌握钢筋混凝土楼梯的构造及施工过程。
5. 了解套内组合材料楼梯的种类。
6. 掌握楼梯常见细部构造的一般知识和工艺。
7. 了解台阶与坡道的种类，掌握台阶与坡道的构造和施工过程。
8. 了解建筑其他垂直交通设施，掌握土建专业在自动化垂直交通设施的安装上所承担的基础施工任务及工艺。

学习要求

知识要点	能力要求	相关知识	所占分值 (100分)	自评分数
楼梯的类型及设计要求	根据外形、构造组成和结构承重形式确定楼梯、楼梯间的种类	楼梯(间)的类型	25	
	各种材料楼梯的种类及适用场合	不同材料的楼梯		
	楼梯的组成及各部分的尺寸规格要求	楼梯的组成、坡度、梯段及平台尺寸、踏步尺寸、楼梯净空高度、栏杆和扶手		
	根据建筑的用途、性质和实际需要确定楼梯的各项尺寸数据及其他要求	各类建筑对楼梯的要求		
钢筋混凝土楼梯构造	掌握现浇钢筋混凝土楼梯的种类及施工过程	钢筋混凝土楼梯	15	

续表

知识要点	能力要求	相关知识	所占分值(100分)	自评分数
楼梯细部构造	掌握踏步面层的各类防滑构造处理工艺	踏步面层及细部处理	25	
	了解栏杆与扶手的种类，掌握常用栏杆和扶手的安装技术工艺	栏杆和扶手		
台阶与坡道构造	掌握台阶的种类、设计要求、构造及施工过程	台阶	20	
	掌握坡道的种类、设计要求、构造及施工过程	坡道		
自动垂直交通设施构造	了解电梯的基本概况，掌握电梯井道、机房、电梯间的尺寸设计及构造	电梯	15	
	了解自动扶梯(坡道)的基本概况，掌握自动扶梯的布置与洞口预留	自动扶梯和自动坡道		

章节导读

在多层工业与民用建筑中，楼梯是联系上下层的垂直交通设施，人们可以通过楼梯走到不同的楼层从事各种生活、生产和社会活动；为了便于屋顶和某些高处建筑设备的检查与维修，人们需要设置爬梯，方便维修人员的作业与操作；为了确保室内的干燥环境，按照设计要求，底层室内的地面要高于室外地面1m左右；为了方便人和车辆进出建筑，需要在建筑的出入口处设置台阶和坡道；随着建筑科学技术的不断发展，为了提高效率、节约时间和体力，需要在高层建筑和部分多层建筑内设置和安装电梯；在人流量较大的某些公共场所例如商场、超市、车站、码头、航空港等建筑内设置自动扶梯和自动坡道，使得大家的速度都一样快，确保客流量的畅通无阻，减少旅客、顾客的体力消耗。另外，以上各种垂直交通设施对于在紧急情况下的疏散也是至关重要的。

10.1 楼梯的类型及设计要求

引例

楼梯是建筑中重要的垂直交通设施，尽管随着我国经济条件的不断提高，电梯和自动扶梯已经很普及，但为了确保紧急情况下的安全疏散，楼梯仍然不能被取消。楼梯各组成部分的坡度和尺寸规格应该严格按照设计规范要求确定，以确保各类人群使用的舒适性和安全性，所以，必须重视楼梯的设计与施工的精确性和科学性，认真学习这一节的内容。

10.1.1 楼梯(间)的类型

1. 楼梯的分类

建筑中楼梯的种类很多，楼梯的分类一般按以下原则进行。

(1) 楼梯按照材料不同可分钢筋混凝土楼梯、钢楼梯、木楼梯和组合材料楼梯。

(2) 楼梯按照在建筑中位置的不同可分室内楼梯和室外楼梯。

(3) 按照楼梯的使用性质不同可分为主要楼梯、辅助楼梯、疏散楼梯及消防楼梯。

(4) 按照楼梯的平面形式不同主要可分为直线楼梯，如图 10.1 所示；平行楼梯，如图 10.2 所示；转角楼梯，如图 10.3 所示；曲线楼梯，如图 10.4 所示。

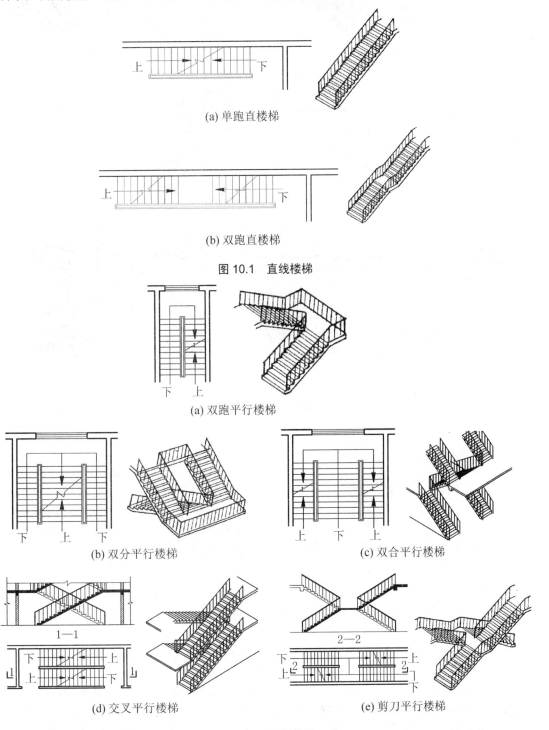

(a) 单跑直楼梯

(b) 双跑直楼梯

图 10.1　直线楼梯

(a) 双跑平行楼梯

(b) 双分平行楼梯　　(c) 双合平行楼梯

(d) 交叉平行楼梯　　(e) 剪刀平行楼梯

图 10.2　平行楼梯

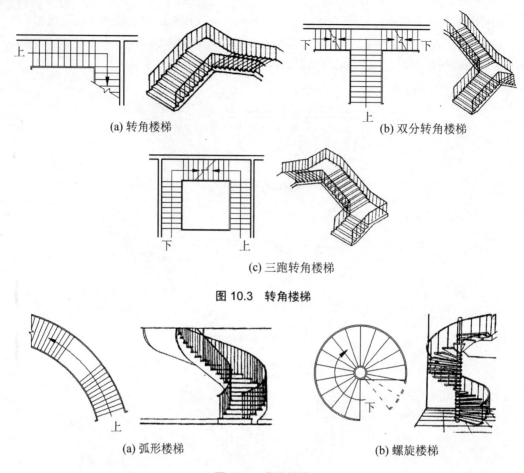

(a) 转角楼梯　　　　　　　　　　　　(b) 双分转角楼梯

(c) 三跑转角楼梯

图 10.3　转角楼梯

(a) 弧形楼梯　　　　　　　　　　　　(b) 螺旋楼梯

图 10.4　曲线楼梯

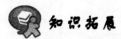　知识提示

　　楼梯的平面形式是根据其使用要求、建筑功能、平面和空间的特点以及楼梯在建筑中的位置等因素确定的。目前在建筑中应用较多的是双跑平行楼梯，其他的例如三跑楼梯、双分平行楼梯、双合平行楼梯等都是在双跑平行楼梯的基础上变化而成的。曲线楼梯对建筑室内空间具有良好的装饰性，适合于在公共建筑的门厅等处设置，但如果用于疏散目的，踏步尺寸应满足有关规范的要求。

知识拓展

　　楼梯按照构成材料的不同可分为钢筋混凝土楼梯、木楼梯、钢楼梯、组合材料楼梯(用几种材料组成)四大类。

　　钢筋混凝土楼梯应用最广泛，耐火、耐腐蚀性能较好，可大致分为现浇钢筋混凝土楼梯和预制装配式钢筋混凝土楼梯两种。预制钢筋混凝土楼梯在上个世纪应用比较多，但后来随着钢筋混凝土工艺的不断发展，加之预制装配钢筋混凝土楼梯的整体性和抗震性能较差，现在已经基本被现浇钢筋混凝土楼梯取代。现浇钢筋混凝土楼梯不仅整体性较好，并且可以浇筑成譬如弧形、圆形等多种形状的楼梯，如图 10.5 所示。

(a) 弧形楼梯　　　　　　　　　(b) 圆形楼梯

图 10.5　现浇钢筋混凝土楼梯浇筑的曲线楼梯

　　木制楼梯的耐火性、耐腐蚀性能差，需要将木料经过特殊的处理才能使用，一般用于别墅、阁楼、复式楼等住宅内的套内楼梯，通常可制成曲线形、折角形、螺旋形等多种形状，如图 10.6 所示。

图 10.6　各种形状的木制套内楼梯

　　钢制楼梯韧性和刚度较好，但耐火性和防腐性较差，需要在其表面做特殊的防火和防腐处理。由于人们走在钢楼梯上会产生噪音，所以钢制楼梯一般用在工业建筑中和民用建筑中远离卧室、办公室等房间的设备检修处，有些为坡度较大的爬梯，钢制楼梯也可以用作室外的消防疏散楼梯，如图 10.7 所示。

(a) 检修钢梯　　　　　　　　　(b) 室外消防疏散楼梯

图 10.7　钢制楼梯

　　钢材也可以用于套内楼梯，但踏步板需要采用踩踏时噪音较小的木板、塑料板、玻璃钢板等代替，这样就成为了组合材料楼梯的一种。

　　由两种或两种以上材料组成的楼梯称为组合材料楼梯，通常用于套内楼梯，支撑结构通常有木制、钢制两种，踏板、扶手、栏杆(栏板)可由木板、塑料板、钢化玻璃板或玻璃钢板等制成，如图 10.8 所示。

图 10.8　各种组合材料楼梯

观察与思考

　　利用业余时间观察周围建筑的楼梯，分析该楼梯属于哪一类，由什么材料制成，与该建筑的功能和性质有什么关系。

2. 楼梯间的分类

　　楼梯间按平面形式、防火和防烟要求，可分为开敞楼梯间、封闭楼梯间、防烟楼梯间，其中封闭楼梯间和防烟楼梯间统称为防火楼梯间，楼梯间的门要采用乙级以上防火门。

　　1) 开敞楼梯间

　　开敞楼梯间与走廊、门厅之间没有任何分隔构件，直接与走廊或门厅相通，一般用于低层建筑的公共楼梯和别墅、复式楼中的套内楼梯，根据实际消防需要可在楼梯间与走廊之间设置防火卷帘，如图 10.9 所示。

　　2) 封闭楼梯间

　　封闭楼梯间与走廊或门厅之间有一道可自动关闭的防火门(乙级以上)，一般用于四层或四层以上的多层公共建筑，如图 10.10 所示。

　　3) 防烟楼梯间

　　防烟楼梯间是在楼梯间入口处设有防烟前室(前室内设有排烟通风道)或设专供排烟用的阳台、凹廊等，且前室通向楼梯间和走廊(或门厅)的门为两道乙级防火门的楼梯间，一般可分为自然排烟和机械排烟两大类，如图 10.11 所示。

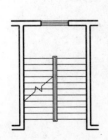　　　　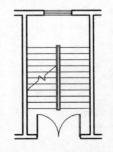

图 10.9　开敞式楼梯间　　　　　　　　　　图 10.10　封闭楼梯间

乙级防火门是指根据国标要求耐火极限不低于 0.9h 的防火门,将防火门安装在楼梯间与走廊或其他室内空间之间,当发生火灾时,可以有效阻挡和迟滞烟火的蔓延。乙级防火门主要由防火门扇、门框、闭门器、密封条等组成,材质耐火性能较强,整体上密闭性能较好,能够自动开关,乙级防火门的开启方向要与紧急情况下的逃生方向相一致,如图 10.12 所示。

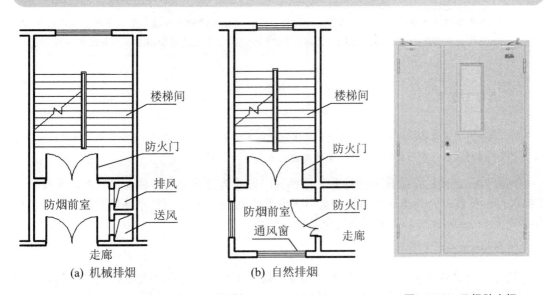

(a) 机械排烟　　　　　　(b) 自然排烟

图 10.11　防烟楼梯间　　　　　图 10.12　乙级防火门

10.1.2　楼梯的组成

通常情况下,楼梯是由楼梯段、楼梯平台,以及栏杆和扶手组成的,如图 10.13 所示。

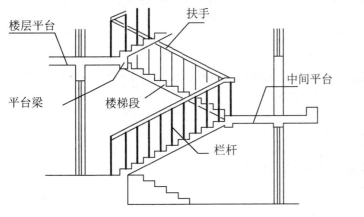

图 10.13　楼梯的组成

1. 楼梯段

楼梯段是由若干个踏步构成的。每个踏步一般由两个相互垂直的平面组成,供人们行走时蹬踏的水平面称为踏面,与踏面垂直的平面称为踢面,也有一些楼梯的踏步没有踢面,只有踏面板,如图 10.8 所示。踏面和踏面之间的尺寸比例关系决定了楼梯的坡度。为了使人们走在楼梯上不致过度疲劳,并且还要保证每段楼梯都有明显的高度感,我国规定每段楼梯的踏步数量应在 3～18 步。

知识提示

人们走在楼梯段上都有一定的步调习惯和体力极限,当楼梯段的踏步数少于 3 步时,人们在下楼时容易跌倒或挫伤脚腕,当楼梯段的踏步数超过 18 步时,人们在上楼时会因为体力有限而有疲劳感。

观察与思考

利用业余时间走在楼梯段上,亲身感受和印证上述关于楼梯踏步数的问题,看看你所考察的楼梯是否满足使用者的舒适性,是否能够确保使用者的安全。

两段楼梯之间的空隙称为楼梯井。楼梯井一般是为楼梯施工方便而设置的,宽度一般在 100mm 左右,公共建筑楼梯井净宽不应小于 150mm。有儿童经常使用的楼梯,当楼梯井净宽大于 200mm 时,必须采取安全措施,防止儿童坠落。

2. 楼梯平台

楼梯平台是联系两个楼梯段的水平构件。楼梯平台的主要作用是解决楼梯段的转折和与楼层的连接。同时也使人们在上下楼时能在平台处稍作休息。楼梯平台按其位置不同分为两类,连接楼层与楼梯段的平台称为楼层平台,位于两个楼层之间的平台称为中间平台。

3. 栏杆和扶手

大多数楼梯段至少有一侧临空,为了确保使用者安全,应在楼梯段的临空边缘设置栏杆或栏板。栏杆、栏板上部供人们用手扶持的连续斜向构件称为扶手。

观察与思考

观察图 10.13 的构造图和照片,识别出照片中楼梯各部位的名称,根据上述所学的知识,利用业余时间观察周围建筑的楼梯,准确地指出实物中的各部位名称。

10.1.3 楼梯的坡度

楼梯的坡度是指楼梯段沿水平面倾斜的角度。

知识提示

一般来说,从使用角度看,楼梯的坡度小,踏步相对平缓,行走就比较舒适;相反,行走就较吃力。但从经济上考虑,楼梯段坡度小,它在水平面的投影面积越大,楼梯占用面积越大,就会增加投资,经济性较差。因此,楼梯段的坡度应该兼顾使用性和经济性二者的要求,根据具体情况确定坡度。

对人流集中、交通量大、层高较大的建筑，楼梯的坡度应小些，例如医院、歌剧院、教学楼等公共建筑。对于使用人数少、交通量小、层高较低的建筑，楼梯的坡度可以略大些，例如住宅、别墅等。

1．楼梯的坡度范围

楼梯的允许坡度范围为 23°～45°，正常情况下的楼梯坡度应控制在 38° 以内，一般认为 30° 是楼梯的最适宜坡度，如图 10.14 所示。

2．其他垂直交通设施坡度

爬梯的坡度范围为 45°～90°，台阶与坡道的坡度一般小于 23°，如图 10.14 所示。

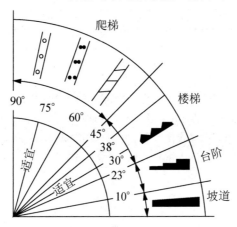

图 10.14　楼梯、爬梯、台阶、坡道的坡度

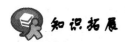 知识拓展

　　爬梯的坡度较陡，人们已经不容易自如地上下，需要借助扶手的助力扶持。由于爬梯对使用者的身体状况及持物情况有所限制，因此爬梯在民用建筑中并不多见，一般只是在通往屋顶、电梯机房等非公共区域采用。室外的台阶与坡道的坡度一般都较缓于楼梯，尤其是坡道，坡度小于 10° 的较多。在室内，由于斜面的坡道占地面积较大，过去在医院建筑中为解决运送病人推床的交通使用，现在电梯在建筑中已经大量采用，坡道在建筑内部的楼层之间已经基本不采用，在室外应用较多，坡度在 1∶12 以下时，属于平缓坡道；坡度超过 1∶10 时，应采取防滑措施。

3．坡度的表示方法

楼梯的坡度有两种表示方法：一种是用楼梯段和水平面的夹角表示，例如 23°、38° 等；另一种是用踢面和踏面的投影长度之比表示，例如 1∶6、1∶8 等。

10.1.4　楼梯段及平台宽度

1．楼梯段宽度

1）每层所有楼梯段的总宽度
每层所有楼梯段的宽度之和称为楼梯段的总宽度，是根据通行人数的多少(设计人流股数)

和建筑的防火疏散要求确定的。总宽度的设计依据是《建筑设计防火规范》(GB 50016—2006)里规定的各类民用建筑楼梯的总宽度。

2) 每层所有楼梯段的总宽度计算

总宽度的计算依据是百人指标，见表 10-1。

表 10-1　一般建筑楼梯、门和走廊的百人宽度指标(米/百人)

耐火等级 层数	一、二级	三级	四级
一、二层	0.65	0.75	1.00
三层	0.75	1.00	—
≥四层	1.00	1.25	—

知识提示

　　百人宽度指标是以每层人数最多时每 100 人所拥有的楼梯宽度作为计算标准，根据表 10-1，例如某三层建筑中，在建筑中人数最多的时候，某层人数在这些楼层里最多，为 400 人，那么如果该建筑的防火等级为一、二级，则所有楼梯的宽度总和至少为 4×0.75=3(m)，如果该建筑的防火等级为三级，则所有楼梯的宽度总和至少为 4×1.00=4(m)。百人宽度指标同样适用于计算房间的门宽度总和、走廊宽度。

　　根据百人指标，如图 10.15 所示例图，楼梯段、走廊、门总宽度计算公式如下所示。

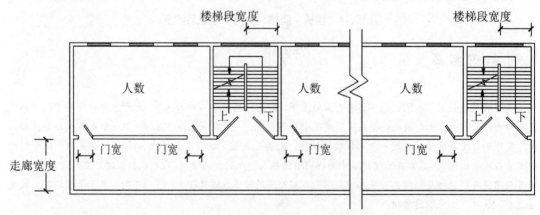

图 10.15　楼梯段、门、走廊总宽度计算示意图

每层楼梯段宽度总和＝楼层总人数最多量×1/100×百人宽度指标
每个房间门宽度总和＝房间人数最多量×1/100×百人宽度指标
走廊宽度＝通过人数最多量×1/100×百人宽度指标

3) 单个楼梯段的净宽

梯段的净宽是指扶手中心线至楼梯间墙面的水平距离，如图 10.16 所示。

(1) 主要通行楼梯通常情况下应该满足至少两个人相对通行，即楼梯段的宽度应大于等于两股人流宽度。每股人流宽度的经验计算公式应为[0.55+(0~0.15)] m，其中 0.55 是人走在楼梯段上所占有的宽度，0~0.15m 是人在行进中的左右摆幅。

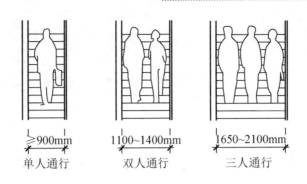

图 10.16 楼梯段的宽度

一般建筑中作为主要通行用的楼梯段净宽应该满足 $D \geqslant 2 \times 0.55\text{m} = 1.1\text{m}$；层数不超过六层的单元式住宅一边设有栏杆的疏散楼梯，楼梯段的最小净宽可以满足 $D \geqslant 1.0\text{m}$。

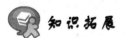知识拓展

在实际工程中，往往可以根据护栏的构造通过控制楼梯段宽度来保证梯段净宽。

(2) 非主要通行的楼梯应满足单人携带物品通过的需要，梯段的净宽一般不应小于 900mm。

(3) 对于别墅、复式楼等住宅中的套内楼梯，一边临空时，梯段宽度不应小于 0.75m；两侧都有墙体时梯段宽度不应小于 0.9m。

(4) 高层建筑中作为主要通行用的楼梯，其楼梯段的宽度指标高于一般建筑。根据 GB 50045—1995《高层民用建筑设计防火规范》规定，高层建筑每层疏散楼梯总宽度应按百人宽度指标不得小于 1.00m 计算。各层人数不相等时，楼梯的总宽度可分段计算，下层疏散楼梯总宽度按其上层人数最多的一层计算。疏散楼梯的最小净宽不应小于表 10-2 的规定。

表 10-2 高层建筑疏散楼梯的最小净宽度

高层建筑	疏散楼梯的最小净宽度/m
医院病房楼	1.30
居住建筑	1.10
其他建筑	1.20

(5) 曲线楼梯的踏步平面通常是扇形的，对疏散不利，因此曲线楼梯尤其是螺旋楼梯不宜用于疏散。当曲线楼梯踏步上下两级所形成的平面角度不超过 10°，而且每级离扶手 0.25m 处的踏步宽度大于 0.22m 时，曲线楼梯才可以用于疏散，其净宽可以计入疏散楼梯总宽度内，如图 10.17 所示。

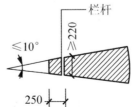

图 10.17 螺旋楼梯的踏步尺寸

观察与思考

在业余时间结合书本知识观察周围楼梯段的总宽度、梯段宽度是否能够满足该建筑内人数最多时的紧急疏散和交通通行的顺畅。

2. 平台宽度

为了搬运家具设备的方便和通行的顺畅，楼梯平台净宽不应小于楼梯段净宽，并且不小于1.1m。平台的净宽，如图10.18所示。

知识提示

楼梯平台的净宽是指扶手处平台的宽度。对于封闭楼梯间和防烟楼梯间的楼层平台的深度要求，除了上述规定外，还应考虑防火门开启所占的空间，避免开门时伤及楼梯间的行人。

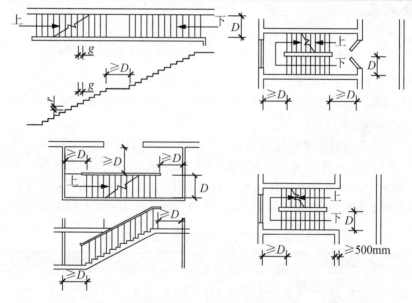

图10.18 楼梯段和平台的尺寸关系

D—梯段净宽；g—踏面尺寸；r—踢面尺寸

有些建筑为了满足特定的需要，在上述要求的基础上，对楼梯及平台的尺寸另行做出了具体的规定。例如JGJ 49—1988《综合医院建筑设计规范》规定：医院建筑主楼梯的梯段宽度不应小于1.65m，主楼梯和疏散楼梯的平台深度不应小于2.0m。

开敞式楼梯间的楼层平台已经同走廊连在一起，此时平台净宽度可以小于上述规定，使梯段起步点自走廊边线后退一段距离即可，如图10.18所示，一般不得小于500mm。

观察与思考

利用业余时间测量周围建筑的楼梯平台尺寸，运用书本中所学的知识，推断该楼梯的平台深度是否符合要求。

10.1.5 踏步尺寸

踏步是由踏面和踢面组成，踢面高和踏面宽之比决定了楼梯的坡度。由于踏步是楼梯中与人体直接接触的部位，因此其尺度是否合适就显得十分重要。

1. 单个踏步尺寸

一般认为踏面的宽度应大于使用者脚的长度，使人们在上下楼梯时脚可以全部落在踏面上，以保证行走时的舒适和安全。

踏步尺寸一般是根据建筑的使用功能、使用者的特征及楼梯的通行量总和确定的，见表 10-3。

表 10-3 常用适宜踏步尺寸

建筑类别	住宅	学校、办公楼	剧院、食堂	医院(病人用)	幼儿园
踢面高/mm	156～175	140～160	120～150	150	120～150
踏面宽/mm	250～300	280～340	300～350	300	260～300

 知识拓展

由于踏步的宽度往往受到楼梯间进深的限制，可以在踏步的细部进行适当变化来增加踏面的尺寸，例如采取加做踏步檐或使踢面倾斜，如图 10.19 所示。踏步檐的挑出尺寸一般不大于 20mm，挑出尺寸过大则踏步檐容易损坏，而且会给行走带来不便。另外，踏步的尺寸应该始终保持一致，防止人们按习惯步调走在踏步段上时因为踏步尺寸突变而伤及使用者的脚部。

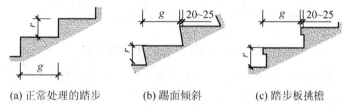

(a) 正常处理的踏步　　(b) 踢面倾斜　　(c) 踏步板挑檐

图 10.19 踏步细部尺寸图

2. 跨步长度

楼梯段的跨步长度宜与人的自然跨步长度相近，一般应估计妇女或儿童的跨步长度。跨步长度无论过大或过小，行走时均会感到不方便。跨步长度取决于踏步宽度和高度，如图 10.20 所示，计算跨步长度可利用下面的经验公式

$$s=2r+g=600(\text{mm})$$

式中：s——跨步长度，600mm 为妇女及儿童跨步长度；

r——踏步踢面高度；

g——踏步踏面宽度。

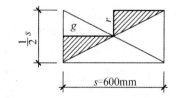

图 10.20 踏步尺寸和跨步长度的关系

10.1.6 楼梯的净空高度

楼梯的净空高度(简称净高)对楼梯的正常使用影响很大，它包括楼梯段间的净高和平台过道处的净高两部分。

楼梯段间的净高是指楼梯段空间的最小高度,即下层梯段踏步前缘至其正上方梯段下表面的垂直距离。平台过道处的净高是指平台过道地面至上部结构最低点(通常为平台梁)的垂直距离。

知识提示

梯段间的净高与人体尺度、梯段的坡度有关,平台过道处净高与人体尺度、平台梁的高度和位置有关。在确定这两个净高时,还应充分考虑人们肩扛物品对空间的实际需要,避免由于碰撞拥挤而产生压抑感。

我国相关规范规定,楼梯段间净高不应小于 2.2m,平台过道处净高不应小于 2.0m。对于个别起止踏步处不满足净高要求的部位,起止踏步前缘与上部凸出物内边缘线的水平距离不应小于 0.3m,如图 10.21 所示。

由于一般民用建筑的层高均在 3.0m 以上,而楼梯段间净高与房间净高相差不大,所以一般可以满足不小于 2.2m 的要求。

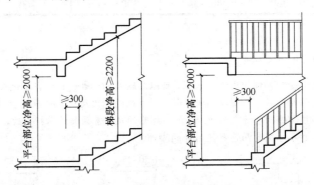

图 10.21　梯段及平台部位净高要求

一般情况下,楼梯的中间平台设计在楼层的 1/2 处,而层高较小的单元式住宅楼梯间首层入口处的净高往往不能满足不小于 2.0m 的要求,如图 10.22(a)所示,因此必须在首层入口处进行仔细的调整和设计处理,以方便人们进出通行和搬运家具。

例如,单元式住宅通常把单元门设在楼梯间首层,其入口处平台过道净高应不小于 2.0m。如果住宅的首层层高为 3.0m,那么第一个休息平台的标高为 1.5m,此时平台下过道净高约为 1.2m,距 2.0m 的要求相差较远。为了使平台过道处净高满足不小于 2.0m 的要求,主要采用以下三个方法。

(1) 在建筑室内外地面标高相差较大的前提下,降低中间平台下过道处地面标高,这样,从室外走到二楼须经过三个踏步段,如图 10.22(b)所示。

(2) 增加第一段楼梯的踏步数,不改变楼梯的坡度,使第一个休息平台上移,如图 10.22(c)所示,采用这种方法需要注意两个问题,一是第一段楼梯是整部楼梯中最长的一段,仍然要保证梯段的宽度和平台深度之间的相互关系;二是当层高较小时应检验第一、三楼梯段之间的净高是否满足梯段间净高不小于 2.2m 的要求。

(3) 将第一层至第二层之间的楼梯设计成单跑楼梯,如图 10.22(d)所示,此种方法一般情况下会导致使用者在上楼时感到疲劳,如果首层用来做层高较小的车库等房间时,可以采用,但层高较大时,尽量不要采用此种方法。

观察与思考

利用业余时间观察周围的建筑内楼梯，通过用尺量等简单的方法检验楼梯净高是否符合要求。观察周围的单元式住宅是如何处理楼梯间首层入口处净空尺寸的，如果有新的方式请将其反馈给本书编写组。

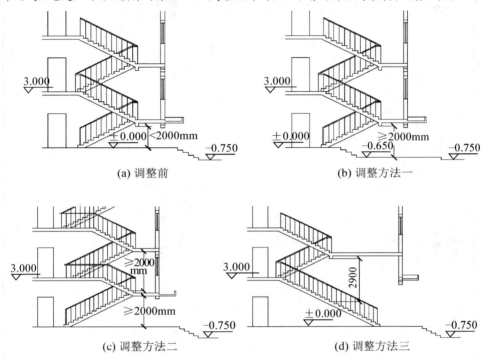

(a) 调整前　　　　　　　　　　　(b) 调整方法一

(c) 调整方法二　　　　　　　　　(d) 调整方法三

图 10.22　楼梯间首层入口处楼梯净空尺寸的调整

10.1.7　栏杆和扶手

栏杆和扶手是梯段的安全设施。当梯段升高的垂直高度大于 1.0m 时，就应当在梯段的临空面设置栏杆。楼梯至少应在梯段临空面一侧设置扶手，梯段净宽达三股人流时应在两侧设扶手，四股人流时应加设中间扶手。

楼梯的栏杆和扶手是与人体尺度关系密切的建筑构件，应合理地确定栏杆高度。栏杆高度是指踏步前缘至上方扶手中心线的垂直距离。一般室内楼梯栏杆高度不应小于 0.9m；室外楼梯栏杆高度不应小于 1.05m；高层建筑室外楼梯栏杆高度不应小于 1.1m。如果靠楼梯井一侧水平栏杆长度超过 0.5m，其高度不应小于 1.0m。有一些建筑根据使用要求对楼梯栏杆高度做出了具体的规定，应参照单项建筑设计规范的规定执行。

楼梯栏杆应选用坚固、耐久的材料制作，并具有一定的强度和抵抗侧向推力的能力。楼梯栏杆又是建筑室内空间的重要组成部分，应充分考虑到栏杆对建筑室内空间的装饰效果，应具有美观的形象。一般情况下，栏杆的设置按构造要求配置，栏杆顶部的侧向推力可如下取值：住宅、宿舍、办公楼、旅馆、医院、幼儿园为 0.5kN/m；学校、食堂、剧场、电影院、车站、展览馆、体育场为 1.0kN/m。

扶手应选用坚固、耐磨、光滑、美观的材料制作。

楼梯是建筑中尺度琐碎、设计精细、施工要求较高的构件。表 10-4 是各类建筑对楼梯的要求。

表 10-4 各类建筑对楼梯尺寸的要求(单位: mm)

建筑类别	在限定条件下对楼梯段净宽及踏步的要求				栏杆高度与要求	中间平台深度要求	其他
	限定条件	梯段净宽	踏步高度	踏步宽度			
住宅	共用楼梯: 七层以上 六层及六层以下 户内楼梯: 一边临空时 两边为墙面时	≥1100 ≥1000 ≥750 ≥900	≤175 ≤200	≥260 ≥220	不宜小于900, 栏杆垂直杆件间净距不应大于110	深度不小于楼梯净宽, 平台结构下缘至人行走道的垂直高度不小于2000	楼梯水平段栏杆长度大于500时, 其扶手高度不应小于1050。楼梯井宽度大于110时, 必须采取防止儿童攀滑的措施
托儿所幼儿园	幼儿用楼梯		≤150	≥260	幼儿扶手不应高于600, 栏杆垂直线饰间净距不大于110		楼梯井宽度大于110时, 必须采取安全措施, 除设成人扶手外并应在靠一侧墙设置幼儿扶手; 严寒地区设室外安全疏散楼梯应用防滑措施
中小学	教学楼梯	梯段净宽不小于3000时宜设中间扶手	梯段坡度不大于30°		室内栏杆不小于900, 室外栏杆不小于1100不应采用易于攀登的花饰		楼梯井宽度大于200时, 必须采取安全保护措施, 楼梯间应有直接天然采光窗, 楼梯段不得采用螺旋形或扇形踏步, 每梯段踏步不得多于18级, 并不得少于3级, 梯段与梯段间不应设挡视线的隔墙。必要时设置消防指示灯箱等
商店	营业部分的共用楼梯 室外台阶	≥1400	≤160 ≤150	≥280 ≥300			商店营业部分楼梯应作疏散计算; 大型百货商店、商场、超市的营业层在5层以上时, 宜设置直通屋顶平台的疏散楼梯间, 且不少于两座

续表

建筑类别	在限定条件下对楼梯梯段净宽及踏步的要求				栏杆高度与要求	中间平台深度要求	其他
	限定条件	梯段净宽	踏步高度	踏步宽度			
疗养院	人流集中使用的楼梯	≥1650					主体建筑的疏散楼梯不应少于两个，楼梯间应采取自然通风（设通风窗）
综合医院	门诊、急诊、病房楼	≥1650	≤160	≥280		主楼梯和疏散楼梯的平台深度宜小于2000	病人使用的疏散楼梯至少为天然采光和自然通风有一座使用的疏散楼梯；病房楼不论层数多少，均应为封闭式楼梯间；高层病房应为防烟楼梯间
公共汽车客运站	二楼设置候车厅时疏散楼梯通向地面候车厅 二楼设置候车厅时疏散楼梯直接通向室外	≥1400 ≥3000					
电影院	室内楼梯 室外疏散楼梯	≥1400 ≥1100	≤160	≥280			疏散楼梯的宽度应按观众的使用人数进行计算，有候场需要的门厅，厅内供入场使用的主楼梯不应作为疏散楼梯
剧场	主要疏散楼梯 舞台至天桥、光桥、棚顶、灯光室的检修金属梯或钢筋混凝土楼梯	≥1100 ≥600	≤160 坡度不应大于60°，不应采用垂直爬梯	≥280	高度不应小于900，应设置坚固、连续的扶手	深度不小于楼段宽度并宽度不应小于1100	连续踏步不超过18步，超过18步时每增加一步踏步应放宽10，高度相应降低，但最多不超过22步；不得采用螺旋形楼梯，采用弧形楼梯段时，离踏步窄端扶手250处踏步宽不应小于220宽，端扶手处踏步宽不应大于500

注：表列有关要求引自规范 GB 50096—2011、JGJ 39—1987、GB 50099—2011、JGJ 48—1988、JGJ 40—1987、JGJ 49—1988、JGJT 60—2012、JGJ 58—2008。

317

10.2 钢筋混凝土楼梯构造

 引例 2

在上一节学习过，楼梯按照材料不同可以分为钢筋混凝土楼梯、木楼梯、钢楼梯和几种材料制成的组合材料楼梯等几种。其中钢筋混凝土楼梯在现代民用建筑中应用最为广泛，除了少数的套内楼梯外，人们在日常生活和社会公共活动中接触的大多为钢筋混凝土楼梯。

钢筋混凝土楼梯按照施工方式不同分为现浇和预制装配两大类，由于近些年来混凝土工业在技术上不断的进步和发展，加之预制装配构件存在整体性差、抗震性能差等缺陷，目前建筑中采用较多的是现浇钢筋混凝土楼梯。所以本节主要重点介绍现浇钢筋混凝土楼梯的构造及施工过程，预制装配钢筋混凝土楼梯不做详细介绍。

1. 现浇钢筋混凝土楼梯的特点

现浇钢筋混凝土的梯段、平台，由于是和楼板、柱等构件整体浇筑在一起的，所以具有整体性好、刚度大、施工速度快、耐久性和耐火性强等优点。

2. 现浇钢筋混凝土楼梯的施工过程

如图 10.23 所示，现浇钢筋混凝土楼梯的施工过程主要包括支模、绑扎钢筋、二次支模、浇筑钢筋混凝土、拆模、养护等过程。

(a) 支模

(b) 绑扎钢筋和二次支模

(c) 浇筑钢筋混凝土

(d) 拆模和养护

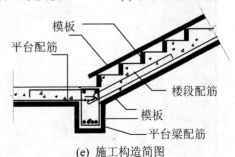
(e) 施工构造简图

图 10.23　现浇钢筋混凝土楼梯的施工过程与施工构造简图

知识提示

在施工过程中，楼梯段的有些模板(例如踢面模板)需要在绑扎钢筋过后安装固定，所以称为"二次支模"。

3．现浇钢筋混凝土楼梯的分类及构造

1) 板式楼梯

板式楼梯是指由楼梯段承受梯段上的全部荷载，梯段分别与上下两端的平台梁浇筑在一起，并由平台梁支撑。

板式楼梯的梯段相当于一块斜放的现浇板，平台梁是支座，梯段内的受力钢筋沿梯段的长向布置，平台梁的水平间距就是楼梯段的跨度，如图 10.24 所示。板式楼梯适用于荷载较小、层高较小的建筑，如住宅、宿舍建筑。

如果在板式楼梯的局部位置将平台梁取消，可以形成折板式楼梯，如图 10.25 所示，这样平台过道处净空高度就会增大，折板式楼梯是板式楼梯的一种特殊形式。

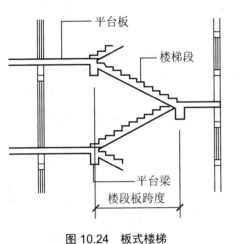

图 10.24　板式楼梯

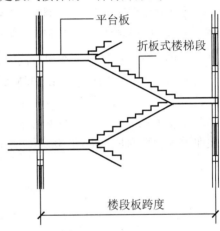

图 10.25　折板式楼板

2) 梁式楼梯

梁式楼梯是指由斜梁承受梯段上全部荷载的楼梯。梁式楼梯的踏步板由斜梁支撑，斜梁又由上下两端的平台梁支撑，如图 10.26 所示。梁式楼梯荷载的传递过程如下式所示。

荷载(楼梯段的自重恒荷载或使用者的体重等活荷载)→踏步板→斜梁→平台梁→柱或墙→基础→地基。

梁式楼梯楼梯段的宽度或斜梁间距相当于踏步板的跨度，平台梁的间距为斜梁的跨度，如图 10.27 所示。

图 10.26　梁式楼梯

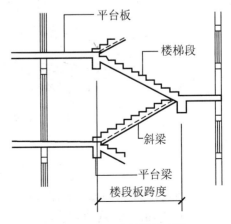

图 10.27　梁式楼梯剖面图

知识提示

由于通常梯段的宽度要小于梯段的长度，因此踏步板的跨度就相对比较小，梯段的荷载主要由斜梁承担，并传递给平台梁。

梁式楼梯适用于荷载较大、层高较大的大型公共建筑，如商场、教学楼、电影院等。

观察与思考

利用业余时间观察周围建筑内的楼梯，看看哪些属于梁式楼梯，想想当人们走在楼梯上的时候，对梯段所施加的荷载是怎样传递给基础和地基的。试着站在实物前将荷载传递关系、踏步板和斜梁跨度指出来。

梁式楼梯的斜梁应当设置在梯段的两侧，如图 10.28(a)所示。有时为了节省材料在梯段靠楼梯间横墙一侧不设斜梁，而由墙体支撑踏步板。此时踏步板一端搁置在斜梁上，另一端搁置在墙上，如图 10.28(b)所示。个别楼梯的斜梁设置在梯段的中部，形成踏步板向两侧悬挑的受力形式，有些室外楼梯为了不影响采光也可将楼梯段的踢面省略掉，梁式楼梯段由踏面板和斜梁组成，如图 10.28(c)所示。

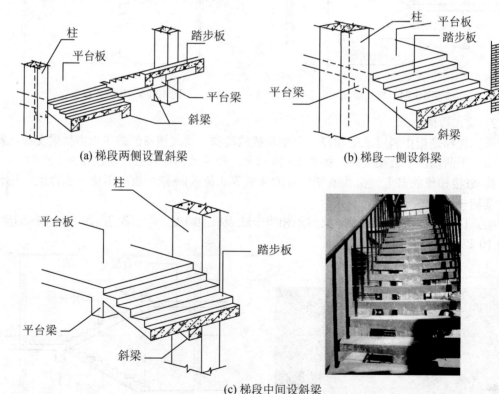

(a) 梯段两侧设置斜梁

(b) 梯段一侧设斜梁

(c) 梯段中间设斜梁

图 10.28　梁式楼梯的斜梁布置

梁式楼梯的斜梁一般暴露在踏步板的下面，从梯段侧面就能看见踏步，俗称为明步楼梯，如图 10.29(a)所示。这种做法使梯段下部形成梁的暗角，容易积灰，梯段侧面经常被清洗踏步产生的脏水污染，影响美观。另一种做法是把斜梁反设到踏步板上面，此时梯段下面是平整的斜面，称为暗步楼梯，如图 10.29(b)所示。暗步楼梯弥补了暗步楼梯的缺陷，但由于斜梁宽度要满足结构的要求，往往宽度较大，从而使梯段的净宽变小。

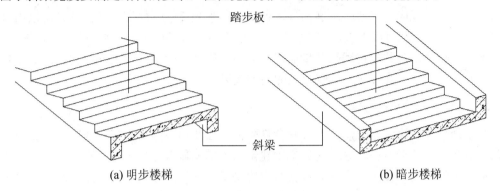

(a) 明步楼梯　　　　　　　　　　　　　(b) 暗步楼梯

图 10.29　明步楼梯和暗步楼梯

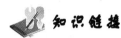 **知识链接**

　　钢筋混凝土楼梯分为现浇钢筋混凝土楼梯和预制装配式钢筋混凝土楼梯。预制装配式钢筋混凝土楼梯施工工艺就是将楼梯的各个组成部分在施工现场或预制构件厂，预先浇注成型后通过搭接和预埋铁件的焊接将其固定在建筑中相应的位置上，这种工艺在过去相当长的一段时间内因为较当时的现浇钢筋混凝土楼梯工艺施工速度快、现场模板用量少等优点而得以广泛应用，但同时也存在着整体性差、抗震能力差等缺陷。尤其是近些年来，在各种天灾人祸中，预制装配式钢筋混凝土构件的种种缺陷更加凸显出来，汶川大地震的巨大伤亡数字和经济损失很多都是因为建筑结构的整体稳定性差造成的。由于预制装配式构件很难做到"大震不倒"，而确保使用者的人身安全是施工技术人员首先要考虑的问题，所以除了极少数部位，预制装配式钢筋混凝土楼梯、楼板、屋顶等构件在现在的民用建筑和大多数工业建筑中已基本不采用。

10.3　楼梯的细部构造

 引例3

　　在建筑中，楼梯的设计与施工是否合理，对于使用者的人身安全十分重要。一方面楼梯是与人体接触较频繁的构件，人们行走在楼梯段上与在地面上相比，脚步用力较大，楼梯本身的磨损较大。另外，在冬季人们从外面走进室内，脚底带着雪花、融水走在楼梯上时最容易导致滑倒摔伤，所以，在处理踏步面层、踏步细部的构造时应注意增强其耐磨性和防滑性能；另一方面，当通过楼梯的人流量较大时，对栏杆和扶手的冲击力较大，人们最容易在此处出现安全隐患甚至受到伤害，尤其是儿童在无人看管的情况下容易出现坠落事故，所以对于栏杆和扶手应该进行适当的构造处理，以保证楼梯的正常安全使用。

　　在坚持以人为本，做好楼梯安全防护的同时，还应在采用材料、装饰装修方面注意对美学效果和采光视线的影响。

10.3.1 楼梯踏步的面层和细部处理

1. 踏步的面层材料与构造

如果踏步面层应当平整、耐磨性好，但不应过于光滑。一般情况下，凡是可以用来做室内地面的材料，都可以用来做踏步面层。常见的踏步面层有水泥砂浆、水磨石、地面砖、各种天然石材等。公共建筑楼梯踏步面层经常与走廊地面面层采用相同的材料。面层材料要便于清扫、擦洗，并且应当具有相当的装饰效果。

2. 踏步的面层材料与构造

由于踏步面层比较光滑，行人容易滑跌受伤，因此踏步面层应采用较粗糙的材料，或在踏步前缘应有防滑措施。这对人流集中建筑的楼梯就显得更加重要。踏步前缘也是踏步磨损最厉害的部位，在搬运家具等设备时也容易受到硬物的撞击破坏。采取防滑措施可以提高前缘的耐磨程度，起到保护使用者人身安全的措施。

踏步面层材料不同，采用的防滑工艺也不同，常见的防滑构造，如图 10.30 所示。

 观察与思考

利用业余时间观察周围建筑的楼梯踏步，试根据所学的建筑材料知识辨别出踏步面层所采用的材料是什么，踏步采取了什么防滑措施。如果有教材内没有提及的防滑工艺请向本书编写组反馈。

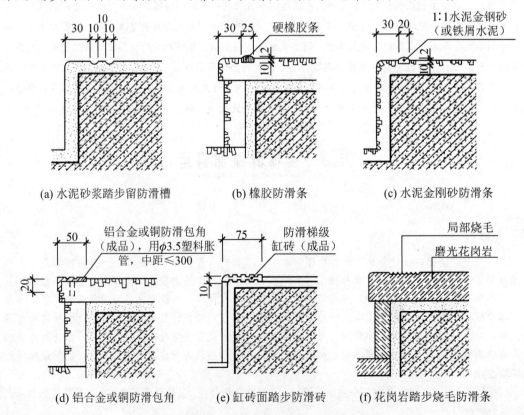

(a) 水泥砂浆踏步留防滑槽   (b) 橡胶防滑条   (c) 水泥金刚砂防滑条

(d) 铝合金或铜防滑包角   (e) 缸砖面踏步防滑砖   (f) 花岗岩踏步烧毛防滑条

图 10.30 常见踏步防滑构造

由于水泥砂浆面层存在易结露、易起灰、无弹性、热传导性高等缺点，目前在民用建筑中极少采用，在人流较少的检修间、设备间可采用。

10.3.2 栏杆、栏板和扶手

为了保证楼梯的使用安全，应在楼梯段的临空一侧设栏杆或栏板，并在其上部设置扶手。当楼梯的宽度较大时，还应在梯段靠墙一侧及中间增设扶手。栏杆、栏板和扶手也是具有较强装饰作用的建筑构件，对材料、形式、色彩、质感均有较高的要求，应当认真进行选择。

1．栏杆

栏杆是指将杆件按照一定的规律连接在一起固定在踏步段上形成的连续防护设施。由于栏杆通透性好，对建筑空间具有良好的装饰作用，因此在楼梯中采用较多。

1) 栏杆材质

(1) 金属栏杆。在公共建筑和住宅建筑的公共走廊内，楼梯栏杆多采用金属材料制作，例如铝材、不锈钢、铸铁花饰等，如图 10.31 所示。用相同或不同规格的金属型材拼接、组合成不同的规格和图案，可使栏杆在确保安全的同时又能起到装饰作用，如图 10.32 所示。

(a) 镀锌钢栏杆　　　(b) 铝合金栏杆　　　(c) 铸铁花饰栏杆

图 10.31　不同材质的金属栏杆

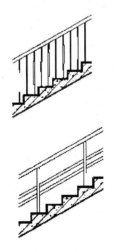 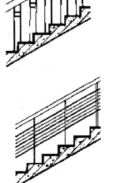   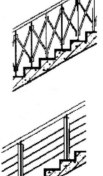 

图 10.32　金属栏杆形式

(2) 石栏杆。在某些公共建筑的门厅、大厅的楼梯装修中，常采用花岗岩、大理石等石栏杆，以示庄重、高雅和美观，如图 10.33 所示。

(3) 木质栏杆。在复式楼(又称楼中楼)、别墅的套内楼梯采用木质栏杆的较多，并在栏杆表层涂覆油漆，以防栏杆受潮变形、腐烂，如图 10.34 所示。

图 10.33　大理石楼梯栏杆　　　　　图 10.34　雕工精细的木质楼梯栏杆

2) 栏杆力学性能要求

栏杆应具有足够的强度，能够保证在人多拥挤时楼梯的使用安全。栏杆垂直构件之间的净间距不应大于 110mm，以保证行人不会从栏杆缝隙跌落。经常有儿童活动的建筑，栏杆的分格应设计成不易儿童攀登的形式，以确保安全。

栏杆的垂直杆件必须要与楼梯段有牢固、可靠地连接。目前在工程上采用的连接方式多种多样，应当根据工程实际情况和施工能力合理选择连接方式，常见的栏杆与楼梯段的连接方式，如图 10.35 所示。

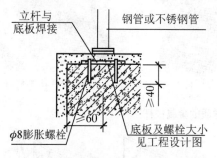
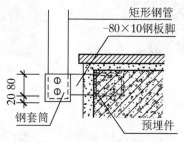

(a) 膨胀螺栓锚固底板、立杆焊在底板上　　(b) 立杆插入钢套筒内用螺丝拧固

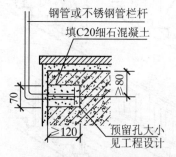
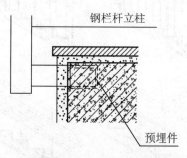

(c) 立杆埋入踏步侧面预留孔内　　　　(d) 立杆焊在踏步侧面的预埋件上

图 10.35　栏杆与楼梯段的几种常见连接

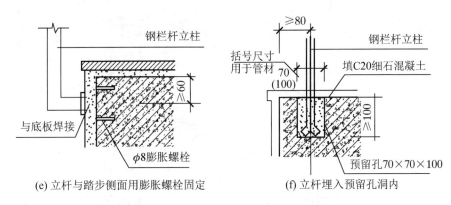

(e) 立杆与踏步侧面用膨胀螺栓固定 (f) 立杆埋入预留孔洞内

图 10.35 栏杆与楼梯段的几种常见连接(续)

2. 栏板

栏板是用实体材料做成固定在楼梯踏步段边缘的防护装置。常用的材料有现浇钢筋混凝土，加设钢筋网的砖砌体、木材、复合板材、玻璃、金属等。栏板的表面应平整光滑，便于清洗。栏板可以与梯段直接相连，也可以安装在垂直构件上。常见栏板及其构造，如图 10.36 所示。

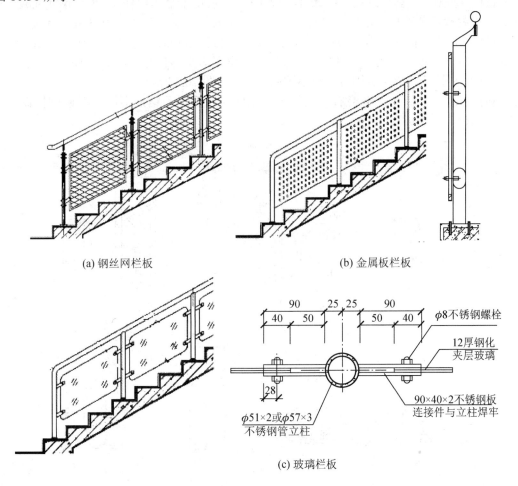

(a) 钢丝网栏板 (b) 金属板栏板

(c) 玻璃栏板

图 10.36 常见栏板及构造

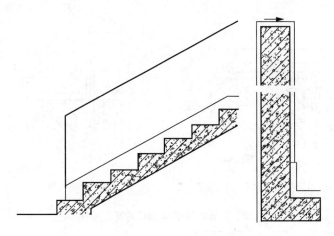

(d) 钢筋混凝土栏板

图 10.36　常见栏板及构造(续)

3．扶手

扶手是楼梯的重要组成部分，扶手根据栏杆或栏板的材质不同而选用。

(1) 金属型材(铁管、不锈钢、铝合金等)扶手一般用于金属栏杆(栏板)、钢筋混凝土栏板、砖砌栏板和玻璃栏板，也可以将金属型材扶手安装在墙上，如图 10.37(a)所示。

(2) 木扶手。优质硬木一般用于木扶手和栏杆材料相同或相近的栏杆，也有用于铸铁或钢制栏杆的，但不适用于室外楼梯，以防雨天淋湿后变形和开裂，如图 10.37(b)所示。

(3) 塑料扶手一般用于铝合金或不锈钢栏杆，如图 10.37(c)所示。

(4) 水泥砂浆抹灰、水磨石、天然石材制作的扶手用于钢筋混凝土或砖砌栏板，如图 10.37(d)、图 10.37(e)所示。

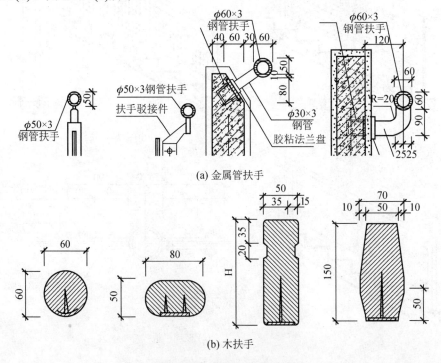

图 10.37　常见几类扶手构造

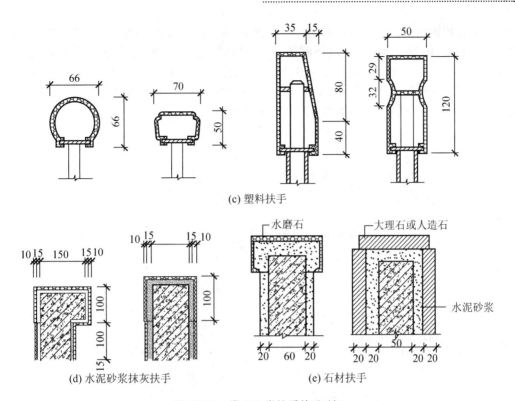

(c) 塑料扶手

(d) 水泥砂浆抹灰扶手   (e) 石材扶手

图 10.37　常见几类扶手构造(续)

　　无论何种材质扶手，其表面都要光滑、圆顺，以便于扶持。绝大多数扶手是连续设置的，接头处应当仔细处理，使之平滑过渡。金属扶手通常与栏杆(或玻璃栏板金属立柱)焊接；抹灰类扶手在栏板上端直接饰面；木及塑料扶手在安装之前应事先在栏杆顶部设置通长的倾斜扁铁，扁铁上预留安装钉孔，然后把扶手安放在扁铁上，并用螺丝钉固定好，如图 10.37 所示。

知识拓展

　　在幼儿园、托儿所等幼儿较多的建筑中，为了确保儿童的人身安全，需要设置专门的幼儿用楼梯。幼儿楼梯的踏步尺寸应该适合儿童的跨步长度，栏杆的形式设计应该考虑防止儿童攀爬，栏杆的间距和梯井宽度都不宜过大，以防儿童钻过栏杆跌落，栏杆和靠墙一侧应该安置双排扶手，上排扶手为成人扶手，下排扶手为幼儿专用的扶手。幼儿园内的幼儿专用楼梯，如图 10.38 所示。

图 10.38　幼儿楼梯

上下梯段的扶手在平台转弯处往往存在高差，应当进行调整和处理，以确保扶手的连续和圆顺，如图 10.39(a)所示。当上下梯段在同一位置起步时，可以把楼梯井处的横向扶手倾斜设置，连接上下两段扶手，如图10.39(b)所示。如果把平台处栏杆外伸约1/2踏步如图10.39(c)所示，或将上下梯段错开一个踏步，如图 10.39(d)所示，就可以使扶手顺利连接，但这种做法栏杆占用平台尺寸较多，楼梯的占用面积也要增加。

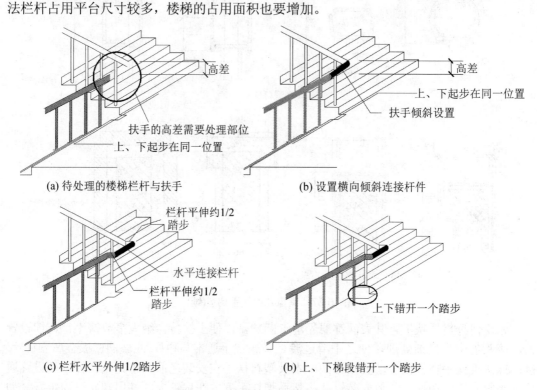

图 10.39　楼梯转弯处扶手高差的处理

观察与思考

观察周围建筑内的楼梯栏杆(栏板)、扶手，根据所学过的知识辨别该楼梯的栏杆(栏板)和扶手采用的是什么材料，推断栏杆(栏板)和扶手是怎样固定在踏步段上的，栏杆(栏板)、扶手的安装与布置能否确保使用者的人身安全，栏杆(栏板)和扶手应用在该建筑中是否合理。

10.4　台阶与坡道

引例 4

众所周知，为了保持首层室内的干燥、防止雨水侵蚀，通常首层室内地面要高于室外地坪标高，那么就要考虑以下几个问题：需要通过建筑的什么设施才能顺利地走进建筑室内？相关车辆需要借助什么进出医院、银行金库、车库等建筑？残疾人、老年人需要借助什么设施进出公共场所参加各种社会活动？在这一节将要解开这些疑问，找出答案。

由于室内外地面存在一定的高差，所以人和车辆需要借助台阶或坡道进入室内，坡道是为残疾人和车辆进出室内而设置的，有时将坡道和台阶合并在一起设置成回车坡道，例如医院急诊部门、重要的机关办公楼等。在有些医院，室内也需要设置坡道，以便病人推床移动到不同楼层。

从城市规划的角度上看，为了确保行人和车辆的进出建筑的安全，台阶和坡道不应该进入街道。

有时因为室内外高差相差较大，或者室内空间较大，需要将台阶直接从室外通向二楼，同时能够体现出建筑的地位和重要性，这种大型台阶和室外疏散楼梯很相似。

10.4.1 台阶

1. 台阶的形式和尺寸

1) 台阶形式

(1) 按照台阶所在位置可分为一层台阶和二层台阶。

(2) 按照台阶的踏步布置可分为单面踏步、两面踏步、三面踏步和多面踏步等，如图 10.40 所示。

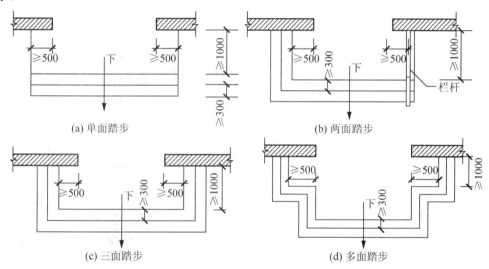

图 10.40　台阶按踏步多少与布置分类(直线踏步台阶)

(3) 按照台阶的外形及附加功能可分为直线形台阶，如图 10.40 所示；弧线形台阶如图 10.41(a)所示；带花台(或花池)的台阶，如图 10.41(b)所示；带回车坡道的综合性台阶如图 10.41(c)所示。

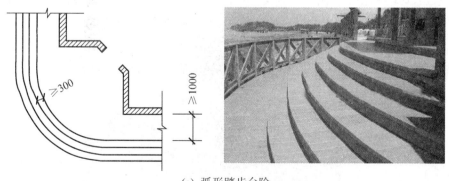

(a) 弧形踏步台阶

图 10.41　台阶按照外形及附加功能分类

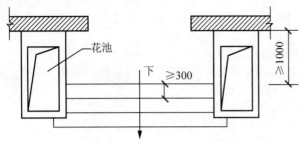

(b) 带花台(花池)的台阶

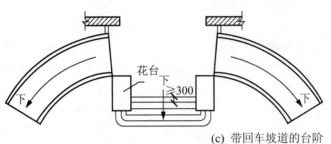

(c) 带回车坡道的台阶

图 10.41　台阶按照外形及附加功能分类(续)

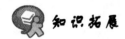知识拓展

图 10.40 中的台阶踏步全部是设计成直线形的，图 10.41(a)台阶踏步设计成了弧形，这种台阶在转弯时设计成圆角的与直角转弯相比，其优点在于当人流较大时，防止人们的腿碰到台阶踏步划伤。

观察与思考

利用业余时间观察周围建筑出入口处的台阶，分析该台阶属于哪种形式的，除了供人们进出外，还有什么附加功能，如果有书中没有提到的附加功能请将其反馈本书编写组。

2) 台阶的尺寸

如图 10.40、图 10.41 所示，为了满足起码要求，台阶顶部平台的宽度应大于所连通的门洞口宽度，一般两边应各比洞口宽出 500mm；室外台阶顶部平台深度应至少为 1m，台阶过高或过长时，应该设置中间平台(缓台)，将台阶踏步段分成两段或两段以上，如图 10.42 所示；室外台阶应该比楼梯缓和一些，一般情况下台阶踏面宽度应至少为 300mm，踢面高度不得超过 150mm。

图 10.42　带中间平台(缓台)的多面踏步台阶

2. 台阶的基本要求

为使台阶能满足交通、疏散和安全进出的需要，台阶应该满足如下要求。

(1) 人流密集场所台阶的高度超过 1.0m 时，临空一侧应设有护栏设施，如图 10.43 所示。

(2) 影剧院、体育馆观众厅疏散出口门内外 1.40m 范围内不能设台阶踏步，防止人流拥挤时(下台阶)踩空跌倒或(上台阶)被踏步绊倒，如图 10.44 所示，虚线圈框内为距离出口 1.40m 范围。

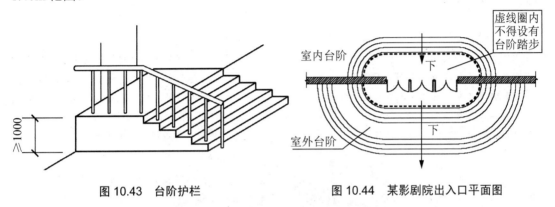

图 10.43　台阶护栏　　　　　　　图 10.44　某影剧院出入口平面图

(3) 室内台阶踏步数不应少于 2 步，台阶的踏步尺寸应该保持一致，防止人们因为习惯性的步调突然踩空跌伤或下脚过重挫伤，如图 10.45 所示。

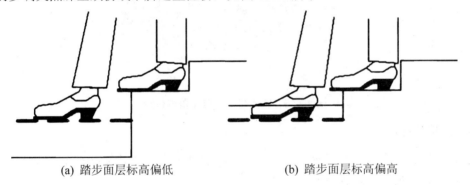

(a) 踏步面层标高偏低　　　　　　　(b) 踏步面层标高偏高

图 10.45　台阶踏步尺寸不一致时对使用者造成的危害

知识提示

图 10.45 中所示的虚线是按照理论上的设计原则规定的踏步面标高，而实线则是实际上的踏面标高。当踏步标高较低、踢面高度较大时，人们按照习惯的步调走在台阶上，会因为下脚预定位置偏高而踩空跌倒；当踏步标高较高、踢面高度较大时，人们则会因为下脚预定偏低、下脚过重而挫伤脚腕，由此可见，踏步踢面高度偏大偏小都是不可以的。所以，无论楼梯、爬梯还是台阶的踏步尺寸都应保持一致，减少误差，保障使用者的人身安全。

(4) 台阶踏步面层应该选用防滑性能较好的材料，或者采取有效的防滑措施。

(5) 台阶作为建筑主体的一部分，不应进入道路红线，以确保人们进出建筑的安全和道路车辆通行的顺畅。

观察与思考

观察周围建筑的台阶并亲身体验，看看台阶尺寸在人流较大的时候是否满足安全疏散的要求，台阶是否满足上述基本要求。

知识拓展

有些建筑的建造由于种种原因出入口离道路很近，人们刚走下台阶可能就站在行车道上了，而且台阶还会影响沿道路行走的行人，有些行人不得不避开台阶走在行车道上。这样的情况对进出建筑和行走在建筑与道路间行人的人身安全都十分不利，如果在人流高峰期的时候，更容易引起交通事故，后果不堪想象。作为建筑技术人员，确保人民群众的生命财产安全是第一要务。技术人员可以除了在建筑规划时考虑好建筑与周围道路间留有足够的缓冲余地外，当缓冲地带无法解决时，可以将台阶设计成特殊的两面踏步形式，如图 10.46 所示，踏步长度方向与道路平行，行人也可以通过台阶而不必绕行到行车道上。

图 10.46　临街建筑的两面踏步台阶

3. 台阶的构造

台阶的构造分实铺和架空两种，大多数台阶采用实铺，当室内外地面标高相差相对较大时，台阶体积较大，则需要采用架空。

1）实铺台阶

实铺台阶的构造与室内地坪的构造差不多，包括基层、垫层和面层，如图 10.47(a)所示。基层是夯实土；垫层多采用混凝土、碎砖混凝土或砌砖，其强度和厚度应当根据台阶的尺寸相应调整；面层有整体和铺贴两大类，如水泥砂浆、水磨石、剁斧石、缸砖、天然石材等。在严寒地区，为保证台阶不受土壤冻胀影响，应把台阶下部一定深度范围内的土换掉，改设砂垫层或炉渣垫层作为防冻胀层，如图 10.47(b)所示。

知识拓展

刮泥槽是在一些公共建筑的入口处设置的，避免人们把脚上的泥土带到屋内。其构造形式就是在地上挖的一个方槽，上面用一个铁制的，有网格的东西盖着，这个铁制的就是铁篦子，如图 10.47(a)所示。当人们在走进建筑入口前，鞋上带的泥块会被铁篦子刮下落进刮泥槽里，从而确保了室内的整洁。

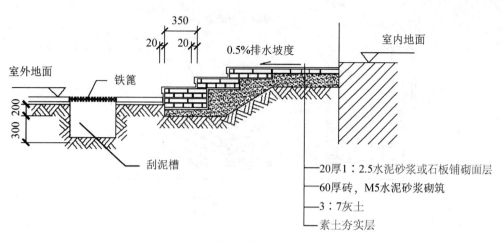

(a) 不受冻胀影响地区的台阶（设刮泥槽）

図中标注：

室外地面

铁篦

刮泥槽

室内地面

350

20　20

0.5%排水坡度

300　200

— 20厚1：2.5水泥砂浆或石板铺砌面层

— 60厚砖，M5水泥砂浆砌筑

— 3：7灰土

— 素土夯实层

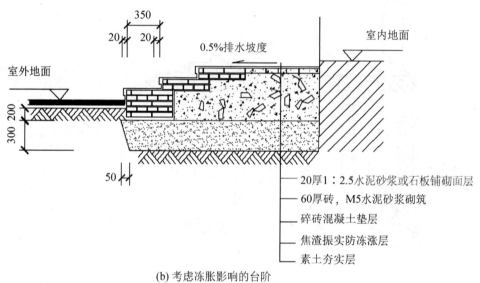

室外地面

室内地面

350

20　20

0.5%排水坡度

300　200

50

— 20厚1：2.5水泥砂浆或石板铺砌面层

— 60厚砖，M5水泥砂浆砌筑

— 碎砖混凝土垫层

— 焦渣振实防冻涨层

— 素土夯实层

(b) 考虑冻胀影响的台阶

图 10.47　实铺台阶

2) 架空台阶

当台阶尺度较大或土壤冻胀严重时，室外台阶如果采用实铺容易开裂或塌陷，如图 10.48 所示。常见的架空台阶结构形式主要有地垄墙架空、小框架架空、悬挑架空等，如图 10.49 所示。

图 10.48　体积较大的室外实铺台阶容易出现裂缝或塌陷

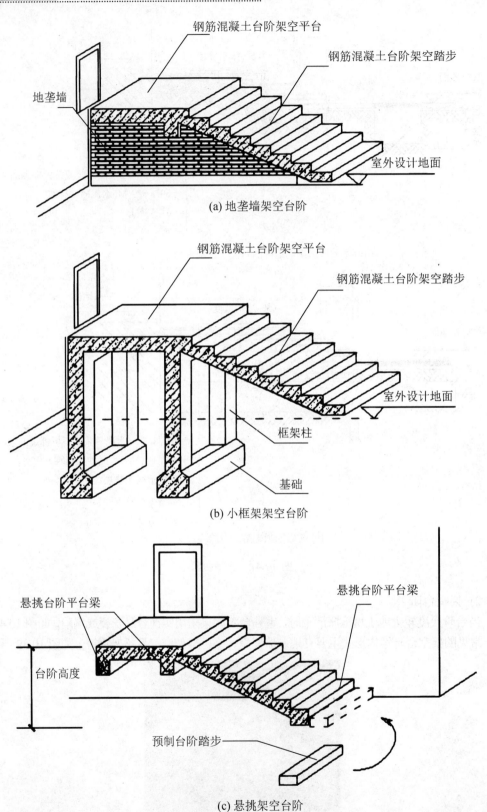

(a) 地垄墙架空台阶

(b) 小框架架空台阶

(c) 悬挑架空台阶

图 10.49 常见的架空台阶

(1) 地垄墙架空台阶的施工过程是首先在台阶下的条形基础上砌筑若干地垄墙,在地垄墙上铺设模板、绑扎钢筋、浇筑混凝土、养护后拆模,这样就形成了依靠地垄墙承受台阶荷载的结构体系。

(2) 小框架承重是指在建筑出口外通过支模、绑扎钢筋、浇筑混凝土、养护等过程建造的框架体系来支撑台阶荷载。

(3) 悬挑架空是指在建筑主体上悬挑出 2~3 根梁,由悬挑的钢筋混凝土梁来承受台阶荷载。

 知识拓展

由以上各种台阶的构造不难看出,大多数台阶在结构上和建筑主体是分开的,少数台阶即使与建筑主体连在一起,也是完全脱离地面的,例如悬挑架空台阶。这是因为台阶与建筑主体在承受荷载和沉降方面差异较大,处理不好台阶就会出现断裂、塌陷等问题,所以一般情况下台阶应该在建筑主体工程完成后再进行台阶的施工,如图 10.50 所示。台阶与建筑主体之间要注意解决好的问题有:①处理好台阶与建筑之间的沉降缝,常见的做法是在接缝处挤入一根 10mm 厚防腐木条;②为防止台阶上积水向室内流淌,台阶应向外侧做 0.5%~1%找坡,台阶面层标高应比首层室内地面标高低 10mm 左右。

图 10.50 建筑主体工程未完成之前台阶没有建造

10.4.2 坡道

1. 坡道的分类

坡道按照用途不同分为行车坡道、轮椅坡道和医院坡道。

1) 行车坡道

(1) 普通行车坡道是专门为机动车出入建筑而设置的坡道,一般布置在车辆进出建筑的出入口处,例如车库门口、仓库门口、停车场入口等,普通行车坡道有通往首层室内的,也有通往地下室的,如图 10.51 所示。

(2) 回车坡道与台阶布置在一起,布置在某些大型建筑的门口,如电影院、车站、航空港、医院等,如图 10.41(c)所示。

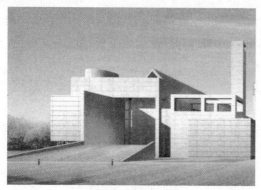

(a) 某别墅车库行车坡道　　　　　　　　(b) 某地下停车场坡道

图 10.51　普通行车坡道

2) 轮椅坡道

在公共建筑和市政工程中，为方便残疾人参加社会公共活动，在入口处设置轮椅坡道，如图 10.52 所示。

3) 医院坡道

在过去，为了方便推送病人到不同楼层的房间，在医院内设置连接各楼层的坡道。随着电梯的普及，现在医院楼内大多不设置坡道，但是在有些未安装电梯或电力供应不稳定的地区，仍然设置坡道。医院坡道，如图 10.53 所示。

图 10.52　公共建筑门口的轮椅坡道　　　　　　图 10.53　医院坡道

观察与思考

　　利用业余时间观察周围建筑，看看都有哪些坡道，出于什么作用考虑而设置的，还有哪些没有设置坡道的建筑需要设置坡道。

2. 坡道的尺寸和坡度

根据坡道的用途不同，坡道的尺寸和坡度有不同的规定。

1) 行车坡道

(1) 普通行车坡道的宽度应大于所连通的门洞口宽度，每边至少宽出 500mm；坡度视坡道面层的材料不同而定，一般情况下，光滑面层材料不超过 1∶12，粗糙面层材料或设置防滑条不超过 1∶6，带防滑齿不超过 1∶4。

　　(2) 回车坡道的坡道宽度和弧度半径应符合车辆规格，坡道坡度不得超过 1∶10。

　2) 轮椅坡道

　　(1) 轮椅坡道的宽度至少为 0.9m。

　　(2) 每段坡道的坡度、允许最大高度和水平长度应符合表 10-5 中的规定。

表 10-5　轮椅坡道每段坡度、最大高度和水平长度

坡道坡度(高/长)	*1/8	*1/10	1/12
每段坡道允许高度/m	0.35	0.60	0.75
每段坡道允许水平长度/m	2.80	6.00	9.00

　　注：加*者只适用于受场地限制的改造、扩建的建筑物

　　(3) 坡道的长度和高度超过表 10-5 中的规定时，应该在坡道中部设置休息平台，平台深度不小于 1.20m。

　　(4) 坡道在转弯处应设置休息平台，平台深度不小于 1.50m。

　　(5) 在坡道的起点和终点，应留有深度不小于 1.50m 的轮椅缓冲地带。

　　(6) 坡道两侧应在 0.9m 高度处设扶手，两段坡道之间的扶手应保持连贯。

　　(7) 坡道起点及终点处的扶手应水平延伸 0.3m 以上。

　　(8) 坡道两侧凌空时，在栏杆下端宜设高度不小于 50mm 的安全挡台。

3．坡道构造

　　坡道构造分为实铺和架空两种。一般情况下，室外坡道大多采用实铺构造，和室外实铺台阶构造基本相同，分为基层、附加层(防冻胀层)、垫层和面层，如图 10.54 所示；室外坡道高度较大时采用架空构造，室内轮椅坡道和医院坡道采用架空构造，其施工工艺和结构形式与钢筋混凝土楼梯相似，如图 10.53 所示。

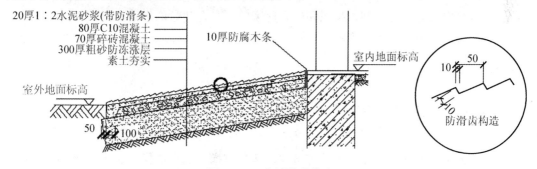

图 10.54　实铺坡道构造

10.5　电梯及自动扶梯

引例 5

　　在东北某市，一栋 14 层的高层住宅楼因为电梯井道垂直度不精确而不能安装电梯，该住宅楼建成后，

六楼以上原本价钱很高的住宅低价出售也很少有人问津，试想一下，这是为什么？如果让你去住到无电梯六楼以上的楼层，你愿意吗？

某所大学老校区食堂，每到中午放学的时候，到二楼、三楼就餐的师生挤满了楼梯，因为大家行走的速度不一样，所以平时看起来并不是很长的楼梯段走起来却是前呼后拥、寸步难行。后来，食堂被拆除重建，大小和规模与原来相差不大，来食堂就餐的师生也不少，但大家上楼下楼却没有以前那么费力气了。你能想出是为什么吗？

在高层及多层建筑中，为了解决人们在上下楼时的体力及时间的消耗问题，技术人员需要在建筑内安装电梯。有的建筑虽然层数不多，有些建筑由于级别较高或使用的特殊需要，往往也设置电梯，如高级宾馆、多层仓库等。部分高层及超高层建筑为了满足疏散和救火的需要，还要设置消防电梯。

在商场、展览馆、火车站、航空港等人流集中的大型公共建筑中，为方便使用者、疏导人流，需要设置自动扶梯，如图 10.55 所示。有些占地面积大、交通量大的建筑还要设置自动人行道，以解决建筑内部的长距离水平交通，例如大型航空港，如图 10.56 所示。

图 10.55　展览馆内的自动扶梯　　　　图 10.56　机场内的自动人行道

电梯、自动扶梯的安装与调试一般由生产厂家或专业公司负责。不同厂家提供的设备尺寸、规格和安装要求均有所不同，土建专业技术人员在电梯、自动扶梯方面的主要任务就是了解建筑内自动交通设施，按照和配合厂家的要求在建筑的指定部位预留出足够的空间、洞口和设备安装的基础设施。

10.5.1　电梯

1. 电梯的分类和规格

1) 电梯的分类

电梯根据用途的不同可以分为乘客电梯、运货电梯、病床电梯、住宅电梯、客货两用电梯、杂物电梯、食堂电梯。

电梯根据动力拖动的方式不同可以分为交流拖动(包括单速、双速、调速)电梯、直流拖动电梯、液压电梯。

电梯根据消防要求可以分为普通乘客电梯和消防电梯。

2) 电梯的规格

目前多采用载重量作为划分电梯规格的标准(如 400kg、1000kg、2000kg)，而不用载客人数来划分电梯规格。电梯的载重量和运行速度等技术指标，在生产厂家的产品说明书中均有详细指示。

2．电梯的组成

电梯由井道、机房和轿厢三部分组成，如图 10.57 所示。其中轿厢是由电梯厂生产的，并由专业公司负责安装。而电梯井道和机房的布局、尺寸及细部构造应根据电梯说明书中的要求由土建专业人员设计并建造。

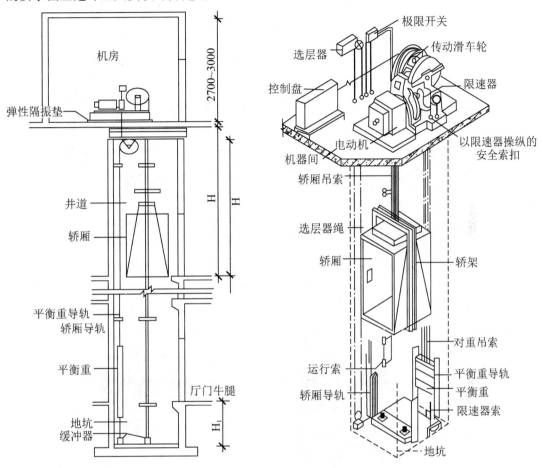

图 10.57　电梯的组成示意图

1) 井道

电梯井道是电梯轿厢运行的通道。井道内部设置电梯导轨、平衡配重等电梯运行配件，并设有电梯出入口。电梯井道可以用砖砌筑，也可以采用现浇钢筋混凝土墙。砖砌井道一般每隔一段高度应设置钢筋混凝土圈梁，供固定导轨等设备用。井道的净宽、净深尺寸应当满足生产厂家提出的安装要求。

电梯井道应只供电梯使用，不允许布置无关的管线。速度不小于 2m/s 的载客电梯，应在井道顶部和底部设置不小于 600mm×600mm 带百叶窗的通风孔。

为了便于电梯的检修、井道安装、设置缓冲器和减缓轿厢运行时的气压，井道的顶部和底部应当留有足够的空间，如图 10.57 所示。空间的尺寸与电梯运行速度有关，具体可查电梯说明书。

观察与思考

当你乘坐电梯的时候，会感到耳膜有些不适吗？在有机会的时候去电梯里体验一下，并分析其原因。

井道可供单台电梯使用，也可供两台电梯共用，如图10.58所示。

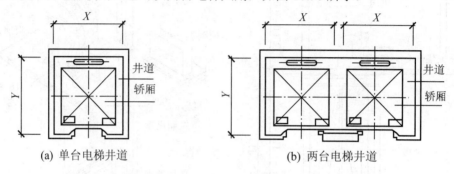

(a) 单台电梯井道　　　　　　　　　　(b) 两台电梯井道

图 10.58　电梯井道

电梯井道出入口的门套应当进行装修，常见门套装修材料主要有水磨石、大理石、花岗岩、瓷砖等。常见门套，如图10.59所示，门套构造做法，如图10.60所示。电梯出入口地面应设置地坎，并向电梯井道内挑出牛腿，其构造做法，如图10.61所示。

(a) 花岗岩电梯门套　　　　　　　　　　(b) 瓷砖电梯门套

图 10.59　常见电梯门套

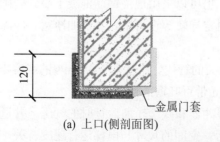
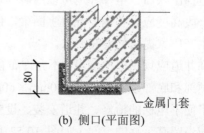

(a) 上口(侧剖面图)　　　　　　　　　　(b) 侧口(平面图)

图 10.60　电梯门套的构造

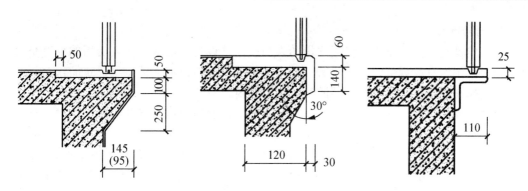

图 10.61　电梯井道内牛腿、地坎的构造

2) 机房

电梯机房一般设在电梯井道的顶部，也有少数电梯把机房设在井道底层的侧面(如液压电梯)。机房的平面及剖面尺寸均应满足布置电梯机械及电控设备的需要，并留有足够的管理、维护空间，同时要把室内温度控制在设备运行的允许范围之内。由于机房的面积要大于井道的面积，因此允许机房平面位置任意向井道平面相邻两个方向伸出，如图 10.62 所示。通往机房的通道、楼梯和门的宽度不应小于 1.20m。电梯机房的平面、剖面尺寸及内部设备布置、孔洞位置和尺寸均由电梯生产厂家给出，电梯机房的平面，如图 10.63 所示。

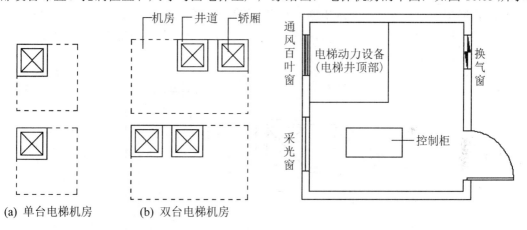

图 10.62　机房、井道、轿厢之间的关系　　　　图 10.63　电梯机房平面

由于电梯运行时设备噪音较大，会对井道周边房间产生影响。为了减少噪音，有时在顶部设置隔音层，如图 10.64 所示。

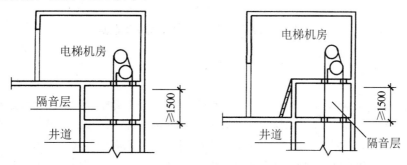

图 10.64　机房隔音层

3) 消防电梯

消防电梯是在火灾发生时供运送消防人员及消防设备、抢救受伤人员用的垂直交通工具，应根据国家有关规范的要求设置。消防电梯的数量与建筑主体每层建筑面积有关，多台消防电梯在建筑中应设置在不同的防火分区之内。

消防电梯的布置、动力系统、运行速度和装修及通信等均有特殊的要求。主要有以下几项。

(1) 消防电梯应设有前室。前室面积按照国家相关规范确定，住宅中不小于 $4.5m^2$、公共建筑中不小于 $6.0m^2$。与防烟楼梯间共用前室时，住宅中不小于 $6.0m^2$、公共建筑中不小于 $10.0m^2$。

(2) 前室宜靠外墙设置，在首层应设置直通室外的出口或经过不大于 30m 的通道通向室外。前室的门应当采用乙级防火门或具有停滞功能的防火卷帘。

(3) 电梯载重量不小于 1.0t、轿厢尺寸不小于 1000mm×1500mm 的电梯行驶速度为：建筑高度小于 100m 时，应不小于 1.5m/s；建筑高度大于 100m 时，不宜小于 2.5m/s。

(4) 消防电梯可与客梯或工作电梯兼用，但应符合消防电梯的要求。

(5) 消防电梯井、机房与相邻的电梯井、机房之间应采用耐火极限不小于 2.5h 的墙隔开，如在墙上开门时，应用甲级防火门。

(6) 消防电梯门口宜采用防水措施，井底应设排水设施，排水井容量应不小于 $2m^2$。

(7) 轿厢的装饰应为非燃烧材料，轿厢内应设专用电话，首层设消防专用操纵按钮。

消防电梯平面图，如图 10.65 所示。

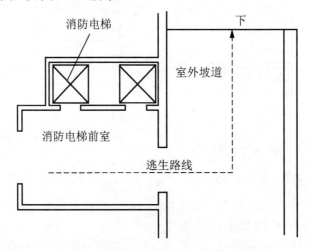

图 10.65　消防电梯、消防前室及逃生通道

知识提示

图 10.65 中的消防电梯前室是布置在外墙内侧的，当发生紧急情况时逃生人员可通过消防电梯到达一楼后直接跑出室外。消防车、救护车可以通过坡道开到距离消防电梯最近的地方进行救援，消防前室一般情况下是与走廊相通的，并在各楼层上安装消防指示灯箱提醒人们在紧急情况下能尽快找到消防电梯前室；消防前室也可以与楼梯间相通，但要在消防电梯前室与其他空间之间设置防火门。

10.5.2　自动扶梯

自动扶梯是在人流集中的大型公共建筑使用的垂直交通设施。当走路速度不同的人们踏上自动扶梯的时候，都以同样的速度上楼，减少了大家一起上楼时的拥挤和推搡，促进了这些建筑中人流的顺畅。

自动扶梯是由电动机驱动的，踏步与扶手同步运行，可以正向运行，也可以反向运行，停机时可当作临时楼梯使用。自动扶梯的驱动方式分为链条式和齿条式两种。自动扶梯的角度有 27.3°、30°、35°，其中 30° 是优先选用的角度。宽度有 600mm(单人)、800mm(单人携物)、1000mm、1200mm(双人)。自动扶梯的载客能力很高，可达到每小时 4000～10000 人。

自动扶梯一般设在室内，也可以设在室外。根据自动扶梯在建筑中的位置及建筑平面布局，自动扶梯的布置方式主要有以下几种。

(1) 并联排列式。如图 10.66 所示，这种排列方式可以使楼层交通乘客流动可以连续，升降两方向交通均分离清楚，外观豪华，但占地面积大。

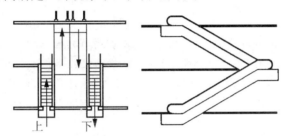

图 10.66　并联排列式

(2) 平行排列式。如图 10.67 所示，该排列方式安装面积小，但楼层交通不连续。

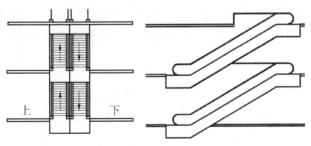

图 10.67　平行排列式

(3) 串联排列式。如图 10.68 所示，此种排列方式楼层交通乘客流动可以连续。

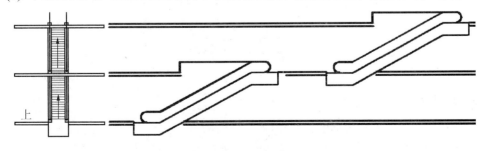

图 10.68　串联排列式

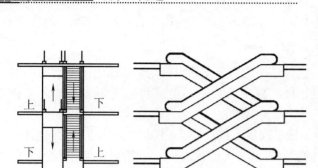

图 10.69　交叉排列式

(4) 交叉排列式。如图 10.69 所示，乘客流动升降两方向均为连续，且搭乘场相距较远，升降客流不发生混乱，安装面积小。

自动扶梯的电动机械装置设在楼板下面，需要占用较大的空间。底层应设置地坑，供安放机械装置用，并要做防水处理。不同的生产厂家、自动扶梯的规格尺寸不相同，土建专业技术人员应根据厂家的要求在楼板上预留足够的安装洞。

 知识拓展

　　自动扶梯对建筑室内具有较强的装饰作用，扶手多为特制的耐磨胶带，有多种颜色。栏板分为玻璃、不锈钢板、装饰面板等几种。有时还辅助以灯具照明，以增强其美观性。

　　由于自动扶梯在安装及运行时需要在楼板上开洞，此处楼板已经不能起到分隔防火分区的作用。如果上下两层建筑面积总和超过防火分区面积要求时，应按照防火要求设置防火卷帘，在火灾发生时封闭自动扶梯井，将自动扶梯与周围的建筑空间分隔开来，这时候人们就从疏散楼梯间逃生。

本 章 小 结

　　1. 楼梯、电梯、自动扶梯是建筑的垂直交通设施，虽然有些建筑中电梯和自动扶梯已经成为主要的垂直交通设施，但楼梯仍然要担负紧急情况下安全疏散的任务。

　　2. 楼梯可按照楼梯的材料、在建筑中的位置、使用性质和平面形式不同进行分类；楼梯间按照平面形式、防火和防烟要求可分为开敞式楼梯间、封闭楼梯间、防烟楼梯间，根据建筑的具体情况进行选择。

　　3. 楼梯由楼梯段、楼梯平台以及栏杆和扶手组成的；楼梯段是楼梯的重要组成部分，其坡度、踏步尺寸和细部构造处理对楼梯的使用影响较大。

　　4. 现浇钢筋混凝土楼梯在建筑中普遍采用。

　　5. 随着经济技术的发展，电梯和自动电梯在建筑中的应用越来越广泛。

　　6. 建筑无障碍设计的问题应当得到足够的重视。

复习思考题

一、判断题

1. 楼梯的栏杆和栏板起到的作用相同，所以是一个概念。　　　　　　　（　　）

2. 随着自动化水平的提高，在高层建筑中楼梯要逐步被取消。　　　　　（　　）

二、选择题

1. 下列哪种建筑的楼梯坡度可以略大些？（　　）
    A．教学楼　　　　B．医院　　　　C．住宅楼　　　　D．影剧院
2. 通常楼梯的踏步数量应该控制在（　　）。
    A．3～20 步　　　B．2～15 步　　　C．3～16 步　　　D．3～18 步
3. 关于楼梯平台宽度的问题，下列说法错误的是（　　）。
    A．平台宽度不小于楼梯段宽度
    B．一般楼梯平台宽度不小于 1.1m
    C．医院主楼梯的梯段宽度不应小于 1.65m，平台深度不应小于 2m
    D．楼梯平台净宽不大于楼梯段宽度
4. 人们在走出某些建筑物的时候容易跌倒，下列哪一项不是主要原因？（　　）
    A．台阶平台不够宽　　　　　　　　B．台阶踏步尺寸不一致
    C．台阶面层材料采用不当　　　　　D．台阶踢面高度太低
5. 下列关于台阶踏步尺寸的要求，说法正确的是（　　）。
    A．踏面宽度≤300mm，踢面高度≤150mm
    B．踏面宽度≥300mm，踢面高度≥150mm
    C．踏面宽度≥300mm，踢面高度≤150mm
    D．踏面宽度≥300cm，踢面高度≤150cm

三、填空题

1. 在建筑中的垂直交通工具主要有＿＿＿＿、＿＿＿＿、＿＿＿＿、＿＿＿＿、＿＿＿＿。
2. 楼梯的允许坡度范围在＿＿＿＿，正常情况下应当把楼梯坡度控制在＿＿＿＿以内，＿＿＿＿是最适宜的楼梯坡度。
3. 台阶按构造分为＿＿＿＿和＿＿＿＿两种。

四、简答题

为使台阶能满足交通、疏散和安全进出的要求，台阶应该满足哪些要求？

五、综合实训

按照如图 10.70 所示的某楼梯间尺寸将其用 CAD 画出来，然后将楼梯平台、踏步段的平面图和剖面图画出来，要求楼梯段的坡度、踏步尺寸和平台宽度符合设计的一般要求。

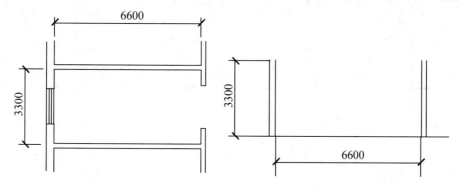

图 10.70　楼梯间平面图和剖面图

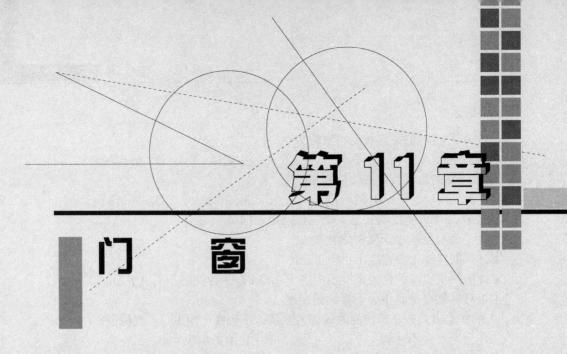

第11章

门　窗

学习目标

1. 了解门窗的作用、类型和构造要求。
2. 掌握平开木门窗的组成和构造方法。
3. 了解塑钢窗、铝合金门窗的组成和基本构造原理。
4. 掌握门窗的使用要求。
5. 了解格式门窗的应用。

学习要求

知识要点	能力要求	相关知识	所占分值 (100分)	自评 分数
门窗概述	结合书本理论知识对门窗实物进行准确识别	门窗的分类、组成和特点	15	
窗构造	常见的窗材料	窗的材料发展史	10	
	常见窗的构造与施工	窗的作用	10	
	窗的开启方式	窗的开启方式与窗的用途	20	
门构造	常见的门材料	门的材料发展史	20	
	常见门的构造与施工	门的作用	5	
	门的开启方式	门的开启方式与门的用途	20	

门窗按其所处的位置不同分为围护构件或分隔构件,有不同的设计要求要分别具有保温、隔热、隔声、防水、防火等功能,新的要求节能,寒冷地区由门窗缝隙而损失的热量,占全部采暖耗热量的25%左右。门窗的密闭性的要求,是节能设计中的重要内容。门和窗是建筑物围护结构系统中重要的组成部分。门和窗又是建筑造型的重要组成部分(虚实对比、韵律艺术效果起着重要的作用),所以它们的形状、尺寸、比例、排列、色彩、造型等对建筑的整体造型都有很大的影响。现在很多人都装双层玻璃的门窗,除了能增强保温的效果,很重要的作用就是隔音,城市人口居住密集,交通发达,隔音的效果愈来愈受人们青睐。

由此,就要思考一些问题。

作为围护、分隔构件,门窗将要设置在什么位置才能起到更合理的围护和分隔作用?当代建筑常见的门窗位置是哪里?作为建筑立面造型构件,门窗对建筑的外观影响有多大?

请通过这一章的学习并结合对周围建筑的观察,来分析、思考和讨论以上问题。

11.1　门窗的作用和构造要求

引例

试想一下,一栋建筑如果没有了门窗,会是什么样子?门窗的不可或缺说明了门窗都有哪些重要性?作为技术人员,确保使用者的安全性和舒适性是最重要的,门窗该怎样设计才能满足使用者的这些要求?

11.1.1　门窗的作用

门和窗是建筑物的重要组成部分,也是主要围护构件之一。

窗的主要作用是采光、通风、围护和分隔空间、联系空间(观望和传递)、建筑立面装饰和造型,以及在特殊情况下交通和疏散等。门的主要作用是内外联系(交通和疏散)、围护和分隔空间、建筑立面装饰和造型,以及采光和通风。

11.1.2　门窗的构造要求

在建筑中窗的设置和构造要求主要有以下几个方面:满足采光要求,必须有一定的窗洞口面积;满足通风要求,窗洞口面积中必须有一定的活扇面积;开启灵活、关闭紧密,能够方便使用和减少外界对室内的影响;坚固、耐久,保证使用安全;符合建筑立面装饰和造型的要求,必须有适合的色彩及窗洞口形状;同时必须满足建筑的某些特殊要求,如保温、隔热、隔声、防水、防火、防盗等要求。门的设置和构造要求主要是满足交通和疏散要求,必须有足够的宽度和适宜的数量及位置,其他方面要求基本同上述窗的设置和构造要求。

门窗的设置及构造对建筑空间使用的合理性和舒适性有着重要影响,其色彩、材料、造型及排列组合等也是建筑物造型和立面设计的主要内容。目前我国门窗的制作和加工已实现标准化、定型化,走上了工业化生产使之商品化的道路。在工程实践中,技术人员只需确定门窗洞口的形状和立面窗扇划分尺寸，委托有关生产厂家加工即可。各地区门窗尺寸和构造等标准图集可供使用。

11.2 门

引例 2

"门"指建筑物的出入口或安装在出入口能开关的装置。门，是建筑物的脸面，又是独立的建筑，如民居的滚脊门、里巷的闾门、寺庙的山门、都邑的城门。独特的中国建筑文化，因"门"而益发独特。古人言"宅以门户为冠带"，道出了大门具有显示形象的作用。在古代，门是富贵贫贱、盛衰荣枯的象征。谁家越穷，谁家的门就越矮小。特别是在"村径绕山松叶暗，柴门临水稻花香"的偏僻山村，老百姓都扎柴为门，仅仅表示这里有一户人家罢了。只有那些富贵人家，门才有讲究：门楼高巍，门扇厚重，精雕细刻，重彩辉映。这样既可与一般老百姓严格区分开来，又可以炫耀于长街，让人还未走近门口，便自觉矮了三分，先生几分畏惧。

11.2.1 门的分类

1. 根据材料不同

根据门的使用材料不同可分为：木门、钢门、铝合金门、塑钢门、彩板门等。

2. 根据开启方式不同

根据门的开启方式不同可分为：平开门、弹簧门、推拉门、折叠门、转门、上翻门、升降门、卷帘门等。

(1) 平开门。如图 11.1(a)所示，具有构造简单，开启灵活，制作安装和维修方便等特点。有单扇、双扇和多扇，内开和外开等形式，是建筑中使用最广泛的门。

(2) 弹簧门。如图 11.1(b)所示，其形式与普通平开门基本相同，不同的是用弹簧铰链或用地弹簧代替普通铰链，开启后能自动关闭。单向弹簧门常用于有自动关闭要求的房间。如卫生间的门、纱门等。双向弹簧门多用于人流出入频繁或有自动关闭要求的公共场所，如公共建筑门厅的门等。双向弹簧门扇上通常应安装玻璃，供出入的人相互观察，以免碰撞。

(3) 推拉门。如图 11.1(c)所示，开启时门扇沿上下设置的轨道左右滑行，通常为单扇和双扇，开启后门扇可隐藏于墙内或悬于墙外。开启时不占空间，受力合理，不易变形，但难以严密关闭，构造亦较复杂，较多用作工业建筑中的仓库和车间大门。在民用建筑中，一般采用轻便推拉门分隔居室内部空间。

(4) 折叠门。如图 11.1(d)所示，门扇可拼合，折叠推移到门洞口的一侧或两侧，少占房间的使用面积。一侧两扇的折叠门，可以只在侧边安装铰链，一侧三扇以上的还要在门的上边或下边装导轨及转动五金配件。

(5) 转门。如图 11.1(e)所示，是三扇或四扇门用同一竖轴组合成夹角相等、在弧形门套内水平旋转的门，对防止内外空气对流有一定的作用。它可以作为人员进出频繁，且有采暖或空调设备的公共建筑的外门，但不能作为疏散门。在转门的两旁还应设平开门或弹簧门，以作为不需要空气调节的季节或大量人流疏散之用。转门构造复杂，造价较高，一般情况下不宜采用。

(6) 上翻门。如图 11.1(f)所示，特点是充分利用上部空间，门扇不占用面积，五金及安装要求高。它适用于不经常开关的门。

(7) 升降门。如图 11.1(g)所示，特点是开启时门扇沿轨道上升，它不占使用面积，常用于于空间较高的民用建筑与工业建筑。

(8) 卷帘门。如图 11.1(h)所示，是由很多金属页片连接而成的门，开启时，门洞上部的转轴将金属页片向上卷起。它的特点是开启时不占使用面积，但加工复杂，造价高，常用于不经常开关的商业建筑的大门。

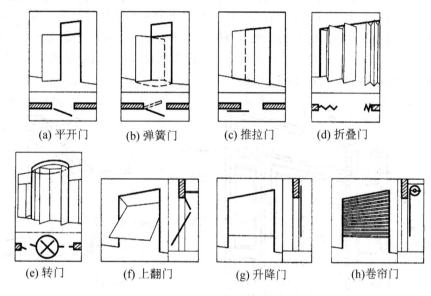

图 11.1　门的类型

 **观察与思考**

利用业余时间观察周围建筑的门，分析该门从开启方向上看属于哪一类，由什么材料制成？

11.2.2　门的尺寸

门的尺寸通常是指门洞的高、宽尺寸。门作为交通疏散通道，其洞口尺寸根据通行、搬运及与建筑物的比例关系确定，并要符合现行《建筑模数协调统一标准》(GBJ 2—1986)的规定。一般民用建筑门洞的高度不宜小于 2100mm。如门设有亮子时，亮子高度一般为 300~600mm，门洞高度则为门扇高加亮子高，再加门框及门框与墙间的构造缝隙尺寸，即门洞高度一般为 2400~3000mm。公共建筑大门高度可根据美观需求适当提高。门的宽度：单扇门为 700~1000mm，双扇门为 1200~1800mm。宽度在 2100mm 以上时，可设成三扇、

建筑识图与房屋构造

四扇门或双扇带固定扇的门，因为门扇过宽易产生翘曲变形，同时也不利于开启。次要空间(如浴厕、储藏室等)门的宽度可窄些，一般为 700～800mm。一般民用建筑门洞的宽度是门扇的宽度和两侧门框的构造宽度以及构造缝隙尺寸之和。

知识提示

现在一般民用建筑门(木门、铝合金门、钢门)均编制成标准图，在图上注明类型和相关尺寸，设计时可按需要直接选用。

11.2.3 门的组成

一般门主要由门框和门扇两部分组成。门框又称门樘，由上槛、中槛和边框等部分组成，多扇门还有中竖框。门扇由上冒头、中冒头、下冒头和边梃等组成。为了通风采光，可在门的上部设腰窗(俗称上亮子)，亮子有固定、平开及上、中、下悬等形式。门框与墙间的缝隙常用木条盖缝，称门头线，俗称贴脸。门上还有五金零件，常见的有铰链、门锁、插销、拉手、停门器等，如图 11.2 所示。

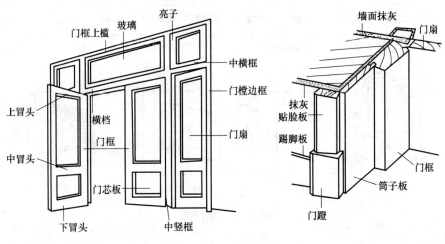

图 11.2 门的组成

 观察与思考

观察自己所在教室的门，指出该门由哪几部分组成。

11.2.4 平开木门构造

1. 门框

1) 门框的断面形状和尺寸

门框的断面形状，与门的类型和层数有关，同时要利于安装和满足使用要求如密闭等，如图 11.3 所示。门框的断面尺寸主要考虑接榫牢固，还要考虑制作时刨光损耗。门框的尺寸：双裁口的木门框(门框上安装两层门扇时)厚度和宽度为(60～70)mm×(130～150)mm，单裁口的木门框(只安装一层门扇时)为(50~70)mm×(100~120)mm。为便于门扇密闭，门框上要有裁口(或铲口)。根据门扇数与开启方式的不同，裁口的形式和尺寸为单裁口与双裁口两种。单裁口用于单层门，双裁口用于双层门或弹簧门。裁口宽度要比门扇宽度大1~2mm，以利于安装和门扇开启。裁口深度一般为8~10mm。由于门框靠墙一面易受潮变形，则常在该面开1~2道背槽，以免产生翘曲变形，同时也利于门框的嵌固。背槽的形状可为矩形或三角形，深度约8~10mm，宽约12~20mm。

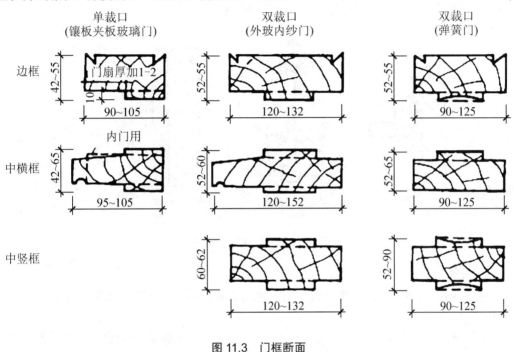

图11.3 门框断面

2) 门框与墙体的连接构造

门框与墙体的连接构造，分立口和塞口两种。

塞口(又称塞樘子)，是在墙砌好后再安装门框。采用此法，洞口的宽度应比门框大20~30mm，高度比门框大10~20mm。门洞两侧砖墙上每隔500~600mm预埋木砖或预留缺口，以便用圆钉或水泥砂浆将门框固定。门框与墙间的缝隙需用沥青麻丝嵌填，如图11.4所示。

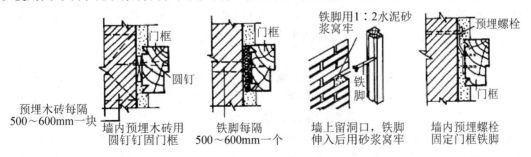

图11.4 门框与墙体的连接构造

立口(又称立樘子)，是在砌墙前用支撑先立门框然后砌墙的连接构造。框与墙结合紧密，但施工不便。

3) 门框与墙的相对位置

门框在墙洞中的位置，有门框内平、门框居墙中和门框外平三种情况，一般情况下多做在开门方向一边，与抹灰面平齐，使门的开启角度较大。对较大尺寸的门，为牢固地安装，多居中设置，如图 11.5 所示。为防止受潮变形，在门框与墙的缝隙处开背槽，并做防潮处理，门框外侧的内外角做灰口，缝内填弹性密封材料。表面作贴脸板和木压条盖缝，贴脸板一般为 15~20mm 厚、30~75mm 宽。木压条厚与宽约为 10~15mm，装修标准高的建筑，还可在门洞两侧和上方设筒子板，如图 11.5 所示。

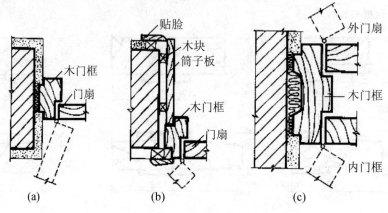

图 11.5 门框在墙中的位置

2. 门扇

根据门扇的构造不同，民用建筑中常见的门有夹板门、镶板门、弹簧门等形式。

1) 夹板门

夹板门的门扇由骨架和面板组成，用断面较小的方木做成骨架，用胶合板、硬质纤维板或塑料板等作面板，和骨架形成一个整体，共同抵抗变形。骨架边框截面通常为(30~35)mm×(33~60)mm，肋条截面通常为(10~25)mm×(33~60)mm，间距一般为 200~400mm，为节约木材，也可用浸塑蜂窝纸板代替肋条。为了使夹板内的湿气易于排出，减少面板变形，骨架内的空气应贯通，可在上部设小通气孔。另外，门的四周可用 15~20mm 厚的木条镶边，以取得整齐美观的效果。根据功能的需要，夹板门上也可以局部加玻璃或百叶，一般在装玻璃或百叶处，做一个木框，用压条镶嵌。夹板门构造简单，如图 11.6 所示，可利用小料、短料制作，它的自重轻，外形简洁，便于工业化生产，在一般民用建筑中广泛用作内门。若用于外门，面板应做防水处理，并提高面板与骨架的胶结质量。

2) 镶板门

镶板门的门扇由骨架和门芯板组成。骨架一般由上冒头、下冒头及边梃组成，有时中间还有一道或几道横冒头或一条竖向中梃。门芯板通常采用木板、胶合板、硬质纤维板、塑料板等。门芯板有时可部分或全部采用玻璃，则称为半玻璃(镶板)门或全玻璃(镶板)门。构造上与镶板门基本相同的还有纱门、百叶门等。镶板门的门扇骨架的厚度一般为 40~45mm，纱门的厚度可薄一些，多为 30~35mm。上冒头、中间冒头和边梃的宽度一般为 75~120mm，下冒头的宽度通常为踢脚高度，一般为 200mm 左右，较大的下冒头，可减少门扇变形并保护门芯板，中冒头为了便于开槽装锁，其宽度可适当增加，以弥补开槽对中冒头材料的削弱。

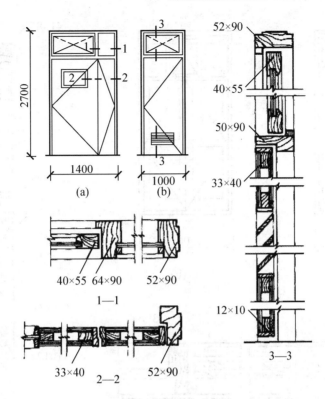

图 11.6　夹板门构造

　　木制门芯板一般用 10～15mm 厚的木板拼装成整块、镶入边梃和冒头中，板缝应结合紧密，不能因木材干缩变形而裂缝。门芯板的拼接方式有四种，分别为平缝胶合、木键拼缝、高低缝和企口缝，如图 11.7 所示。工程中常用的为高低缝和企口缝。

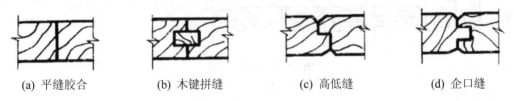

| (a) 平缝胶合 | (b) 木键拼缝 | (c) 高低缝 | (d) 企口缝 |

图 11.7　门芯板的拼接方式

　　门芯板在边梃和冒头中的镶嵌方式有暗槽、单面槽以及双边压条等三种，如图 11.8 所示。其中，暗槽结合最牢，工程中用得较多，其他两种方法比较省料和简单，多用于玻璃、纱网及百叶的安装。镶板门构造如图 11.9 所示，是常用的半玻璃镶板门的实例。门芯板连接采用暗槽结合，玻璃采用单面槽加小木条固定。

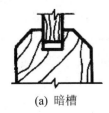

(a) 暗槽　　　　　　　　　(b) 单面槽　　　　　　　　　(c) 双边压条

图 11.8　门芯板镶嵌方式

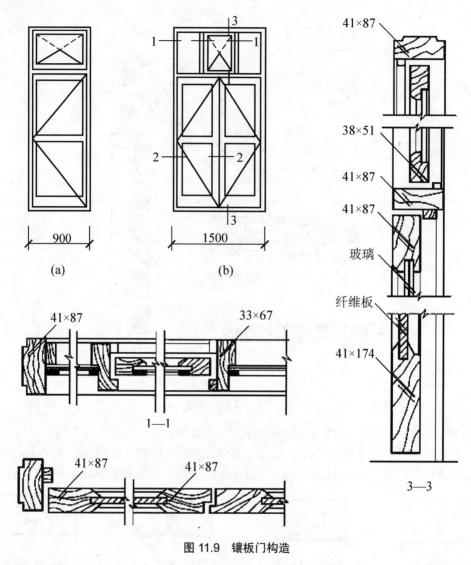

图 11.9　镶板门构造

3) 弹簧门

　　弹簧门是指利用弹簧铰链，开启后能自动关闭的门。弹簧铰链有单面弹簧、双面弹簧和地弹簧等形式。单面弹簧门多为单扇，与普通平开门基本相同，只是铰链不同。双向弹簧门通常都为双扇门，其门扇在双向可自由开关，门框不需裁口，一般做成与门扇侧边对应的弧形对缝，为避免两门扇相互碰撞，又不使缝过大，通常上下冒头做平缝，两扇门的中缝做圆弧形，其弧面半径约为门厚的 1～1.2 倍。地弹簧门的构造与双扇弹簧门基本相同，只是铰轴的位置不同，地弹簧装在地板上。弹簧门的门扇一般要用硬木，用料尺寸应比普通镶板门大一些，弹簧门门扇的厚度一般为 42～50mm，上冒头、中冒头和边梃的宽度一般为 100～120mm，下冒头的宽度一般为 200～300mm。弹簧门的构造实例如图 11.10 所示。

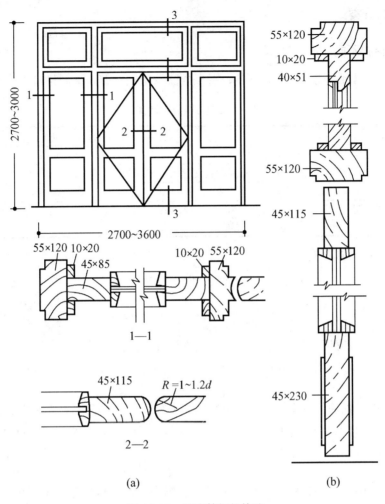

图 11.10 地弹簧门的构造

11.3 窗

引例 3

"窗户"的作用,不只是用来看一看外面风景的,在很大程度上,决定了人们生活的质量,但有时,许多问题人们根本不会注意。

家是人们的栖息之所,是人们自己营造的一个相对独立的小环境,挡风避雨,遮阳隔音,保护自己不受到来自外界因素的侵扰。说是相对的独立,是因为人们不可能完全脱离外界的环境而独自生活,人们需要室内室外能够合理地交流与互换。在这个小环境中,人们需要有合适的温度、湿度、空气和光线,还要有适合自己的声音环境。

需要窗能透进光线吧,那么随着阳光而来的就会是多余的热量;需要窗能通风吧,那么随着流通的空气而来的,也许就是灰尘和蚊虫。

问题往往会随着需要而来,所以,对于自家的窗户,千万马虎不得。

11.3.1 窗的分类

1. 根据材料不同

根据材料不同可分为：木窗、钢窗、铝合金窗及塑钢窗等，不同材料的特点见表 11-1。

表 11-1　窗的材料类别及其特点

类别	特点
木窗	木窗加工制作方便，价格较低，应用较广，但防火能力差，木材耗量大
钢窗	钢窗强度高，防火性能好，挡光少，在建筑上应用很广，但钢窗易锈蚀，并且保温性较差
铝合金窗	铝合金窗美观，有良好的装饰性和密闭性，但保温差，成本较高
塑钢窗	塑钢窗同时具有木窗的保温性和铝合金窗的装饰性，是近年来为节约木材和有色金属发展起来的新品种，但它的成本较高

2. 根据开启方式不同

根据开启方式不同可分为：平开窗、悬窗、立转窗、推拉窗、固定窗等，如图 11.11 所示。

1) 平开窗

平开窗有内开和外开之分。它构造简单，制作、安装、维修、开启等都比较方便，在建筑中应用较广泛，如图 11.11(a)所示。

2) 悬窗

悬窗根据旋转轴的位置不同，分为上悬窗、中悬窗和下悬窗。上悬窗和中悬窗向外开，防雨效果好，且有利于通风，尤其用于高窗，开启较为方便；下悬窗应用较少，如图 11.11(b)~图 11.11(d)所示。

3) 立转窗

立转窗的窗扇可沿竖轴转动。竖轴可设在窗扇中心，也可以略偏于窗扇一侧。立转窗的通风效果好，如图 11.11(e)所示。

4) 推拉窗

推拉窗分水平推拉和垂直推拉。水平推拉窗需要在窗扇上下设轨槽，垂直推拉窗要有滑轮及平衡措施。推拉窗开启时不占室内外空间，窗扇和玻璃的尺寸可以较大，但它不能全部开启，通风效果受到影响。铝合金窗和塑钢窗常选用推拉方式，如图 11.11(f)~图 11.11(g)所示。

5) 固定窗

固定窗为不能开启的窗，主要用作采光，玻璃尺寸可以较大，如图 11.11(h)所示。

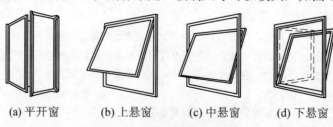

(a) 平开窗　　　(b) 上悬窗　　　(c) 中悬窗　　　(d) 下悬窗

图 11.11　窗的不同开启方式

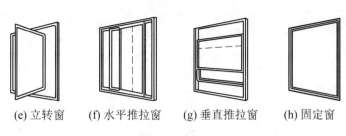

(e) 立转窗　　(f) 水平推拉窗　　(g) 垂直推拉窗　　(h) 固定窗

图 11.11　窗的不同开启方式(续)

观察与思考

利用业余时间观察周围建筑的窗，分析该窗从开启方向上看属于哪一类，由什么材料制成。

11.3.2　窗的构造组成

窗主要由窗框和窗扇两部分组成。窗框又称窗樘，一般由上框、下框、中横框、中竖框及边框等组成。窗扇由上冒头、中冒头(窗芯)、下冒头及边梃组成。根据镶嵌材料的不同，有玻璃窗扇、纱窗扇和百叶窗扇等。平开窗的窗扇宽度一般为 400～600mm，高度为 800～1500mm，窗扇与窗框用五金零件连接，常用的五金零件有铰链、风钩、插销、拉手及导轨、滑轮等。窗框与墙的连接处，为满足不同的要求，有时加贴脸、窗台板、窗帘盒等，窗的构造组成如图 11.12 所示。

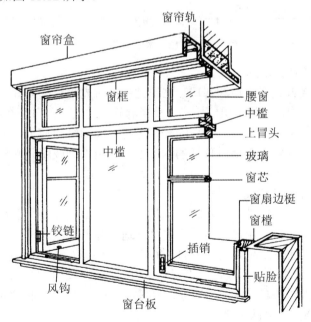

图 11.12　窗的构造组成

观察与思考

观察自己所在教室的窗，指出该窗由哪几部分组成。

11.3.3 平开木窗构造

1. 窗框

1) 窗框的断面形状与尺寸

窗框的断面尺寸主要根据材料的强度和接榫的需要确定，一般多为经验尺寸，如图 11.13 所示。图中虚线为毛料尺寸，粗实线为刨光后的设计尺寸(净尺寸)，中横框若加披水板，其宽度还需增加 20mm 左右。

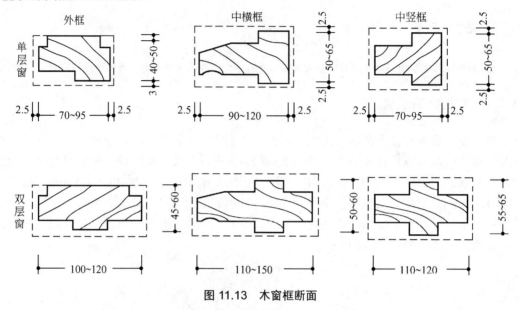

图 11.13 木窗框断面

2) 窗框与墙体的构造连接方式

窗框的构造连接方式有立口和塞口。立口是施工时先将窗框立好，后砌窗间墙，窗框与墙体结合紧密、牢固，若施工组织不当，会影响施工进度。塞口是在砌墙时先留出洞口，预留洞口应比窗框外缘尺寸多出 20～30mm，框与墙间的缝隙较大，为加强窗框与墙的联系，应用长钉将窗框固定于砌墙时预埋的木砖上，或用铁脚或膨胀螺栓将窗框直接固定到墙上，每边的固定点不少于 2 个，其间距不应大于 1.2m。

3) 窗框与墙体的构造缝处理

窗框与墙体间的缝隙应填塞密实，以满足防风、挡雨、保温、隔声等要求。一般情况下，洞口边缘可采用平口，用砂浆或油膏嵌缝。通常为保证嵌缝牢固，在窗框外侧开槽，俗称背槽，并做防腐处理嵌灰口，如图 11.14(a)所示。为增加防风保温性能，可在窗框侧面做贴脸[图 11.14(b)]或作进一步改进，设置筒子板和贴脸，如图 11.14(c)所示。另一种构造措施是在洞口侧边做错口，缝内填弹性密封材料，以增强密闭效果，如图 11.14(d)所示，但此种措施增加了建筑构造的复杂性。

4) 窗框在墙中的位置

窗框在墙洞中的位置要根据房间的使用要求、墙身的材料及墙体的厚度确定，有窗框内平、窗框居中和窗框外平，如图 11.15 所示。窗框内平时，窗扇可贴在内墙面，外窗台空间较大。当墙体较厚时，窗框居中布置，外侧可设窗台，内侧也可做窗台板。窗框与外墙面平齐或出挑是近年来出现的一种形式，称为飘窗。

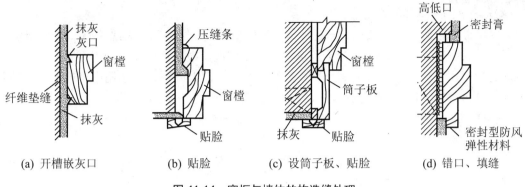

(a) 开槽嵌灰口　　(b) 贴脸　　(c) 设筒子板、贴脸　　(d) 错口、填缝

图 11.14　窗框与墙体的构造缝处理

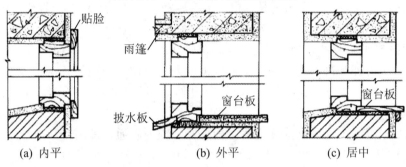

(a) 内平　　　　(b) 外平　　　　(c) 居中

图 11.15　窗框在墙中的位置

2．窗扇

1) 玻璃窗扇的断面形状和尺寸

窗扇的上、下冒头及边梃的截面尺寸为(35～42)mm×(50～60)mm。下冒头若加披水板，应比上冒头加宽 10～25mm，如图 11.16 所示。为镶嵌玻璃，在窗扇侧要做裁口，其深度为 8～12mm，但不超过窗扇厚的 1/3。各构件的内侧常做装饰性线脚，既少挡光又美观。两窗扇之间的接缝处，常做高低缝的盖口，也可以一面或两面加钉盖缝条，既提高防风雨能力又减少冷风渗透。

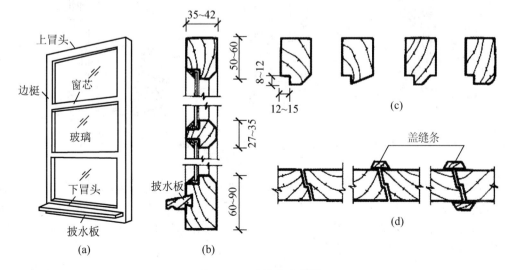

(a)　　　　(b)　　　　(c)　　　(d)

图 11.16　玻璃窗扇断面

2) 玻璃的选用和构造连接

窗扇玻璃可选用平板玻璃、压花玻璃、磨砂玻璃、中空玻璃、夹丝玻璃、钢化玻璃等，普通窗扇大多数采用 3～5mm 厚无色透明的平板玻璃，根据使用要求选用不同类型，如卫生间可选用压花玻璃、磨砂玻璃遮挡视线。若需要保温、隔声，可选用中空玻璃，若需要增加强度可选用夹丝玻璃、钢化玻璃等。一般先用小铁钉将玻璃固定在窗扇上，然后用油灰(桐油石灰)或玻璃密封膏嵌固斜面，或采用木线脚嵌钉，如图 11.16 所示。

3) 双层窗

为了提高保温、隔声等要求，可设置双层窗，双层窗依其窗扇和窗框的构造以及开启方向不同，可分为以下几种。

(1) 子母扇内开窗。子母扇窗是单框双层窗扇的一种形式，双层窗省料，透光面积大，有一定的密闭保温效果，如图 11.17(a)所示。其中子扇略小于母扇，但玻璃尺寸相同，窗扇以铰链与窗框相连，子扇与母扇相连，两扇都内开。

(2) 子母扇内外开窗。它是在一个窗框上内外双裁口，一扇外开，一扇内开，是单框双层窗扇，如图 11.17(b)所示。这种窗内外扇的形式、尺寸完全相同，构造简单，内扇可以改换成纱扇。

(3) 分框双层窗。这种窗的窗扇可以内外开，内外扇通常都内开。寒冷地区的墙体较厚，宜采用这种双层窗，内外窗扇净距一般在 100mm 左右，如图 11.17(c)所示。

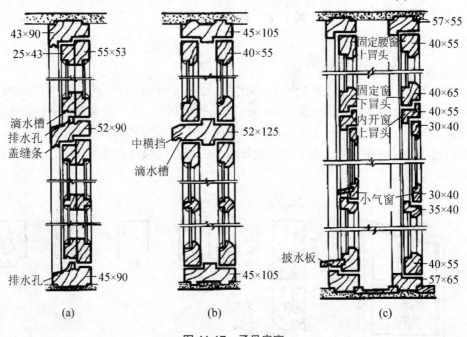

图 11.17 子母扇窗

(4) 双层玻璃窗和中空玻璃窗。双层玻璃窗即在一个窗扇上安装两层玻璃。增加玻璃的层数主要是利用玻璃间的空气间层来提高保温和隔音能力。其间层宜控制在 10～15mm 之间，一般不宜封闭，在窗扇的上冒头须做透气孔，如图 11.18 所示。可将双层玻璃窗改用中空玻璃，它是保温窗的发展方向之一，但成本较高。

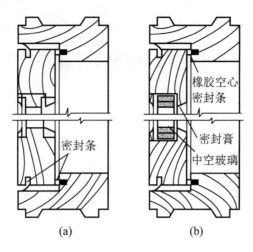

图 11.18　双层玻璃窗

3．窗框与窗扇的关系

窗扇与窗框之间既要开启方便，又要关闭紧密。通常在窗框上做裁口(也叫铲口)，深度约 10～12mm，也可以钉小木条形成裁口，以节约木料。为了提高防风挡雨能力，可以在裁口处设回风槽，以减小风压和风渗透量，或在裁口处装密封条。在窗框接触面处窗扇一侧做斜面，可以保证扇、框外表面接口处缝隙最小，窗扇与竖框的关系如图 11.19 所示。外开窗的上口和内开窗的下口，是防雨水的薄弱环节，常做披水和滴水槽，以防雨水渗透，窗扇与横框的关系如图 11.20 所示。

图 11.19　窗扇与竖框的关系

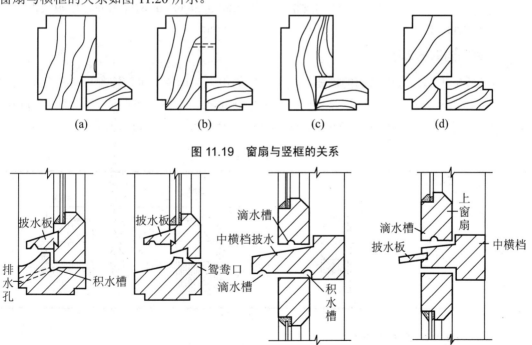

图 11.20　窗扇与横框的关系

11.4 金属及塑钢门窗构造

引例 4

塑钢门窗是以聚氯乙烯(PVC)树脂为主要原料,加上一定比例的稳定剂、着色剂、填充剂、紫外线吸收剂等,经挤出成型材,然后通过切割、焊接或螺接的方式制成门窗框扇,配装上密封胶条、毛条、五金件等,同时为增强型材的刚性,超过一定长度的型材空腔内需要添加钢衬(加强筋),这样制成的门户窗,称之为塑钢门窗。塑钢门窗目前应用非常广。

11.4.1 钢门窗构造

钢门窗具有强度、刚度大,耐久、耐火好,外形美观以及便于工厂化生产等特点。并且钢窗的透光系数较大,与同样大小洞口的木窗相比,其透光面积高 15%左右,但钢门窗易受酸碱和有害气体的腐蚀。由于钢门窗可以节约木材,并适用于较大面积的门窗洞口,在建筑中的应用广泛。目前钢门窗的生产已具备标准化、工厂化和商品化的特点,各地均有钢门窗的标准图供选用。

1. 钢门窗料型有实腹式和空腹式两大类型

实腹式钢门窗用料有多种断面和规格,多用 32mm 和 40mm 两种系列。空腹式钢门窗料通常是 25mm 和 32mm 的断面,其厚度为 1.5～2.5mm。

2. 钢门窗的基本形式

为了适应不同尺寸门窗洞的需要,便于门窗的组合和运输,钢门窗都以标准化的系列门窗规格作为基本单元。其高度和宽度为 3M(300mm),常用的钢门的宽度有 900mm、1200mm、1500mm、1800mm,高度有 2100mm、2400mm、2700mm,见表 11-2。

表 11-2 钢门的尺寸

高/mm \ 宽/mm	900	1200	1500 1800
门 2100 2400 2700			

3. 钢门窗的组合与拼接构造

窗洞口尺寸不大时,可采用基本钢门窗,直接连接在洞口上。较大的门窗洞口则需要用标准的基本单元拼接组合而成。基本单元的组合方式有三种,即竖向组合、横向组合和横竖向组合。拼接之间用螺栓牢固连接，钢门的组合与拼接构造以实腹式为例，如图 11.21 所示。

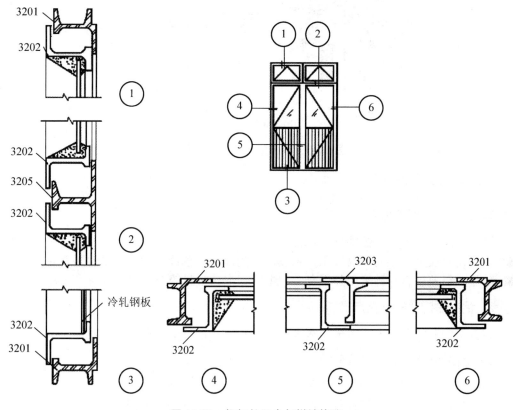

图 11.21　钢门的组合与拼接构造

4．钢门窗与墙体的连接

钢门窗与墙体的连接方法采用塞口法，门窗框与洞口四周通过预埋铁件用螺钉牢固连接。固定点的间距为 500～700mm。在砖墙上安装时多预留孔洞，将燕尾形铁脚插入洞口，并用砂浆嵌牢。在钢筋混凝土梁或墙柱上则先预埋铁件，将钢门窗的"Z"形铁脚焊接在预埋铁板上，如图 11.22 所示。

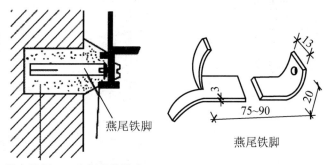

图 11.22　钢门窗与墙体的连接

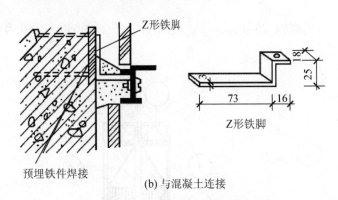

(b) 与混凝土连接

图 11.22　钢门窗与墙体的连接(续)

11.4.2　铝合金门窗构造

1. 铝合金门窗的特点

铝合金门窗自重轻、性能好。如密封性好，气密性、水密性、隔声性、隔热性，都较钢和木门窗有显著的提高、易加工、强度高、耐腐蚀、色泽美观。为了改善铝合金门窗的热桥散热，目前已有一种采用外铝合金、中间夹泡沫塑料的新型门窗型材。

2. 铝合金门窗的开启方式

铝合金门窗的开启方式多采用水平推拉式开启，也可采用平开、旋转等开启方式。

3. 铝合金门窗的连接构造

门窗框与墙体的连接构造，如图 11.23 所示，一般先在门框外侧用螺钉固定钢质锚固件，并与洞口四周墙中预埋铁件焊接或锚固在一起。铝合金门的门扇玻璃是嵌固在铝合金门料中的凹槽内，并加密封条。铝合金平开门的连接构造如图 11.24 所示。

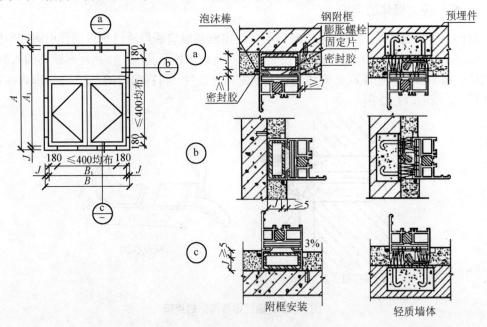

图 11.23　门窗框与墙体的连接构造

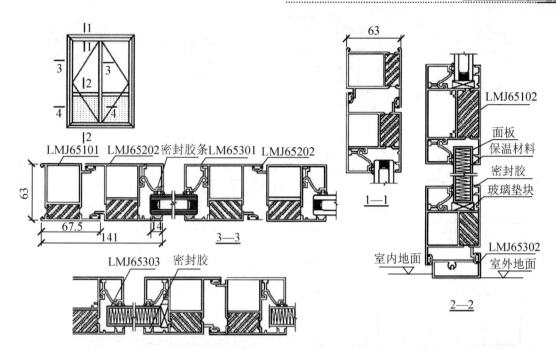

图 11.24　铝合金平开门连接构造

11.4.3　塑钢门窗构造

塑钢门窗是以改性硬质聚氯乙烯(简称 UPVC)为主要原料，加上一定比例的稳定剂、着色剂、填充剂、紫外线吸收剂等辅助剂，挤出成型的各种断面中空异型材。经切割后，在其内腔衬以型钢加强筋，用热熔焊接机焊接成型为门窗框扇，配装上橡胶密封条、压条、五金件等附件而制成的门窗即所谓的塑钢门窗。它较之全塑门窗刚度更好，自重更轻。

1．塑钢门窗的特点

塑钢门窗强度好、耐冲击、抗风压、防盗性能好；保温、隔热、隔声性好；防水、气密性能优良；防火、耐老化、耐腐蚀、使用寿命长；易保养、外观精美、清洗容易，价格适中。可适用于各类建筑物。

2．塑钢门窗的常用开启方式

塑钢门窗与铝合金门窗相似，可采用平开、推拉、旋转等形式开启。

3．塑钢门的组成构件和截面形式

塑钢门的组成构件和截面形式如图 11.25 所示。

4．塑钢门窗的连接构造

塑钢平开门连接构造如图 11.26 所示。塑钢推拉门连接构造如图 11.27 所示。

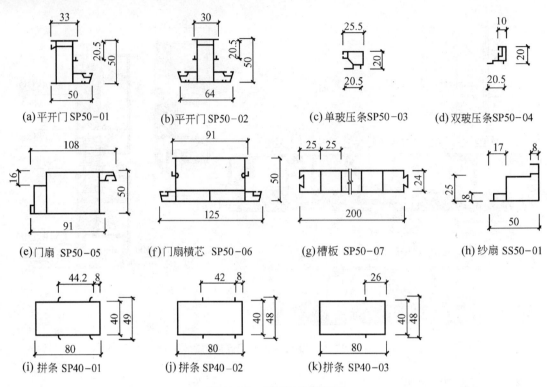

(a) 平开门 SP50-01　　(b) 平开门 SP50-02　　(c) 单玻压条SP50-03　　(d) 双玻压条SP50-04

(e) 门扇 SP50-05　　(f) 门扇横芯 SP50-06　　(g) 槽板 SP50-07　　(h) 纱扇 SS50-01

(i) 拼条 SP40-01　　(j) 拼条 SP40-02　　(k) 拼条 SP40-03

图 11.25　塑钢门构件截面

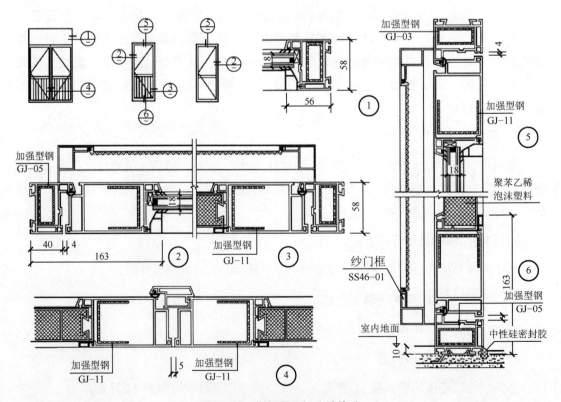

图 11.26　塑钢平开门连接构造

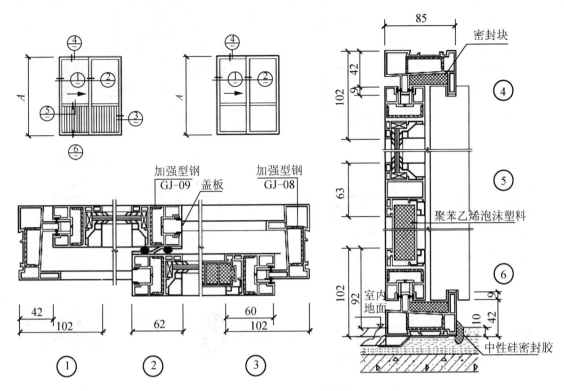

图 11.27　塑钢推拉门连接构造

11.4.4　玻璃钢门窗

1. 玻璃钢门窗的特点

　　玻璃钢门窗是继木、钢、铝合金及塑钢门之后而兴起的新型环保型建筑门窗。玻璃钢门窗采用不饱和聚酯树脂为基体材料,玻璃纤维作增强材料,采用挤拉成型工艺制成型材,具有轻质高强、耐疲劳,抗震性能好、耐化学腐蚀、导热系数低、密封性好、高度的电绝缘性能及使用寿命长等特点。适用于各种民用、商用及工业建筑,尤其适用于保温隔热、隔绝噪声及防止腐蚀等要求较高的场所。

2. 玻璃钢门窗的构造

　　玻璃钢门窗采用把连接铁件的长孔部位与门窗洞孔预埋木砖或固定件连接。门框与墙体洞口间的伸缩缝采用防寒毡条或闭孔聚苯乙烯泡沫塑料等弹性材料填实,填充厚度不超出门窗框厚度。不能用麻刀灰或砂浆直接填补。门窗框与洞口间的间隙应采用水泥砂浆填充抹平,硬化后,在接缝处用嵌缝密封膏处理,以防止渗漏现象。玻璃钢门窗的常用开启方式有平开、推拉等。玻璃钢平开门组成构件的截面形式如图 11.28 所示,在玻璃钢平开门的连接构造中,扇框用平叶铰链连接,底边距地平面 10mm,如图 11.29 所示。其中 A—A、B—B 是横剖面,C—C 是纵剖面。玻璃钢推拉门组成构件的截面形式如图 11.30 所示,在玻璃钢推拉门连接构造中,扇框上下设置滑轮,构件截面中设加强筋,门板接头用密封胶密封,如图 11.31 所示,其中 A—A、B—B 是横剖面,C—C 是纵剖面。

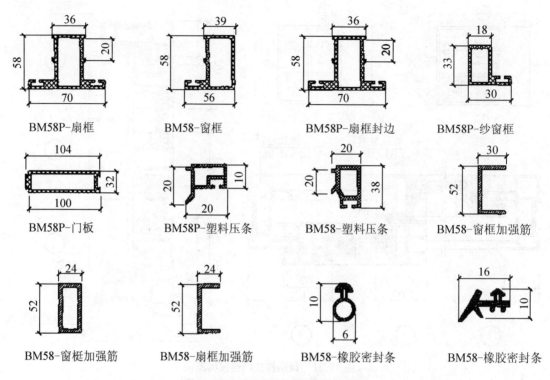

BM58P-扇框　　　　BM58-窗框　　　　BM58P-扇框封边　　　　BM58P-纱窗框

BM58P-门板　　　BM58P-塑料压条　　　BM58-塑料压条　　　BM58-窗框加强筋

BM58-窗框加强筋　　　BM58-扇框加强筋　　　BM58-橡胶密封条　　　BM58-橡胶密封条

图 11.28　玻璃钢平开门构件的截面

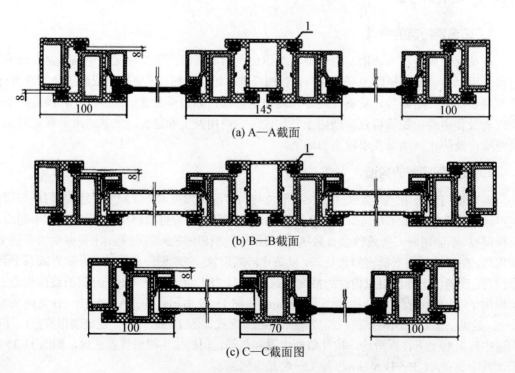

(a) A—A截面

(b) B—B截面

(c) C—C截面图

图 11.29　玻璃钢平开门连接构造

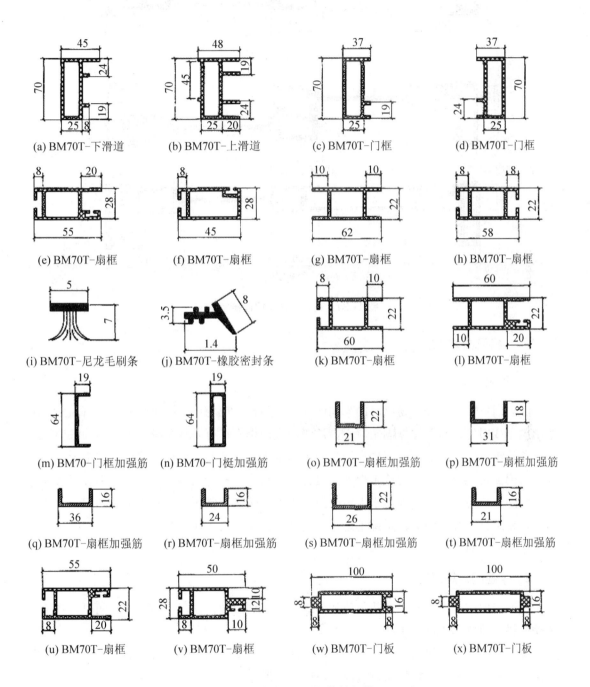

(a) BM70T-下滑道　　(b) BM70T-上滑道　　(c) BM70T-门框　　(d) BM70T-门框

(e) BM70T-扇框　　(f) BM70T-扇框　　(g) BM70T-扇框　　(h) BM70T-扇框

(i) BM70T-尼龙毛刷条　　(j) BM70T-橡胶密封条　　(k) BM70T-扇框　　(l) BM70T-扇框

(m) BM70-门框加强筋　　(n) BM70-门梃加强筋　　(o) BM70T-扇框加强筋　　(p) BM70T-扇框加强筋

(q) BM70T-扇框加强筋　　(r) BM70T-扇框加强筋　　(s) BM70T-扇框加强筋　　(t) BM70T-扇框加强筋

(u) BM70T-扇框　　(v) BM70T-扇框　　(w) BM70T-门板　　(x) BM70T-门板

图 11.30　玻璃钢推拉门构件的截面

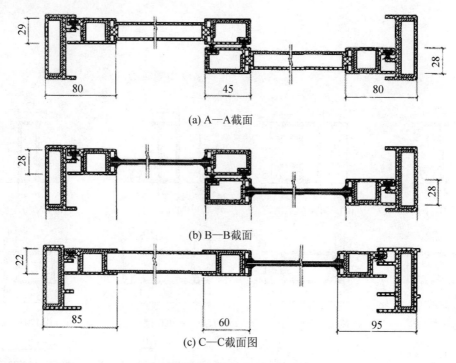

(a) A—A截面

(b) B—B截面

(c) C—C截面图

图11.31　玻璃钢推拉门连接构造

11.4.5　特殊要求的门窗

1. 防火门窗

防火门窗多用于加工易燃品的车间或仓库。门窗框应与墙体固定牢固、垂直通角。通常用电焊或射钉枪将门窗框固定。甲、乙级防火门框上铲有防烟条槽，固定后油漆前用钉和树脂胶镶嵌固定防烟条。根据车间对防火门耐火等级的要求，门扇可以采用钢板、木板外贴石棉板再包以镀锌铁皮或木板外直接包镀锌铁皮等构造措施，并在门扇上设泄气孔。防火门的开启方向必须面向易于人员疏散的地方。防火门常采用自重下滑关闭门，火灾发生时，易熔合金片熔断后，重锤落地，门扇依靠自重下滑关闭。当洞口尺寸较大时，可做成两个门扇相对下滑。

2. 保温门、隔声门

保温门要求门扇具有一定热阻值和门缝密闭处理，故常在门扇两层面板间填以轻质、疏松的材料(如玻璃棉、矿棉等)。

隔声门的隔声效果与门扇的材料及门缝的密闭有关，隔声门常采用多层复合结构，即在两层面板之间填吸声材料如玻璃棉、玻璃纤维板等。

一般保温门和隔声门的面板常采用整体板材(如五层胶合板、硬质木纤维板等)。通常在门缝内粘贴填缝材料，如橡胶管、海绵橡胶条、泡沫塑料条等提高隔声和保温性能。并选择合理的裁口形式，如斜面裁口比较容易关闭紧密。

本章小结

本章主要介绍了门窗的作用和构造要求；门与窗的类型与组成；平开木门窗的构造；塑钢窗的构造；铝合金门窗构造；建筑中遮阳的作用与形式等内容。重点是门窗的类型和平开门窗的构造。

复习思考题

一、选择题

1. 一般民用建筑门洞的高度不宜小于( )，如门设有亮子时，亮子高度一般为300～600mm。

    A．3000mm   B．1500mm   C．2100mm   D．1200mm

2. 平开窗的窗扇宽度一般为( )，高度为800～1500mm。

    A．100～200mm   B．200～300mm   C．400～600mm   D．1000～1200mm

二、填空题

1. 根据门的使用材料不同可分为：＿＿＿＿、＿＿＿＿、＿＿＿＿、塑钢门和彩板门等。

2. 根据门的开启方式不同可分为：＿＿＿＿、＿＿＿＿、＿＿＿＿、＿＿＿＿、转门、上翻门、升降门、卷帘门等。

3. 一般门主要由＿＿＿＿和＿＿＿＿两部分组成。

4. 门框又称门樘，由＿＿＿＿、＿＿＿＿和＿＿＿＿等部分组成，多扇门还有中竖框。

5. 门扇由＿＿＿＿、＿＿＿＿、＿＿＿＿和＿＿＿＿等组成。

6. 根据门扇的构造不同，民用建筑中常见的门有＿＿＿＿、＿＿＿＿、＿＿＿＿等形式。

7. 根据窗材料不同可分为：＿＿＿＿、＿＿＿＿、＿＿＿＿及＿＿＿＿等。

8. 根据窗开启方式不同可分为：＿＿＿＿、＿＿＿＿、＿＿＿＿、推拉窗和固定窗等。

9. 窗主要由＿＿＿＿和＿＿＿＿两部分组成。

10. 窗框又称窗樘，一般由＿＿＿＿、＿＿＿＿、＿＿＿＿、＿＿＿＿及＿＿＿＿等组成。

11. 窗扇由＿＿＿＿、＿＿＿＿、＿＿＿＿及＿＿＿＿组成。

12. 窗根据镶嵌材料的不同，有＿＿＿＿、＿＿＿＿和＿＿＿＿等。

13. 钢门窗料型有＿＿＿＿和＿＿＿＿两大类型。

三、简答题

1. 门窗的作用有哪些？

2. 门框与墙体的连接构造有几种？分别是什么？

3. 窗框与墙体的连接构造有几种？分别是什么？

4. 铝合金门窗的特点有哪些？

5. 塑钢门窗的特点有哪些？

6. 玻璃钢门窗的特点有哪些？

第 12 章

变 形 缝

学习目标

1. 掌握伸缩缝的设置原则。
2. 掌握伸缩的构造。
3. 掌握沉降缝的设置原则。
4. 掌握沉降缝的构造。
5. 掌握防震缝的设置原则。
6. 掌握防震缝的构造。

学习要求

知识要点	能力要求	相关知识	所占分值 (100分)	自评 分数
伸缩缝	1. 掌握设置伸缩缝的设置原则 2. 掌握墙体伸缩缝构造 3. 掌握楼地板伸缩缝构造 4. 掌握屋面伸缩缝构造	建筑制图、砌体结构设计规范、钢筋混凝土结构设计规范	35	
沉降缝	1. 掌握沉降缝的设置原则 2. 掌握基础沉降缝的结构处理 3. 掌握墙体、楼地面、屋顶沉降缝构造	地基与基础、建筑制、建筑材料	35	
防震缝	1. 掌握地震烈度为 7～9 度时，设防震缝的情况 2. 掌握防震缝的宽度	建筑抗震设计规范、建筑制图、建筑材料	30	

章节导读

　　当建筑的长度超过规定，平面图形曲折变化比较多或同一建筑物不同部分的高度或荷载差异较大时，建筑构件内部会因气温变化、地基的不均匀沉降或地震等原因产生附加应力。当这种应力较大而又处理不当时，会引起建筑构件产生变形，导致建筑物出现裂缝甚至破坏，影响正常使用与安全。为了预防和避免这种情况发生，一般可以采取两种措施：加强建筑物的整体性，使之具有足够的强度和刚度来克服这些附加应力和变形；或在设计和施工中预先在这些变形敏感部位将建筑构件垂直断开，留出一定的缝隙，将建筑分成若干独立的部分，形成能自由变形而互不影响的刚度单元。这种将建筑垂直分开的预留缝隙称为变形缝。变形缝按其作用的不同分为伸缩缝、沉降缝、防震缝三种，如图 12.1 所示。

　　对于变形缝，就是要通过系统的学习，了解变形缝的设置原则，掌握变形缝的构造。

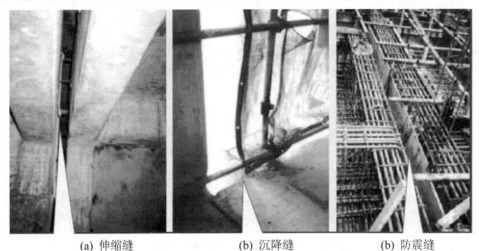

(a) 伸缩缝　　　　　　(b) 沉降缝　　　　　　(b) 防震缝

图 12.1　三种类型的变形缝

12.1　伸 缩 缝

 引例

　　建筑物因受到温度变化的影响而产生热胀冷缩，使结构构件内部产生附加应力而变形，当建筑物较长时为避免建筑物因热胀冷缩较大而使结构构件产生裂缝，建筑中需设置伸缩缝(又称温度缝或温度伸缩缝)，如图 12.2 所示。建筑中需设置伸缩缝的情况主要有三类：一是建筑长度超过一定限度；二是建筑平面复杂，变化较多；三是建筑中结构类型变化较大。

　　本节将通过伸缩缝的学习，来掌握伸缩缝的设置原则和构造组成。

图 12.2   因建筑物过长而设置的伸缩缝

12.1.1   伸缩缝的设置原则

设置伸缩缝时，通常是沿建筑物长度方向每隔一定距离或结构变化较大处在垂直方向预留缝隙，将墙体、楼板、屋顶全部构件断开，分为各自独立的能在水平方向自由伸缩的部分，因为基础埋于地下，受气温影响较小，因此不必断开。

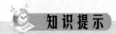

知识提示

伸缩缝将墙体、楼板、屋顶断开，而基础部分是不断开的。

伸缩缝的最大间距应根据不同材料的结构而定，《砌体结构设计规范》(GB 50003—2001)，《混凝土结构设计规范》(GB 50010—2002)，对砖石墙体、钢筋混凝土结构墙体温度伸缩缝的最大距离作了规定，见表 12-1、表 12-2。

表 12-1   砌体结构房屋伸缩缝的最大间距

砌体类别	屋盖或楼盖的类别		间距/m
各类砌体	整体式或装配整体式钢筋混凝土结构	有保温层或隔热层的屋盖、楼盖	50
		无保温层或隔热层的屋盖、楼盖	40
	装配式无檩条体系钢筋混凝土结构	有保温层或隔热层的屋盖、楼盖	60
		无保温层或隔热层的屋盖、楼盖	50
	装配式有檩条体系钢筋混凝土结构	有保温层或隔热层的屋盖	75
		无保温层或隔热层的屋盖	60
普通黏土砖或空心砖砌体	黏土瓦或石棉水泥瓦屋面		100
石和硅酸盐砌体	木屋盖或楼盖		80
混凝土砌块砌体	砖石屋盖或楼盖		75

注：1. 当有实践经验和可靠依据时，可不遵守本表的规定；

　　2. 层高大于 5m 的混合结构单层房屋，其伸缩间距可按本表中数值乘以 1.3 采用，但当墙体采用硅酸盐砌块和混凝土砌块砌筑时，不得大于 75m；

　　3. 温差较大且变化频繁地区和严寒地区不采暖的房屋及构筑物墙体，其伸缩的最大间距应按表中数值予以适当减小后采用。

表 12-2 钢筋混凝土结构伸缩缝的最大间距(m)

结构	类型	室内或土中	露天
排架结构	装配式	100	70
框架结构	装配式	75	50
框架-剪力墙结构	现浇式	55	35
剪力墙结构	装配式	65	40
	现浇式	45	30
挡土墙及地下室墙壁等类结构	装配式	40	30
	现浇式	30	20

注: 1. 当采用适当留出施工后浇带、顶层加强保温隔热等构造或施工措施时,可适当增大伸缩的间距;

2. 当屋面无保温或隔热措施时,或位于气候干燥地区、夏季炎热且暴雨频繁地区时,或施工条件不利(如材料的收缩较大)时,宜适当缩小伸缩间距;

3. 当有充分依据或经验时,表中数值可以适当加大或减小。

 知识拓展

从表 12-1 和表 12-2 可以看出,伸缩缝间距与墙体的类别有关,特别是与屋顶和楼板的类型有关,整体式或装配整体式钢筋混凝土结构,因屋顶和楼板本身没有自由伸缩的余地,当温度变化时,在结构内部产生温度应力大,因而伸缩缝间距比其他结构形式小些。大量性民用建筑用的装配式无檩体系钢筋混凝土结构,有保温或隔热层的屋顶,相对说其伸缩缝间距要大些。

12.1.2 伸缩缝的构造

伸缩缝是在建筑的同一位置将基础以上的建筑构件,如墙、地面、楼面、屋顶等在垂直方向全部分开,并在两部分之间留出适当的缝隙,以达到伸缩缝两侧的建筑构件能在水平方向自由伸缩的目的。伸缩缝宽一般为 20～40mm,通常采用 30mm。

在结构处理上,砖混结构可采用单墙方案,也可采用双墙方案,如图 12.3、图 12.4 所示;框架结构可采用双柱双梁方案,也可采用挑梁方案,如图 12.5 所示。

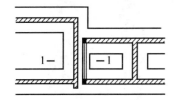

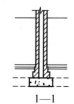

图 12.3 单墙承重方案　　　　　　图 12.4 双墙承重方案

图 12.5 双梁双柱承重方案

1．墙体伸缩缝的构造

墙体伸缩缝一般做成平缝形式，当墙体厚度在 240mm 以上时，也可以做成错口缝、企口缝等形式，如图 12.6 所示。为防止外界自然条件对墙体及室内环境的影响，变形缝外墙侧常用麻丝沥青、泡沫塑料条、油膏等有弹性的防水材料填缝，缝口用镀锌铁皮、彩色薄钢板等材料进行盖缝处理；内墙一般结合室内装修用木板、各类金属板等盖缝处理，如图 12.7、图 12.8 所示。墙体伸缩缝所采用的材料及构造应能保证两侧墙体在水平方向各自自由伸缩而不受影响。

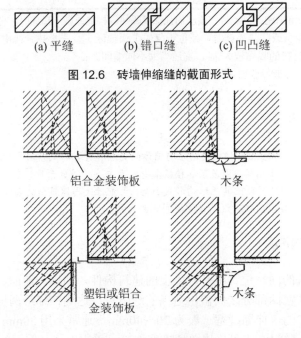

(a) 平缝   (b) 错口缝   (c) 凹凸缝

图 12.6　砖墙伸缩缝的截面形式

铝合金装饰板　　　　　　木条

塑铝或铝合金装饰板　　　　木条

图 12.7　内墙伸缩缝构造

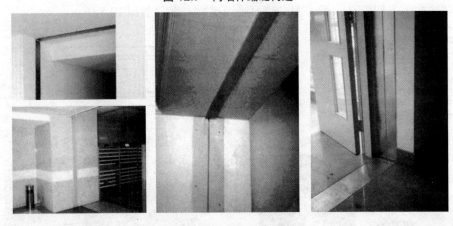

图 12.8　内墙伸缩缝盖缝处理

2．楼地板伸缩缝构造

楼地板伸缩缝的缝内采用麻丝沥青、泡沫塑料条、油膏等填缝进行密封处理，上铺金属、混凝土或橡塑等活动盖板，如图 12.9、图 12.10 所示。其构造处理需满足地面平整、光洁、防水、卫生等使用要求。顶棚伸缩缝需结合室内装修进行，一般采用金属板、木板或橡塑板等盖缝，盖缝板只能固定于一侧，以保证缝的两侧构件能在水平方向自由伸缩变形。

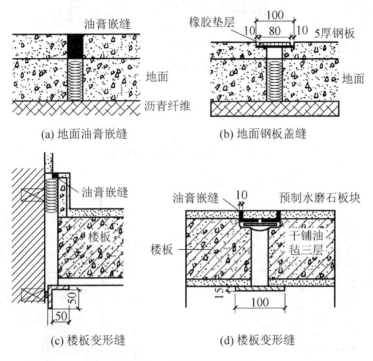

(a) 地面油膏嵌缝　　　　(b) 地面钢板盖缝

(c) 楼板变形缝　　　　(d) 楼板变形缝

图 12.9　楼地板伸缩缝构造

图 12.10　楼地板伸缩缝盖缝处理

3. 屋面伸缩缝构造

屋顶伸缩缝主要有伸缩缝两侧屋面标高相同处和两侧屋面高低错落处两种位置，缝的构造处理原则是在保证两侧结构构件能在水平方向自由伸缩的同时又能满足防水、保温、隔热等屋面结构的要求。

当伸缩缝两侧屋面标高相同又为上人屋面时，通常做防水油膏嵌缝，进行泛水处理；为非上人屋面时，则在缝两侧加砌半砖矮墙，分别进行屋面防水和泛水处理，其要求同屋顶防水和泛水构造。在矮墙顶上，传统做法用镀锌铁皮盖缝，近年逐步流行彩色薄钢板、铝板甚至不锈钢皮等盖缝，如图 12.11、图 12.12 所示。

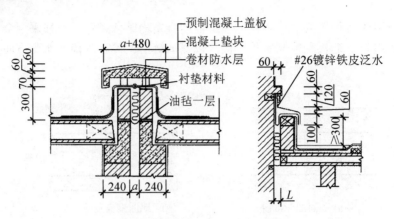

图 12.11　卷材屋面伸缩缝构造

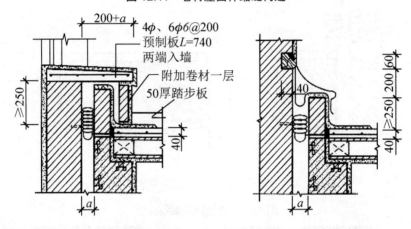

图 12.12　刚性屋面伸缩缝构造

 观察与思考

　　结合身边的建筑，找出建筑物的伸缩缝位置，观察伸缩缝的室外部分、室内部分的构造组成，思考为什么设置此道伸缩缝。

12.2　沉　降　缝

12.2.1　沉降缝的设置原则

　　沉降缝是为了预防建筑物各部分由于地基承载力不同或各部分荷载差异较大等原因引起建筑物不均匀沉降、导致建筑物破坏而设置的变形缝。设置沉降缝时，必须将建筑的基础、墙体、楼层及屋顶等部分全部在垂直方向断开，使各部分形成能自由沉降的独立的刚度单元，如图 12.13 所示。

图 12.13　沉降缝将复杂形体建筑物划分为相对简单的独立单元

知识提示

基础必须断开是沉降缝不同于伸缩缝的主要特征。

知识拓展

凡属于下列情况的，均应考虑设置沉降缝，如图 12.14 所示。

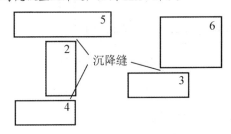

图 12.14　沉降缝位置

(1) 当建筑物建造在不同的地基上，并难以保证均匀沉降时。

(2) 当同一建筑相邻部分的基础形式、宽度和埋置深度相差较大，易形成不均匀沉降时。

(3) 当同一建筑物相邻部分的高度相差较大(一般为超过 10m)，荷载相差悬殊或结构形式变化较大等易导致不均匀沉降时。

(4) 当平面形状比较复杂，各部分的连接部位又比较薄弱时。

(5) 原有建筑物和新建、扩建的建筑物之间。

12.2.2　沉降缝的构造

沉降缝处理时所采用的材料和构造方法要求能适应缝两侧的结构构件在垂直方向的自由沉降，同时，沉降缝可以兼作伸缩缝。所以在沉降缝处理时，一般应兼顾伸缩缝的要求。

沉降缝的宽度与地基情况及建筑高度有关，见表 12-3。地基越弱，建筑产生沉陷的可能越大；建筑越高，沉陷后产生的倾斜越大。

表 12-3　沉降缝的宽度

地基情况	建筑物高度	沉降缝宽度/mm
一般地基	H＜5m	30
	H=5～10m	50
	H=10～15m	70
软弱地基	2～3 层	50～80
	4～5 层	80～120
	5 层以上	＞120
湿陷性黄土地基	—	≥30～70

1. 基础沉降缝的结构处理

沉降缝的基础也应断开，并应避免因不均匀沉降造成的相互影响。其结构处理有砖混结构和框架结构两种情况，砖混结构墙下条形基础通常有双墙偏心基础、挑梁基础和交叉式基础等三种形式，如图 12.15 所示；框架结构通常也有双柱下偏心基础、挑梁基础和交叉式基础等三种处理形式。

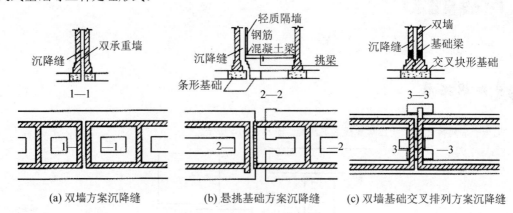

(a) 双墙方案沉降缝　　　(b) 悬挑基础方案沉降缝　　　(c) 双墙基础交叉排列方案沉降缝

图 12.15　基础沉降沉降缝处理示意

2. 墙体、楼地面、屋顶沉降缝构造

墙体沉降缝常用镀锌铁皮、铝合金板和彩色薄钢板等盖缝，如图 12.16 所示，其构造既要能适应垂直沉降变形的要求，又要能满足水平伸缩变形的要求。

地面、楼板层、屋顶沉降缝的盖缝处理基本同伸缩缝构造。顶棚盖缝处理应充分考虑变形方向，以尽量减少不均匀沉降后所产生的影响。

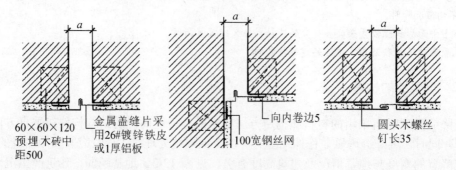

图 12.16　墙体沉降缝构造

观察与思考

结合身边的建筑，找出建筑物的沉降缩缝位置，观察沉降缝的构造组成，思考为什么设置此道沉降缝、思考沉降缝与伸缩缝的区别。

12.3 防 震 缝

 引例 2

强烈地震对地面建筑物和构筑物的影响和损坏是极大的，因此在地震区建造房屋必须充分考虑地震对建筑物造成的影响。如图 12.17 所示，由于落差结构两个单元之间的防震缝太小，结果两个单元在震动摇摆中发生撞击，如果间隙足够大则可以避免。那么在什么情况下设置防震缝？防震缝的宽度又设多少为合理呢？下面介绍有关防震缝的知识。

图 12.17 防震缝的设置

我国建筑抗震设计规范中的主要地震带和地震分区示意图，明确了我国各地区建筑物抗震的基本要求。建筑物的防震和抗震通常可以从设置防震缝和对建筑物进行抗震加固两方面考虑。

在地震设防烈度为 7～9 度地区，有下列情况之一设防震缝。

(1) 毗邻房屋立面高差大于 6m。

(2) 房屋有错层且楼板高差较大。

(3) 房屋毗邻部分结构的刚度、质量截然不同。

防震缝宽度一般采用 50～100mm，但对于多层和高层钢筋混凝土结构房屋，其最小缝宽应符合下列要求。

(1) 当高度不超过 15m 时，缝宽 70mm。

(2) 当高度超过 15m 时，按不同设防烈度增加缝宽。

①6 度地区，建筑每增高 5m，缝宽增加 20mm；②7 度地区，建筑每增高 4m，缝宽增加 20mm；③8 度地区，建筑每增高 3m，缝宽增加 20mm；④9 度地区，建筑每增高 2m，缝宽增加 20mm。

防震缝应沿建筑物全高设置。一般情况下基础可以不分开，但当平面较复杂时，也应将基础分开。缝的两侧一般应布置双墙或双柱，以加强防震缝两侧房屋的整体刚度。

防震缝在墙身、楼层以及屋顶等各部分的构造基本上和沉降缝各部分的构造相同，如图 12.18 所示。缝处理时，因缝宽较宽，应注意盖缝板的牢固性以及适应变形的能力；另外要注意不应将防震缝做成错口，企口等形式，以致失去防震缝的作用。

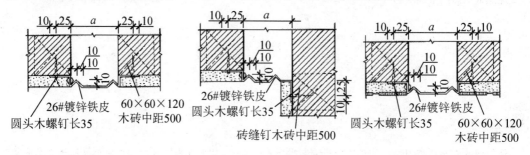

图 12.18　外墙抗震缝

知 识 提 示

变形缝处理一般比较复杂，会给工程设计和施工增加困难，从而增加造价。所以在工程中特别是高层建筑物中需通过合理选址、地基处理、结构选型、建筑体型优化等方法进行调整，尽量不设或少设变形缝。同时，在设置变形缝时应综合考虑，相互兼顾，一缝多用，使工程建设符合使用要求并更加经济、安全。

本 章 小 结

本章主要介绍了建筑变形缝的概念以及伸缩缝、沉降缝、防震缝的作用、要求、设置原则和应有的缝宽；也介绍了各种变形缝的特点、相互间的区别和缝两侧的结构布置方案；着重介绍了这三种变形缝在各种位置的构造处理方法。

复习思考题

一、名词解释

1．变形缝。

2．伸缩缝。

3．沉降缝。

4．防震缝。

二、填空题

1．伸缩缝宽一般为 20～40mm，通常采用＿＿＿＿＿＿。

2．墙体伸缩缝一般做成＿＿＿＿＿＿形式，当墙体厚度在 240mm 以上时，也可以做成＿＿＿＿＿＿、企口缝等形式。

3．设置＿＿＿＿＿＿时，必须将建筑的基础、墙体、楼层及屋顶等部分全部在垂直方向断开，使各部分形成能自由沉降的独立的刚度单元。

4．＿＿＿＿＿＿必须断开是沉降缝不同于伸缩缝的主要特征。

三、简答题

1．建筑中哪些情况应设置沉降缝？

2．沉降缝的宽度应如何确定？

3．建筑中哪些情况应设置防震缝？

4．建筑防震缝的宽度如何确定？

5．伸缩缝在外墙、地面、楼面、屋面等位置时如何进行缝处理？

6．沉降缝在基础、墙体、地面、楼面、屋面等位置时如何进行缝处理？

7．伸缩缝、沉降缝、防震缝各自存在什么特点？哪些变形缝能相互替代使用？

第 13 章

单层工业厂房构造

学习目标

1. 了解工业建筑的特点及分类。
2. 掌握单层工业厂房的结构分类，排架结构厂房要重点掌握。
3. 了解单层工业厂房内其中运输设备的分类与特点。
4. 掌握单层工业厂房定位轴线的定位要点。
5. 了解单层工业厂房基础、柱、墙体、吊车梁、连系梁、屋架、天窗架、屋面板、天窗扇等的种类，并分别掌握其安装与构造。
6. 了解厂房侧窗、大门及其他构造的类型，掌握其安装要点。

学习要求

知识要点	能力要求	相关知识	所占分值(100分)	自评分数
工业建筑的特点与分类	识别工业建筑的种类	按照厂房用途、生产环境、层数和结构进行分类	5	
单层工业厂房的结构类型和组成	识别某一工业厂房的结构类型及其各组成部分	砖混、框架、排架、刚架结构单层工业厂房	5	
单层工业厂房起重运输设备	识别工业厂房的起重运输设备,掌握各种运输设备的应用环境	悬挂式单轨吊车、梁式吊车、桥式吊车和悬臂吊车	5	
单层工业厂房定位轴线	正确定位单层工业厂房柱网轴线	横向定位轴线、纵向定位轴线	10	
基础、柱及墙体	掌握基础、柱和墙体的施工流程	杯口基础、现浇基础,钢筋混凝土柱、钢柱、砌筑类墙体、板材墙	15	
吊车梁	掌握不同种类吊车梁的安装与构造	预应力钢筋混凝土吊车梁、钢制吊车梁	15	

续表

知识要点	能力要求	相关知识	所占分值（100分）	自评分数
屋顶	掌握不同种类屋顶的安装与构造	预应力钢筋混凝土屋架、钢屋架和天窗架，屋面和天窗	15	
支撑系统	掌握不同种类支撑的安装技术	预制钢筋混凝土支撑、钢支撑	10	
侧窗、大门及其他构造	掌握不同种类侧窗、大门及其他部分的安装技术与构造	侧窗、大门、地面、金属检修梯、走道板和隔断	20	

 章节导读

　　工业建筑是指为各种不同类型工厂的工业生产需要而建造的各种不同用途的建筑物、构筑物的总称，主要是指那些可以在其中进行和实现各种生产工艺过程的生产用房及必需的辅助用房。工业建筑也称工业厂房，是产品生产及工人操作的场所，因此，工业厂房首先必须满足各种生产工艺要求，能够布置和保护生产设备，同时必须为生产工人创造良好的生产环境和劳动保护条件，以保证产品质量，保护工人的身体健康，提高劳动效率。厂房建设也和民用建筑一样，要体现适用、安全、经济、美观的建筑方针。

　　除了排架结构，大多数种类的工业厂房与民用建筑在结构与构造上是基本相同的，而出于生产工艺的需要和结构条件考虑，大多数厂房又是单层的。本章重点介绍单层工业厂房，其中排架结构单层工业厂房是本章的重中之重。

13.1　工业建筑概述

 引例

　　当走在工业区的时候，如图 13.1 所示，高大的厂房内部传出了各种马达的响声，看着里面进进出出的许多工人，看着一车车的原料开进去、一件件成品运送出来，没进过厂房的人们对里面产生了很大的好奇，厂房建筑是否和人们平常接触的民用建筑是一样的呢？通过这一节的学习，结合课后对工业厂房的参观，将要一点点地解开这个谜。

图 13.1　厂房外观

13.1.1 工业建筑的特点与分类

1. 工业建筑的特点

由于生产工艺复杂、生产环境要求多样，和民用建筑相比，工业厂房在设计配合、使用要求、室内通风与采光、屋面排水及构造等方面具有以下特点。

1) 厂房的生产工艺布置决定了厂房建筑平面的布置和形状

厂房的生产工艺布置是指原料进入车间，经过一系列加工，制成半成品或成品送出车间所形成的生产顺序、运输路线以及生产设备布置方法。建筑相关人员设计厂房建筑是在工艺设计人员提出的工艺设计图的基础上进行的，首先应满足生产工艺布置的要求，为产品生产及工人劳动创造良好的环境。

2) 工业厂房内部空间大，柱网尺寸大，结构承载力大

大多数厂房由于生产要求，设备多、体型大，各部分生产关系密切，并有多种起重及运输设备通行，致使厂房内形成较大的柱网尺寸和较大较高的通敞空间。如布置有桥式吊车的厂房，跨度一般在18m以上，室内净高一般在8m以上。同时厂房要求结构构件承受较大的荷载，有时还会伴有较大的振动，如吊车的起动和停止。因此，工业厂房对结构设计要求较高。

3) 厂房屋顶面积大，构造复杂

由于厂房内部空间大，形成较大的屋顶面积，特别是在多跨厂房及热加工车间中，为满足室内采光、通风和泄爆等要求，除了在外墙上确保门窗的数量与面积比例，还要在屋顶开设一定数量的天窗。同时还有屋顶的防水和排水问题。以上各方面要求导致屋顶结构复杂。

> **知识提示**
>
> 有些工业建筑内的原材料是易燃易爆品，在高温等复杂情况下，一旦发生爆炸，不仅会对厂房内的人员及设备造成极大损失，而且巨大的气浪很有可能炸毁厂房，四散飞出的厂房构件还会对其周围的行人和建筑造成危害。所以，为了减少人员伤亡和设备损失，尽量保住厂房，需要根据爆炸可能产生的气浪大小在屋顶设置一定数量和面积的天窗，这样，爆炸产生的气浪就可以从气窗泄出。

4) 需满足生产工艺的某些特殊要求

由于生产工艺复杂多样，往往形成了各种不同的生产环境。为保证产品质量、保护生产工人身体健康及生产安全，厂房设计中常要采取一些技术措施解决这些特殊问题。如热加工车间，生产中会产生大量余热及有害烟尘等，需加强厂房的通风。又如精密机构、生物及制药厂房等，要求保持室内空气具有一定的温度、湿度、洁净度等，需采取空气调节、防尘等技术措施。也有的厂房有防振、防磁等要求。

观察与思考

利用业余时间观察周围工业区的厂房，根据该厂房的生产工艺来观察和分析其特点，试着推断它还有什么特殊要求。

2. 工业建筑的分类

现代工业企业由于生产任务、生产工艺的不同而种类繁多。厂房建筑从不同的角度可以进行各种分类。

1) 按厂房用途分

可分为主要生产厂房、辅助生产厂房、后勤管理用房等。

(1) 主要生产厂房。是指在其中进行产品加工的主要工序的厂房，它在工厂生产中占主要地位，是工厂的主要厂房。

(2) 辅助生产厂房。是指为主要生产厂房服务的厂房，如机修、工具等房间，材料、半成品或成品仓库等仓储类厂房，变电站、锅炉房、煤气发生站、压缩空气站等动力类厂房以及车库等建筑。

(3) 后勤管理用房。主要指工厂中的办公、科研及生活设施等建筑，这类建筑一般类似于同类型的民用建筑。

2) 按厂房内部生产环境分

可分为热加工车间、冷加工车间、有侵蚀性介质作用的车间、恒温恒湿车间、洁净车间等类型。

(1) 热加工车间。主要指炼钢、铸造、锻压等车间，这类车间生产中会产生大量热量及烟尘等有害物质，应很好地解决厂房通风问题。

(2) 冷加工车间。主要指普通机械加工车间、装配车间等，是在正常温度、湿度条件下进行生产的厂房。

(3) 有侵蚀性介质作用的车间。主要指酸洗、制碱、电镀及化工类厂家，这类厂房在选择建筑材料、构造处理时需注意防腐问题。

(4) 恒温恒湿车间。主要指纺织车间、精密仪表车间等，这类厂房在生产过程中需保持温度和湿度的稳定，厂房中除应安装空调设备外，厂房建筑的围护构件应具有较好的保湿隔热性能。

(5) 洁净车间。主要指精密仪表、集成电路、生物、制药、食品等车间，这类车间在生产中需保持空气的洁净度，净空气中的含尘量控制在允许的范围内，所以这类厂房需有严密的围护设备。

3) 按厂房的层数分

可分为单层厂房、多层及高层厂房、组合式厂房等类型。

(1) 单层厂房。主要适用于一些生产设备或振动比较大，原材料或产品比较重的机械、冶金等重工业厂房。其优点是内外设备布置及联系方便等，缺点是占地多、土地利用率低。单层厂房可以是单跨，也可以多跨联列，如图13.2所示。

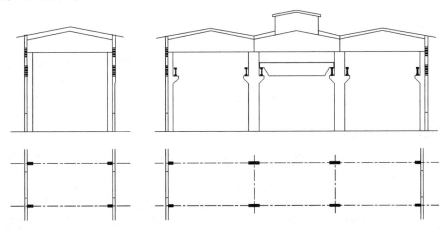

图13.2 单跨及多跨单层工业厂房

(2) 多层厂房。主要适用于垂直方向组织生产及工艺流程的生产车间以及设备和产品都比较轻的一些车间，如面粉加工、轻纺、电子、仪表等生产厂房。近年来在部分大中城市中，厂区用地紧张时逐步出现了高层厂房。

(3) 高层厂房。占地面积少，建筑面积大、造型美观，应予以提倡。

(4) 组合式厂房。主要由生产工艺决定，又称为联合厂房，如图 13.3 所示。

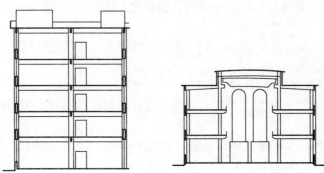

图 13.3　多层及联合厂房

4) 按厂房承重骨架结构的材料分

可分为砖石结构厂房、钢筋混凝土结构厂房、钢结构厂房等类型。

(1) 砖石结构厂房。简单、方便、经济，但各方面的结构性能都较差，主要适用于小型单层和多层厂房。

(2) 钢筋混凝土结构厂房。坚固耐久、结构性能较好、承载力大、造价较低，在前些年曾是我国单层和多层厂房中的主要形式。

(3) 钢结构厂房。施工速度快、构件轻、强度大、抗震性能好，近年来应用逐年增加，目前排架结构单层工业厂房应用较多，但钢结构易锈蚀、耐火性能差、日常维护费用高，所以需要对其表面喷漆要求较高，所以在选用骨架结构的材料时，表面的保护层如喷漆等要求较高。

在选用骨架结构的材料时，应根据厂房的特点、规模、生产工艺要求和其中运输设备、材料供应等因素综合考虑。

观察与思考

根据以上各种分类方法，利用业余时间观察厂房，分析该厂房属于哪种类型的工业建筑。

13.1.2　单层工业厂房的结构类型和组成

1. 单层工业厂房的结构类型

单层工业厂房的结构类型主要有砖混结构、框架结构、排架结构、刚架结构等几种类型。

1) 砖混结构

主要指由砖墙(砖柱)、屋面大梁和屋架等构件组成的结构形式，如图 13.4 所示。由于其结构的各方面性能都较差，只能适用于跨度、高度、吊车荷载等较小，以及地震烈度较低地区的单层厂房。

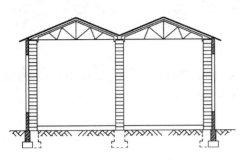

图 13.4 单层砖混结构厂房

2) 框架结构

钢筋混凝土框架结构单多层厂房类似于民用建筑中的框架结构，如图 13.5 所示，一般采用现浇施工，当跨度较大时，可采用预应力技术。

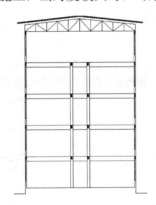

图 13.5 框架结构多层厂房

3) 排架结构

排架结构是我国目前单层厂房中应用较多的一种基本结构形式，有钢筋混凝土排架(现浇或预制装配施工)和钢排架两种类型，如图 13.6 所示。它由柱基础、柱子、屋面大梁或屋架等横向排架构件，以及屋面板、连系梁、支撑等纵向连系构件等组成。横向排架起承重作用，纵向连系构件起纵向支撑、保证结构的空间刚度和稳定性作用。排架结构主要适用于跨度、高度、吊车荷载较大及地震烈度较高的单层厂房建筑。

(a) 钢筋混凝土排架结构厂房 (b) 钢结构排架结构厂房

图 13.6 排架结构厂房

知识拓展

排架结构，顾名思义，一排一排的。主要用于单层厂房，由屋架、柱子和基础构成横向平面排架，是厂房的主要承重体系，再通过屋面板、吊车梁、支撑等纵向构件将平面排架联结起来，构成整体的空间结构。

观察与思考

将图 13.5 和图 13.6(a)对比一下，两种结构的厂房都是钢筋混凝土结构承重的，它们有什么不同呢？排架结构厂房为什么不能看作钢筋混凝土框架结构的厂房呢？

4) 刚架结构

刚架是由梁和柱组成的结构，各杆件主要受弯。刚架的结点主要是刚结点，也可以有部分铰结点或组合结点。

刚架结构的主要特点是屋架与柱子合并为同一构件，其连接处为整体刚接。单层厂房中的刚架结构主要是门式刚架，门式刚架依其顶部节点的连接情况有两铰刚架和三铰刚架两种形式，如图 13.7 所示。门式刚架构件类型少、制作简单，比较经济，室内空间宽敞、整洁。在高度不超过 10m、跨度不超过 18m 的纺织和印染等厂房中应用较普遍。

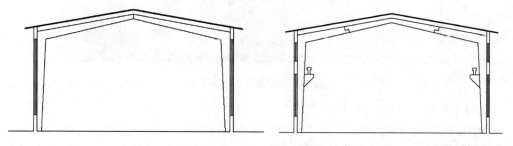

图 13.7　门式刚架厂房

知识拓展

"刚架"与"钢架"，虽然说出口听起来相同，但其含义却有着本质的差别。刚架的材料可以是钢筋混凝土的，也可以是人们所说的钢架，刚架是钢架的上位概念，刚架包括了钢架，不要把这两个概念混淆，否则会贻笑大方，甚至给工程造成不必要的麻烦。

钢架全部是钢材焊接的结构，一般用于超高层的办公大楼，或大型的会场和展厅。比如深圳的地王大厦、高交会馆就是这种结构。

在过去，由于经济和技术条件的限制，排架式钢筋混凝土厂房在我国建筑市场曾经应用较为广泛。因为厂房需要较大的空间，所以屋架跨度大、牛腿柱高度较大、承受的弯矩也就大，也就需要采用预制的预应力钢筋混凝土构件。这种结构的厂房在平时正常使用时，能够保持其结构的安全性和稳定性，一旦发生地震、爆炸等突如其来的巨大外荷载，往往会造成巨大的人员伤亡和财产损失。实行改革开放以来，我国钢材供应逐步增加，特别是压型彩色钢板等的推广运用，我国单层厂房中越来越多地采用钢结构或轻钢屋盖结构等，如图 13.8 所示。在实际工程中，钢筋混凝土结构、钢结构等可以组合应用，也可以采用网架、折板、马鞍板、壳体等屋盖结构。

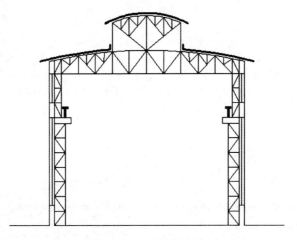

图 13.8　钢结构厂房

2. 单层工业厂房的结构组成

砖混结构、框架结构、刚架结构的单层工业厂房与民用建筑在组成和构造上基本相同，主要学习排架结构单层工业厂房的结构组成。

排架结构单层厂房的结构构件采用的材料有钢筋混凝土和钢两大类。其中，钢结构用得较多，单层厂房的结构构件主要由基础、柱、屋架(屋面梁)等横向排架构件，基础梁、屋面板、连系梁、圈梁、吊车梁等纵向连系构件，以及抗风柱、支撑等三方面构件组成，如图 13.9、图 13.10 所示。我国各地区都有构件标准图集，在实际工程中可以选型使用。

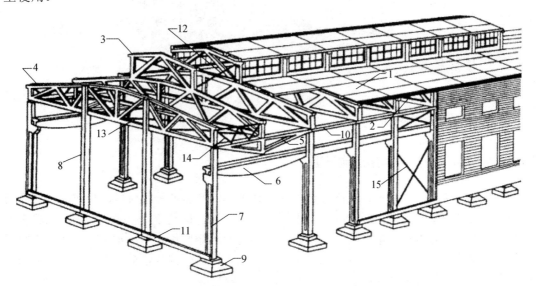

图 13.9　装配式钢筋混凝土排架结构单层厂房的结构组成

1—屋面板；2—天沟板；3—天窗架；4—屋架；5—托架；6—吊车梁；
7—排架柱(牛腿柱)；8—抗风柱；9—基础；10—连系梁；11—基础梁；
12—天窗架垂直支撑；13—屋架下弦横向水平支撑；13—屋架端部垂直支撑；15—柱间支撑

图 13.9 中的装配式钢筋混凝土排架结构单层厂房的结构各构件大多为预制的钢筋混凝土构件，承受荷载较大的构件如吊车梁、大跨度的屋架、高大牛腿柱等采用预应力钢筋混凝土构件，少数构件可采用钢制的，例如柱间支撑、屋架间支撑等。

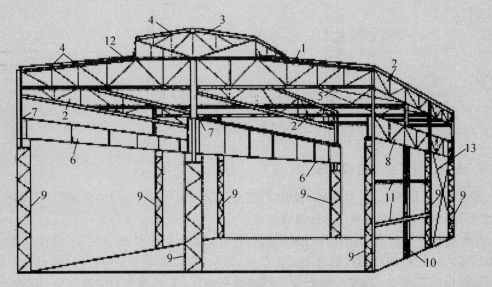

图 13.10　钢结构排架单层厂房的结构组成

1—屋架；2—托架；3—天窗架；4—檩条；5—屋架下弦纵向支撑；
6—吊车梁；7—制动结构；8—辅助桁架；9—框架柱(牛腿柱)；
10—墙板架立柱；11—墙梁；12—轻质屋面板；13—柱间支撑

图 13.10 所示，结合图 13.8，钢结构排架单层厂房的结构构件均为型钢或钢制杆件制成，基础一般采用现浇钢筋混凝土基础。

13.1.3　单层工业厂房起重运输设备

由于生产工艺布置要求，生产过程中常需要装卸、搬运各种原材料、半成品、成品或进行生产设备的检修工作，厂房内部应设置必要的起重运输设备，厂房内的起重运输设备主要有三类：一是板车、电瓶车、汽车、火车等地面运输设备；二是安装在厂房上部空间的各种类型的起重吊车；三是各种输送管道、传送带等。在这些起重运输设备中，以吊车对厂房的布置、结构选型等影响最大，也是这部分内容的重点。

吊车主要有悬挂式单轨吊车、梁式吊车、桥式吊车以及悬臂吊车等类型。

1. 悬挂式单轨吊车

悬挂式单轨吊车是一种简便的、主要布置在呈条状布置的生产流水线上部的起重和运输设备。如图 13.11 所示，悬挂式单轨吊车由钢导轨和电动葫芦两部分组成，电动葫芦安装在"工"字型钢导轨上,刚导轨悬挂在屋架下弦或屋面大梁上。电动葫芦可沿钢导轨以直线、曲线或分岔等轨迹往返运行。环形布置时轨道最小半径为 2.5m。

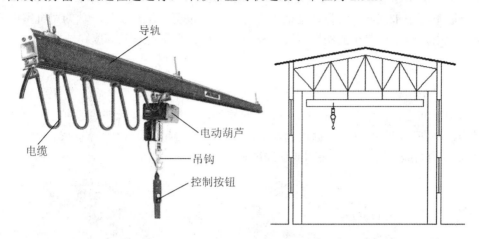

图 13.11 悬挂式单轨吊车及其在厂房中的位置

悬挂式单轨吊车布置方便、运行灵活,可以手动操作,也可以电动操作,主要适用于 50kN 以下的轻型起吊和运输。由于轨道悬挂在屋架下弦或屋面大梁上,屋盖结构应有较大的刚度。

2. 梁式吊车

梁式吊车由梁架和电动葫芦组成,其梁架可悬挂在屋架下弦或屋面梁上,也可支撑于吊车梁上,如图 13.12 所示,工作时,吊车梁架在轨道(安装在柱牛腿上)上沿车间纵向移动,电动葫芦则在梁架下的轨道上沿车间横向移动。因此,梁式吊车可服务到厂房固定跨间的全部面积。

(a) 支承在吊车梁上的梁式吊车

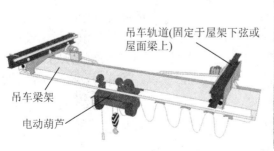

(b) 悬挂于屋架下弦或屋面梁上的梁式吊车

图 13.12 梁式吊车

梁式吊车主要适用于车间固定跨间的轻型起吊和运输工作。当梁架采用悬挂式布置时，起吊重量一般不超过 50kN，可在地面上手动或电动操纵；当梁架支撑于吊车梁上时，起吊重量一般不超过 150kN，可以在地面上电动操纵，也可在吊车梁架一端的司机室内操纵。实际工程中，应根据吊车的布置情况，充分考虑梁式吊车对车间高度和结构构件的影响。

3. 桥式吊车

桥式吊车由桥架和起重行车组成。桥架支撑于吊车梁上，可沿吊车梁上的轨道在厂房固定跨间纵向运行；起重行车则沿桥架横向移动，一般在桥架一端的起重行车上或司机室内操作，如图 13.13 所示。根据运输要求，桥式吊车的起重行车上可设单钩或双钩(即主钩和副钩)，也可设抓斗，用于装卸或运输散料。

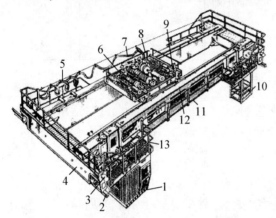

图 13.13　桥式吊车构造及在厂房中的位置
1—司机室；2—大车轨道(安装在吊车梁上)；3—缓冲器；4—大梁；5—电缆；
6—副起升机构；7—主起升；8—起重小车；9—小车运行机构；
10—检修吊笼；11—走台栏杆；12—主梁；13—大车运行机构

桥式吊车按其工作的繁忙程度分为轻级、中级和重级三种工作制度，以吊车工作的时间占全部生产时间的比率(用 J_c 表示)来区分。J_c 在 15%～25%时为轻级工作制，J_c 在 25%～40%时为中级工作制；$J_c>40$%时为重级工作制。在同一跨度内需要的吊车工作量较大且起重量又相差悬殊时，可沿车间高度方向设二层吊车，以满足生产需要。

由于桥式吊车是工业定型产品，当厂房内设有桥式吊车时，应注意厂房的跨度和高度，使之适合所选吊车的安装并满足运行安全的需要。同时在柱间适当位置设置通向吊车司机室的钢梯及平台，沿吊车梁侧须设置安全走道，供检修人员及司机行走。

桥式吊车由于桥架刚度和强度较大，所以适用于跨度较大和起吊及运输较重的生产厂房，其起重范围可由 50kN 至数千千牛，在工业建筑中应用很广。但同时由于其起重量大，自身也很重，运行启动及停止时振动和冲击也较大，所以，桥式吊车对厂房高度、跨度及结构等方面的影响也很大。

4. 悬臂吊车

常用的悬臂吊车有固定式旋转悬臂吊车和壁行式吊车两种，如图 13.14 所示。前者一般固定在厂房的柱子上，也可由独立的立柱固定在地面上，可旋转180°，其服务范围为以臂长为半径的半圆面积内，适用于在固定地点及某一固定生产设备的起重、运输之用。后者可沿厂房纵向往返行走，服务范围限定在一条狭长范围内。

(a) 固定在柱子上的悬臂吊车　　　　　　(b) 由定柱固定在地面上的悬臂吊车

(c) 壁行式悬臂吊车及其在厂房中的位置

图 13.14　悬臂吊车

悬臂吊车布置方便，使用灵活，一般起重量可达 80～100kN，悬臂长可达 8～10m，在实际工程中有一定应用。

13.1.4　单层工业厂房定位轴线

定位轴线是建筑中确定主要结构构件的位置和相互间标志尺寸的基线，也是建筑施工放线和设备安装的依据。柱子纵横两个方向的定位轴线在平面上形成的网格就是柱网。工业厂房的柱网尺寸由柱距(横向定位轴线间的尺寸)和跨度(纵向定位轴线间的尺寸)组成，如图 13.15 所示。厂房建筑的柱网尺寸和定位轴线应遵守《厂房建筑模数协调标准》设计规范的规定。

1. 单层工业厂房的柱网尺寸

就厂房建筑本身而言，影响厂房跨度的因素主要是屋架和吊车的跨度，影响柱距的因素主要是吊车梁、连系梁、屋面板及墙板等构件的尺寸。在选择柱网尺寸时还应考虑以下三个方面的要求：一是必须符合生产工艺提出的要求，满足生产设备、运输设备等布置的需要；二是应遵守设计规范《厂房建筑模数协调标准》的规定，为建筑构件定型化、系列化创造条件，以提高厂房建设的工业化水平；三是应尽量扩大柱网，方便生产工艺调整和改造，提高厂房使用的灵活性和通用性。

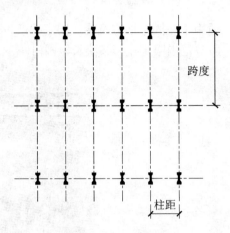

图 13.15　柱距与跨度

多层厂房在我国目前主要采用现浇框架式结构，预制装配式应用很少。当采用现浇框架结构时，其定位轴线和标定方法基本类似于民用建筑，其柱网布置有单跨、双跨、多跨组合或内廊式、等跨、不等跨组织等形式，如图 13.16 所示。柱距尺寸应符合 15M 扩大模数，常用 6.0m、6.6m、7.2m、7.8m、9.0m 等尺寸。当采用内廊式时，跨度尺寸可选用 6M 扩大模数，而走道应采用 3M 扩大模数，常用 2.4m、2.7m、3.0m 等尺寸。

我国建筑设计规范《厂房建筑模数协调标准》对单层厂房的柱网尺寸由如下规定：柱距应符合 60M 扩大模数，常用 6m 尺寸；跨度在 18m 以下时应采用 30M 扩大模数；在 18m 以上时应采用 60M 扩大模数，常用 9m、12m、15m、18m、24m、30m、36m 等尺寸。

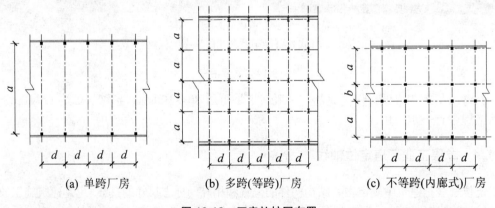

(a) 单跨厂房　　　(b) 多跨(等跨)厂房　　　(c) 不等跨(内廊式)厂房

图 13.16　厂房的柱网布置

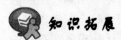知识提示

图 13.16 中厂房柱网中，a 表示厂房的跨度，b 表示内廊的宽度，d 表示柱距。

知识拓展

为提高厂房的通用性和经济合理性，我国提倡在单层厂房建设中采用扩大柱网。扩大柱网的主要优点是：能增加厂房使用的灵活性和通用性，方便生产工艺调整和改造；扩大厂房的生产面积，利于节约用地；能扩大吊车的服务范围，提高吊车的利用率。

扩大柱网主要是指扩大跨度和柱距尺寸。一般来说，当布置有悬挂式单轨吊车或梁式吊车时，跨度在18~24m时比较经济；当布置有桥式吊车时，跨度在24~36m时比较经济，柱距尺寸可由6m放大到12~18m。由于单层厂房一般跨度较大而柱距较小，因此扩大柱距就更有意义。

2. 单层工业厂房定位轴线

单层厂房定位轴线的标定应使结构合理、构造简单，能够减少建筑构件的类型和规格，增加其通用性和互换性，扩大构件装配化程度，提高厂房建筑的工业化水平。轴线的标定位置通常由厂房的主要结构构件的布置情况决定。横向定位轴线一般通过屋面板、基础梁、吊车梁及纵向构件标志尺寸。纵向定位轴线一般通过屋架或屋面大梁等横向构件标志尺寸端部的位置，其间尺寸即为横向构件的标志尺寸。以下介绍排架结构单层厂房中常见情况下柱与定位轴线的关系。

1) 横向定位轴线

横向定位轴线与柱的关系主要有中柱、横向边柱和伸缩缝处柱三种情况，如图 13.17 所示。

(1) 中柱与横向定位轴线的关系。中柱的横向定位轴线在柱中心线位置。中间柱两侧结构布置一般对称，屋架的中心线位置和厂房的纵向构件(如屋面板、吊车梁、连系梁、墙梁等)的标志尺寸位置均在柱中心线位置，因此，定位轴线分别与他们重合。横向定位轴线间的尺寸即为厂房纵向构件的标志长度，例如图 13.18 所示。

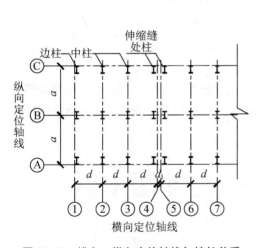

图 13.17　横向、纵向定位轴线与柱的关系

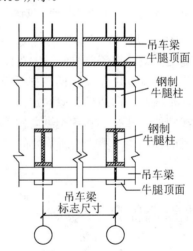

图 13.18　横向定位轴线与纵向构件的关系

(2) 横向边柱、山墙与横向定位轴线的关系。当山墙为非承重墙时，横向定位轴线在山墙内缘线和抗风柱外缘线位置，厂房荷载大多是由柱来承担的，所以边柱、山墙与横向定位轴线的关系都如图 13.17 所示。柱网布置时，将横向边柱中心线向内移 600mm，使其实际柱距减少 600mm，但定位轴线间的尺寸与其他柱距一样仍为 a，如图 13.17、图 13.19 所示。将定位轴线置于山墙内缘线、抗风柱外缘线位置，主要是使屋面板与山墙处封闭，以简化结构布置，避免出现补充构件，同时也使吊车梁、墙板等纵向构件尺寸统一。横向边柱内移 600mm，主要是由于山墙上设置的抗风柱必须升至屋架上弦或屋面大梁上翼处，使之相互间有一定的连接能够传递水平荷载，此时屋面板、吊车梁等纵向构件处于悬挑600mm 状态。实际工程中，抗风柱在屋架下弦处变截面，屋架中心线内移 600mm，已能够

保证抗风柱上升至屋架上弦所需要的空隙尺寸。

当山墙为承重墙时，横向定位轴线自山墙内缘向墙内移墙体砌筑块材的半块或半块的倍数尺寸 X，使屋面板直接搁置于山墙上，其内移的尺寸即为屋面板的搁置长度，如图 13.20 所示。

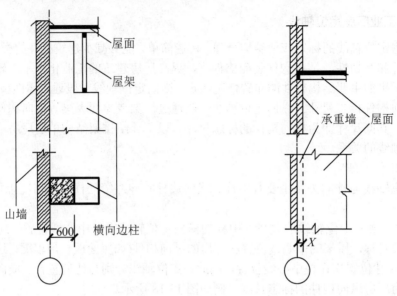

图 13.19　横向边柱、山墙与横向定位轴线关系　　　图 13.20　承重山墙与横向定位轴线关系

(3) 横向变形缝处柱与横向定位轴线间的关系。在排架结构单层厂房中，横向伸缩缝和防震缝处按设计规范要求应设置双柱双定位轴线。两条定位轴线间的尺寸为插入距 a_e，也为变形缝的宽度尺寸 a_e。两侧柱子分别设有钢筋混凝土基础和屋架，并分别向两侧内移 600mm，形成与横向边柱类似的定位轴线处理方法，如图 13.21 所示。这样处理能够保持定位轴线间的尺寸统一和各类纵向构件类型的统一，不增加附加构件，同时也能保证柱下分别设置的基础相互不影响所需要的构造尺寸。

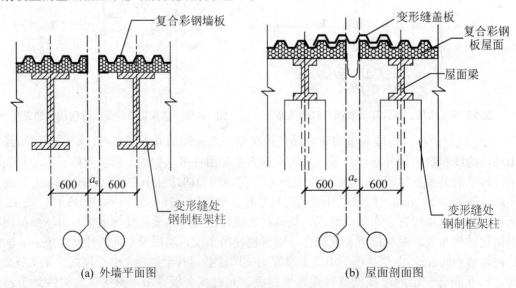

(a) 外墙平面图　　　　　　　　　　(b) 屋面剖面图

图 13.21　横向变形缝与横向定位轴线的关系

2) 纵向定位轴线

纵向定位轴线与柱的关系主要有纵向边柱和中柱两种情况。

(1) 纵向边柱、纵墙与纵向定位轴线的关系。单层厂房为使墙板、连系梁、圈梁等纵向构件统一，通常使外纵墙的内缝与边柱的外缘重合。一般情况下，纵向边柱宜在纵墙内缘及边柱外缘处设置一条纵向定位轴线，如图13.22(a)所示。

单层厂房纵向定位轴线的标定与厂房内的吊车设置情况有关。吊车为工业定型产品，其跨度尺寸和厂房跨度尺寸通过 $L=L_K+2e$ 进行协调，如图13.22(a)所示，其中 L 为厂房跨度，L_K 为吊车跨度(吊车轮距)，e 为吊车轨道中心线至定位轴线的距离。而 $e=h+C_b+B$，其中 h 为厂房上柱截面宽度，C_b 为安全缝隙(上柱内缘至吊车桥架端部的缝隙宽度)，B 为桥梁端头长度。一般情况下，e 取值750mm。当吊车起重量大于500kN时，e 值可取1000mm。为保证吊车运行的安全要求，C_b 值必须满足厂房内所安装吊车的最小 C_b 值要求，但 C_b 和 B 的尺寸随吊车起重量的增加而逐步扩大。不同生产厂家的产品其 C_b 值也会有所差异，而且 B 值也会随厂房结构情况而变。一般情况如下所示。

① 吊车起重量 $Q<300$kN 时，$B\leqslant260$mm，$C_b\geqslant80$mm。

② 吊车起重量 $Q<300\sim500$kN 时，$B\leqslant300$mm，$C_b\geqslant80$mm。

③ 吊车起重量 $Q\geqslant750$kN 时，$B\leqslant350\sim400$mm，$C_b\geqslant100$mm。

所以由 $C_b=e-h-B$ 可以得出当吊车起重量小于300kN时，C_b 能满足 $\geqslant80$mm 的要求(此时 h 一般为400mm)，此时纵向定位轴线可按图13.22(a)的方法进行标定。

当吊车起重量不小于300kN时，C_b 已不能满足 $\geqslant80$mm 的要求。因此，在纵向定位轴线不变的情况下，需把柱外缘自定位轴线向外推移一定尺寸 a_c，如图13.22(b)所示，a_c 成为联系尺寸，为定位轴线至柱外缘的尺寸。规范规定 a_c 值应为300mm 或其倍数；当墙体为砌体时，a_c 值可采用50mm 或其倍数。

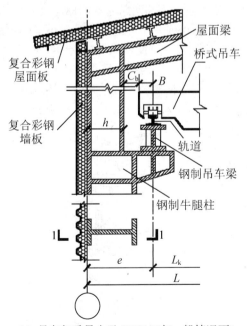

(a) 吊车起重量小于300kN 时(一般情况下)

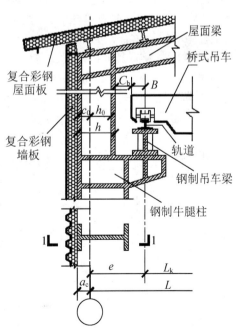

(b) 吊车起重量不小于300kN 时

图13.22 纵向定位轴线与纵墙、上柱宽度、吊车桥架端头长度及安全缝隙之间的关系

观察与思考

观察图 13.22(a)、图 13.22(b)，分析两幅图的不同之处。

当纵向边柱外侧有扩建跨时，边柱应视为中柱处理。

当小型厂房无吊车或仅有悬挂式吊车采用砌体外纵墙或带有壁柱的砌体外纵墙承重时，纵向定位轴线有如图 13.23 所示的三种情况。

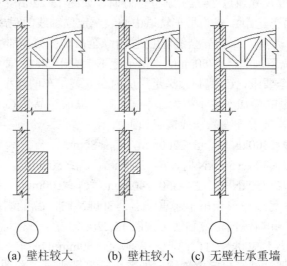

(a) 壁柱较大　　　(b) 壁柱较小　　　(c) 无壁柱承重墙

图 13.23　带承重壁柱的外墙、承重外墙与纵向定位轴线间的关系

(2) 中柱与纵向定位轴线的关系主要有等高跨中柱和高低跨中柱两种情况。

① 等高跨中柱一般设单柱单纵向定位轴线，此轴线通过相邻两跨屋架的标志尺寸端部，并与上柱中心线相重合，如图 13.24(a)所示。但当相邻两跨或其中一跨所安装的吊车起重量不小于 300kN 以及有其他构造要求需设插入距时，中柱可采用单柱双纵向定位轴线形式，上柱中心线宜与插入距中心线相重合，如图 13.24(b)所示。其中插入距应符合 3M 模数，此时 $a_i=a_c$。当等高跨厂房需设纵向伸缩缝时，也可采用单柱双纵向定位轴线的形式，伸缩缝一侧的屋架或屋面梁搁置在活动支座上，如图 13.24(c)所示，其插入距的尺寸为 $a_i=a_c$ 或 $a_i=a_e+a_c$。

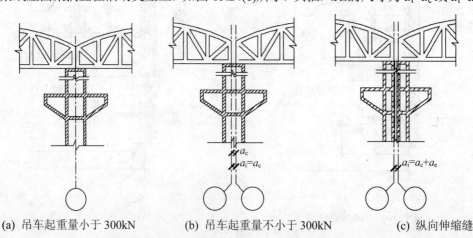

(a) 吊车起重量小于 300kN　　　(b) 吊车起重量不小于 300kN　　　(c) 纵向伸缩缝

图 13.24　等高跨的中柱与纵向定位轴线的关系

图 10.24 中 a_e 是指伸缩缝的宽度，a_c 是定位轴线与牛腿柱边缘的距离，a_i 为插入距尺寸，插入距是定位轴线中一项重要的参数。

② 高低跨处中柱一般也设单柱单纵向定位轴线，纵向定位轴线宜与上柱外缘及封墙内缘相重合，如图 13.25(a)所示。由于高跨的边柱一侧或两侧吊车起重量不小于 300kN、封墙下降等原因需设插入距时，应采用单柱双纵向定位轴线的形式，如图 13.25(b)、(c)、(d)所示，其插入距的尺寸分别为 $a_i=a_c$，$a_i=t$(封墙宽度)或 $a_i=a_c+t$。

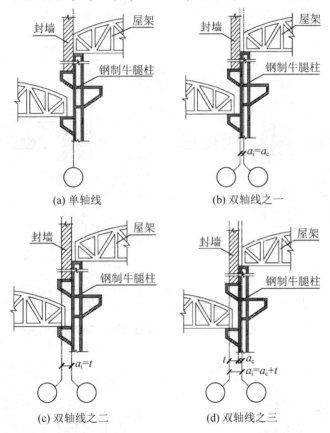

(a) 单轴线　　　　　　　　(b) 双轴线之一

(c) 双轴线之二　　　　　　(d) 双轴线之三

图 13.25　高低跨处中柱与纵向定位轴线的关系

③ 单层厂房在高低跨处需设伸缩缝时，仍可采用单柱双纵向定位轴线的形式。低跨一侧的屋架或屋面梁可搁置在设有活动支座的牛腿上。两条纵向定位轴线间的插入距尺寸有 $a_i=a_e$，$a_i=a_e+a_c$，$a_i=a_e+t$，$a_i=a_e+t+a_c$ 等四种情况，如图 13.26 所示。

④ 高低跨处设单柱，柱子数量少、结构简单、吊装工程量少、使用面积也因此而增加，比较经济。但通常柱的外形较复杂，制作困难，特别是当两侧高低悬殊或吊车起重量差异较大时，往往不适合，故可结合伸缩缝、抗震缝采用双柱结构。当高低跨处设纵向伸缩缝或防震缝并采用双柱结构时，缝两侧的结构实际上各有独立，此时应采用两条纵向定位轴线，且轴线与柱的关系可分别按各自的边柱处理，如图 13.27 所示，两条轴线间的插入距尺寸与单柱结构相同。

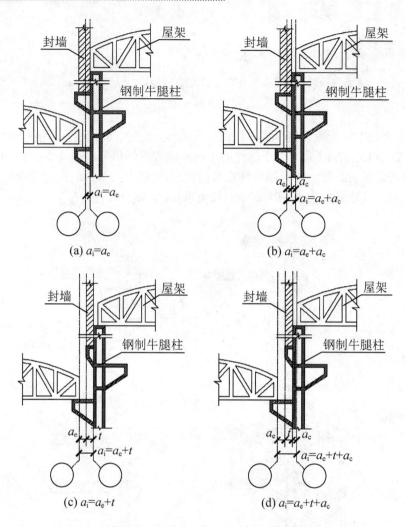

(a) $a_i=a_e$

(b) $a_i=a_e+a_c$

(c) $a_i=a_e+t$

(d) $a_i=a_e+t+a_c$

图 13.26　高低跨纵向伸缩缝处单柱与纵向定位轴线的关系

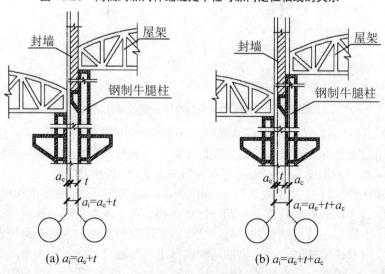

(a) $a_i=a_e+t$

(b) $a_i=a_e+t+a_c$

图 13.27　不等高厂房纵向变形缝处双柱与双轴线的关系

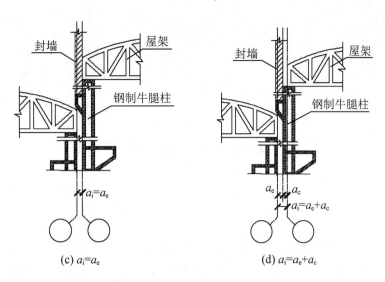

(c) $a_i = a_e$ (d) $a_i = a_e + a_c$

图 13.27   不等高厂房纵向变形缝处双柱与双轴线的关系(续)

3) 纵横跨相交处的定位轴线

在有纵横跨相交的单层厂房中，常在交界处设有变形缝。通过设置变形缝使两侧结构各自独立，形成各自独立的柱网和定位轴线，其定位轴线与柱的关系按前述各原则分别进行定位。将纵横跨组合在一起时，纵跨相交处的定位轴线按横向边柱的定位轴线处理，横跨相交处的定位轴线按纵向边柱的定位轴线处理，此两定位轴线间设插入距，如图 13.28 所示，其尺寸分别为 $a_i = a_e + t$ 或 $a_i = a_e + t + a_c$。

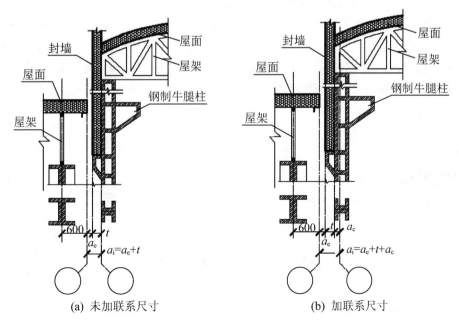

(a) 未加联系尺寸   (b) 加联系尺寸

图 13.28   纵横跨相交处柱与定位轴线的关系

纵横跨单层厂房组合时，其定位轴线的编号一般按跨数较多部分为准统一安排。

观察与思考

观察图 13.24～图 13.28，找出 a_e、a_c、a_i、t 等参数的尺寸标准的位置及范围，看看定位轴线的定位有什么特点。

13.2 单层工业厂房的构造概述

引例 2

上一节介绍了单层工业厂房的基本知识，通过插图也了解了一些关于厂房各部分的初步知识，在这节课，将要详细地介绍排架式单层工业厂房各部分构件的安装与构造，为以后掌握工业建筑施工与安装技术打好基础。

13.2.1 基础、柱及墙体

1. 基础、柱与承重墙

1) 柱下独立基础与牛腿柱

排架结构单层工业厂房的基础大多采用柱下独立基础，根据厂房框架柱或牛腿柱采用的材料不同，基础形式及施工工艺也有所不同。

(1) 预制钢筋混凝土牛腿柱下一般采用独立的杯口基础，处在变形缝两侧的双柱可采用双杯口基础，如图 13.29 所示。牛腿柱一般是在现场或预制构件厂预先制作，然后在施工现场将牛腿柱插入基础杯口，对于承受荷载较大的牛腿柱制作一般采用预应力钢筋混凝土工艺如图 13.30(a)所示，少数跨度、高度较小的牛腿可以是现浇而成的，如图 13.30(b)所示。

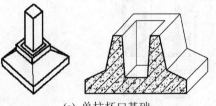
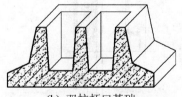

(a) 单柱杯口基础   (b) 双柱杯口基础

图 13.29 钢筋混凝土杯口基础

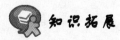
知识拓展

预制钢筋混凝土柱在插入杯口之前，先将柱脚部分凿毛，使其表面粗糙(以增强柱与细石混凝土之间咬合摩擦力)，然后在插入杯口扶正柱后再浇筑细石混凝土，待凝结硬化达到一定强度后再拆除柱支撑。

(a) 预制钢筋混凝土牛腿柱 (b) 现浇钢筋混凝土牛腿柱

图 13.30　钢筋混凝土牛腿柱

(2) 钢结构厂房的柱脚可像(1)中一样安装在杯口基础中，如图 13.31(a)所示，也可以通过地脚螺栓固定在钢筋混凝土基础上，如图 13.31(b)所示。

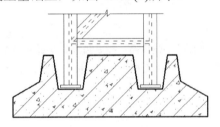

(a) 插入式钢柱脚

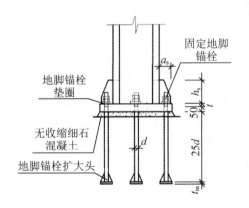

(b) 地脚锚栓固定钢柱脚

图 13.31　钢柱脚在钢筋混凝土基础上的固定方法

 知识拓展

图 13.31(b)所示的地脚锚栓固定柱脚的施工工艺与杯口基础完全不同，在施工时，先将地脚锚栓与基础钢筋网绑扎在一起，然后安放在基础预定位置，支撑模板，浇筑细石混凝土，待凝结硬化到一起强度时再拆模，在靠近柱脚部位的混凝土要加入微膨胀剂，即图中的无收缩细石混凝土，以防由于凝结硬化过程中水分蒸发而出现裂缝。

钢制牛腿柱一般采用"工"字形型钢或槽型钢锻造焊接而成，架在牛腿顶面的吊车梁和支撑在牛腿柱顶面的屋架或屋面梁一般情况下亦采用型钢制作，如图 13.32 所示。

图 13.32　钢制牛腿柱

知识拓展

从相关图片中不难看出，牛腿柱的牛腿顶面一般是用来固定并支撑吊车梁、连系梁、基础梁及封墙、外墙等的，牛腿柱顶面是用来支撑屋架及屋面的。另外，板材类的外墙也可通过各种连接方式固定在牛腿柱外缘。

2) 条形基础及承重墙

砖混结构的单层工业厂房的墙体和壁柱采用砖砌筑，而基础形式一般情况下采用条形基础，由于该类厂房的空间较小、跨度和高度也较大，条形基础及承重墙的构造和施工方案与民用建筑基本相似。

2. 厂房外墙

1) 基础梁

在单层厂房中，基础梁主要用来承受厂房外墙荷载的。当厂房面积较大、柱距较远、地基承载力分布不均匀时，可将基础梁在现场或预制构件厂预先制作，搭在杯口基础杯沿上，当基础埋深较大时，可将基础梁搭接固定在柱下部的小牛腿上，如图 13.33 所示，基础梁下要注意设置防止土壤冻胀对梁身产生的反拱破坏，如图 13.34 所示。当地基承载力分布较均匀时，可以在基础之间现浇而成，如图 13.35 所示。

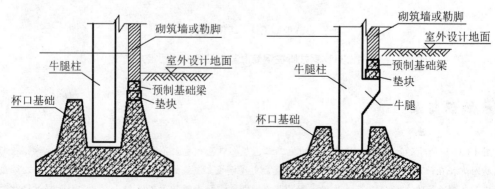

图 13.33　基础梁与杯口基础

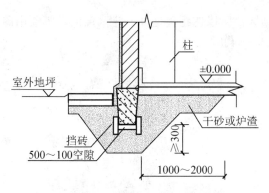

图 13.34　基础梁下部处理　　　　　　　　　图 13.35　现浇基础梁

2) 外墙与连系梁

厂房外墙可分为砌筑类墙体和板材类墙体。

(1) 砌筑类墙体可直接在基础梁上砌筑，施工方式与民用建筑基本相同。由于墙体高度较大，墙体自重也较大，所以上半部分墙体自重荷载可由连系梁来分担，如图 13.36(a)所示，连系梁也可提高厂房结构及墙身的刚度和稳定性。为确保墙体的整体性，外墙与厂房柱及屋架端部一般采用拉结筋连接，由柱、屋架端部沿高度方向每隔 500～600mm 伸出 $2\phi6$ 钢筋砌入砖缝内，以起到锚拉作用，如图 13.36(b)所示。

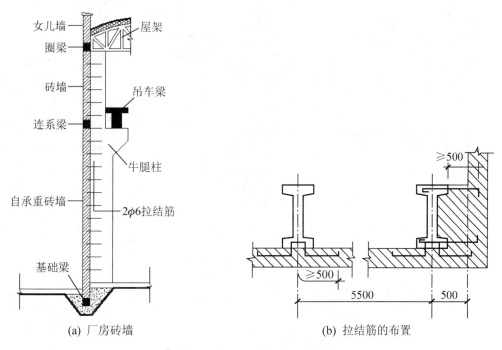

(a) 厂房砖墙　　　　　　　　　　　(b) 拉结筋的布置

图 13.36　厂房砖墙及其拉结筋布置

(2) 板材类外墙采用的材料一般有钢筋混凝土墙板和石棉水泥瓦、彩钢板轻质板材墙，与砌筑类外墙相比，板材类外墙自重较轻，尤其是彩钢板，如果结合泡沫苯板而成的复合彩钢板用作厂房外墙，可起到保温隔热的作用，保证厂房内部有个良好的温度环境，如图 13.22 所示。如果将吸音性能较好的吸音矿棉等也加入到外墙构造层中，可以防止厂房内的噪音对周围的不良影响，如图 13.37 所示。

轻质板材类外墙由于强度较低易变形或损坏，所以在距离地面一定高度的勒脚要用砖砌或钢筋混凝土板材砌筑，如图 13.38 所示的砖砌勒脚。

图 13.37　装有吸音矿棉的厂房彩钢外墙

图 13.38　彩钢外墙板下的砖砌勒脚

① 钢筋混凝土板材外墙大多用于预制钢筋混凝土排架类厂房，常用柔性连接或刚性连接方式固定在厂房边柱上，如图 13.39～图 13.41 所示。

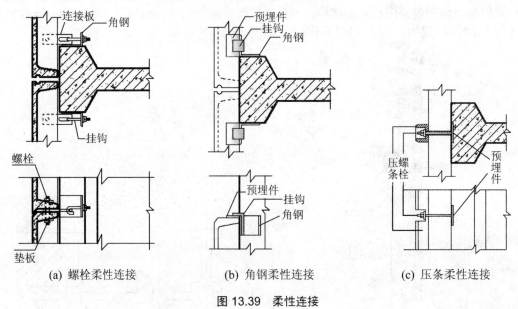

(a) 螺栓柔性连接　　　　(b) 角钢柔性连接　　　　(c) 压条柔性连接

图 13.39　柔性连接

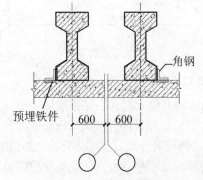

图 13.40　刚性连接(焊接)

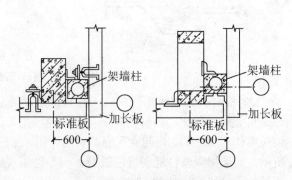

图 13.41　转角部位墙板处理

钢筋混凝土预制板外墙还应注意板间接缝的防水、保温密封处理，如图 13.42 所示。

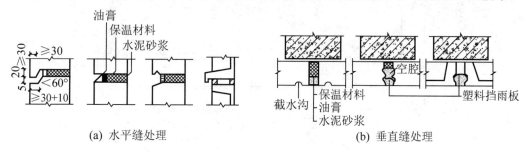

(a) 水平缝处理　　　　　　　　　　(b) 垂直缝处理

图 13.42　墙板接缝构造

② 轻质板材墙由于厚度较薄，大多采用波形瓦，波形瓦外墙按照材料通常可分为压型钢板波瓦外墙、石棉水泥波形瓦外墙、塑料玻璃钢波形瓦外墙等，石棉水泥波形瓦外墙通常用于钢筋混凝土结构的工业厂房，如图 13.43 所示。

压型钢板波瓦外墙和塑料玻璃钢波形瓦外墙通常用于钢结构的工业厂房，如图 13.44 所示。压型钢板墙板通常用钩头螺栓连接在型钢墙梁上，型钢墙梁既可以焊接也可以用螺栓连接在柱子上，这墙板可用于无保温隔热要求的厂房，如果在外墙构造层内加入保温隔热和隔音材料可用于有保温隔音要求的厂房，如图 13.45 所示。目前，复合型压型钢板外墙在工业建筑中应用较为广泛。

③ 开敞式外墙是在厂房柱子上安装一系列挡雨板形成的围护结构，这种结构能迅速排出烟尘和热量，有利于通风、换气、避雨等。开敞式外墙使用于炎热地区的热工车间及某些化工车间。开敞式外墙有全开敞式和部分开敞式。常用的挡雨板有石棉水泥波瓦、钢筋混凝土挡雨板和钢化玻璃挡雨板等，如图 13.46 所示。

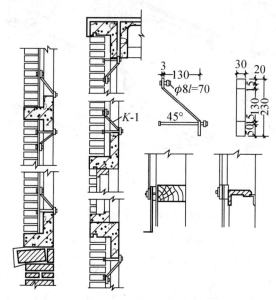

图 13.43　石棉水泥波形瓦外墙

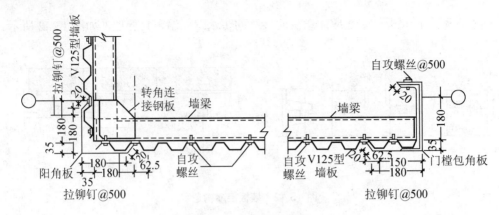

图 13.44 压型钢板外墙构造

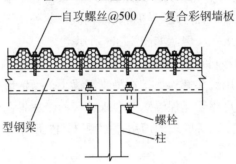

图 13.45 复合压型钢板外墙

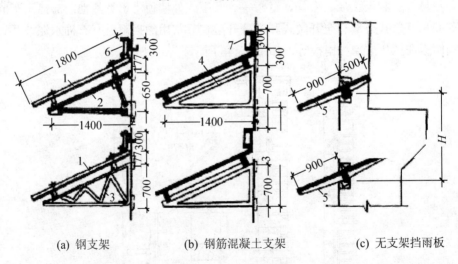

(a) 钢支架　　　　　(b) 钢筋混凝土支架　　　　(c) 无支架挡雨板

图 13.46 挡雨板构造

(3) 连系梁是在距离地面一定高度的柱之间架设的构件,按照作用可分为承重连系梁和非承重连系梁,对于砖混结构厂房外墙来说,承重连系梁承受厂房外墙连系梁以上墙体的荷载,如图 13.35 所示,对于板材类厂房外墙来说,连系梁用来固定墙板并承受其荷载,如图 13.43～图 13.45 所示,非承重连系梁一般是用来提高厂房结构及墙身的刚度和稳定性的。连系梁按照材料不同主要有钢筋混凝土连系梁和钢结构连系梁,钢筋混凝土连系梁又分为现浇和预制两种,现浇连系梁的施工与民用建筑的框架结构较为相似,承重预制梁可以搁置在牛腿柱上挑出的小牛腿上并用螺栓或焊接的方法连接牢固，非承重连系梁用螺栓连接在柱子上，如图 13.47 所示；钢制连系梁可以焊接在柱子上也可以用螺栓固定在柱子上，如图 13.45 所示。

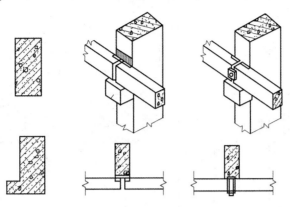

图 13.47　预制钢筋混凝土连系梁

3) 圈梁

对于砌筑类的厂房外墙来说，和民用建筑的外墙一样，为了维护其整体性和稳定性，也需要沿墙体高度一定距离内设置钢筋混凝土圈梁，圈梁与柱的连接是以柱中伸出的拉结钢筋与柱浇筑在一起形成的，如图 13.48 所示。

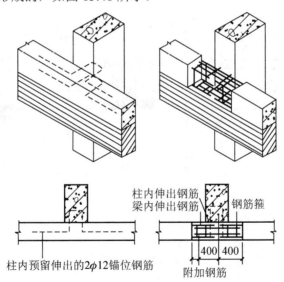

图 13.48　圈梁与柱的连接

13.2.2　吊车梁

当厂房根据生产工艺要求需布置吊车作为内部起重的运输设备时，沿厂房纵向需布置吊车梁，以便安装起吊行车运行轨道。吊车梁按照材料主要有预应力钢筋混凝土吊车梁和钢吊车梁两种形式。

预制钢筋混凝土吊车梁可以通过预埋铁件焊接或螺栓固定在牛腿柱上，如图 13.49 所示；钢吊车梁固定在钢筋混凝土牛腿柱上可以通过焊接或螺栓固定在牛腿柱预埋铁件上，如图 13.50 所示，固定在钢制牛腿柱上可以直接焊接也可以用螺栓固定，如图 13.51 所示。起重量较大的梁式吊车和桥式吊车搁置在排架柱的牛腿上并固定好，悬挂式单轨吊车和一部分起重量较低的梁式吊车的吊车梁可以固定在屋架下弦，如图 13.52 所示。吊车梁的接头部位一般在牛腿顶面上。

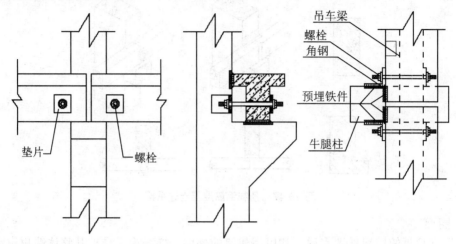

图 13.49　预应力钢筋混凝土吊车梁在钢筋混凝土牛腿柱上的安装固定

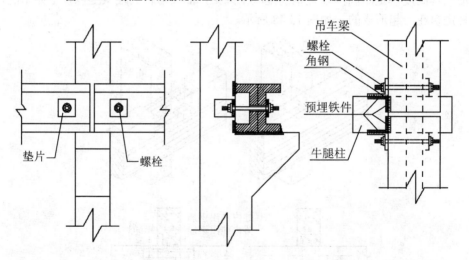

图 13.50　钢吊车梁在钢筋混凝土牛腿柱上的安装固定

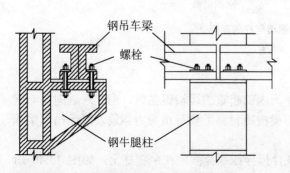

图 13.51　钢吊车梁在钢牛腿柱上的安装固定

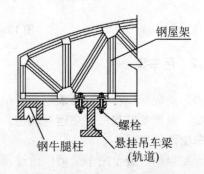

图 13.52　悬挂式钢吊车梁

观察与思考

利用网络查询手段,找出以上构造图的相关实物图片,通过对照构造图和实物图片加深对以上知识点的学习。

13.2.3 屋顶

1. 厂房屋顶的特点与组成

屋面排水需要一定的坡度,而厂房屋面面积很大,如果按照民用建筑的屋面找坡方式排水,是很不现实的事情,因此,厂房屋顶设计成了连跨的坡屋顶的形式,而各跨之间有的又存在高差,厂房离边缘区域较远的中间地带的通风又依靠屋顶的天窗。所以厂房在结构构造、屋面排水组织、屋顶通风泄爆、屋面防水和保温隔热等各方面的构造十分复杂。

厂房屋顶主要由屋架、天窗架、架间支撑、屋面、天窗等主要部分组成。厂房屋顶外观如图 13.53 所示。

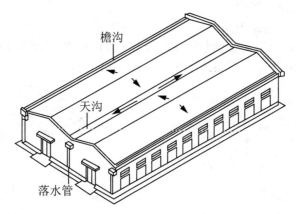

图 13.53　厂房屋顶外观

2. 屋架及天窗架

目前,屋架和天窗架主要采用的材料有预应力钢筋混凝土和钢结构,需要设置天窗的区域和位置,天窗架和屋架可以制作成一体,如图 13.54 所示。屋面支撑结构也可采用钢制屋面梁,如图 13.22、图 13.32 所示。

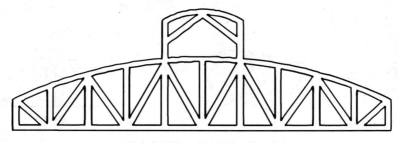

(a) 预应力钢筋混凝土屋架(带天窗架)

图 13.54　厂房屋架与天窗架

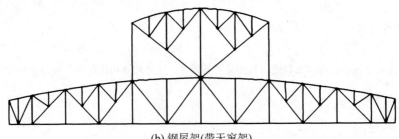

(b) 钢屋架(带天窗架)

图 13.54　厂房屋架与天窗架(续)

　　钢筋混凝土屋架可以通过预埋件焊接在柱子顶面，也可以用螺栓固定在柱子顶面，钢屋架可以焊接在柱顶预埋铁件上，对于钢制柱可以直接焊接，钢屋架也可采用螺栓固定，钢制屋面梁与柱顶的连接方式可以与钢屋架相同，也可以与柱制作成整体成为刚架结构。

3. 屋面

　　厂房屋面通常采用的材料有预制钢筋混凝土屋面板、石棉水泥波形瓦屋面、玻璃钢波形瓦屋面和(复合)彩钢瓦屋面等。

1) 预制钢筋混凝土屋面板

　　钢筋混凝土预制屋面板是在预制构件厂或施工现场制作，当预制构件达到一定强度时，通过预埋件焊接或螺栓固定在檩条或屋架上，如图 13.55 所示。

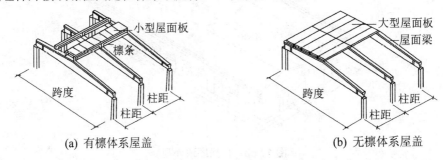

(a) 有檩体系屋盖　　　　　　　　　　(b) 无檩体系屋盖

图 13.55　预制钢筋混凝土屋面板

　　预制钢筋混凝土屋面板(本身自有防水功能)的防水细部构造如图 13.56 所示，保温构造如图 13.57 所示，各处泛水构造如图 13.58 所示。

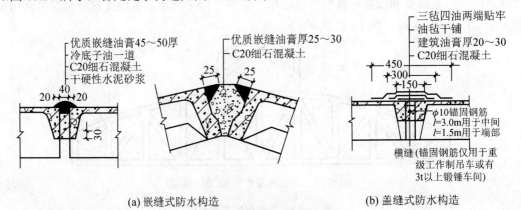

(a) 嵌缝式防水构造　　　　　　　　(b) 盖缝式防水构造

图 13.56　屋面板缝防水处理

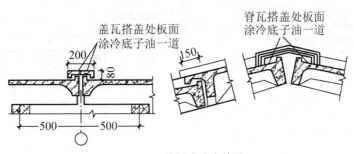

(c) 盖板式防水构造

图 13.56 屋面板缝防水处理(续)

(a) 在屋面板上部　　(b) 在屋面板下部　　(c) 在屋面板下面喷涂　　(d) 保温夹芯板

图 13.57 厂房屋面保温

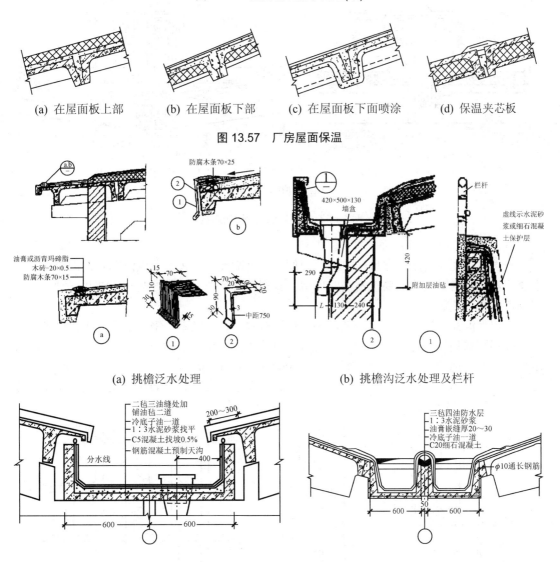

(a) 挑檐泛水处理　　　　　　　　　(b) 挑檐沟泛水处理及栏杆

(c) 天沟泛水构造

图 13.58 变形缝处泛水构造

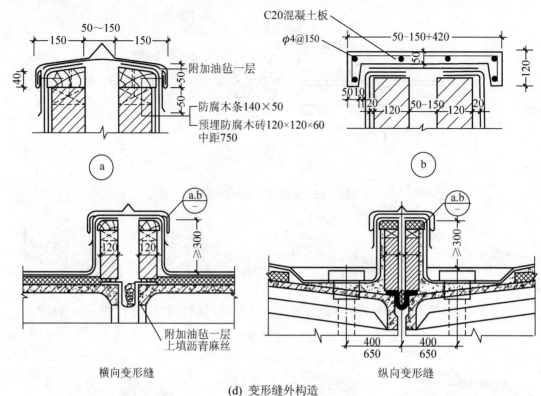

(d) 变形缝外构造

图 13.58　变形缝处泛水构造(续)

2) 石棉水泥波形瓦屋面

石棉水泥瓦厚度薄，重量轻，施工简便，但易脆裂，耐久性及保温隔热性能差，多用于仓库和对室内温度状况要求不高的厂房。其规格有大波瓦、中波瓦和小波瓦三种。厂房屋顶多采用大波瓦。

石棉水泥瓦直接铺设在檩条上，檩条材质有木、钢、轻钢、钢筋混凝土等，檩条间距应与石棉瓦的规格相适应。一般一块瓦跨三根檩条，铺设时在横向间搭接为一个半波，且应顺主导风向铺设。上下搭接长度不小于 200mm。檐口处的出挑长度不宜大于 300mm。为避免四块瓦在搭接处出现瓦角重叠、瓦面翘起的现象，应将斜对的瓦角割掉或采用错位排瓦方法，如图 13.59 所示。

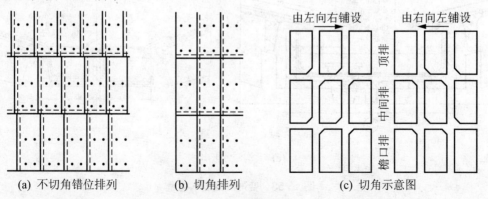

(a) 不切角错位排列　　(b) 切角排列　　(c) 切角示意图

图 13.59　石棉水泥瓦搭接

石棉水泥瓦与檩条的连接固定：石棉瓦与檩条通过钢筋钩或扁钢钩固定。钢筋钩上端带螺纹，钩的形状可根据檩条形式而变化。带钩螺栓的垫圈宜用沥青卷材、塑料、毛毡、橡胶等弹性材料制作。带钩螺栓比扁钢钩连接牢固，宜用来固定檐口及屋脊处的瓦材，但不宜旋拧过紧，应保持石棉瓦与檩条之间略有弹性，使石棉瓦受风力、温度、应力影响时有伸缩余地。用镀锌扁钢钩可避免因钻孔而漏雨，瓦面的伸缩弹性也较好，但不如螺栓连接牢固。石棉水泥瓦与檩条的连接固定，如图 13.60 所示。

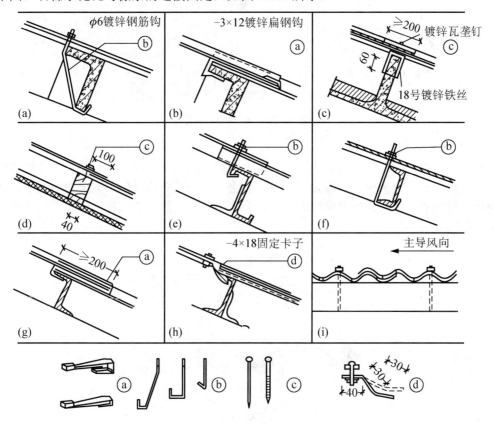

图 13.60　石棉水泥瓦与檩条的连接固定

3）镀锌铁皮屋面

镀锌铁皮瓦屋顶有良好的抗震和防水性能，在抗震区使用优于大型屋顶板，可用于高温厂房的屋顶。镀锌铁皮瓦的连接构造同石棉水泥瓦屋顶。

4）压型钢板屋面

压型钢板生产工艺及细部构造在第 9 章里已经提到，工业建筑与民用建筑的压型钢板屋面细部构造基本相同，但是在安装上略有不同，厂房固定压型钢板屋面的檩条和屋面梁比民用建筑大很多，在施工中对安全性和稳定性的要求比较高，如图 13.61 所示，檩条焊接或用螺栓锚固在屋面梁上，屋面通过落户栓锚固在压型钢檩条上。

4．天窗

单层工业厂房天窗是设置在厂房屋面上各种形式的窗，主要起到采光、通风和泄爆等作用，天窗可以只有单一功能，也可以具有多种功能，通常天窗分为采光天窗和通风天窗。天窗采光属屋顶采光，常用于侧墙不能满足天然采光要求或连续多跨的厂房。天窗采光率较高，照度均匀。常用的采光天窗有矩形天窗、锯齿形天窗、下沉式天窗、平天窗等。通风天窗与低侧窗结合，可以有效地运用热压通风原理和风压通风原理，产生良好的通风效果。常用的通风天窗有矩形天窗、纵向或横向下沉式天窗、井式天窗等。实际工程中，采光天窗可同时具有通风功能，通风天窗也可兼有采光作用。采光天窗兼作通风天窗时，排气不稳定，会影响通风效果，一般用于对通风要求不高的冷加工车间。

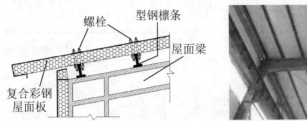 

图 13.61　压型钢板屋面

1) 矩形天窗

矩形天窗沿厂房的纵向布置，为简化构造和检修的需要，在厂房两端及变形缝两侧的第一个柱间一般不设天窗，每段天窗的端部设上天窗屋顶的检修梯。天窗的两侧根据通风要求可设挡风板。矩形天窗主要由天窗架、天窗扇、天窗檐口、天窗侧板及天窗端壁板等组成，如图 13.62 所示。

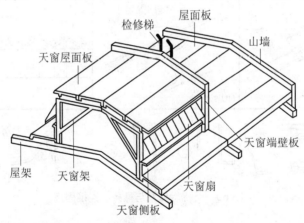

图 13.62　矩形天窗的组成

 知识拓展

矩形厂房天窗分为上悬钢天窗扇、中悬钢天窗扇两类，上悬钢天窗扇主要由开启扇和固定扇等基本单元组成，可以布置成通长窗扇和分段窗扇。通长窗扇由两个端部固定窗扇及若干个中间开启窗扇连接而成。开启扇的长度应根据采光、通风的需要和天窗开关器的启动能力等因素确定，开启扇可长达数十米。开启扇各个基本单元是利用垫板和螺栓连接的。分段窗扇是在每个柱距内设单独开关的窗。不论是通长窗扇还是分段窗扇，在开启扇之间，以及开启扇与天窗端壁之间，均需设固定扇来起竖框的作用，上悬天窗扇构造如图 13.63 所示。

中悬钢天窗扇，通风性能好，但防水较差。因受天窗架的阻挡和受转轴位置的影响，只能按柱距分段设置。每个窗扇间设槽钢竖框，窗扇转轴固定在竖框上。变形缝处的窗扇为固定扇。中悬钢天窗扇构造如图 13.64 所示。

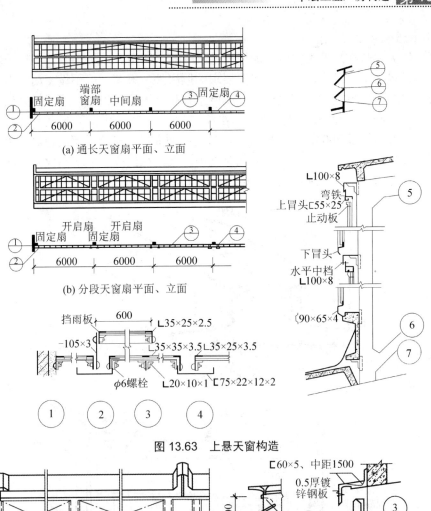

图 13.63　上悬天窗构造

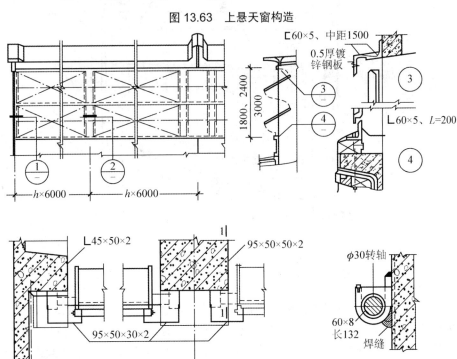

图 13.64　中悬天窗

2) 矩形通风天窗

矩形通风天窗是在矩形天窗两侧加挡风板组成的，如图 13.65 所示。多用于热加工车间。为提高通风效率，除寒冷地区有保温要求的厂房外，天窗一般不设窗扇，而在进风口处设挡雨片。矩形通风天窗的挡风板，其高度不宜超过天窗檐口的高度，挡风板与屋顶板之间应留 50～100mm 的间隙，兼顾排除雨水和清灰。在多雪地区，间隙可适当增加，但也不能太大，一般不超过 200mm。缝隙过大，易产生倒灌风，影响天窗的通风效果。挡风板端部要用端部板封闭。以保证在风向变化时仍可排气。在挡风板或端部板上还应设置供清灰和检修时通行的小门。矩形通风天窗构造如图 13.66 所示。

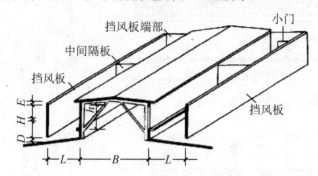

图 13.65　矩形通风天窗

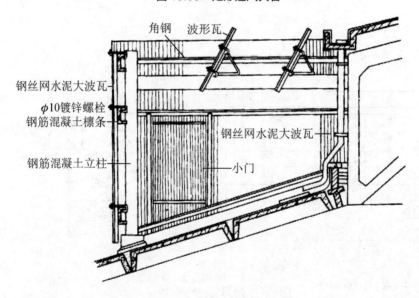

图 13.66　矩形通风天窗构造

3) 平天窗

平天窗可分为采光板、采光罩和采光带三种形式，如图 13.67～图 13.69 所示：采光板是在屋顶板上留孔，装平板式透光材料，或是抽掉屋顶板加檩条设透光材料。如将平板式透光材料改用弧形采光材料，则形成采光罩，其刚度较平板式好。采光板和采光罩分固定和开启两种，固定的仅作采光用，开启的以采光为主，并兼作通风。采光带是在屋顶的纵向或横向开设 6m 以上的采光口，装平板透光材料。瓦屋顶、折板屋顶常横向布置，大型屋顶板屋顶多纵向布置。

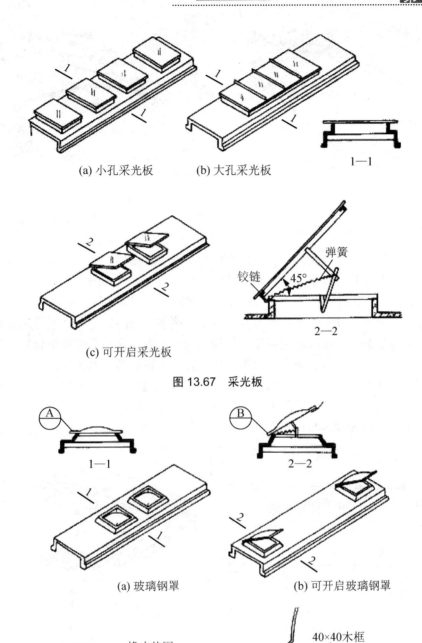

(a) 小孔采光板　　(b) 大孔采光板

1—1

弹簧

铰链　45°

2—2

(c) 可开启采光板

图 13.67　采光板

A

1—1

B

2—2

(a) 玻璃钢罩　　　　　　　(b) 可开启玻璃钢罩

铁垫圈　橡皮垫圈

玻璃钢罩

40×40木框

弹簧

铰链

A　　　　　　　　　　B

图 13.68　采光罩

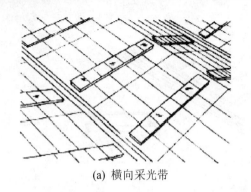

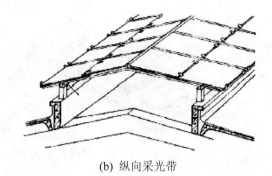

(a) 横向采光带	(b) 纵向采光带

图 13.69　采光带

4) 下沉式天窗

下沉式天窗是在一个柱距内，将一定宽度的屋顶板从屋架上弦下沉到屋架的下弦上，利用上下屋顶板之间的高度差作采光和通风口。

井式天窗的布置方式有单侧布置、两侧布置和跨中布置，如图 13.70 所示。单侧或两侧布置的通风效果好，排水清灰比较容易，多用于热加工车间。跨中布置通风效果较差，排水处理也比较复杂，但可以利用屋架中部较高的空间做天窗，采光效果较好，多用于有一定采光通风要求，但余热、灰尘不大的厂房。井式天窗的通风效果与天窗的水平口面积与垂直口面积之比有关，适当扩大水平口面积，可提高通风效果。但应注意井口的长度不宜太长，以免通风性能下降。下沉式天窗构造如图 13.71 所示。

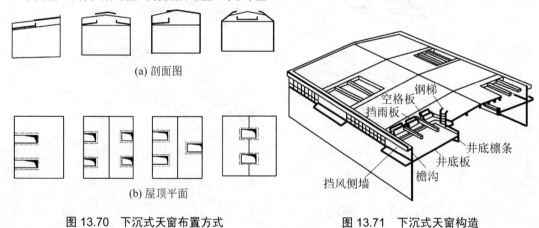

图 13.70　下沉式天窗布置方式　　　　图 13.71　下沉式天窗构造

13.2.4　支撑系统

厂房柱子之间、屋架(屋面梁)之间为了保持稳定，需要设置若干对交叉的杆件支撑构件，支撑按照支撑的构件不同可分为柱间支撑和屋架间支撑，如图 13.72 所示。按照所采用的材料不同可分为预制钢筋混凝土支撑和钢制支撑。

预制钢筋混凝土支撑的构造与安装方式与钢筋混凝土连系梁基本相同，钢结构支撑通常是由两根角钢焊接在一起并焊接固定在钢柱或钢屋架上，其交叉节点是矩形钢板，其构造如图 13.73 所示。

(a) 柱间支撑　　　　　　(b) 屋架间支撑　　　　　　(c) 柱间支撑和屋架间支撑

图 13.72　支撑

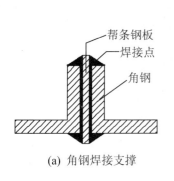 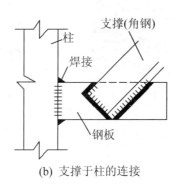 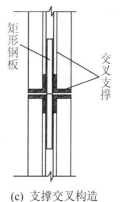

(a) 角钢焊接支撑　　　　　(b) 支撑于柱的连接　　　　　(c) 支撑交叉构造

图 13.73　支撑构造

13.2.5　侧窗、大门及其他构造

1. 侧窗

　　单层厂房的侧窗不仅要满足采光和通风的要求，还应满足工艺上的特殊要求，如泄压、保温、隔热、防尘等。由于侧窗面积较大，易产生变形损坏和开关不便，则对侧窗的坚固耐久、开关方便更应关注。通常厂房采用单层窗，但在寒冷地区或有特殊要求的车间(恒温、洁净车间等)，须采用双层窗。

1) 侧窗的类型

根据侧窗采用的材料可分为钢窗、木窗及塑钢窗等。根据侧窗的开关方式可分为中悬窗、平开窗、垂直旋转窗、固定窗和百叶窗等。

(1) 中悬窗：窗扇沿水平轴转动，开启角度可达 80°，可用自重保持平衡，便于开关，有利于泄压，调整转轴位置，使转轴位于窗扇重心以上，当室内空气达到一定的压力时，能自动开启泄压，常用于外墙上部。中悬窗的缺点是构造复杂、开关扇周边的缝隙易漏雨和不利于保温。

(2) 平开窗：构造简单，开关方便，通风效果好，并便于组成双层窗。多用于外墙下部，作为通风的进气口。

(3) 垂直旋转窗：又称立转窗。窗扇沿垂直轴转动，并可根据不同的风向调节开启角度，通风效果好，多用于热加工车间的外墙下部，作为进风口。

(4) 固定窗：构造简单、节省材料，多设在外墙中部，主要用于采光。对有防尘要求的车间，其侧窗也多做成固定窗。

(5) 百叶窗：主要用于通风，兼顾遮阳、防雨、遮挡视线等。根据形式有固定式和活动式，常用固定的百叶窗，叶片通常为 45° 和 60° 角。在百叶后设钢丝网或窗纱，防鸟虫进入。

根据厂房通风的需要，厂房外墙的侧窗，一般将悬窗、平开窗或固定窗等组合在一起，如图 13.74 所示。

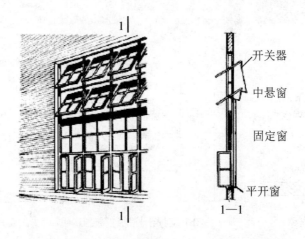

图 13.74　厂房外墙侧窗的组合

2) 钢侧窗构造

钢窗具有坚固耐久、防火、关闭紧密、遮光少等优点，对厂房侧窗比较适用。厂房侧窗的面积较大，多采用基本窗拼接组合，靠竖向和水平的拼料保证窗的整体刚度和稳定性。钢侧窗的构造及安装方式同民用建筑部分。

厂房侧窗高度和宽度较大，窗的开关常借助于开关器，有手动和电动两种形式。常用的侧窗手动开关器如图 13.75 所示。

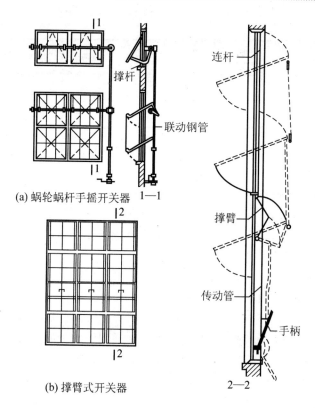

(a) 蜗轮蜗杆手摇开关器　1—1

连杆

撑臂

传动管

手柄

2—2

(b) 撑臂式开关器

图 13.75　侧窗构造

2. 大门

1) 厂房大门的尺寸与类型

厂房大门主要用于生产运输、人流通行以及紧急疏散。大门的尺寸应根据运输工具的类型、运输货物的外型尺寸及通行方便等因素确定。一般门的尺寸比装满货物的车辆宽出 600～1000mm。高度应高出 400～600mm。常用的厂房的大门规格尺寸见表 13-1。门洞尺寸较大时，应当防止门扇变形，常用型钢做骨架的钢木大门或钢板门。

根据大门的开关方式分为平开门、推拉门、折叠门、上翻门、升降门、卷帘门。厂房大门可用人力、机械或电动开关。

表 13-1　厂房大门的规格与尺寸

运输工具 ＼ 洞口宽/mm	2100	2100	3000	3300	3600	3900	4200 4500	洞口宽/mm
3t矿车	⊡							2100
电瓶车		⊡						2400
轻型卡车			⊡					2700
中型卡车				⊡				3000
重型卡车					⊡			3900

续表

洞口宽/mm 运输工具	2100	2100	3000	3300	3600	3900	4200 4500	洞口宽/mm
汽车起重机								4200
火车								5100 5400

(1) 平开门：构造简单，门扇常向外开，门洞上应设雨篷。平开门受力状况较差，易产生下垂和扭曲变形，门洞较大时不宜采用。当运输货物不多，大门不需经常开启时，可在大门扇上开设供人通行的小门。

(2) 推拉门：构造简单，门扇受力状况较好，不易变形，应用广泛。但密闭性差，不宜用于在冬季采暖的厂房大门。

(3) 折叠门：是由几个较窄的门扇通过铰链组合而成。开启时通过门扇上下滑轮沿导轨左右移动并折叠在一起。这种门占用空间较少，适用于较大的门洞口。

(4) 上翻门：开启时门扇随水平轴沿导轨上翻至门顶过梁下面，不占使用空间。这种门可避免门扇的碰损，多用于车库大门。

(5) 升降门：开启时门扇沿导轨上升，不占使用空间，但门洞上部要有足够的上升高度，开启方式有手动和电动，常用于大型厂房。

(6) 卷帘门：门扇由许多冲压成型的金属叶片连接而成。开启时通过门洞上部的转动轴叶片卷起。适合于 4000～7000mm 宽的门洞，高度不受限制。这种门构造复杂，造价较高，多用于不经常开启和关闭的大门。

2) 一般大门构造

(1) 平开钢木大门：平开钢木大门由门扇和门框组成。门洞尺寸一般不大于 3.6m×3.6m。门扇较大时采用焊接型钢骨架，如角钢横撑和交叉横撑增强门扇刚度，上贴 15～25mm 厚的木门芯板。寒冷地区要求保温的大门，可采用双层木板中间填保温材料。

大门门框有钢筋混凝土和砖砌两种。当门洞宽度小于 3m 时可用砖砌门框。门洞宽大于 3m 时，宜采用钢筋混凝土门框。在安装铰链处预埋铁件，一般每个门扇设两个铰链，铰链焊接在预埋铁件上。常见的钢木大门的构造如图 13.76 所示。

(2) 推拉门：推拉门由门扇、上导轨、地槽(下导轨)及门框组成。门扇可采用钢木大门、钢板门等。每个门扇宽度一般不大于 1.8m。门扇尺寸应比洞口宽 200mm。门扇不太高时，门扇角钢骨架中间只设横撑，在安装滑轮处设斜撑。推拉门的支撑方式可分为上挂式和下滑式两种。当门扇高度小于 4m 时采用上挂式，即门扇通过滑轮挂在门洞上方的导轨上。当门扇高度大于 4m 时，采用下滑式。在门洞上下均设导轨，下面导轨承受门的重量。门扇下边还应设铲灰刀，清除地槽尘土。为防止滑轮脱轨，在导轨尽端和地面分别设门挡，门框处可加设小壁柱。导轨通过支架与钢筋混凝土门框的预埋件连接。推拉门位于墙外时，门上部应结合导轨设置雨篷或门斗。常见的双扇推拉门构造如图 13.77 所示。

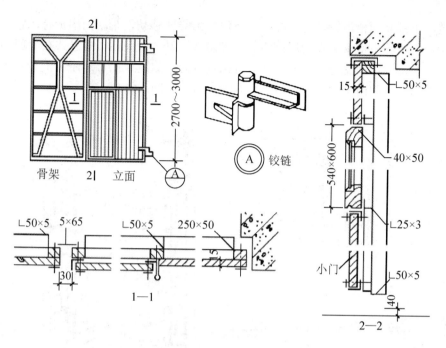

图 13.76 平开钢木大门

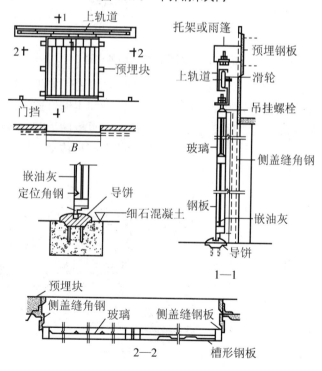

图 13.77 双扇推拉门构造

(3) 折叠门：折叠门一般可分为侧挂式、侧悬式和中悬式折叠。侧挂式折叠门可用普通铰链，靠框的门扇如为平开门，在它侧面只挂一扇门，不适用于较大的洞口。侧悬式和中悬式折叠门，在洞口上方设有导轨，各门扇间除用铰链连接外，在门扇顶部还装有带滑轮的铰链，下部装地槽滑轮，开闭时，上下滑轮沿导轨移动，带动门扇折叠，它们适用于较大的洞口。滑轮铰链安装在门扇侧边的为侧悬式，开关较灵活。中悬式折叠门的滑轮铰链装在门扇中部，门扇受力较好，但开关时比较费力。如图 13.78 所示为侧悬式折叠空腹薄壁钢折叠门，空腹薄壁钢门不宜用于有腐蚀介质的车间。

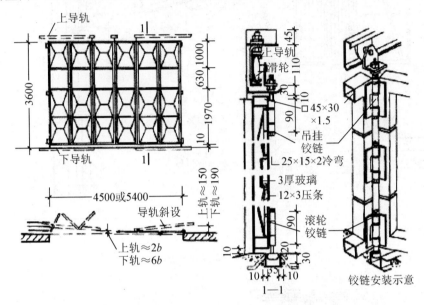

图 13.78 侧悬式折叠门的构造

(4) 卷帘门：卷帘门主要由帘板、导轨及传动装置组成。工业建筑中的帘板常采用页板式，页板可用镀锌钢板或合金铝板轧制而成，页板之间用铆钉连接。页板的下部采用钢板和角钢，用以增强卷帘门的刚度，并便于安设门钮。页板的上部与卷筒连接，开启时，页板沿着门洞两侧的导轨上升，卷在卷筒上。门洞的上部设传动装置，传动装置分为手动和电动两种，如图 13.79 所示。

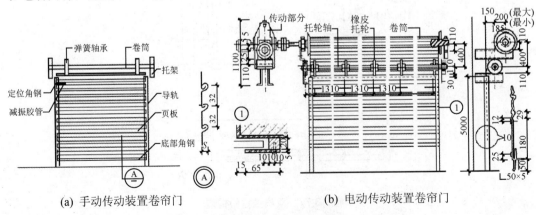

(a) 手动传动装置卷帘门   (b) 电动传动装置卷帘门

图 13.79 卷帘门

3) 特殊装置的门

防火门用于加工或存放易燃品的车间或仓库。根据车间对防火门耐火等级的要求，门扇可以采用钢板、木板外贴石棉板再包以镀锌铁皮或木板外直接包镀锌铁皮等构造措施。考虑到木材受高温会炭化而放出大量气体,应在门扇上设泄气孔。室内有可燃液体时,为防止液体流淌、火灾蔓延,防火门下宜设门槛,高度以液体不流淌到室外为准。

防火门常采用自重下滑关闭门,门上轨导有 5%～8%的坡度,火灾发生时,易熔合金的熔点 70℃,易熔合金熔断后,重锤落地,门扇依靠自重下滑关闭,如图 13.80 所示。当门洞口尺寸较大时,可做成两个门扇相对下滑。

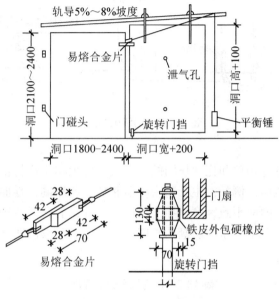

图 13.80 自重下滑关闭防火门

保温门要求门扇具有一定的热阻值和门缝密闭处理,在门扇两层面板间填以轻质、疏松的材料(如玻璃棉、矿棉、软木等)。隔声门的隔声效果与门扇的材料和门缝的密闭有关,虽然门扇越重隔声越好,但门扇过重开关不便,五金零件也易损坏,因此隔声门常采用多层复合结构,也是在两层面板之间填吸声材料(如矿棉、玻璃棉、玻璃纤维等)。

一般保温门和隔声门的面板常采用整体板材(如五层胶合板、硬质木纤维板、热压纤维板等),不易发生变形。门缝密闭处理对门的隔声、保温以及防尘等使用要求有很大影响,通常采用的措施是在门缝内粘贴填缝材料,填缝材料应具有足够的弹性和压缩性,如橡胶管、海绵橡胶条、羊毛毡条等。还应注意裁口形式,裁口做成斜面比较容易关闭紧密,可避免由于门扇胀缩而引起的缝隙不密合,但门扇裁口不宜多于两道,以免开关困难。也可将门扇与门框相邻处做成圆弧形的缝隙,有利于密合,如图 13.81 所示为一般保温门和隔声门的门缝隙构造处理。

3. 厂房室内地面

工业建筑的地面不仅面积大、荷载重、材料用量多,而且还要满足各种生产使用的要求。因此正确而合理地选择地面材料及构造层次,不仅有利于生产,而且对节约材料和投资都有较大的影响。

工业建筑地面与民用建筑地面构造基本相同。一般由面层、结构层、垫层、基层组成。为了满足一些特殊要求还要增设结合层、找平层、防水层、保温层、隔声层等功能层次。现将主要层次分述如下。

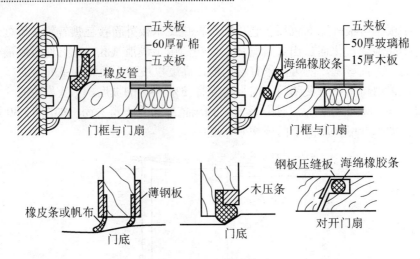

图 13.81　门缝隙构造

1) 面层选择

面层是直接承受各种物理和化学作用的表面层，应根据生产特征、使用要求和影响地面的各种因素来选择地面，例如：生产精密仪器和仪表的车间，地面要求防尘；在生产中有爆炸危险的车间，地面应不致因摩擦撞击而产生火花；有化学侵蚀的车间，地面应有足够的抗腐蚀性；生产中要求防水、防潮的车间，地面应有足够的防水性等。地面面层的选用见表 13-2。

表 13-2　厂房地面面层选择

生产特征及对结构层使用要求	适宜的面层	生产特征举例
机动车行驶、受坚硬物体磨损	混凝土、铁屑水泥、粗石	行车通道、仓库、钢绳车间等
坚硬物体对地面产生冲击(10kg 以内)	混凝土、块石、缸砖	机械加工车间、金属结构车间等
坚硬物体对地面有较大冲击(50kg 以上)	矿渣、碎石、素土	铸造、锻压、冲压、废钢处理等
受高温作用地段(500℃以上)	矿渣、凸缘铸铁板、素土	铸造车间的熔化浇铸工段、轧钢车间、加热和轧机工段、玻璃熔制工段
有水和其他中性液体作用地段	混凝土、水磨石、陶板	选矿车间、造纸车间
有防爆要求	菱苦土、木砖沥青砂浆	精密车间、氢气车间、火药仓库等
有酸性介质作用	耐酸陶板、聚氯乙烯塑料	硫酸车间的净化、硝酸车间的吸收浓缩
有碱性介质作用	耐碱沥青混凝土、陶板	纯碱车间、液氨车间、碱熔炉工段
不导电地面	石油沥青混凝土、聚氯乙烯塑料	电解车间
要求高度清洁	水磨石、陶板马赛克、拼花木地板、聚氯乙烯塑料、地漆布	光学精密器械、仪器仪表、钟表、电信器材装配

2) 结构层的设置与选择

结构层是承受并传递地面荷载至地基的构造层次，可分为刚性和柔性两类。刚性结构层(混凝土、沥青混凝土、钢筋混凝土)整体性好、不透水、强度大，适用于荷载较大且要求变形小的场所；柔性结构层(砂、碎石、矿渣、三合土等)在荷载作用下产生一定的塑性变形，造价较低，适用于有较大冲击和有剧烈震动作用的地面。

结构层的厚度主要由地面上的荷载确定，地基的承载能力对它也有一定的影响，较大荷载则需经计算确定。但一般不应小于下列数值：混凝土 80mm，灰土、三合土 100mm，碎石、沥青碎石、矿渣 80mm，砂、煤渣 60mm。混凝土结构层(或结构层兼面层)伸缩缝的设置一般以 6～12m 距离为宜，缝的形式有平头缝、企口缝、假缝，如图 13.82 所示，一般多为平头缝。企口缝适于结构层厚度大于 150mm 时，假缝只能用于横向缝。

3) 垫层

地面应铺设在均匀密实的基土上。结构层下的基层土壤不够密实时，应对原土进行处理，如夯实、换土等，在此基础上设置灰土、碎石等垫层起过渡作用。若单纯从增加结构层厚度和提高其标号来加大地面的刚度，往往是不经济的，而且还会增加地面的内应力。

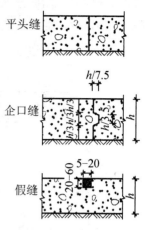

图 13.82　缝的形式

4) 细部构造

(1) 地面变形缝的位置应与建筑物的变形缝(温度缝、沉降缝、抗震缝)一致。同时在地面荷载差异较大和受局部冲击荷载的部分也应设变形缝。变形缝应贯穿地面各构造层次，并用沥青类材料填充，变形缝的构造如图 13.83 所示。

(2) 两种不同材料的地面，由于强度不同、材料的性质不同，接缝处是最易破坏的地方。应根据不同情况采取措施。如厂房内铺有铁轨时，轨顶应与地面相平，铁轨附近宜铺设块材地面，其宽度应大于枕木的长度，以便维修和安装，防腐地面与非防腐地面交接的时候，应在交接处设置挡水，以防止腐蚀性液体泛流，如图 13.84 所示。

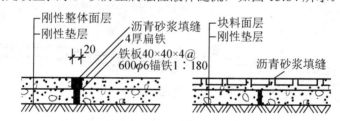

图 13.83　地面变形缝的构造

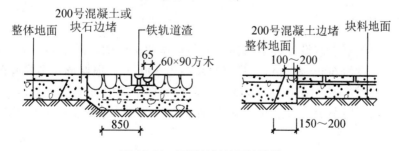

图 13.84　不同材料地面的接缝

(3) 在厂房地面范围内常设有排水沟和通行各种管线的地沟。当室内水量不大时，可采用排水明沟，沟底须做垫坡，其坡度为 0.5%～1%。室内水量大或有污染物时，应用有盖板的地沟或管道排走，沟壁多用砖砌，考虑土壤侧压力，壁厚一般不小于 240mm。要求有防水功能时，沟壁及沟底均应作防水处理，应根据地面荷载不同设置相应的钢筋混凝土盖板或钢盖板，地沟构造如图 13.85 所示。

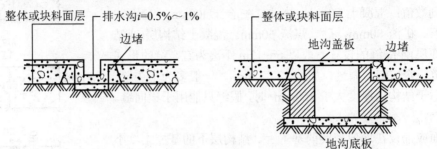

图 13.85　地沟

(4) 厂房的出入口，为便利各种车辆通行，在门外侧须设坡道。坡道材料常采用混凝土，坡道宽度较门口两边各大 500mm，坡度为 5%～10%，若采用大于 10%的坡度，面层应做防滑齿槽坡道构造如图 13.86 所示。

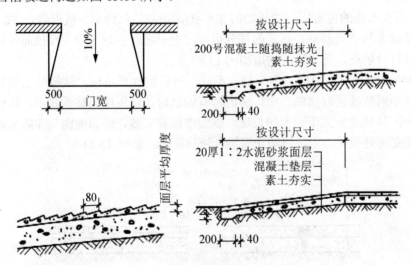

图 13.86　坡道

4．金属检修梯

在厂房中根据需求常设各种金属梯，主要有作业平台梯、吊车梯和消防检修梯等。金属梯的宽度一般为 600～800mm，梯级每步高为 300mm。根据形式不同有直梯和斜梯。直梯的梯梁常采用角钢，踏步用 ϕ18 圆钢；斜梯的梯梁多用 6mm 厚钢板，踏步用 3mm 厚花纹钢板，也可用不少于 2 根的 ϕ18 圆钢做成。金属梯易腐蚀，须先涂防锈漆，后再刷油漆。

1) 作业平台

作业平台梯如图 13.87 所示，是供人上、下操作平台或跨越生产设备的交通联系构件。作业平台梯的坡度有 45°、59°、73° 及 90° 等。当梯段超过 4～5m 时，宜设中间休息平台。

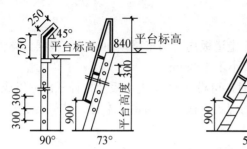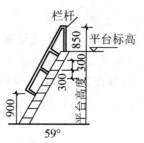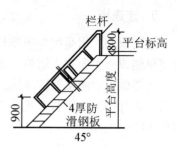

图 13.87 作业平台梯

2) 吊车梯

吊车梯如图 13.88 所示,是为吊车司机上下吊车所设,常设置在厂房端部第二个柱距内。在多跨厂房中,可在中柱处设一吊车梯,供相邻两跨的两台吊车使用。

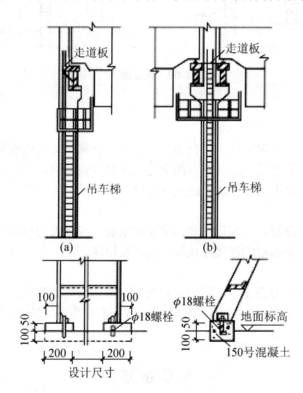

图 13.88 吊车梯

3) 消防检修梯

单层厂房屋顶高度大于 10m 时,应有梯子自室外地面通至屋顶,及由屋顶通至天窗屋顶,以作为消防检修之用。相邻屋面高差在 2m 以上时,也应设置消防检修梯。

消防检修梯一般设在端部山墙处,形式多为直梯,当厂房很高时,可采用设有休息平台的斜梯。消防检修梯底端应高于室外地面 1000~1500mm,以防儿童爬登。梯与外墙表面距离通常不小于 250mm,梯梁用焊接的角钢埋入墙内,墙预留 260mm×260mm 的孔,深度最小 240mm,混凝土嵌固或用带角钢的预制块随墙砌固。

5. 走道板

走道板的作用是维修吊车轨道及检修吊车。走道板均沿吊车梁顶面铺设。根据具体情况可单侧或双侧布置走道板。走道板的宽度不宜小于 500mm。

走道板一般由支架(若利用外侧墙作为支撑时，可设支架)、走道板及栏杆三部分组成。支架及栏杆均采用钢材，走道板通常多采用钢筋混凝土板以节约钢、木材。吊车梁走道板如图 13.89 所示。

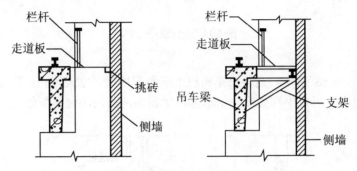

图 13.89　走道板

6. 隔断

1) 金属隔断

金属网隔断透光性好、灵活性大，但用钢量较多。金属网隔断由骨架和金属网组成，骨架可用普通型钢、钢管柱等，金属网可用钢板网或镀锌铁丝网。隔扇之间用螺栓连接或焊接。隔扇与地面的连接可用膨胀螺栓或预埋螺栓。

2) 玻璃钢隔断

玻璃钢隔断透光性能好，一般用于室内采光要求高、湿度大的环境中，一般将钢化玻璃板固定在金属框上，金属框的连接方式与金属隔断相同。

3) 混合隔断

混合隔断适用于车间办公室、工具间、存衣室、车间仓库等不同类型的空间。常采用 240mm×240mm 砖柱，柱距 3m 左右，中间砌以 1m 左右高度的 120mm 厚度的砖墙，上部装玻璃木隔断或金属隔断等。

▲　本　章　小　结

1. 工业建筑可按照生产用途、生产环境、层数和结构形式进行分类。
2. 单层工业厂房主要有砖混、框架、排架和刚架四种结构形式。
3. 单层厂房的结构构件主要由基础、柱、屋架(屋面梁)等横向排架构件，基础梁、屋面板、连系梁、圈梁、吊车梁等纵向连系构件，以及抗风柱、支撑等三方面构件组成。
4. 单层工业厂房内的起重运输设备主要有悬挂式单轨吊车、梁式吊车、桥式吊车和悬臂吊车四种。
5. 单层工业厂房的定位轴线包括横向定位轴线和纵向定位轴线。
6. 单层工业厂房基础的形式有杯口基础、条形基础和独立基础。
7. 单层工业厂房柱可分为预制钢筋混凝土柱、现浇钢筋混凝土柱和型钢柱。

8. 单层工业厂房外墙主要有砌筑类墙体和板材类墙体，其中复合板材墙体应用较广，墙体自重由基础梁、连系梁和牛腿柱承担。

9. 厂房屋顶主要由屋架、天窗架、架间支撑、屋面、天窗等主要部分组成，厂房屋面主要有预应力钢筋混凝土屋面、石棉水泥波形瓦屋面、镀锌铁皮屋面和压型钢板屋面。

10. 常用的采光天窗有矩形天窗、锯齿形天窗、下沉式天窗、平天窗等。

11. 支撑按照所用位置不同可分为柱间支撑和架间支撑，按照所用材料不同可分为预制钢筋混凝土支撑和钢支撑。

12. 厂房侧窗根据采用的材料可分为钢窗、木窗及塑钢窗等，根据侧窗的开关方式可分为中悬窗、平开窗、垂直旋转窗、固定窗和百叶窗等。

13. 厂房大门根据开关方式分为平开门、推拉门、折叠门、上翻门、升降门、卷帘门，厂房大门可用人力、机械或电动开关。

复习思考题

一、判断题

1. 刚架就是钢架。 （　　）
2. 纵向定位轴线与柱的关系主要有纵向边柱、中柱和变形缝处柱三种情况。 （　　）
3. 吊车梁或轨道只能固定在牛腿柱上。 （　　）

二、选择题

1. 下列哪一项属于工业建筑中的辅助生产用房？（　　）

    A. 生产加工车间　　B. 食堂、宿舍　　C. 锅炉房　　　　D. 办公楼

2. 下列关于不等高厂房纵向变形缝处双柱与双轴线的关系，错误的是（　　）。

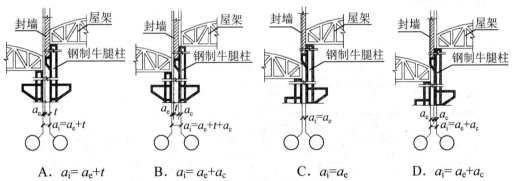

    A. $a_i = a_e + t$　　B. $a_i = a_e + a_c$　　C. $a_i = a_e$　　D. $a_i = a_e + a_c$

3. 下列厂房屋面板中，哪个屋面板保温性能较差？（　　）

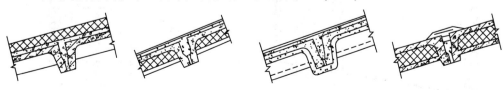

    A. 在屋面板上部　　B. 在屋面板下部　　C. 在屋面板下面喷涂　　D. 保温夹芯板

4. 图 13.90 中所示隔断为( )。

图 13.90 选择题 4 图

 A．玻璃钢隔断 B．金属网隔断 C．金属板隔断 D．混合隔断

三、填空题

1. 按厂房承重骨架结构的材料可分为_____、_____、_____、_____等类型。
2. 单层工业厂房的结构类型主要有_____、_____、_____、_____等四种类型。
3. 单层工业厂房内的吊车主要有_____、_____、_____以及_____类型。
4. 吊车梁按照材料主要有_____和_____两种形式。
5. 厂房大门根据开关方式分为_____、_____、_____、_____、_____、_____。

四、简答题

1. 工业建筑有哪些特点？
2. 单层工业厂房中的消防梯在设置上有什么要求？

五、综合实训

指出图 13.91 中厂房各部分的名称。

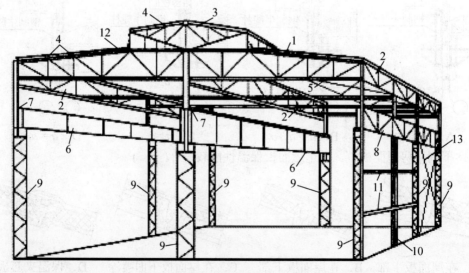

图 13.91 综合实训示意图

参 考 文 献

[1] 中国机械工业教育协会组编. 建筑制图[M]. 北京：机械工业出版社，2004.

[2] 徐元甫. 建筑工程制图[M]. 2版. 郑州：黄河水利出版社，2002.

[3] 杨忠贤. 建筑工程制图[M]. 郑州：黄河水利出版社，2002.

[4] 莫章金，毛家华. 建筑工程制图与识图[M]. 2版. 北京：高等教育出版社，2006.

[5] 何铭新，等. 建筑工程制图[M]. 4版. 北京：高等教育出版社，2008.

[6] 孙靖立. 画法几何及工程制图[M]. 北京：机械工业出版社，2008.

[7] 何斌，陈锦昌，陈炽坤. 建筑制图[M]. 北京：高等教育出版社，2001.

[8] 赵研. 房屋建筑学[M]. 北京：高等教育出版社，2002.

[9] 李必瑜，等. 房屋建筑学[M]. 3版. 武汉：武汉理工大学出版社，2011.

[10] 聂洪达，郄恩田. 房屋建筑学[M]. 北京：北京大学出版社，2007.

[11] 同济大学，等. 房屋建筑学[M]. 4版. 北京：中国建筑工业出版社，2005.

[12] 舒秋华，李世禹. 房屋建筑学[M]. 武汉：武汉理工大学出版社，2005.

[13] 郑贵超，赵庆双. 建筑构造与识图[M]. 北京：北京大学出版社，2012.

[14] 裴刚，安艳华. 建筑构造(上册)[M]. 武汉：华中科技大学出版社，2008.

[15] 王丽红. 建筑构造[M]. 北京：中国水利水电出版社，2011.

[16] 郑忱. 房屋建筑学[M]. 北京：中央广播电视大学出版社，2004.

[17] 王崇杰. 房屋建筑学[M]. 2版. 北京：中国建筑工业出版社，2008.

[18] 金虹. 建筑构造[M]. 北京：清华大学出版社，2005.

[19] 赵庆双. 房屋建筑学[M]. 北京：中国水利水电出版社，2007.

[20] 吴舒琛. 建筑识图与构造[M]. 2版. 北京：高等教育出版社，2007.

[21] 杨维菊. 建筑构造设计(上册)[M]. 北京：中国建筑工业出版社，2009.

[22] 尚久明. 建筑识图与房屋构造[M]. 2版. 北京：电子工业出版社，2010.

[23] 丁春静. 建筑识图与房屋构造[M]. 重庆：重庆大学出版社，2003.

北京大学出版社高职高专土建系列规划教材

序号	书名	书号	编著者	定价	出版时间	印次	配套情况
		基 础 课 程					
1	工程建设法律与制度	978-7-301-14158-8	唐茂华	26.00	2012.7	6	ppt/pdf
2	建设法规及相关知识	978-7-301-22748-0	唐茂华等	34.00	2014.9	2	ppt/pdf
3	建设工程法规(第2版)	978-7-301-24493-1	皇甫婧琪	40.00	2014.12	2	ppt/pdf/答案/素材
4	建筑工程法规实务	978-7-301-19321-1	杨陈慧等	43.00	2012.1	4	ppt/pdf
5	建筑法规	978-7-301-19371-6	董伟等	39.00	2013.1	4	ppt/pdf
6	建设工程法规	978-7-301-20912-7	王先恕	32.00	2012.7	3	ppt/ pdf
7	AutoCAD 建筑制图教程(第2版)	978-7-301-21095-6	郭 慧	38.00	2014.12	6	ppt/pdf/素材
8	AutoCAD 建筑绘图教程(第2版)	978-7-301-24540-8	唐英敏等	44.00	2014.7	1	ppt/pdf
9	建筑 CAD 项目教程(2010版)	978-7-301-20979-0	郭 慧	38.00	2012.9	2	pdf/素材
10	建筑工程专业英语	978-7-301-15376-5	吴承霞	20.00	2013.8	8	ppt/pdf
11	建筑工程专业英语	978-7-301-20003-2	韩薇等	24.00	2014.7	2	ppt/ pdf
12	★建筑工程应用文写作(第2版)	978-7-301-24480-7	赵立等	50.00	2014.7	1	ppt/pdf
13	建筑识图与构造(第2版)	978-7-301-23774-8	郑贵超	40.00	2014.12	2	ppt/pdf/答案
14	建筑构造	978-7-301-21267-7	肖 芳	34.00	2014.12	4	ppt/pdf
15	房屋建筑构造	978-7-301-19883-4	李少红	26.00	2012.1	4	ppt/pdf
16	建筑识图	978-7-301-21893-8	邓志勇等	35.00	2013.1	2	ppt/ pdf
17	建筑识图与房屋构造	978-7-301-22860-9	贠禄等	54.00	2015.1	2	ppt/pdf /答案
18	建筑构造与设计	978-7-301-23506-5	陈玉萍	38.00	2014.1	1	ppt/pdf /答案
19	房屋建筑构造	978-7-301-23588-1	李元玲等	45.00	2014.1	1	ppt/pdf
20	建筑构造与施工图识读	978-7-301-24470-8	南学平	52.00	2014.8	1	ppt/pdf
21	建筑工程制图与识图(第2版)	978-7-301-24408-1	白丽红	29.00	2014.7	1	ppt/pdf
22	建筑制图习题集(第2版)	978-7-301-24571-2	白丽红	25.00	2014.8	1	pdf
23	建筑制图(第2版)	978-7-301-21146-5	高丽荣	32.00	2013.2	4	ppt
24	建筑制图习题集(第2版)	978-7-301-21288-2	高丽荣	28.00	2014.12	5	pdf
25	建筑工程制图(第2版)(附习题册)	978-7-301-21120-5	肖明和	48.00	2012.8	3	ppt/pdf
26	建筑制图与识图	978-7-301-18806-2	曹雪梅	36.00	2014.9	1	ppt/pdf
27	建筑制图与识图习题册	978-7-301-18652-7	曹雪梅等	30.00	2012.4	4	pdf
28	建筑制图与识图	978-7-301-20070-4	李元玲	28.00	2012.8	5	ppt/pdf
29	建筑制图与识图习题集	978-7-301-20425-2	李元玲	24.00	2012.3	4	ppt/pdf
30	新编建筑工程制图	978-7-301-21140-3	方筱松	30.00	2014.8	2	ppt/ pdf
31	新编建筑工程制图习题集	978-7-301-16834-9	方筱松	22.00	2014.1	2	pdf
		建 筑 施 工 类					
1	建筑工程测量	978-7-301-16727-4	赵景利	30.00	2013.8	11	ppt/pdf /答案
2	建筑工程测量(第2版)	978-7-301-22002-3	张敬伟	37.00	2013.5	5	ppt/pdf /答案
3	建筑工程测量实验与实训指导(第2版)	978-7-301-23166-1	张敬伟	27.00	2013.9	2	pdf/答案
4	建筑工程测量	978-7-301-19992-3	潘益民	38.00	2012.2	2	ppt/ pdf
5	建筑工程测量	978-7-301-13578-5	王金玲等	26.00	2011.8	3	pdf
6	建筑工程测量实训（第2版）	978-7-301-24833-1	杨凤华	34.00	2015.1	1	pdf/答案
7	建筑工程测量(含实验指导手册)	978-7-301-19364-8	石 东等	43.00	2012.6	3	ppt/pdf/答案
8	建筑工程测量	978-7-301-22485-4	景 铎等	34.00	2013.6	1	ppt/pdf
9	建筑施工技术	978-7-301-21209-7	陈雄辉	39.00	2013.2	4	ppt/pdf
10	建筑施工技术	978-7-301-12336-2	朱永祥等	38.00	2012.4	7	ppt/pdf
11	建筑施工技术	978-7-301-16726-7	叶 雯等	44.00	2013.5	6	ppt/pdf /素材
12	建筑施工技术	978-7-301-19499-7	董伟等	42.00	2011.9	2	ppt/pdf
13	建筑施工技术	978-7-301-19997-8	苏小梅	38.00	2013.5	3	ppt/pdf
14	建筑工程施工技术(第2版)	978-7-301-21093-2	钟汉华等	48.00	2013.8	5	ppt/pdf
15	数字测图技术	978-7-301-22656-8	赵 红	36.00	2013.6	1	ppt/pdf
16	数字测图技术实训指导	978-7-301-22679-7	赵 红	27.00	2013.6	1	ppt/pdf
17	基础工程施工	978-7-301-20917-2	董伟等	35.00	2012.7	2	ppt/pdf
18	建筑施工技术实训(第2版)	978-7-301-24368-8	周晓龙	30.00	2014.12	2	pdf
19	建筑力学(第2版)	978-7-301-21695-8	石立安	46.00	2014.12	5	ppt/pdf

序号	书名	书号	编著者	定价	出版时间	印次	配套情况
20	★土木工程实用力学	978-7-301-15598-1	马景善	30.00	2013.1	4	pdf/ppt
21	土木工程力学	978-7-301-16864-6	吴明军	38.00	2011.11	2	ppt/pdf
22	PKPM软件的应用(第2版)	978-7-301-22625-4	王 娜等	34.00	2013.6	2	pdf
23	建筑结构(第2版)(上册)	978-7-301-21106-9	徐锡权	41.00	2013.4	2	ppt/pdf/答案
24	建筑结构(第2版)(下册)	978-7-301-22584-4	徐锡权	42.00	2013.6	2	ppt/pdf/答案
25	建筑结构	978-7-301-19171-2	唐春平等	41.00	2012.6	4	ppt/pdf
26	建筑结构基础	978-7-301-21125-0	王中发	36.00	2012.8	2	ppt/pdf
27	建筑结构原理及应用	978-7-301-18732-6	史美东	45.00	2012.8	1	ppt/pdf
28	建筑力学与结构(第2版)	978-7-301-22148-8	吴承霞等	49.00	2014.12	5	ppt/pdf/答案
29	建筑力学与结构(少学时版)	978-7-301-21730-6	吴承霞	34.00	2014.8	3	ppt/pdf/答案
30	建筑力学与结构	978-7-301-20988-2	陈水广	32.00	2012.8	1	pdf/ppt
31	建筑力学与结构	978-7-301-23348-1	杨丽君等	44.00	2014.1	1	ppt/pdf
32	建筑结构与施工图	978-7-301-22188-4	朱希文等	35.00	2013.3	2	ppt/pdf
33	生态建筑材料	978-7-301-19588-2	陈剑峰等	38.00	2013.7	2	ppt/pdf
34	建筑材料(第2版)	978-7-301-24633-7	林祖宏	35.00	2014.8	1	ppt/pdf
35	建筑材料与检测	978-7-301-16728-1	梅 杨等	26.00	2012.11	9	ppt/pdf/答案
36	建筑材料检测试验指导	978-7-301-16729-8	王美芬等	18.00	2014.12	7	pdf
37	建筑材料与检测	978-7-301-19261-0	王 辉	35.00	2012.6	5	ppt/pdf
38	建筑材料与检测试验指导	978-7-301-20045-2	王 辉	20.00	2013.1	3	ppt/pdf
39	建筑材料选择与应用	978-7-301-21948-5	申淑荣等	39.00	2013.3	2	ppt/pdf
40	建筑材料检测实训	978-7-301-22317-8	申淑荣等	24.00	2013.4	1	pdf
41	建筑材料	978-7-301-24208-7	任晓菲	40.00	2014.7	1	ppt/pdf/答案
42	建设工程监理概论(第2版)	978-7-301-20854-0	徐锡权等	43.00	2014.12	5	ppt/pdf/答案
43	★建设工程监理(第2版)	978-7-301-24490-6	斯 庆	35.00	2014.9	1	ppt/pdf/答案
44	建设工程监理概论	978-7-301-15518-9	曾庆军等	24.00	2012.12	5	ppt/pdf
45	工程建设监理案例分析教程	978-7-301-18984-9	刘志麟等	38.00	2013.2	2	ppt/pdf
46	地基与基础(第2版)	978-7-301-23304-7	肖明和等	42.00	2014.12	2	ppt/pdf/答案
47	地基与基础	978-7-301-16130-2	孙平平等	26.00	2013.2	3	ppt/pdf
48	地基与基础实训	978-7-301-23174-6	肖明和等	25.00	2013.10	1	ppt/pdf
49	土力学与地基基础	978-7-301-23675-8	叶火炎等	35.00	2014.1	1	ppt/pdf
50	土力学与基础工程	978-7-301-23590-4	宁培淋等	32.00	2014.1	1	ppt/pdf
51	建筑工程质量事故分析(第2版)	978-7-301-22467-0	郑文新	32.00	2014.12	3	ppt/pdf
52	建筑工程施工组织设计	978-7-301-18512-4	李源清	26.00	2014.12	7	ppt/pdf
53	建筑工程施工组织实训	978-7-301-18961-0	李源清	40.00	2014.12	4	ppt/pdf
54	建筑施工组织与进度控制	978-7-301-21223-3	张廷瑞	36.00	2012.9	3	ppt/pdf
55	建筑施工组织项目式教程	978-7-301-19901-5	杨红玉	44.00	2012.1	2	ppt/pdf/答案
56	钢筋混凝土工程施工与组织	978-7-301-19587-1	高 雁	32.00	2012.5	2	ppt/pdf
57	钢筋混凝土工程施工与组织实训指导(学生工作页)	978-7-301-21208-0	高 雁	20.00	2012.9	1	ppt
58	建筑材料检测试验指导	978-7-301-24782-2	陈东佐等	20.00	2014.9	1	ppt
59	★建筑节能工程与施工	978-7-301-24274-2	吴明军等	35.00	2014.11	1	ppt/ppt
60	建筑施工工艺	978-7-301-24687-0	李源清等	49.50	2015.1	1	pdf/ppt/答案
工 程 管 理 类							
1	建筑工程经济(第2版)	978-7-301-22736-7	张宁宁等	30.00	2014.12	6	ppt/pdf/答案
2	★建筑工程经济(第2版)	978-7-301-24492-0	胡六星等	41.00	2014.9	1	ppt/pdf/答案
3	建筑工程经济	978-7-301-24346-6	刘晓丽等	38.00	2014.7	1	ppt/pdf/答案
4	施工企业会计(第2版)	978-7-301-24434-0	辛艳红等	36.00	2014.7	1	ppt/pdf/答案
5	建筑工程项目管理	978-7-301-12335-5	范红岩等	30.00	2012.4	9	ppt/pdf
6	建设工程项目管理(第2版)	978-7-301-24683-2	王 辉	36.00	2014.9	1	ppt/pdf/答案
7	建设工程项目管理	978-7-301-19335-8	冯松山等	38.00	2013.11	3	pdf/ppt
8	★建设工程招投标与合同管理(第3版)	978-7-301-24483-8	宋春岩	40.00	2014.12	2	ppt/pdf/答案/试题/教案
9	建筑工程招投标与合同管理	978-7-301-16802-8	程超胜	30.00	2012.9	2	pdf/ppt
10	工程招投标与合同管理实务	978-7-301-19035-7	杨甲奇等	48.00	2011.8	3	pdf

序号	书名	书号	编著者	定价	出版时间	印次	配套情况
11	工程招投标与合同管理实务	978-7-301-19290-0	郑文新等	43.00	2012.4	2	ppt/pdf
12	建设工程招投标与合同管理实务	978-7-301-20404-7	杨云会等	42.00	2012.4	2	ppt/pdf/答案/习题库
13	工程招投标与合同管理	978-7-301-17455-5	文新平	37.00	2012.9	1	ppt/pdf
14	工程项目招投标与合同管理(第2版)	978-7-301-24554-5	李洪军等	42.00	2014.12	2	ppt/pdf/答案
15	工程项目招投标与合同管理(第2版)	978-7-301-22462-5	周艳冬	35.00	2014.12	3	ppt/pdf
16	建筑工程商务标编制实训	978-7-301-20804-5	钟振宇	35.00	2012.7	1	ppt
17	建筑工程安全管理	978-7-301-19455-3	宋　健等	36.00	2013.5	4	ppt/pdf
18	建筑工程质量与安全管理	978-7-301-16070-1	周连起	35.00	2014.12	8	ppt/pdf/答案
19	施工项目质量与安全管理	978-7-301-21275-2	钟汉华	45.00	2012.10	1	ppt/pdf/答案
20	工程造价控制(第2版)	978-7-301-24594-1	斯　庆	32.00	2014.8	1	ppt/pdf/答案
21	工程造价管理	978-7-301-20655-3	徐锡权等	33.00	2013.8	3	ppt/pdf
22	工程造价控制与管理	978-7-301-19366-2	胡新萍等	30.00	2014.12	4	ppt/pdf
23	建筑工程造价管理	978-7-301-20360-6	柴　琦等	27.00	2014.12	4	ppt/pdf
24	建筑工程造价管理	978-7-301-15517-2	李茂英等	24.00	2012.1	4	pdf
25	工程造价案例分析	978-7-301-22985-9	甄　凤	30.00	2013.8	1	pdf/ppt
26	建设工程造价控制与管理	978-7-301-24273-5	胡芳珍等	38.00	2014.6	1	ppt/pdf/答案
27	建筑工程造价	978-7-301-21892-4	孙咏梅	40.00	2013.2	1	ppt/pdf
28	★建筑工程计量与计价(第2版)	978-7-301-22078-8	肖明和等	58.00	2014.12	5	pdf/ppt
29	★建筑工程计量与计价实训(第2版)	978-7-301-22606-3	肖明和等	29.00	2014.12	4	pdf
30	建筑工程计量与计价综合实训	978-7-301-23568-3	龚小兰	28.00	2014.1	1	pdf
31	建筑工程估价	978-7-301-22802-9	张　英	43.00	2013.8	1	ppt/pdf
32	建筑工程计量与计价——透过案例学造价(第2版)	978-7-301-23852-3	张　强	59.00	2014.12	3	ppt/pdf
33	安装工程计量与计价(第3版)	978-7-301-24539-2	冯　钢等	54.00	2014.8	2	pdf/ppt
34	安装工程计量与计价综合实训	978-7-301-23294-1	成春燕	49.00	2014.12	3	pdf/素材
35	安装工程计量与计价实训	978-7-301-19336-5	景巧玲等	36.00	2013.5	4	pdf/素材
36	建筑水电安装工程计量与计价	978-7-301-21198-4	陈连姝	36.00	2013.8	3	ppt/pdf
37	建筑与装饰装修工程工程量清单	978-7-301-17331-2	翟丽旻等	25.00	2012.8	4	pdf/ppt/答案
38	建筑工程清单编制	978-7-301-19387-7	叶晓容	24.00	2011.8	2	ppt/pdf
39	建设项目评估	978-7-301-20068-5	高志云等	32.00	2013.6	2	ppt/pdf
40	钢筋工程清单编制	978-7-301-20114-5	贾莲英	36.00	2012.2	2	ppt / pdf
41	混凝土工程清单编制	978-7-301-20384-2	顾　娟	28.00	2012.5	1	ppt / pdf
42	建筑装饰工程预算	978-7-301-20567-9	范菊雨	38.00	2013.6	2	pdf/ppt
43	建设工程安全监理	978-7-301-20802-1	沈万岳	28.00	2012.7	1	pdf/ppt
44	建筑工程安全技术与管理实务	978-7-301-21187-8	沈万岳	48.00	2012.9	2	pdf/ppt
45	建筑工程资料管理	978-7-301-17456-2	孙　刚等	36.00	2014.12	5	pdf/ppt
46	建筑施工组织与管理(第2版)	978-7-301-22149-5	翟丽旻等	43.00	2014.12	3	ppt/pdf/答案
47	建设工程合同管理	978-7-301-22612-4	刘庭江	46.00	2013.6	1	ppt/pdf/答案
48	★工程造价概论	978-7-301-24696-2	周艳冬	31.00	2015.1	1	ppt/pdf/答案
	建 筑 设 计 类						
1	中外建筑史(第2版)	978-7-301-23779-3	袁新华等	38.00	2014.2	2	ppt/pdf
2	建筑室内空间历程	978-7-301-19338-9	张伟孝	53.00	2011.8	1	pdf
3	建筑装饰CAD项目教程	978-7-301-20950-9	郭　慧	35.00	2013.1	2	ppt/素材
4	室内设计基础	978-7-301-15613-1	李书青	32.00	2013.5	3	ppt/pdf
5	建筑装饰构造	978-7-301-15687-2	赵志文等	27.00	2012.11	6	ppt/pdf/答案
6	建筑装饰材料(第2版)	978-7-301-22356-7	焦　涛等	34.00	2013.5	1	ppt/pdf
7	★建筑装饰施工技术(第2版)	978-7-301-24482-1	王　军	37.00	2014.7	1	ppt/pdf
8	设计构成	978-7-301-15504-2	戴碧锋	30.00	2012.10	2	ppt/pdf
9	基础色彩	978-7-301-16072-5	张　军	42.00	2011.9	2	pdf
10	设计色彩	978-7-301-21211-0	龙黎黎	46.00	2012.9	1	ppt
11	设计素描	978-7-301-22391-8	司马金桃	29.00	2013.4	2	ppt
12	建筑素描表现与创意	978-7-301-15541-7	于修国	25.00	2012.11	3	Pdf
13	3ds Max效果图制作	978-7-301-22870-8	刘　晗等	45.00	2013.7	1	ppt
14	3ds max室内设计表现方法	978-7-301-17762-4	徐海军	32.00	2010.9	1	pdf
15	Photoshop效果图后期制作	978-7-301-16073-2	脱忠伟等	52.00	2011.1	2	素材/pdf

序号	书名	书号	编著者	定价	出版时间	印次	配套情况
16	建筑表现技法	978-7-301-19216-0	张 峰	32.00	2013.1	2	ppt/pdf
17	建筑速写	978-7-301-20441-2	张 峰	30.00	2012.4	1	pdf
18	建筑装饰设计	978-7-301-20022-3	杨丽君	36.00	2012.2	1	ppt/素材
19	装饰施工读图与识图	978-7-301-19991-6	杨丽君	33.00	2012.5	1	ppt
20	建筑装饰工程计量与计价	978-7-301-20055-1	李茂英	42.00	2013.7	3	ppt/pdf
21	3ds Max & V-Ray 建筑设计表现案例教程	978-7-301-25093-8	郑恩峰	40.00	2014.12	1	ppt/pdf
规 划 园 林 类							
1	城市规划原理与设计	978-7-301-21505-0	谭婧婧等	35.00	2013.1	2	ppt/pdf
2	居住区景观设计	978-7-301-20587-7	张群成	47.00	2012.5	1	ppt
3	居住区规划设计	978-7-301-21031-4	张 燕	48.00	2012.8	2	ppt
4	园林植物识别与应用	978-7-301-17485-2	潘利等	34.00	2012.9	1	ppt
5	园林工程施工组织管理	978-7-301-22364-2	潘利等	35.00	2013.4	1	ppt/pdf
6	园林景观计算机辅助设计	978-7-301-24500-2	于化强等	48.00	2014.8	1	ppt/pdf
7	建筑·园林·装饰设计初步	978-7-301-24575-0	王金贵	38.00	2014.10	1	ppt/pdf
房 地 产 类							
1	房地产开发与经营(第 2 版)	978-7-301-23084-8	张建中等	33.00	2014.8	2	ppt/pdf/答案
2	房地产估价(第 2 版)	978-7-301-22945-3	张 勇等	35.00	2014.12	1	ppt/pdf/答案
3	房地产估价理论与实务	978-7-301-19327-3	褚菁晶	35.00	2011.8	2	ppt/pdf/答案
4	物业管理理论与实务	978-7-301-19354-9	裴艳慧	52.00	2011.9	2	ppt/pdf
5	房地产测绘	978-7-301-22747-3	唐春平	29.00	2013.7	1	ppt/pdf
6	房地产营销与策划	978-7-301-18731-9	应佐萍	42.00	2012.8	2	ppt/pdf
7	房地产投资分析与实务	978-7-301-24832-4	高志云	35.00	2014.9	1	ppt/pdf
市 政 与 路 桥 类							
1	市政工程计量与计价(第 2 版)	978-7-301-20564-8	郭良娟等	42.00	2013.8	5	pdf/ppt
2	市政工程计价	978-7-301-22117-4	彭以舟等	39.00	2013.2	1	ppt/pdf
3	市政桥梁工程	978-7-301-16688-8	刘 江等	42.00	2012.10	2	ppt/pdf/素材
4	市政工程材料	978-7-301-22452-6	郑晓国	37.00	2013.5	1	ppt/pdf
5	道桥工程材料	978-7-301-21170-0	刘水林等	43.00	2012.9	1	ppt/pdf
6	路基路面工程	978-7-301-19299-3	偶昌宝等	34.00	2011.8	1	ppt/pdf/素材
7	道路工程技术	978-7-301-19363-1	刘 雨等	33.00	2011.12	1	ppt/pdf
8	城市道路设计与施工	978-7-301-21947-8	吴颖峰	39.00	2013.1	1	ppt/pdf
9	建筑给排水工程技术	978-7-301-25224-6	刘 芳等	46.00	2014.12	1	ppt/pdf
10	建筑给水排水工程	978-7-301-20047-6	叶巧云	38.00	2012.2	1	ppt/pdf
11	市政工程测量(含技能训练手册)	978-7-301-20474-0	刘宗波等	41.00	2012.5	1	ppt/pdf
12	公路工程任务承揽与合同管理	978-7-301-21133-5	邱 兰等	30.00	2012.9	1	ppt/pdf/答案
13	★工程地质与土力学(第 2 版)	978-7-301-24479-1	杨仲元	41.00	2014.7	1	ppt/pdf
14	数字测图技术应用教程	978-7-301-20334-7	刘宗波	36.00	2012.8	1	ppt
15	水泵与水泵站技术	978-7-301-22510-3	刘振华	40.00	2013.5	1	ppt/pdf
16	道路工程测量(含技能训练手册)	978-7-301-21967-6	田树涛等	45.00	2013.2	1	ppt/pdf
17	桥梁施工与维护	978-7-301-23834-9	梁 斌	50.00	2014.2	1	ppt/pdf
18	铁路轨道施工与维护	978-7-301-23524-9	梁 斌	36.00	2014.1	1	ppt/pdf
19	铁路轨道构造	978-7-301-23153-1	梁 斌	32.00	2013.10	1	ppt/pdf
20							
1	建筑设备基础知识与识图(第 2 版)	978-7-301-24586-6	靳慧征等	47.00	2014.12	2	ppt/pdf/答案
2	建筑设备识图与施工工艺	978-7-301-19377-8	周业梅	38.00	2011.8	4	ppt/pdf
3	建筑施工机械	978-7-301-19365-5	吴志强	30.00	2014.12	5	pdf/ppt
4	智能建筑环境设备自动化	978-7-301-21090-1	余志强	40.00	2012.8	1	pdf/ppt
5	流体力学及泵与风机	978-7-301-25279-6	王 宁等	35.00	2015.1	1	pdf/ppt/答案

　　相关教学资源如电子课件、电子教材、习题答案等可以登录 www.pup6.com 下载或在线阅读。

　　扑六知识网(www.pup6.com)有海量的相关教学资源和电子教材供阅读及下载(包括北京大学出版社第六事业部的相关资源)，同时欢迎您将教学课件、视频、教案、素材、习题、试卷、辅导材料、课改成果、设计作品、论文等教学资源上传到 www.pup6.com，与全国高校师生分享您的教学成就与经验，并可自由设定价格，知识也能创造财富。具体情况请登录网站查询。

　　如您需要样书用于教学，欢迎登录第六事业部门户网(www.pup6.cn)申请，并可在线登记选题来出版您的大作，也可下载相关表格填写后发到我们的邮箱，我们将及时与您取得联系并做好全方位的服务。

　　联系方式：010-62756290，010-62750667，yangxinglu@126.com，pup_6@163.com，欢迎来电来信咨询。